Die wissenschaftlichen Grundlagen der Elektrotechnik

Von

Dr.-Ing. habil. Heinz Schönfeld †

o. Professor für Grundgebiete der Elektrotechnik und Regelungstechnik
an der Technischen Hochschule Karlsruhe

Dritte Auflage

besorgt von

Johannes Fischer

Dr.-Ing., o. Professor an der Technischen Hochschule Karlsruhe

Mit 298 Abbildungen

Springer-Verlag
Berlin/Göttingen/Heidelberg
1960

ISBN-13:978-3-642-92794-2 e-ISBN-13:978-3-642-92793-5
DOI: 10.1007/978-3-642-92793-5

Softcover reprint of the hardcover 3rd edition 1960

Vorwort zur dritten Auflage

Heinz Schönfeld war im Jahre 1956 aus der Tätigkeit in der elektrotechnischen Industrie dem Ruf der Technischen Hochschule Karlsruhe gefolgt. Am 5. Mai 1957 erlag er einer von niemand geahnten tückischen Krankheit, mitten heraus aus froh begonnener Arbeit, aus Vorbereitungen und Plänen für Lehre und Forschung. Zu diesen gehörte auch die Neuauflage dieses Buches, dessen zweite Auflage (1952) vergriffen war. Die von ihm begonnene Lehrtätigkeit und unsere Gespräche ließen erkennen, daß er keine grundlegenden Änderungen, keine Umgestaltung beabsichtigte. Als ich mich bereit erklärte, eine Neuauflage zu besorgen, ließ ich mich darum von dem Gedanken leiten, daß es nicht meine Aufgabe sei, Wesen und Art des Buches nach meinem Ermessen zu ändern.

Meiner Arbeit kam einerseits der Umstand zustatten, daß ich an der Technischen Hochschule Karlsruhe sieben Jahre lang die Vorlesung gehalten hatte, die das Kernstück für das neue Ordinariat ausmachte, auf das als erster Schönfeld berufen wurde, andererseits hatte ich Nutzen von dem fruchtbaren wissenschaftlichen Meinungsaustausch im Ausschuß für Einheiten und Formelgrößen (AEF im DNA), der in den letzten Jahren zur Veröffentlichung einer Reihe von Normblättern geführt hat, die gerade für den Gegenstand des Buches Bedeutung haben (sie sind im Literaturnachweis unter 16. angeführt). Ich habe in den Text und die Abbildungen möglichst weitgehend die Ausdrucksweisen und Bezeichnungen (Formelzeichen) eingetragen, die heute üblich und anerkannt sind. An manchen Stellen ging allerdings die Rücksicht auf die didaktische Linie Schönfelds vor. So wurde z. B. konsequent die Benennung „Urspannung“ als Synonym für „elektromotorische Kraft“ und dieser Begriff selbst beibehalten, und ebenso das Wort „Spannungsabfall“ auch dort, wo man unmißverständlich mit dem einfacheren Wort „Spannung“ auskäme. Auch die altgewohnte Benennung des Fachgebietes „Schwachstromtechnik“ wurde nicht geändert, etwa in „Nachrichtentechnik“; zur Rechtfertigung kann angeführt werden, daß die Meßtechnik nur zu einem Teil zur engeren Nachrichtentechnik gehört. An manchen Stellen habe ich den Ausdruck geglättet oder eine besonders prägnant klingende Formulierung kommentiert. Völlig neu gefaßt werden mußten nur der Abschnitt über die Einheiten (jetzt Anhang I und II) und die zahlreichen Bezugnahmen auf diesen im laufenden Text, da auf desem Gebiet seit dem Erscheinen der ersten Auflage 1951 sich die theoretischen Einsichten und die internationalen Vereinbarungen wesentlich geändert haben. Im übrigen war mir daran gelegen, nicht durch (vielleicht manchmal naheliegende) Umformungen oder Ergänzungen die Darstellung zu verändern und den Umfang zu vergrößern.

Möge das jetzt im Springer-Verlag erscheinende Buch weiterhin von Nutzen sein als das, was es von Anfang an sein wollte: als Buch für Studenten.

Karlsruhe, im Januar 1960 **J. Fischer**

Vorwort zur ersten Auflage

Dieses Lehrbuch richtet sich vor allem an den Studierenden der Elektrotechnik. Es will ihm eine breite und wissenschaftliche Kenntnis der Grundlagen seines Fachgebietes vermitteln, die ihn zum weiteren Vordringen in höhere und spezielle Fächer befähigt. Wohl gibt es bereits eine größere Zahl von Büchern, die in die Elektrotechnik einführen. Aber der Verfaaser glaubt, daß sich neben ihnen das vorliegende Buch als nützlich erweist, weil Inhalt und Darstellung in manchem anders sind.

Zum Inhalt

Die Fülle der elektrotechnischen Schöpfungen imponiert und mag den oberflächlichen Betrachter verwirren. Sieht man genauer zu, so findet man, daß ihre Wirkung auf einer kleinen Zahl immer wieder vorkommender (Grund-)Gesetze und einer ständig wachsenden Zahl von seltener anzutreffenden (Spezial-)Gesetzen beruht. Ferner fällt auf, daß bestimmte Verfahren und Geräte, durch die die Naturgesetze nutzbar gemacht werden, sich in ihrem Kernstück oft wiederholen. Der angehende Ingenieur, der im Berufsleben elektrotechnische Probleme zu lösen hat, soll daher in diesem Buche kennenlernen:

1. Die grundlegenden Naturgesetze der elektrischen Welt;
2. Grundlegende technische Anwendungen;
3. Arbeitsmethoden zur Lösung elektrotechnischer Probleme.

Bemerkungen zu 1.

Es ist eine bekannte Tatsache, daß die Lehre von der elektrischen Welt dem Lernenden weit mehr Schwierigkeiten bereitet als die Mechanik, d.h. die Lehre von der materiellen Welt. Offenbar hat das zwei Ursachen:

a) Wir besitzen keine Sinnesorgane, um die Partner der elektrischen Welt, z.B. die Ladungen oder Spannungen, direkt wahrzunehmen. Daher sind sie uns nicht von Kindesbeinen an gewohnt, und mithin erscheint uns ihr Verhalten nicht als selbstverständlich. Hiergegen hilft nur fleißiges, tiefgründiges Sich-damit-Beschäftigen.

b) Dem Lernenden ist meist zu wenig von der Sprache, die zur Beschreibung der physikalischen Dinge dient, und ihrer Methodik bekannt, was sich wegen des Umstandes a) besonders nachteilig auswirkt. Um hierüber von vornherein Klarheit zu schaffen, ist der Stoffbehandlung ein kurzer Abschnitt (Einführungskapitel) **Vorbetrachtung über physikalische Größen und Naturgesetze** vorangestellt.

Der Stoff selbst läßt sich bekanntlich in drei arteigene Gebiete aufteilen, die die Grundsäulen unseres Lehrgebietes darstellen: 1. Kapitel: **Elektrische Erscheinungen in Leitern;** 2. Kapitel: **Elektrische Erscheinungen in Nichtleitern;** 3. Kapitel: **Elektromagnetische Erscheinungen.** Bei jedem Kapitel verwendet man zwei Betrachtungsweisen, um die Erscheinungen vollständig zu erfassen: die örtliche und die energetische.

Die örtliche Betrachtungsweise – sie soll bei jedem der drei Erscheinungsgebiete die Verteilung auf den zur Verfügung gestellten Raum beschreiben, also jeweils die arteigene „Welt" – kann man für das Leiter-, Nichtleiter- und magnetische Gebiet in völlig analoger Formulierung durchführen. Hierzu muß man nur die Grundbegriffe nach etwas höheren Gesichtspunkten definieren (Strom im erweiterten Sinn, Spannung im erweiterten Sinn). Da dadurch eine wesentliche Vereinfachung und Vertiefung der Lehre entsteht, nützen wir diese Möglichkeit mit einer fast unerbittlichen Konsequenz aus. Der Spannungsbegriff, der bekanntlich dem Lernenden die größte Schwierigkeit bereitet, wird im Gegensatz zur üblichen Gepflogenheit[1] direkt über die Energie hergeleitet, da die Spannung mit dieser in unmittelbarer Beziehung steht.

Die energetische Betrachtungsweise – sie soll die Wechselwirkung jeder der drei arteigenen „Welten" mit der Umwelt beschreiben – hinterläßt uns stets das Gefühl, besonders tief in das Naturwalten eingeblickt zu haben, offenbar weil Energiebegriff und -satz allen Naturgebieten gemeinsam sind. Wir legen daher auf energetische Betrachtungen besonderen Wert.

---

[1] Hiernach wird die Spannung über die Feldstärke eingeführt. Es will uns nachteilig erscheinen, daß der Grundbegriff Spannung erst über diesen Umweg erhalten wird. Wir leiten umgekehrt die Feldstärke aus der Spannung her durch Bezugnahme auf die örtliche Verteilung, analog wie man ebenfalls über die örtliche Verteilung die Stromdichte aus der Stromstärke gewinnt.

Beim Dielektrikum und beim Magnetikum bilden die Verkopplungsgesetze, die Strom- bzw. Spannungsgrößen dieser Gebiete mit denen des Leitergebietes verknüpfen, das Verbindungsglied zwischen der örtlichen und der energetischen Betrachtung. Diese Verkopplungsgesetze verursachen viel Verwirrungen in der Elektrizitätslehre, da ihre Formulierung Inkonsequenzen enthält. Wir versuchen letztere nicht zu übergehen, sondern klar aufzuzeigen.

Den oben erwähnten drei Kapiteln ist noch ein kurzes 4. Kapitel, **Rückblick über die drei Erscheinungsgebiete an Hand der Wechselströme,** angefügt. In diesem Kapitel soll nur das in den drei Hauptkapiteln Kennengelernte an der speziellen und technisch so wichtigen Form der Wechselströme im raschen Flug noch einmal überblickt und auf diese Weise wiederholt werden. Gleichzeitig soll der Leser für eine genauere Behandlung der Wechselströme vorbereitet sein.

Bemerkungen zu 2.

Die charakteristischen Verfahren und Geräte der Elektrotechnik, die zum selbstverständlichen Wissensbestand des Ingenieurs gehören, werden jeweils als Nutzanwendung des Naturverhaltens, auf dem sie beruhen, angeführt. Hier beschränken wir uns im Gegensatz zur Mehrzahl der Bücher nicht auf die Anwendungen in der Starkstromtechnik, sondern behandeln die der Schwachstromtechnik gleichberechtigt. Das erscheint uns wichtig, da die technische Grundforderung nach einer möglichst hohen Wirtschaftlichkeit in beiden Fällen zu völlig verschiedenen Folgerungen führt.

Bemerkungen zu 3.

Man erwartet vom Ingenieur, daß er rationell arbeitet. Die bekannten hierzu entwickelten Methoden werden daher gründlich behandelt, soweit sie für den Anfänger anwendbar sind, wie z. B. die Ersatzschaltungen, die Zweipoltheorie, das Rechnen mit Größengleichungen u. a. m. Sie sollen befähigen, einerseits Probleme rasch überschlagsmäßig zu übersehen, andererseits sie exakt und schnell rechnerisch zu lösen.

Zur Darstellung des Stoffes

Um dem Leser das Lernen möglichst zu erleichtern, sind die drei Hauptkapitel soweit als möglich in gleicher Weise aufgebaut. In jedem Kapitel ist der Stoff weitgehend aufgegliedert, selbst kleine Abschnitte tragen ein vorangestelltes Kennwort, damit man sicher weiß, was jeweils behandelt werden soll. Die wichtigsten Ergebnisse sind teils in Form von Sätzen, teils als Formeln eingerahmt, um klar zu kennzeichnen, worauf es ankommt. Da den Gleichungen nicht ohne weiteres anzusehen ist, ob sie (vom Menschen festgesetzte) Definitionsgleichungen für eine Größe, oder ob sie Naturgesetze sind, wird dieses jeweils vermerkt. Zur Erhöhung der Anschaulichkeit der Darstellung wurde an Bildern nicht gespart. Weil man in der Sprache der Elektrotechnik eine Anzahl Worte gebraucht, die vorerst dem Lernenden einen falschen Eindruck erwecken und somit verwirren können[1], sind diese nach Möglichkeit ersetzt oder der Leser wird wenigstens aufmerksam gemacht. Die Normenbestimmungen und die Richtlinien des AEF (Ausschuß für Einheiten und Formelgrößen) wurden berücksichtigt außer in den wenigen Fällen, wo dem Verfasser Änderungsbestrebungen bekannt sind.

Ich nehme die Gelegenheit gern wahr, um meinem verehrten Lehrer, Herrn Prof. Dr. H. Barkhausen, meinen besonderen Dank zu sagen. Durch offene Kritik der Vorlesung, aus der dieses Buch entstand, trug er zu manchen Verbesserungen bei. Weiterhin gilt mein aufrichtiger Dank Herrn Prof. Dr. Feldtkeller, der freundlicherweise von sich aus übernahm, die Korrekturen mitzulesen, zu kritisieren und Verbesserungshinweise zu geben. Besonders danke ich noch meinem Hauptassistenten, Herrn Dipl.-Ing. Klaus Lunze, für seine tatkräftige und mühevolle Hilfe bei den Vorarbeiten zu dem Buch und für das gründliche Mitlesen aller Korrekturen. Herr cand. ing. Gerald Sahner hat mit anderen fleißigen Helfern die vielen Zeichnungen fertiggestellt.

Dresden, im November 1950 **H. Schönfeld**

[1] Z. B.: Das, was mit „Elektromotorischer Kraft" bezeichnet wird, hat nichts mit Kraft, sondern etwas mit Energie zu tun. Wir bevorzugen für diese Form der Spannung den Ausdruck „Urspannung". Die Bezeichnung „Stromquelle" erweckt den Gedanken, daß der Strom nur aus dieser herausfließen könnte. Da er aber stets mit der gleichen Stärke einströmen muß, also nur durchfließt, dort nur seinen Antrieb erhält, verwenden wir das Wort „Spannungsquelle". Auch auf solche, das Lernen erschwerende Unebenheiten, z.B. Strom und Spannung nebeneinander zu nennen, wobei der Strom eine Erscheinung ist, die Spannung aber eine physikalische Größe (die die Antriebserscheinung charakterisiert), weisen wir hin.

Inhaltsverzeichnis

Vorbetrachtung über physikalische Größen und Naturgesetze

Die Elektrotechnik verwertet nutzbringend die Erscheinungen der elektrischen Welt. Diese laufen erfahrungsgemäß nicht willkürlich ab, sondern auf gleiche Ursachen folgen gleiche Wirkungen, eine Tatsache, die überhaupt erst eine Technik ermöglicht. Dieses immer wiederkehrende „kausale“ Verhalten wird in Naturgesetzen formuliert. Um sie verstehen zu können, muß man sich die zu ihrer Beschreibung dienende Fachsprache aneignen. Diese ist nicht etwas von vornherein Gegebenes, sondern vom Menschen Festgelegtes, weshalb es verlorene Mühe ist, noch Tieferes dahinter zu suchen. Da man die Naturgesetze zergliedert und darstellt als das Zusammenspiel physikalisch-elektrischer Größen, behandeln wir zunächst das Wichtigste über Größen, dann über Naturgesetze.

Physikalische Größen

Definition: Die Erscheinungen der elektrischen Welt hat man mit bestimmten Namen belegt: Strom, magnetisches Feld usw. Sie werden genauer durch für sie charakteristische Bestimmungsstücke gekennzeichnet: Stromstärke, Stromdichte, magnetische Feldstärke usw.

> Diese charakteristischen Bestimmungsstücke der Erscheinungen und der Medien, in denen sie sich abspielen, werden physikalische Größen genannt.

Man hat sich – meist unter Anlehnung an den üblichen Sprachgebrauch – geeinigt, was man unter der betreffenden Größe verstehen will und dieses in einem Definitionssatz eindeutig festgelegt. Durch diesen wird die betreffende Größe auf andere, einfachere zurückgeführt, und zwar durch Anwendung mathematischer Operationen, wie Produkt, Quotient. Zum Beispiel kann die Aussage „Der elektrische Widerstand eines leitenden Körpers mit den Anschlußstellen A und B ist der Quotient der Spannung von A nach B durch die Stromstärke des durchfließenden Stromes“ als Definition des elektrischen Widerstandes verstanden werden.

> Der Definitionssatz einer Größe wird als Gleichung geschrieben, wobei man die Größen durch Buchstaben ausdrückt[1].

[1] Siehe Fußn. 1, S. 5.

Die Formelzeichen sind in vielen Fällen genormt und werden im Druck in *schräger* Schrift gesetzt (Zusammenstellung s. Anhang I). Erwähnt sei, daß bei Größen, die eine richtungsbehaftete Erscheinung beschreiben wie z.B. den Strom, zusätzlich zum Definitionssatz das Vorzeichen festgelegt werden muß.

Die Größen sind also durch die Definitionssätze allgemein, d.h. unabhängig vom Einzelfall bestimmt. Um aber die in einem einzelnen Fall vorliegende Erscheinung, z.B. einen betrachteten Strom, festlegen zu können, muß man weiterhin angeben, welchen besonderen Wert die Größe im betrachteten Einzelfall hat (quantitative Aussage). Wie man das erreicht, wird unten behandelt. Insgesamt sollen die Größen ermöglichen, quantitative Aussagen über eindeutige Bestimmungsstücke von Erscheinungen oder Medien zu machen.

Wie man sich eine Fremdsprache durch Erlernen der Bedeutung ihrer Worte aneignet, so hat man als Vokabeln die Definitionssätze der elektrischen Größen sich einzuprägen. Für den Anfänger besteht dabei die Schwierigkeit, daß die elektrischen Größen mit unseren Sinnen nicht direkt wahrnehmbar und daher zunächst ungewohnt sind. Hier hilft nur, sich immer wieder mit ihnen zu beschäftigen, so daß sie zur Gewohnheit und damit zur Selbstverständlichkeit werden.

Grundgrößen: Die beim Rückführen von Größen auf einfachere übrigbleibenden einfachsten Größen, die sich nicht weiter analysieren lassen, heißen Grundgrößen. In der Mechanik sind es bekanntlich drei, wozu Länge, Zeit und Masse gewählt wurden. In der Wärmelehre ist als vierte Grundgröße die Temperatur eingeführt. In der elektrischen Welt treten als neu die wesenseigenen Erscheinungen des Leiter-, des Nichtleiter und des magnetischen Gebietes auf. Hieraus läßt sich herleiten, daß man drei weitere Grundgrößen braucht, aus jedem Gebiet eine spezifische. Es ist aber leider üblich – und das erschwert die Lehre – mit weniger Grundgrößen zu arbeiten und dafür gewisse Inkonsequenzen in Kauf zu nehmen (genaueres s. Anhang I). Das hat zur Folge, daß sich in manchen Fällen für zwei verschiedene Größen die gleiche Kombination von Grundgrößen ergibt und die Größen somit nicht mehr eindeutig durch die Kombination von Grundgrößen festliegen. Dadurch entstehen begreiflicherweise Verwirrungsmöglichkeiten.

Wir schließen uns dem jetzt üblichen Brauch an und bauen unsere Darstellung auf insgesamt vier Grundgrößen auf, den drei mechanischen und einer elektrischen. Die Meinungen, welche elektrische man am zweckmäßigsten nimmt, ob Elektrizitätsmenge oder Stromstärke o.a., sind nicht einheitlich und für unsere Zwecke nicht entscheidend, da wir durch die Definitionsgleichungen die eine in die andere überführen können. Wir werden die Elektrizitätsmenge wählen, da sie erfahrungsgemäß dem Anfänger die wenigsten Schwierigkeiten verursacht[1].

Einheiten, Grundeinheiten: Um quantitative Aussagen über eine in einem bestimmten Fall betrachtete Größe machen zu können, d.h. um irgendwelche Werte gleichartiger Größen miteinander vergleichen, also messen zu können, bezieht man sie auf eine genormte Bezugsgröße ihrer Art, eine sog. „Einheit“. Die wichtigsten Einheiten tragen bestimmte Namen, die ebenfalls durch genormte Buchstaben (s. Anhang I), die im Druck in senkrechter Schrift erscheinen, abgekürzt werden, z.B. 1 Farad = 1 F = Einheit für die Kapazität. Diese besonders benannten Einheiten sind durch gleichfalls zu lernende Einheitengleichungen definiert, d.h. auf einfachere zurückgeführt, z.B. $1\,\mathrm{F} = 1\,\frac{\text{Ampere} \times \text{Sekunde}}{\text{Volt}}$. Als einfachste bleiben einige übrig: „Grundeinheiten“. Für diese Grundeinheiten sind für alle Kulturländer bindende Vereinbarungen meist von Gesetzeskraft dahingehend getroffen, welchen vom Menschen ausersehenen und durch eine Meßvorschrift festgelegten Teil der betr. Naturgröße man als Grundeinheit anerkennt (z.B. 1 Sekunde = 86400. Teil des mittleren Sonnentages). Durch Vorsetzen von Zehnerpotenzen vor Einheiten – Zusammenstellung der Abkürzungen s. Anhang I – erhält man Untereinheiten, also gleichfalls Bezugsgrößen, z.B. $10^{-6}\,\mathrm{F} = 1$ Mikrofarad.

Dem oben erwähnten Aufbau der Darstellung aus drei mechanischen Grundgrößen und einer elektrischen entspricht die Ableitung der Einheiten aus drei mechanischen Grundeinheiten und einer elektrischen. Als Grundeinheiten sind festgelegt: Das Meter, das Kilogramm, die Sekunde und das Ampere (dieses nach einer Definition der 9. Generalkonferenz für Maß und Gewicht 1948). Die Ausdrücke: Giorgisches Einheitensystem und MKSA-System sind Benennungen für das Einheitensystem, das die Einheiten der elektrischen und der magnetischen Größen kohärent ableitet aus den genannten vier voneinander unabhängigen Einheiten. Die Einheiten dieses Systemes und ihre Zusammenhänge mit anderen Einheiten sind im Anhang I dargestellt.

Zahlenwert: Da, wie angegeben, eine Einheit für eine Größe nichts anderes ist, als eine festgelegte Vergleichsgröße derselben Art, ist der Quotient: Größe durch Einheit eine reine Zahl. Man drückt diesen Sachverhalt so aus:

$$\boxed{\text{Physikalische Größe} = \text{Zahlenwert} \times \text{Einheit}}$$

[1] Früher – und heute oft noch in der Physik üblich – ging man noch einen Schritt weiter und arbeitete ohne jede elektrische Grundeinheit. Da damit noch mehr an Eindeutigkeit eingebüßt wurde, entstanden noch mehr Verwirrungsmöglichkeiten.

Der Zahlenwert gibt also an, wievielmal die zugehörige Einheit in der betreffenden Größe enthalten ist, z.B. $I = 5$ Ampere heißt, die betrachtete Stromstärke I ist 5mal so groß wie die von 1 Ampere. Ziel des Messens ist, den Zahlenwert unter Zugrundelegen der betreffenden Einheit festzustellen.

Dimension: Um Größen (im wesentlichen) nur ihrem Wesen nach anzugeben, schreibt man ihre „Dimension" an. Darunter versteht man die gemäß dem Definitionssatz gegebene Verknüpfung mit den Grundgrößen unter Weglassung irgendwelcher Zahlenfaktoren. Die Dimension ist daher stets ein Produkt von Faktoren einfacher Größen, versehen mit bestimmten Exponenten. Man schreibt sie häufig in rechteckige Klammern, z.B. $[\text{Geschwindigkeit}] = \frac{[\text{Länge}]}{[\text{Zeit}]}$, oder: das Kugelvolumen $V = \frac{4}{3} r^3 \pi$ hat die Dimension $[\text{Länge}]^3$.

Naturgesetze

Allgemeines: Die vorhandenen Spielregeln der Natur = Naturgesetze äußern sich als immer wiederkehrendes Zusammenspiel artfremder[1] physikalischer Größen. Sie werden durch Beobachtung festgestellt. Ihre Formulierung vermag in kürzester, klarster Form die Mathematik auszudrücken. Man sucht hierzu für die miteinander verkoppelten Größen (z.B. bei der Gravitation: die Kraft F, die beiden sich anziehenden Massen m_1, m_2, ihr Abstand r), welche Größe (F) sich verhältnisgleich mit welcher mathematischen Kombination der anderen Größen $\left(\frac{m_1 m_2}{r^2}\right)$ ändert. Dieser Zusammenhang läßt sich als Gleichung schreiben, in der als Verbindungsglied zwischen den beiden dimensionsverschiedenen Gleichungspartnern ein Proportionalitätsfaktor steht $\left(F = \text{konst.} \frac{m_1 m_2}{r^2}\right)$. Jener ist folglich dimensionsbehaftet und stellt eine – im Gegensatz zu den bisher kennengelernten – unveränderliche physikalische Größe dar, eine „Naturkonstante". Sie kann von Material zu Material verschieden sein (Materialkonstante) oder allgemeineren Charakter tragen (universelle Konstante).

Naturgesetze werden als mathematische Gleichung formuliert. Sie enthalten eine Naturkonstante (oder mehrere).

Die Formulierung als Gleichung hat darüber hinaus den Vorteil, rechnerisch durch Anwendung der üblichen Regeln, also deduktiv, Folgerungen herleiten zu lassen. Man beachte, es gibt somit zwei Arten von Gleichungen mit Größen:

1. Die Definitionsgleichungen für Größen (vom Menschen festgesetzt),
2. die Naturgesetze (von der Natur bestimmt).

[1] Das heißt nicht durch Definitionsgleichungen miteinander verknüpfter Größen.

Da die bei einem Naturgesetz auszudrückende Proportionalität oft nicht für die Größen selbst besteht, sondern nur für sehr kleine Änderungen von ihnen (Differentiale), spielt die Differentialrechnung in der exakten Naturbeschreibung eine wichtige Rolle. Ferner beachte man, daß die Gleichungen der Naturgesetze nur für eine Prozeßrichtung gelten. Beispiel: 2 Massen rufen eine Kraft hervor $\left(F = \text{konst.}\,\frac{m_1 m_2}{r^2}\right)$; aber es gilt nicht, daß eine Kraft F zwei Massen m_1, m_2 im Abstand r erzeugt.

Größengleichungen: Wir treffen gemäß Obigem die Schreibweise der Gleichungen so, daß die Formelzeichen (Buchstaben) in den Gleichungen physikalische Größen bedeuten sollen. Die Vorteile dieser sog. Größengleichungen sind:

1. Bei zahlenmäßigen Berechnungen hat man freie Hand in der Wahl der Einheiten (ob z. B. m oder mm als Längeneinheit), denn diese gehen, da man die Größen als Produkt von Zahlenwert und Einheit einsetzt, in das Endergebnis mit ein (Beispiel S. 34).

2. Man kann mit den eingesetzten Abkürzungszeichen für die Einheiten rechnen wie mit Buchstaben (Beispiel S. 12).

Zugeschnittene Größengleichungen: Dividiert man in der Größengleichung unter Wahrung der üblichen Rechenregeln alle Größen durch solche Einheiten, in denen man sie messen will, schreibt also die einzelnen Glieder als $\frac{\text{Größe}}{\text{Einheit}}$ – wir wollen diese Quotienten mit Schrägstrich schreiben als *Größe/Einheit* und lesen „die und die Größe, gemessen in der und der Einheit" – so erhält man eine auf bestimmte, in der Gleichung ersichtliche Einheiten zugeschnittene Gleichung (Beispiele Gln. 141a, 176a): Zugeschnittene Größengleichung. Ihr Vorteil liegt in der Vermittlung einer schnelleren Größenvorstellung und Berechnungsmöglichkeit, wenn das Meßergebnis in den angeführten Einheiten vorliegt, da bestimmte Einzelfaktoren in ihr schon zusammengefaßt sind[1].

Da Größen durch ihre Dimension charakterisiert sind, müssen in der Größengleichung rechts und links des Gleichheitszeichens gleiche Dimensionen stehen. Diese Dimensionskontrolle ist bei komplizierten Gleichungen eine wertvolle Hilfe.

---

[1] Im Gegensatz zu den Größengleichungen gibt es eine überholte, leicht zu Irrtümern führende Schreibweise, in der der einzelne Buchstabe eine Größe, dividiert durch eine ganz bestimmte Einheit, also einen Zahlenwert bedeutet. Zum Beispiel ist darin n die Abkürzung für „Umdrehungen je Minute" $\left(\text{wir aber schreiben dafür } n\Big/\frac{1}{\text{min}}\right)$. Gleichungen, geschrieben mit solcher Bedeutung der Buchstaben heißen Zahlenwertgleichungen. Hat man die – meist nicht angegebenen – Bezugseinheiten nicht im Kopfe, so ist die Zahlenwertgleichung wertlos. Setzt man andere als die zugrunde gelegten Einheiten ein, so wird sie falsch. Deshalb sollte man Zahlenwertgleichungen tunlichst vermeiden.

Erstes Kapitel

Elektrische Erscheinungen in Leitern

I. Linienhafte Leiter

A. Grundbegriffe

1. Strom

a) Was wird als Strom bezeichnet?

Eine in der Elektrotechnik grundlegend ausgenutzte *Erscheinung* besteht im Dahinströmen von Elektrizitätsmengen. Hierfür hat man in Anlehnung an den täglichen Sprachgebrauch, welcher dahinströmende Luftmengen einen Luftstrom, dahinströmende Wassermengen einen Wasserstrom nennt, das Wort elektrischer *Strom*[1] gewählt:

Elektrischer Strom = Erscheinung der dahinströmenden Elektrizitätsmengen

Die Träger der dahinströmenden Elektrizitätsmengen, die sog. Ladungsträger, sind meist Elektronen, in selteneren Fällen Ionen. Die Elektronen stellen die kleinsten, selbständigen, uns alle gleich erscheinenden Bausteine der elektrischen Welt dar. Sie beanspruchen Raum und haben Masse, sind aber viel kleiner und leichter als die Atome, die Bausteine der materiellen Welt:

Elektron = „Elektrizitätsquant"

Die Atome bestehen bekanntlich aus einem Kern und den diesen umgebenden Elektronen. Als Ionen bezeichnet man Atome oder Atomgruppen, wenn ihnen ein oder mehrere Hüllenelektronen fehlen oder zuviel anhaften. Ionen sind also Materiebausteine mit Ladung:

Ion = Atom(gruppe) ± Elektronen

[1] Wir werden später bei der erweiterten Formulierung des Strombegriffes diese an Leiter gebundene Art genauer als Leitungsstrom bezeichnen.

Trägt ein Ion im Vergleich zum ladungslosen sog. „neutralen" Atom zuviel Elektronen, so heißt es *negativ*; im anderen Fall *positiv* geladen. Das Elektron selbst besitzt also eine negative Ladung.

Da ein Strom aus dahinströmenden Elektrizitätsmengen = Ladungsmengen besteht, kann er selbständig, d.h. ohne zusätzliches Schaffen von Ladungsträgern, nur in Stoffen auftreten, die bewegliche Träger von sich aus besitzen.

Stoffe mit vielen beweglichen Elektrizitätsträgern heißen Leiter.

Unter den in der Überschrift angegebenen linienhaften Leitern im Gegensatz zu räumlichen versteht man solche, deren Längsausdehnung die Querabmessungen wesentlich übertrifft, also vornehmlich Leiter in Drahtform[1].

Ein Strom ist hingegen nicht möglich in Stoffen, die entweder keine Ladungsträger enthalten oder in denen diese nicht freibeweglich sind.

Stoffe ohne oder mit unbeweglichen Elektrizitätsträgern heißen Nichtleiter = Isolatoren.

b) Kennzeichen des Stromes

Da unsere fünf Sinne auf elektrische Ladungen nicht reagieren, können wir elektrische Ströme nicht direkt wahrnehmen. Aber indirekt sind sie feststellbar an zwei bzw. drei auf die Sinne wirkenden Äußerungen, die so charakteristische Begleiter sind, daß sie als Stromkennzeichen gelten. Es sind:

1. die den Strom begleitende Wärmeentwicklung in Leitern;
2. das den Strom begleitende Magnetfeld;
3. der den Strom begleitende Stofftransport bei Ionenleitern.

Zu 1. Jede elektrische Strömung entwickelt in Leitern Wärme, die sog. Stromwärme (ausgenutzt in Elektrowärmetechnik, z.B. Kochplatte, Bügeleisen usw.). Ihr Zustandekommen stellen wir uns grob modellmäßig vor durch das Zusammenstoßen der dahinströmenden beweglichen Ladungsträger mit den ruhenden, das Materiegerüst bildenden Teilchen. Hierbei wird kinetische Energie der abgebremsten Ladungsträger in unregelmäßige Schwingungsenergie, also Wärmeenergie, der ortsfesten Teilchen umgesetzt[2].

[1] Tiefergehend definiert sind linienhafte Leiter solche, bei denen die Strömung nur von einer Koordinate abhängt, also auch scheibenförmige Leiter (= Abschnitte eines Drahtes), die von den Ladungsträgern in parallelen Strombahnen durchsetzt werden.

[2] Die einzige Ausnahme bildet der sogenannte supraleitende Zustand einiger Stoffe. Bei z.B. Blei, Quecksilber, Zinn springt beim Abkühlen auf Temperaturen in Nähe des absoluten Nullpunktes der Widerstand auf unmeßbar kleine Werte.

Zu 2. Jeder Strom ist von einem Magnetfeld begleitet. Es umgibt ihn räumlich so wie eine wirbelnde Flüssigkeit ihre Wirbelseele. Kein Strom besteht ohne magnetischen Wirbel und kein Magnetfeldwirbel ohne Strom. Das umwirbelnde Magnetfeld stellt daher das untrügliche, hinreichende Kriterium für den Strom dar. Man weist es am anschaulichsten mit einer Magnetnadel nach, die bei z.B. anfänglicher Parallelrichtung zum Strom quer zu diesem verdreht wird (Abb. 1).

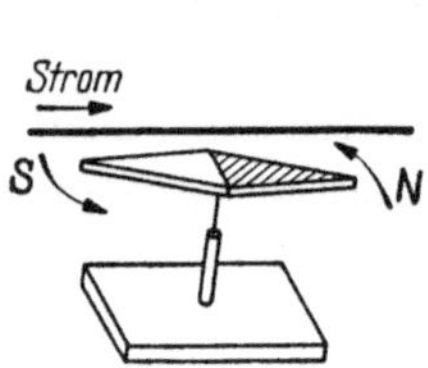

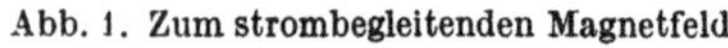

Abb. 1. Zum strombegleitenden Magnetfeld

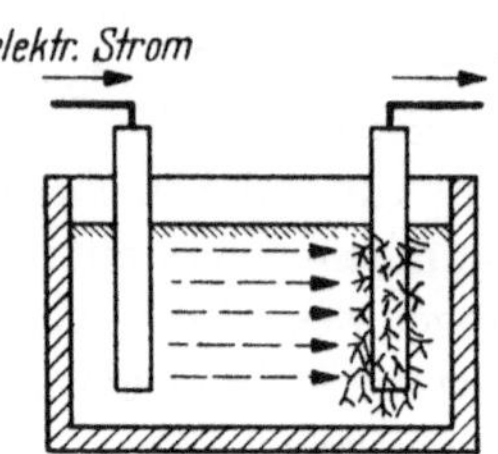

Abb. 2. Zum strombegleitenden Stofftransport bei Ionenleitern

Zu 3. Schaltet man in eine Strombahn fester, z.B. metallischer Leiter einen Flüssigkeitsleiter mit Ionen (Abb. 2) – zur Vorführung eignet sich besonders plumbichlorwasserstoffsaures Ammonium in einem Glasgefäß mit Stromzuführungen aus Blei –, so treten bei Stromfluß an beiden Zuführungsdrähten verschiedene stoffliche Veränderungen ein. Im gewählten Beispiel wachsen auf dem einen Leiterstab formschöne Kristallnadeln, der andere wird dünner. Diese Stoffveränderungen am Anfang und Ende der elektrolytischen Strecke sind die Folge der gleichzeitig mit den Ionenladungen dahinströmenden Materiebausteine, also des strombegleitenden Stofftransports. Von den Ionen können wohl die Elektronen in die Stromzuführungen hinein- (bzw. heraus-)wandern, nicht aber die stofflichen Teile, die sich daher als Zeichen des Stofftransportes dort abscheiden.

c) *Bestimmungsstücke des Stromes*

Die Bestimmungsstücke des Stromes sind die Stromstärke und die Stromdichte (physikalische Größen). Man hat in Definitionssätzen festgelegt, was man darunter verstehen will.

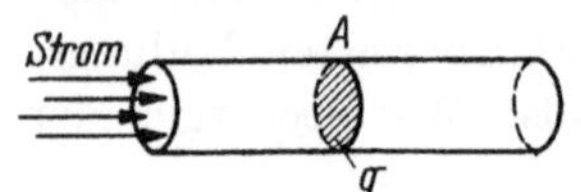

Abb. 3. Zur Definition der Stromstärke

Stromstärke: Der *Definitionssatz* lautet: Die Stromstärke an der Querschnittsstelle A eines Leiters (s. Abb. 3) ist der Quotient der Elektrizitätsmenge, die bei A in einer herausgegriffenen Zeit durch den Querschnitt strömt, dividiert durch diese Zeit.

$$\text{Stromstärke} = \frac{\text{durchströmende Elektrizitätsmenge während einer herausgegriffenen Zeitdauer}}{\text{herausgegriffene Zeitdauer}}$$

Es sei betont, daß für die Stromstärke nur diese vereinbarte Definition maßgebend ist. Häufig spricht man: Die Stromstärke ist die auf die Zeit (oder Zeiteinheit) bezogene Elektrizitätsmenge. Diese Ausdrucksweise kann nachteiligerweise den Eindruck hinterlassen, als habe die Stromstärke die Dimension einer Elektrizitätsmenge, in Wahrheit ist aber ihre Dimension $\frac{[\text{Elektrizitätsmenge}]}{[\text{Zeit}]}$. In mathematischer Form schreibt sich der Definitionssatz, wenn wir mit I die gesuchte Stromstärke an der interessierenden Stelle, mit Q die Elektrizitätsmenge, die dort in einer gewählten Durchströmzeit t hindurchfließt, bezeichnen:

$$\boxed{I = \frac{Q}{t}} \qquad \text{Stromstärke, Definitionsgleichung} \qquad (1)$$

Man muß wissen, daß in dieser Gleichung Q nicht irgendeine Elektrizitätsmenge und t nicht irgendeine Zeit bedeuten, sondern daß Q die Elektrizitätsmenge ist, die zur Durchströmzeit t gehört.

Man will demnach mit dem Begriff Stromstärke charakterisieren, ob in einer Vergleichszeit viel oder wenig Elektrizitätsmengen durch den betrachteten Querschnitt transportiert werden. Die Größe des Querschnitts spielt, da er nicht in die Gleichung eingeht, keine Rolle. In einem dicken Leiter werden die Ladungsträger langsam, in einem dünnen bei gleicher Stromstärke entsprechend schneller dahinfließen. Die Strömungsgeschwindigkeiten der Ladungsträger sind wesentlich kleiner als man schlechthin annimmt, meist geringer als 1 mm/s.

Bisher haben wir stillschweigend angenommen, daß das betrachtete Strömen über eine längere Zeit hinweg unverändert bleibt; es kann aber auch anschwellen und abnehmen. Um in diesem allgemeineren Fall die Stromstärke festzulegen, ist notwendig, da Gl. (1) nur den Mittelwert über die herausgegriffene Strömungszeit t angibt, die Stromstärke in einem Zeitpunkt (an dem gewählten Ort) zu definieren. Das ermöglicht die in der Differentialrechnung übliche Betrachtungsweise. Hierzu wählt man die Durchströmzeit so, daß ihr Anfang (t_1) etwas vor dem betrachteten Zeitpunkt t_0, ihr Ende (t_2) etwas dahinter liegt. Da $t = t_2 - t_1$ somit eine kleine Differenz zweier (von irgendeinem Anfangspunkt an gezählter) Zeiten wird, schreibt man in Gl. (1) statt t den Ausdruck Δt, entsprechend für die zugehörige Elektrizitätsmenge ΔQ, und der Quotient $\Delta Q/\Delta t$ gibt dann den Mittelwert der Stromstärke im kleinen Zeitelement Δt um t_0 herum an. Macht man Δt immer kleiner, so wird natürlich auch das zugehörige ΔQ immer kleiner, und der Grenzwert, dem der Quotient für beliebig kurzes Δt in der Umgebung von t_0 zustrebt, also der dortige Differentialquotient der durchströmenden Ladungsmenge nach der Zeit $\lim_{\Delta t \to 0} \left(\frac{\Delta Q}{\Delta t}\right)_{t=t_0} = \left(\frac{\mathrm{d}Q}{\mathrm{d}t}\right)_{t=t_0}$ ist dann das Maß für die im Zeitpunkt t_0 herrschende Stromstärke. In allgemeinerer, nicht nur für zeitlich konstante Ströme gültiger Form, schreibt sich Gl. (1) somit:

$$\boxed{I=\frac{\mathrm{d}Q}{\mathrm{d}t}} \quad \text{Stromstärke (in einem Zeitpunkt), Definitionsgleichung allgemein} \tag{1a}$$

Dabei muß man wissen, daß dQ die zu dt gehörende Ladungsmenge ist, und daß $\Delta t \to \mathrm{d}t$ um den jeweils betrachteten Zeitpunkt herum liegt.

Wir haben noch das *Vorzeichen* der Stromstärke festzulegen: Dieses wird bestimmt durch die Richtung des Stromes (gebunden an die Größe) und die Richtung eines Zählpfeiles (vom Menschen jeweils gewählt). Man definierte:

> Stromrichtung = Strömungsrichtung der positiven Ladungsträger, bei negativen Trägern die deren Strömungsrichtung entgegengesetzte[1].

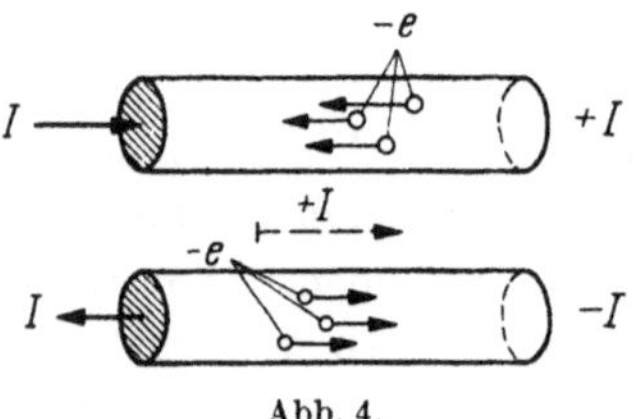

Abb. 4.
Zum Vorzeichen der Stromstärke

Die Stromrichtung gibt man an durch einen Pfeil mit angeschriebenem I (Richtungspfeil, in Abb. 4 die Pfeile links). Kehrt sich die Stromrichtung um, so kehrt sich auch der I-Pfeil um. Von den Richtungspfeilen ist wohl zu unterscheiden der Zählpfeil (in Abb. 4 der Pfeil in der Mitte).

> Der Zählpfeil einer Größe in einer Schaltung gibt an, daß die Größe positiv gezählt wird, wenn sie in dieser Richtung wirkt.

Für die entgegengesetzte Richtung wird die betreffende Größe folgerichtig negativ eingesetzt. An Abb. 4 wird also die Stromstärke oben mit $+I$, unten mit $-I$ bezeichnet (der Zählpfeil gelte für oben und unten). Wir konnten den Zählpfeil in Abb. 4 auch in entgegengesetzter Richtung wählen (nicht aber die Richtungspfeile!); dann hätten sich die Vorzeichen umgekehrt.

Im Kommenden werden in den Abbildungen Richtungspfeile und Zählpfeile nur unterschieden, wo dies notwendig ist. In der Regel bedeuten die eingetragenen Pfeile Zählpfeile.

---

[1] Die Festlegung positiv–negativ ist, da in den meisten Fällen die dahinströmenden Ladungsträger die negativen Elektronen sind, ein Beispiel für eine unzweckmäßig getroffene Definition. Sie war – freilich in anderer Ausdrucksweise – vollzogen, bevor man etwas von Elektronen wußte.

Man nennt:

Gleichstrom = Strom gleichbleibender Stärke und Richtung,

Wechselstrom = Strom zeitlich periodisch wechselnder Stärke und Richtung.

Bei Gleichgrößen, hier also bei dem Gleichstrom, wählt man die Zählpfeilrichtung in Richtung der Größe (angepaßter Zählpfeil), damit man die Größe positiv erhält.

Wir werden uns in diesem Kapitel über Leiter ausschließlich mit Gleichströmen befassen. Die allgemeinste Stromform ist der zeitlich veränderliche Strom, er ändert Stärke und (oder) Richtung im Laufe der Zeit.

Stromdichte: Die Stromdichte G soll die Beziehung zwischen Stromstärke und Querschnitt q (s. Abb. 3) des Stromes, d. h. des Leiters, charakterisieren und entsprechend dem Sprachgebrauch um so größer sein, je größer bei gleichem Querschnitt die Stärke des Stromes, und je kleiner bei gleicher Stromstärke der Querschnitt ist. Deshalb definierte man:

$$\boxed{G = \frac{I}{q}} \quad \text{Stromdichte, Definitionsgleichung} \qquad (2)$$

Aus Gln. (1) und (2) ist ersichtlich – und dieses gilt allgemein – daß die Definitionsgleichungen der Größen nur einfache Rechenvorschriften, und zwar Quotient oder Produkt enthalten. Die Stromdichte hat das gleiche Vorzeichen wie die Stromstärke an der betrachteten Querschnittstelle.

d) Einheiten

Für Stromstärke: Die Elektrizitätsmenge war in unserer Darstellung als nicht weiter zu definierende 4. Grundgröße eingeführt worden, und Stromstärke und Stromdichte wurden von dieser abgeleitet. Zum Messen, d. h. zum Angeben, wievielmal so groß eine betrachtete Elektrizitätsmenge oder Stromstärke oder Stromdichte ist als eine Bezugsgröße der gleichen Dimension, führt das praktische Einheitensystem als 4. Grundeinheit das Ampere[1] (Abkürzungsbuchstabe A) als Stromstärkeeinheit[2] ein. Im Anhang I ist ausgeführt, wie man diese Einheit gegenwärtig definiert (A. 2.), und wie man sie früher festgelegt hat (B.).

[1] Marie André Ampère, 1775–1836.

[2] Es besteht keine Notwendigkeit, wenn als 4. Grundgröße die Elektrizitätsmenge gewählt wurde, als 4. Grundeinheit auch die Einheit der Elektrizitätsmenge zu nehmen, denn die Definitionsgleichungen ermöglichen die Umrechnungen ($Q = I \cdot t$). Für die Wahl der Grundgröße entscheiden mehr theoretische Gesichtspunkte, welche Größe leicht vorstellbar und mit vielen anderen gedanklich in einfacher Weise verknüpft ist, für die Wahl der Grundeinheiten hingegen mehr praktische Gesichtspunkte, vor allem die einfache Reproduzierbarkeit.

Häufig benutzte Untereinheiten des Ampere sind:

$$1\,\text{kA} = 1\,\text{Kiloampere} = 10^3\,\text{A}$$
$$1\,\text{mA} = 1\,\text{Milliampere} = 10^{-3}\,\text{A},$$
$$1\,\mu\text{A} = 1\,\text{Mikroampere} = 10^{-6}\,\text{A}$$

Für Elektrizitätsmenge: Nach Festlegen der Grundeinheit für die Stromstärke lassen sich für die Elektrizitätsmenge mit Hilfe von $Q = I \cdot t$ Einheiten herleiten. Eine solche ist 1 Amperesekunde, auch 1 Coulomb[1] genannt.

$1\,\text{As} = 1\,\text{Coulomb} = 1\,\text{C}$	Einheit der Elektrizitätsmenge (3)

Eine Amperesekunde ist die Elektrizitätsmenge, die bei der Stromstärke von 1 A während einer Sekunde durch den Querschnitt fließt oder bei 1/30 A in 30 Sek. usw. Die Ladung des Elektrons, die sog. Elementarladung e, ist außerordentlich klein.

$$e = 1{,}602 \cdot 10^{-19}\,\text{As} \quad \text{Elementarladung}$$

Eine größere Elektrizitätsmengeneinheit ist die Amperestunde (1 Ah). Zum Umrechnen einer Einheit (Ah) in eine andere der gleichen Art (As) wendet man auf die Einheitenbuchstaben die üblichen Regeln der Buchstabenrechnung an. Hierin offenbart sich ein großer Vorteil des Rechnens mit „Größen" als Produkt von Zahlenwert und Einheit:

$$1\,\text{h} = 3600\,\text{s}; \quad 1\,\text{Ah} = 1\,\text{A} \cdot 3600\,\text{s} = 3600\,\text{As}$$

Für Stromdichte: Als Einheiten für die Stromdichte ergeben sich nach $G = \frac{I}{q}$ z.B.: $1\,\frac{\text{A}}{\text{mm}^2}$ oder $1\,\frac{\text{A}}{\text{cm}^2}$. Fließt in der Leitung von 3 mm² Querschnitt der Strom von 12 A, so ist $G = \frac{12\,\text{A}}{3\,\text{mm}^2} = 4\,\frac{\text{A}}{\text{mm}^2}$ oder $G = 4\,\frac{\text{A}}{10^{-2}\,\text{cm}^2} = 400\,\frac{\text{A}}{\text{cm}^2}$.

e) Strommeßinstrumente

Die zum Messen der Stromstärke dienenden Instrumente heißen Strommesser oder Amperemeter. Man benutzt hierzu die den Strom begleitenden Erscheinungen, die Wärmewirkung und das Magnetfeld. Der Stofftransport in Ionenleitern wäre wegen der Flüssigkeit und der geringen Abscheidungsmengen zu unbequem. Die Strommesser lassen sich daher in die beiden Gruppen einteilen:

a) benutzend Wärmewirkung: Hitzdrahtinstrumente,

b) benutzend Magnetfeldwirkung: Am wichtigsten Drehspulinstrumente, Dreheiseninstrumente.

Beim Hitzdrahtinstrument durchfließt der Strom einen dünnen Draht. Je größer die Stromstärke, um so höher die Drahterwärmung. Die

[1] Charles Auguste de Coulomb, 1736–1806.

durch sie verursachte Drahtverlängerung wird als Maß für die Stromstärke angezeigt. Zu ihrer mechanischen Vergrößerung (bei der praktischen Ausführung zweifach angewandt) dient im Prinzip (Abb. 5) ein Spanndraht, der über eine mit dem Zeiger verbundene Rolle geführt wird. Das Hitzdrahtinstrument wird wegen seiner geringen Überlastbarkeit und anderer nachteiliger Eigenschaften mehr und mehr nur noch für Sonderzwecke verwendet.

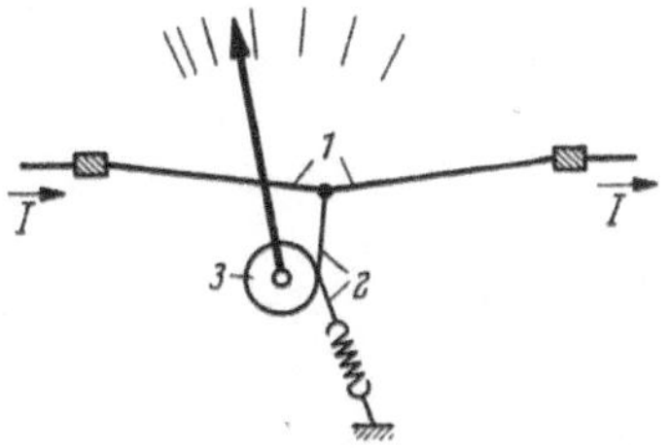

Abb. 5. Hitzdrahtinstrument (Prinzip). *1* Hitzdraht; *2* Spanndraht; *3* Rolle

D r e h s p u l i n s t r u m e n t e besitzen als oft sichtbares Kennzeichen eine drehbare, drahtbewickelte, stromdurchflossene Spule im Feld eines Permanentmagneten. Bei den D r e h e i s e n i n s t r u m e n t e n wird ein Stück Weicheisen in das strombegleitende, mittels einer feststehenden Spule erzeugte Magnetfeld gedreht. Genauere Besprechung später. Im Anhang IV sind die notwendigsten, bei äußerer Betrachtung der Instrumente entnehmbaren Eigenschaften zusammengestellt.

Die Strommesser sind in die Schaltung natürlich so einzufügen, daß der zu messende Strom sie durchfließt. Man sagt:

Strommesser werden *in* den Stromkreis geschaltet.

Darstellungszeichen in Schaltungen s. Abb. 6 a[1]. Im Gegensatz zum Hitzdraht- und Dreheiseninstrument kehrt beim Drehspulinstrument der Ausschlag mit der Stromrichtung um. Daher sind hier die Anschlußklemmen mit + - und - -Zeichen versehen, wobei der Strom von + zu - fließt (Abb. 6 b). Mehrere miteinander zu vergleichende Strommesser sind, damit sie alle vom Strom in seiner gesamten Stärke durchsetzt werden, „in Reihe" zu schalten (Abb. 6 c).

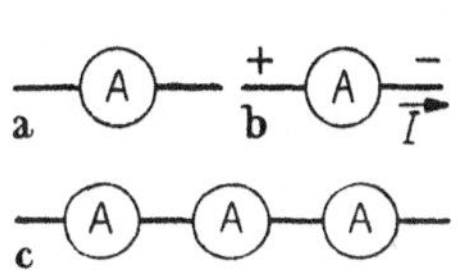

Abb. 6 a–c. Strommesser, Schaltkurzzeichen und Zusammenschaltung

f) Größenvorstellung

Zur größenordnungsmäßigen Vorstellung von Stromstärken mag dienen:

Strom in Hausbeleuchtungslampen	einige 1/10 A
Strom in Kochplatte, Kochtopf	einige A
Strom in Straßenbahnmotoren	100 A
Stromempfindung des menschlichen Körpers	einige mA (Gleichstrom).

[1] Sog. Schaltkurzzeichen. Außerdem gibt es Schaltzeichen = Darstellung mit vereinfachter Innenschaltung (s. Anhang V).

g) Haupteigenschaft des Stromes

Die wichtigste Eigenschaft des Stromes, also der Kern seines Wesens, erschließt sich bei Betrachtung des Stromes nicht wie bisher an einer Stelle, sondern in seiner Gesamtheit. Wählen wir vorerst ein Stromstück, so zeigt das Experiment: Schickt man durch einen irgendwie geformten unverzweigten Leiter (Abb. 7a) einen Strom, so ist die Stromstärke an der Eintrittsstelle A genau so groß wie an der Austrittsstelle B. Da an jede Stelle P das Ende des Leiters gelegt werden kann, folgt: Ein unverzweigter Strom hat in jedem Querschnitt die gleiche Stromstärke.

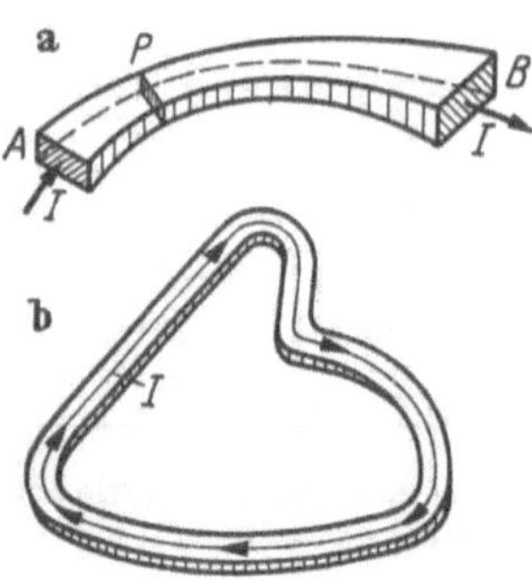

Abb. 7 a u. b. Zur Haupteigenschaft des Stromes

$(I)_A = (I)_B = (I)_P$ [1]	Stromstärke eines unverzweigten Stromes an verschiedenen Stellen	(4)

Der Strom verhält sich also wie eine inkompressible Flüssigkeit, und die physikalische Deutung ist, daß die Ladungsträger in einem Leiter sich dem Zusammenstauen oder Verdünnen widersetzen.

Wie muß nun der Strom in seiner Gesamtheit, d.h. über die Punkte A und B hinaus beschaffen sein? Wegen der Bedingung (4) kann er nur ein in sich geschlossenes Band sein, s. Abb. 7b.

Der Strom ist eine in sich geschlossene Erscheinung, ein Band ohne Anfang und Ende von in jedem (Gesamt-)Querschnitt gleicher (Gesamt-)Stärke.	(5)

Die Ladungsträger insgesamt betrachtet führen bei Stromfluß also eine kreisende Bewegung aus, und der einzelne Ladungsträger durchläuft, wenn der Strom genügend lange fließt, die Kreisbahn wiederholt. Hält der Strom nur kürzere Zeit an, so ist der Weg eine Teilstrecke der gesamten Kreisbahn.

Satz (5) ist der wichtigste Satz über den Strom, da er – wie wir sehen werden – nicht nur gilt, wenn der Strom aus dahinströmenden Ladungsträgern besteht, sondern auf alle Stromformen erweiterbar ist. Er beschreibt also den tiefsten Wesenszug des Stromes.

---

[1] Lies I an der Stelle A usw.

2. Spannung

a) Was wird mit Spannung bezeichnet? (Qualitatives)

Die Ladungsträger gehören, da sie Masse und Ladung haben, sowohl der materiellen als auch der elektrischen Welt an. Als Bestandteil der materiellen Welt bedürfen sie, um bewegt zu werden, eines Antriebes. Es gibt nun analog der der materiellen Welt eigenen Erscheinung der Gravitation, die einen Bewegungsdrang auf Massen selbst durch den leeren Raum hindurch ausübt, in der elektrischen Welt eine Erscheinung, die einen Bewegungsdrang auf Ladungen bewirkt, ebenso selbst durch den leeren Raum hindurch. Für diese elektrische Antriebserscheinung, die dem vorliegenden Abschnitt so zugrunde liegt wie die Stromerscheinung dem vorhergehenden, hat man keinen besonderen Namen. Weil ohne Bewegungsantrieb alles beim alten bliebe, ist sie Ursache und damit notwendige Voraussetzung für alles Geschehen in der elektrischen Welt. Insbesondere veranlaßt sie den Strom, da die Ladungsträger ihre kreisende Bewegung nicht ohne Anlaß ausführen können.

Die Spannung[1] ist eine die elektrische Antriebserscheinung auf Ladungsträger charakterisierende physikalische Größe.

Zum Charakterisieren des Antriebes, d.h. des Veranlassens zur Ortsänderung, gibt es zwei Größen: Die Kraft und die Energie (Antriebsenergie). Die Kraft (Vektorgröße) kennzeichnet den Antrieb jeweils in einem Punkt, die Energie (skalare Größe) den Antrieb zwischen zwei Punkten, d.h. vom Punkt A nach Punkt B hin, und zwar durch die Arbeit, die die Ladung allein infolge Ortsänderung von A nach B leisten würde; diese Arbeit muß gleich sein dem Verlust an jener Energie, die eine Ortsänderung erstrebt. Wir wollen sie „Antriebsenergie" nennen. Im analogen Fall der materiellen Welt, dem Antrieb auf Massen infolge der Gravitation, ist dieser Verlust an Antriebsenergie bekanntlich nur abhängig von den Endpunkten A, B des Weges, aber nicht vom Wegverlauf zwischen AB; man nennt die Antriebsenergie für diesen Spezialfall potentielle Energie. In der elektrischen Welt trifft diese Unabhängigkeit zwar in den meisten Fällen zu, aber nicht ausnahmslos[2]. Deshalb

[1] Die Bezeichnung elektrische Spannung ist dem Sprachgebrauch, nach dem Spannung das Streben nach Bewegung beinhaltet, entnommen. Sonst aber hat der Begriff der elektrischen Spannung mit dem Begriff der mechanischen Spannung nichts gemein.

[2] Die einzige Ausnahme tritt auf im Zusammenhang mit zusätzlichen, zeitlich sich ändernden Magnetfeldern (s. 3. Kap., Abschn. IIB), nämlich, wenn bei Änderung des Weges zwischen AB ein von der Strombahn insgesamt umfaßter Magnetfluß sich zeitlich ändert; dann entstehen weitere Antriebe.

müssen wir hier, um bei der Definition des Spannungsbegriffes keine Ausnahmen zu erhalten, zu dem übergeordneten, in der Mechanik nicht geläufigen Begriff der Antriebsenergie, bei der also die Arbeitsleistung durch Ortsänderung zwischen 2 Punkten vom Weg abhängig sein kann, greifen.

Die Spannung kennzeichnet den Antrieb auf Ladungen durch Bezugnahme auf die Änderung an Energie (genauer die Antriebsenergie).

Der überragende Wert der Spannung liegt somit darin, daß bei ihrer Kenntnis die Energieumsätze unmittelbar offenbart werden. Die Kraft hingegen würde mehr oder weniger die Bahn und Bewegung der Ladungsträger auf ihr ergeben. Die Bahn ist aber im Fall der Leiter meist durch die benutzten Drähte bekannt und somit interessiert dort die Kraft weniger.

Zwischen der elektrischen Energie von Ladungen und der mechanischen Energie von Massen auf Grund der Gravitation besteht folgender Unterschied hinsichtlich des örtlichen Verhaltens: Die Arbeit, die eine Masse auf Grund eines Gravitationsantriebes bei Bewegung von A nach B zu leisten imstande ist, wenn sonst nichts geändert wird, ist unabhängig vom speziellen Wegverlauf zwischen A und B. Die Arbeit, die eine Ladung auf Grund eines elektrischen Antriebes bei Bewegung von A nach B zu leisten imstande ist, kann abhängig vom Wegverlauf sein. Also die Spannung zwischen AB kann, auf verschiedenen Wegen zwischen AB gemessen, verschieden sein; in den weitaus meisten Fällen ist sie es freilich nicht[1].

b) Die zwei Formen der Spannung

Es ist notwendig, bei den Antrieben klar zwischen denen, die Ursache und solchen die Wirkung sind, zu unterscheiden, da ein ursächlicher Gesamtantrieb sich auf eine Vielzahl verschiedener Einzelantriebe als Wirkung verteilen kann. Demzufolge unterscheidet man zwei Formen der Spannung, die Urspannung und den Spannungsabfall.

Urspannung (Ursache): Die Stellen, von denen ein Bewegungsdrang auf Ladungsträger ausgeht, nennt man zu Recht Spannungsquellen.

Die in einer Spannungsquelle erzeugte Spannung heißt Urspannung[1].

Die Spannungsquelle spendet also den Ladungsträgern bei ihrem Durchlauf durch sie (in dem von ihr erstrebten Richtungssinn, s. später) Antriebsenergie. Diese und mithin die Urspannung kommt dadurch zu-

[1] An Stelle von Urspannung gebraucht man häufig den Ausdruck „elektromotorische Kraft“, abgekürzt EMK. Wir wollen diesen Ausdruck, da die Spannung nicht mit der Kraft, sondern mit der Energie wesensverwandt ist, vermeiden.

stande, daß jede Spannungsquelle die Tendenz hat, ihre Energie zu mindern und dies dadurch erreicht, daß sie die Ladungsträger zu Bewegungen veranlaßt und so Energie auf den Stromkreis verstreut. Da diese Bewegungen gemäß dem Stromcharakter kreisende sind[1], folgt: Jede Spannungsquelle erzeugt einen Umlaufdrang auf Ladungsträger, und die Urspannung charakterisiert diesen.

Spannungsabfall (Wirkung): Wurde bisher die Urspannung betrachtet als die Stelle, von der der Bewegungsdrang ausgeht, so betrachten wir jetzt den Stromkreis als die Stelle, auf die er einwirkt. Wir beobachten an allen Stellen des Kreises, also überall in der an die Spannungsquelle angeschlossenen elektrischen Welt, einen Bewegungsdrang auf Ladungsträger; oder anders ausgedrückt: Zwischen Anfangs- und Endpunkt der einzelnen Strecken $A-B$, $B-C, \ldots$, in die sich die Kreisbahn zergliedern läßt, treten Bewegungsantriebe auf. Sie sind für den Stromdurchgang nötig, denn ohne diese Antriebe würden sich die Ladungsträger nach jedem Zusammenstoß mit einem Baustein des Leitergerüstes nicht weiterbewegen: Die Leiterstrecken widersetzen sich dem Stromdurchgang, und der für die jeweilige Stromstärke notwendige Antrieb zwischen den einzelnen Streckenpunkten ist ein Ausdruck für das Widersetzen. Da alle diese Antriebe ohne Spannungsquelle nicht vorhanden waren, wurden sie in ihrer Gesamtheit von der Urspannung als Wirkung hervorgebracht.

Die als Wirkung der Urspannung (bzw. Urspannungen) über einer Strecke $A-B$ hervorgerufene, für den jeweiligen Stromdurchgang durch diese notwendige Spannung heißt Spannungsabfall.

Er bezieht sich stets auf eine Strecke von ihrem Anfangspunkt A zu ihrem Endpunkt B und charakterisiert den Drang von A nach B, der zum Durchlaufen dieser Strecke nötig ist. Der Spannungsabfall läßt sich also auch als Streckenspannung kennzeichnen. Da die zum Durchlaufen gebrauchte Energie der Antriebsenergie entnommen wird, folgt: Beim Durchlaufen von Spannungsabfallstrecken verlieren die Ladungsträger Antriebsenergie.

[1] Die einzige, aber nur scheinbare Ausnahme von der kreisenden Bewegung bildet die in der Elektrotechnik unmittelbar keine Rolle spielende, der Gravitation analoge Anziehung bzw. Abstoßung ungleichnamiger bzw. gleichnamiger Ladungen. Aber auch diese Bewegung einer Ladung auf eine andere zu bzw. von ihr fort, führt zu einer in sich geschlossenen Stromerscheinung, die durch eine zweite, gleichzeitig mit der „dahinströmenden" Ladung auftretende Stromform, dem sog. dielektrischen Strom, gebildet wird. Weiterhin sei erwähnt, daß auch die materielle Welt kreisende Bewegungen kennt, aber diese sind nicht zwangläufig mit der Gravitation gekoppelt, z. B. die kreisende Bewegung von Flüssigkeitsteilchen in einer in sich geschlossenen Rohrringleitung, angetrieben durch eine Pumpe (entspricht der Spannungsquelle) oder die kreisenden Bewegungen von Flüssigkeits- oder Gasteilchen in Wirbeln.

Zusammenspiel beider Spannungsformen im Stromkreis: Wir stellen das Kennengelernte gegenüber: Da eine Urspannung über den einzelnen angeschlossenen Kreisstrecken einen Bewegungsdrang in der von ihr gewünschten Umlaufrichtung entstehen läßt, ist der Antrieb auf einen Ladungsträger am Ausgang einer Urspannungsstelle größer als der am Eingang (Gewinn von Antriebsenergie), während er bei einer Strecke außerhalb der Urspannung, also über eine Spannungsabfallstrecke, am Eingang größer als am Ausgang ist (Verlust von Antriebsenergie). Weil nun erfahrungsgemäß ein Ladungsträger nach exakt 1 Umlauf, also nach Rückkehr zum gleichen Punkt im Stromkreis, sich durch nichts unterscheidet gegenüber vor seinem Umlauf, er mithin in sich keine Energie gespeichert haben kann, folgt:

> Ein Ladungsträger erhält beim Lauf durch eine Urspannungsstelle Energie in Form von Antriebsenergie und gibt diese beim Lauf durch die Spannungsabfallstrecken des Kreises ab.

c) Die drei wichtigsten Erzeugungsarten von Urspannungen

1. Urspannung durch **chemische Wirkung:** Ausgenutzt im galvanischen Element und Sammler. Taucht ein fester Leiter in eine Flüssigkeit mit Ionen, so sind seine Bausteine auf Grund chemischer Wirkungen gemäß der allgemeinen Tendenz, Konzentrationsunterschiede auszugleichen, bestrebt, als Ionen in den Elektrolyten zu wandern, der Elektrolyt hingegen versucht, seine Ionen in den festen Leiter zu pressen (Abb. 8a). Insgesamt resultiert an der Trennfläche fester Leiter-Ionenleiter ein Bewegungsdrang auf Ladungen, also eine („galvanische") Urspannung. Genauer betrachtet ist noch, um den Stromkreis schließen zu können, außer dem ersten festen Leiter *1* (Abb. 8b) ein zweiter (*2*) notwendig, dessen Trennfläche ebenso Sitz einer Urspannung wird. Damit beide Bewegungsantriebe sich in ihrer Wirkung nicht aufheben, müssen die Leiter *1* und *2* verschieden sein. Der resultierende Drang ist dann die nach außen hin wirksame Urspannung.

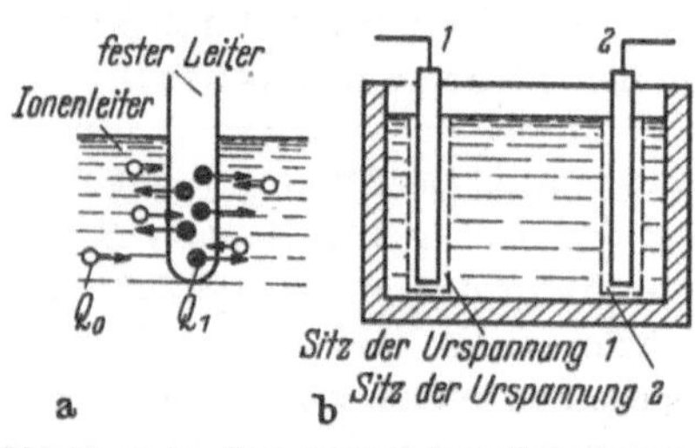

Abb. 8a u. b. Zur galvanischen Urspannungserzeugung

2. Urspannung durch **Wärmewirkung:** Ausgenutzt im Thermoelement. Grenzen zwei verschiedene Metalle (oder Metallegierungen) *a* und *b* aneinander (Abb. 9), so ist analog dem vorigen Fall jeder der beiden Partner bestrebt, Elektronen in das Gefüge des anderen zu „drücken". Da beide

Metalle verschieden sind, bleibt eine resultierende Verschiebungstendenz für Ladungen übrig. Die Berührungsstelle ist also Sitz einer Urspannung. Um den Stromkreis zu schließen, ist auch hier eine zweite Kontaktstelle nötig. Die beiden Urspannungen heben sich in der Wirkung auf den Kreis auf, wenn alles gleich beschaffen ist. Weicht aber die Temperatur der einen Stelle (ϑ_1) von der der anderen (ϑ_2) ab, so sind beide Bewegungsantriebe verschieden, und ein resultierender Drang, die „Thermospannung", entsteht.

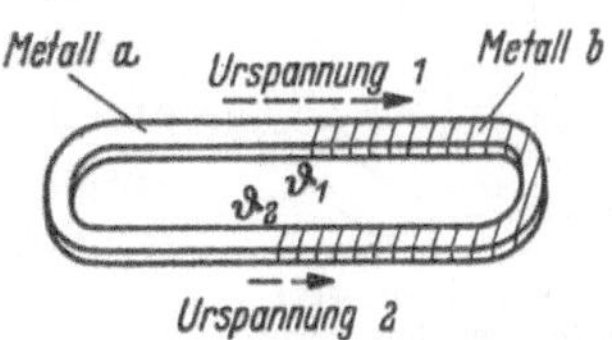

Abb. 9. Zur Thermo-Urspannungserzeugung

3. Urspannung durch **Magnetfeldwirkung** = Induktion: Sie ist technisch von höchster Bedeutung und wird praktisch überall angewandt, wo durch mechanische Bewegungen Urspannungen erzeugt werden sollen, insbesondere in den Generatoren der Starkstromtechnik, also in größtem Ausmaß in den elektrischen Kraftwerken. Ändert sich der magnetische Fluß, der von einer Leiterschleife umfaßt wird (s. Abb. 10), genauere Behandlung im 3. Kapitel), zeitlich – z. B. dadurch, daß die Leiterschleife im Magnetfeld gedreht oder der Magnet ihr genähert oder von ihr entfernt wird – so erfahren die Ladungsträger in dem den Fluß umfassenden Leiter einen Bewegungsdrang. Die gesamte Leiterschleife ist dann Sitz einer Urspannung.

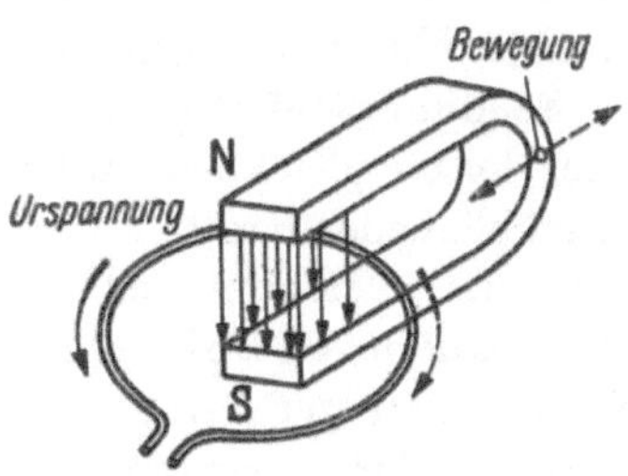

Abb. 10. Zur Urspannungserzeugung durch Induktion

Weitere Möglichkeiten der Urspannungserzeugung sind: Durch Lichteinwirkung (Fotoelement s. 1. Kap. C 6c), durch Ladungstrennung mittels „Influenz" und mechanische Ladungsbewegung (Influenzmaschine, Bandgenerator s. 2. Kap. D 3), durch Ladungsverschiebung = Polarisation in Nichtleitern mittels Druck (Piezoelektrizität s. 2. Kap. C 2).

d) Kennzeichen der Spannung

Es sind zwei:

1. **Stromantrieb:** Eine zwischen Anfang und Ende eines Leiters wirkende Spannung treibt einen Strom durch diesen. Kein Strom ohne Spannung. Die einzige Ausnahme bilden die Supraleiter, bei ihnen ist zum Aufrechterhalten des Stromes keine Spannung (Spannungsabfall, somit auch Urspannung) nötig.

2. **Mechanische Kräfte:** Spannungsführende Leiterteile, zwischen denen ein Nichtleiter liegt, ziehen sich an. Diese mechanischen Anziehungskräfte sind sehr gering. Eine dünne Aluminiumfolie, die an

feinen Metalldrähten einer festen Platte gegenüber aufgehängt ist (Abb. 11), wird beim Anlegen einer hinreichend hohen Spannung zwischen beiden auf die feste zu bewegt.

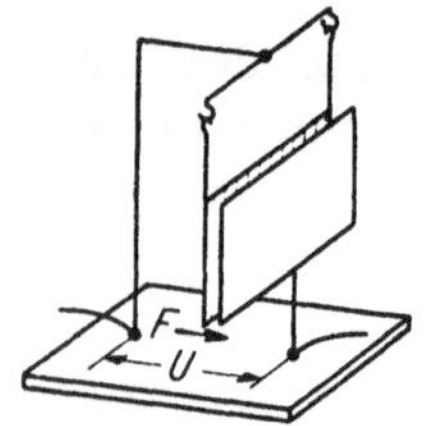

Abb. 11. Mechanische Kräfte zwischen spannungführenden Leitern

e) *Definition der beiden Spannungen*

Die Spannung wird mit dem Buchstaben U bezeichnet. Will man Urspannung und Spannungsabfall (Spannungsverbrauch) auch zeichenmäßig auseinanderhalten, so kann man z.B., einem alten Brauch folgend, eine Spannung mit E bezeichnen, wenn man hervorheben will, daß man sie als Urspannung betrachtet. Wir bezeichnen in diesem Buch mit E die Urspannung, mit U den Spannungsabfall. U wird definiert durch Verknüpfung mit der Antriebsenergie, E aus U durch Anwendung des Axioms actio = reactio.

Spannungsabfall U**:** Das Experiment offenbart für eine Strecke AB, über der ein gleichbleibender Spannungsabfall (nachgewiesen z.B. durch gleichbleibende Kraftwirkung bei Versuch Abb. 11) liegt, daß der Energieumsatz (Antriebsenergie → andere Energie) auf der Strecke AB beim Durchlaufen von n gleichen Ladungsträgern $n$mal so groß ist wie der von 1 Ladungsträger[1]. Außerdem wächst er mit der Spannung und hängt sonst von keiner weiteren Größe ab. Mithin kennzeichnet der Quotient: Verlust an Antriebsenergie W_{AB} einer Ladung Q [2] beim Lauf von A (längs der Strecke) nach B, dividiert durch die Ladung Q, eindeutig den über der Strecke liegenden Drang, und somit definiert man den Spannungsabfall U_{AB}:

$$\boxed{U_{AB} = \frac{W_{AB}}{Q}} \quad \text{Spannungsabfall } U_{AB}\text{, Definitionsgleichung} \cdot \qquad (6)$$

Dabei muß man wieder wissen, daß W_{AB} nicht irgendein Verlust an Antriebsenergie ist, sondern der der Ladung Q auf dem Weg von A nach B.

Urspannung E: Da die Urspannung als Ursache alle Spannungsabfälle der Umlaufbahn, also insgesamt den Spannungsabfall für exakt 1 Umlauf = Umlaufspannung $U_{\bigcirc}$ [3] als Wirkung hervorrief, definierte man gemäß actio = reactio:

$$\boxed{E = U_{\bigcirc}} \quad \text{Urspannung } E\text{, Definitionsgleichung} \qquad (7)$$

---

[1] Die einzelnen Ladungsträger beeinflussen sich also nicht. Auf dem gegenseitigen Beeinflussen beruht die Supraleitung.

[2] Beachte: Q bezeichnet in Gl. (1) die durchströmende Ladungsmenge am festgehaltenen Ort, hier die einzelne Ladungsmenge, mit der wir bei unserer Betrachtung dahinlaufen.

[3] Lies den Index nicht als „null", sondern als „Umlauf" zum Ausdruck für einen Umlauf längs der in sich geschlossenen Kreisbahn.

Energetisch gesehen ist $U_{\bigcirc} = \frac{W_{\bigcirc}}{Q}$, wobei $W_{\bigcirc}$ den gesamten Verlust an Antriebsenergie der Ladung Q bei exakt 1 Umlauf bedeutet. Diese Antriebsenergie muß ihr von der Urspannungsstelle abgegeben worden sein, eine Ladung Q entnimmt also beim einmaligen Durchlauf durch eine Urspannungsstelle dieser ganz unabhängig von Art und Form der angeschlossenen Kreisbahn die Energie $W_E = QE$

$$\boxed{W_E = QE} \quad \text{Energieabgabe einer Urspannungsstelle beim Durchlauf einer Ladung } Q \text{ im Sinne von } E \tag{8}$$

und verbraucht sie insgesamt beim Lauf durch die Strecken des Kreises: $W_E = W_{\bigcirc}$. Da die Ladungsträger sich nicht gegenseitig beeinflussen, wird an eine herausgegriffene Ladung Q die gleiche Umlaufenergie erteilt, ganz gleich, ob sie allein oder mit Milliarden anderer umläuft. Die Urspannung zeigt also keine Absättigung wie die chemischen Valenzkräfte.

Wir haben noch die *Vorzeichen* festzulegen: Hierfür sind wieder die Richtung der jeweiligen Spannung und die Richtung des gewählten Zählpfeiles maßgebend. Als Richtung der Urspannung (E-Richtungspfeil) definierte man die Richtung, in der sie den Strom anzutreiben sucht, d. h. die Richtung, in der beim Lauf durch die Spannungsquelle ein positiver Ladungsträger seine Energie erhöht, als Richtung des Spannungsabfalles (U-Richtungspfeil, der zweckmäßig bei dem einen Streckenendpunkt beginnt und bei dem anderen endet, s. Abb. 17) definierte man die Richtung, in der ein positiver Ladungsträger seine elektrische Energe beim Lauf mindert.

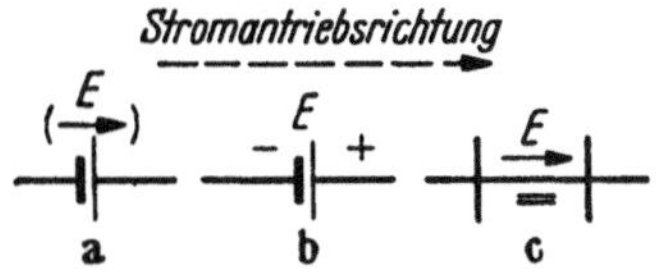

Abb. 12 a-c. Schaltzeichen für Gleich-Urspannungen

Für eine Wechselspannungsquelle würde also der E-Pfeil periodisch wechselnd bald in die eine, bald in die entgegengesetzte Richtung weisen. Das Vorzeichen von E bzw. U bestimmt für den jeweiligen Fall der E- bzw. U-Zählpfeil, der angibt, für welche Richtung das E bzw. U positiv gezählt werden soll. Bei Gleichspannungen wählt man – ähnlich wie bei Gleichströmen –, wenn deren Richtung bekannt ist, den Zählpfeil in dieser Richtung (angepaßter Zählpfeil), um positive Größen zu erhalten.

Ein genormtes Urspannungs-Schaltzeichen besteht nicht. Wir übernehmen für Gleichurspannungen, der bisherigen Gepflogenheit folgend, das (höchst unzweckmäßige) Schaltzeichen für galvanische Elemente[1] (Abb. 12a), das die Richtung mit beinhaltet: Der Strom möchte

[1] Berechtigung hierfür, da galvanische Elemente in der Regel einen vernachlässigbaren „Innenwiderstand" haben. Zweckmäßiger wäre z. B. das Zeichen (Abb. 12 c), da es den Richtungssinn sofort erkennen läßt, auf Spannungsquellen wechselnder Antriebsrichtung erweiterbar ist und nicht den falschen Eindruck wie die Bilder a, b erweckt, als wäre der Stromfluß zwischen den Platten unterbrochen.

außerhalb der Pole, von der „dünneren Platte" zur „dickeren" fließen. Zur Deutlichkeit fügt man häufig noch + - und – -Zeichen in der angegebenen Zuordnung bei (Abb. 12b), klarer ist ein Richtungs-Zählpfeil im gewünschten Antriebssinn.

f) Einheit

Die Einheit der Spannung ist das Volt[1], abgekürzt 1 V. Mit den vier Grundeinheiten m, kg, s, A hängt es durch die (exakt geltende) Beziehung zusammen

$$1\,\mathrm{V} = 1\,\frac{\mathrm{kg\,m^2}}{\mathrm{As^3}}, \tag{9}$$

wie in Anhang I ausgeführt ist. Bei praktischen Messungen elektrischer Größen spielt das Messen von Massen keine Rolle, diese laufen vielmehr auf das Messen von Stromstärken, Spannungen, Zeiten und Längen hinaus. Daher drückt man die Einheiten der elektrischen Größen, obwohl das Volt nach Gl. (9) keine Grundeinheit, sondern eine abgeleitete Einheit ist, durch Einheiten für Stromstärke, Spannung, Zeit und Länge aus und erreicht damit, daß man häufig aus der Einheit der Größe eine (praktisch oder grundsätzlich) durchführbare Meßvorschrift erkennt (G. Mie 1910). Vgl. Anhang I, A 4 und E.

Untereinheiten sind:

$1\,\mathrm{mV} = 1\,\text{Millivolt} = 10^{-3}\,\mathrm{V}$

$1\,\mu\mathrm{V} = 1\,\text{Mikrovolt} = 10^{-6}\,\mathrm{V}$

$1\,\mathrm{kV} = 1\,\text{Kilovolt} = 10^{3}\,\mathrm{V}$

$1\,\mathrm{MV} = 1\,\text{Megavolt} = 10^{6}\,\mathrm{V}.$

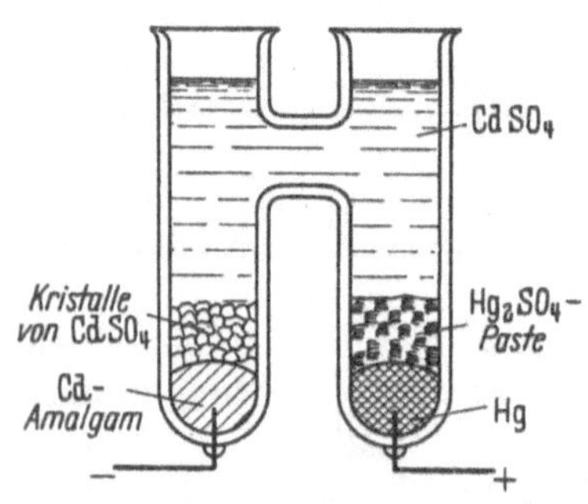

Abb. 13. Normalelement

Um bei Präzisionsmessungen über eine zuverlässige Spannung als Gebrauchsnormal zu verfügen, hat man sog. Normalelemente entwickelt, die sich durch hohe Konstanz und Reproduzierbarkeit ihrer Urspannung auszeichnen. Als Spannungsnormal ist seit 1911 das Westonelement mit dem Aufbau von Abb. 13 international anerkannt. Seine nahezu temperaturunabhängige Urspannung beträgt etwa 1 Volt, genauer

$$E_{\mathrm{WN}} = 1{,}01865\,\mathrm{V} \quad \text{bei} \quad \vartheta = 20\,^\circ\mathrm{C}.$$

Normalelementen darf praktisch kein Strom entnommen werden ($I < 50\,\mu\mathrm{A}$).

[1] Benannt nach Alessandro Graf Volta, 1745–1827.

g) Spannungsmeßinstrumente

Sie messen den Spannungsabfall. Da die Urspannung mittels Gl. (7) auf Spannungsabfälle zurückführbar ist, kann man auch Urspannungen mit ihnen ermitteln. Gemäß der Eigenheit des Spannungsabfalles, zwischen zwei Punkten definiert zu sein, besitzen die Voltmeter zwei Anschlußklemmen AB. Ihre Skala gibt an, welcher Spannungsabfall zwischen AB erforderlich ist (U_{AB}), d.h. über dem Instrument liegen muß, um den betreffenden Ausschlag zustande zu bringen. Zum Bewirken des Ausschlages benutzt man die beiden die Spannung kennzeichnenden Erscheinungen. Dementsprechend gibt es zwei Arten von Voltmetern:

1. Spannungsmesser, beruhend auf Stromfluß durch das Instrument. Dieses muß somit eine Leiterbahn zwischen AB darstellen, und die von U_{AB} abhängende Stärke des durchfließenden Stromes (Zusammenhang beider s. im nächsten Abschnitt) verursacht die Anzeige. Da diese Instrumente nichts anderes sind als in Spannung geeichte Strommesser, gibt es die gleichen Arten wie bei jenen, also als wichtigste: Drehspul- und Dreheiseninstrumente (und Hitzdrahtinstrumente). Diese Voltmeterarten heißen, weil der Stromfluß durch sie das Wesentliche ist, stromverbrauchende Spannungsmesser.

2. Spannungsmesser, beruhend auf mechanischer Kraftwirkung: statische Voltmeter. Sie benutzen die Anziehung zwischen zwei an A und B angeschlossenen leitenden Flächen, von denen die eine beweglich ist und einen Zeiger trägt. Da für diese Instrumente die Spannung das Wesentlichste ist, während der Strom ohne Einfluß auf das Prinzip bleibt, und da man (s. später) einen möglichst geringen Stromverbrauch anstrebt, heißen diese Instrumente auch „nichtstromverbrauchende Spannungsmesser". Entsprechend der Tatsache, daß die Anziehungskraft unabhängig von der Spannungsrichtung ist, kehrt sich ihr Ausschlag beim Umpolen nicht um.

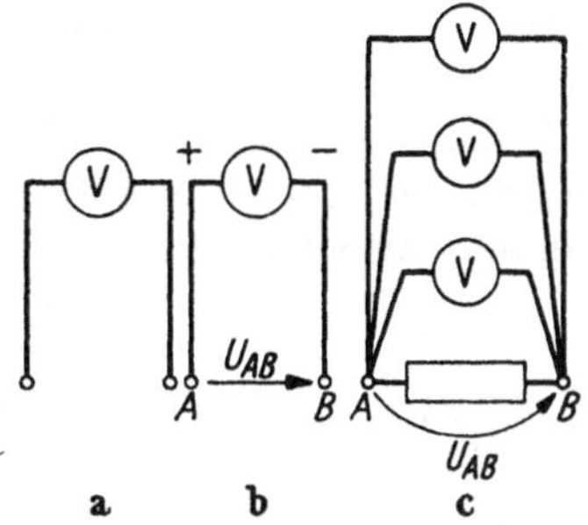

Abb. 14 a–c. Spannungsmesser, Schaltkurzzeichen und Zusammenschaltung

Das Schaltzeichen der Voltmeter zeigt Abb. 14a. Instrumente, deren Ausschlag mit der Stromrichtung umkehrt, sind an den Klemmen mit + und − gekennzeichnet bei der in Abb. 14b angegebenen Zuordnung zur Spannungsrichtung.

Um in einer Schaltung den Spannungsabfall U_{AB} zwischen zwei Punkten AB zu messen, muß man, da der Spannungsmesser die zwischen seinen Anschlußklemmen jeweils herrschende Spannung anzeigt, die Instrumentenklemmen dort anschließen, also

Spannungsmesser **parallel** zur Spannungsstrecke schalten

Inwieweit der zusätzliche Stromfluß durch das Instrument die vordem herrschenden Spannung U_{AB} stört, wird später behandelt.

Zum Vergleich mehrerer Spannungsmesser miteinander hat man sie alle an die gleichen Punkte anzuschließen, also alle parallel zu schalten (Abb. 14c).

h) Größenvorstellung

Zur größenordnungsmäßigen Vorstellung von Spannungen mag dienen:

1 Zelle des Bleiakkumulators	2 V
Lichtnetz	220 V
Durchschlagsspannung durch 1 cm Luftstrecke	30 kV
Hochspannungsleitungen	20 kV ... 200 kV
Empfangsspannungen am Rundfunkempfänger	mV ... µV

i) Grundeigenschaften der Spannungen

Wir werden die Grundeigenschaft der Urspannung und die des Spannungsabfalles aufstellen.

Urspannung: Ihre Grundeigenschaft tritt im unverzweigten Stromkreis zutage, der mehrere Urspannungen enthält (Abb. 15). Jede Urspannung erteilt jedem Ladungsträger des Kreises einen Umlaufantrieb in dem von ihr erstrebten Sinn. Da jede Ladung Q nur eine einzige Bewegung ausführen kann, verhält sie sich so, als wäre als Bewegungsursache nur ein einziger Gesamtantrieb E_{ges} vorhanden, wobei E_{ges} nach Gl. (6) die gleiche Energie je Umlauf einer Ladung Q an den Kreis abgeben muß wie die einzelnen Urspannungen zusammen. Gesamtenergien berechnen sich nach dem Energiesatz als Summe der Einzelenergien. Im Beispiel Abb. 15 haben E_1 und E_3, in deren Sinn der Umlauf erfolgte, ihre Energie bei einem Umlauf erniedrigt um zusammen $E_1Q + E_3Q$, während E_2, für die der Umlauf im entgegengesetzten Sinne geschah, ihre Energie demzufolge um E_2Q erhöhte.

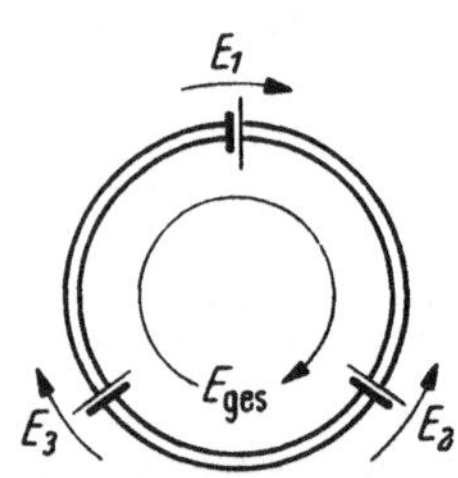

Abb. 15. Zum Überlagerungssatz für Urspannungen

Also beträgt die gesamte Energieminderung $(E_1 + E_3 - E_2)Q$. Die Einzelurspannungen wirken also wie eine einzige $E_{ges} = E_1 + E_3 - E_2$. Allgemein wird der Gesamtantrieb bei Reihenschaltung gleich der Summe der Einzelantriebe unter Berücksichtigung der Vorzeichen:

$$\boxed{E_{\text{ges}} = \sum E_\nu}$$ Überlagerungsgesetz für in Reihe geschaltete Urspannungen E_ν, Grundeigenschaft der Urspannungen (10)

In der Summe ist das + -Zeichen für Urspannungen in Richtung von E_{ges}, das − -Zeichen für solche mit gegensinniger Richtung einzusetzen. Die Bewegung tritt natürlich in dem Sinne ein, daß sich die Gesamtenergie der Urspannungen mindert. Man sagt nun von einer Größe, wenn sie mit anderen ihrer Art am gleichen Objekt dergestalt zusammenwirkt, daß die Gesamtgröße die Summe der Einzelgrößen ist, sie erfüllt das Überlagerungsgesetz. Also Grundeigenschaft der Urspannungen: *In Reihe geschaltete Urspannungen befolgen das Überlagerungsgesetz* (= überlagern sich). Beachte: Das Überlagerungsgesetz gilt stets für Ursachengrößen.

Spannungsabfall: Seine Grundeigenschaft tritt zutage bei einer Gesamtstrecke mit dem Spannungsabfall U_{ges}, die aus mehrerenEinzelstrekken mit den Einzelspannungsabfällen $U_1, U_2 \ldots U_\nu$ besteht. Da gemäß Gl. (6) die Spannungsabfälle durch den Verlust von Antriebsenergie definiert sind und gemäß dem Energiesatz der Energieumsatz beim Durchlaufen einer Gesamtstrecke ($Q\,U_{\text{ges}}$) gleich der Summe der Energieumsätze auf deren Einzelstrecken ($\sum Q\,U_\nu = Q \sum U_\nu$) ist, folgt: Der gesamte Spannungsabfall längs eines Weges ist gleich der Summe der einzelnen Spannungsabfälle längs dieses Weges (unter Berücksichtigung der Vorzeichen).

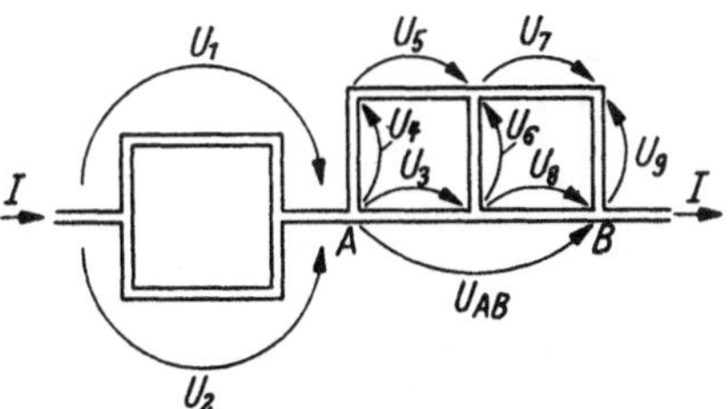

Abb. 16a. Zur Grundeigenschaft für Spannungsabfälle

$$\boxed{U_{\text{ges}} = \sum U_\nu}$$ Gesamter Spannungsabfall und seine Teile längs seines Weges, Grundeigenschaft der Spannungsabfälle (11)

Zusammen mit der Tatsache, daß Spannungsabfälle unabhängig vom Weg sind außer im erwähnten Ausnahmefall[1] ergibt Gl. (11): Der gesamte Spannungsabfall zwischen zwei Punkten ist gleich der Summe der einzelnen Spannungsabfälle längs irgendeines Weges zwischen diesen beiden Punkten[1]:

$$\boxed{U_{\text{ges}} = \sum_{\text{Weg I}} U_\nu = \sum_{\text{Weg II}} U_\nu}$$ Gesamter Spannungsabfall für in Reihe geschaltete Einzelspannungen[1] (11a)

[1] Ausnahmefall s. Fußn. 2, S. 15, nämlich, wenn der sich von den Spannungswegen umfaßte Magnetfluß ändert.

Im Beispiel von Abb. 16a ist also:

$$U_1 = U_2$$

$$U_3 = U_4 + U_5 - U_6 = U_4 + U_5 + U_7 - U_9 - U_8;$$

$$U_{AB} = U_3 + U_8 = U_4 + U_5 + U_7 - U_9$$

Folgerungen: Aus Gln. (7, 10, 11), angewandt auf einen Kreis mit mehreren Urspannungen in Reihe, folgt: Die Summe der Urspannungen beim Umlauf in einer Richtung ist gleich der Summe der Spannungsabfälle längs des Kreises beim Umlauf in der gleichen Richtung (angedeutet durch den Pfeil am Kreis der Summenzeichen).

$$\boxed{\sum_{\circ} E_\nu = \sum_{\circ} U_\nu}$$ Beziehung zwischen Urspannungen und Spannungsabfällen, die im Kreis in Reihe liegen[1] (12)

Also: Urspannungen und Spannungsabfälle, die im Sinne der gewählten Umlaufrichtung liegen, sind mit positiven, die entgegengesetzt liegenden mit negativen Vorzeichen einzusetzen. Anwendungen dieser wichtigen Gleichung s. Abschn. „Stromkreise".

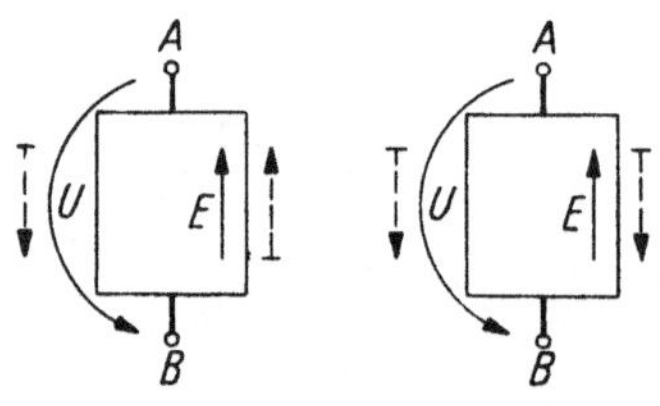

Abb. 16b. Zum Vorzeichen der Spannungen (gestrichelte Pfeile sind Zählpfeile)

Zur Vorzeichenbetrachtung von E und U: Man kann eine Strecke AB eines elektrischen Kreises rein formal, d.h. wenn man ihren physikalischen Kern nicht kennen würde, also nicht wüßte, ob sie (aktive) Urspannungsstrecke oder (passive) Spannungsabfallstrecke wäre, als Urspannungs- oder als Spannungsabfallstrecke werten. Hierzu denkt man sich eine Ladung Q von A nach B oder umgekehrt bewegt und den Energieumsatz festgestellt. Gemäß Gl. (6) muß man, um U zu ermitteln, den Verlust an elektrischer Energie von Q bestimmen; er trete z.B. ein bei Bewegung der Ladung von A nach B; also verläuft der Spannungsabfall (U-Richtungspfeil) von $A \to B$. Gemäß Gl. (8) muß man, um E zu ermitteln, feststellen, bei welcher Bewegungsrichtung von Q elektrische Energie gewonnen wird, und wie groß diese ist; Energiegewinn von Q tritt natürlich ein beim Bewegen von $B \to A$; seine Höhe ist selbstverständlich genau so groß, wie der Verlust bei der vorherigen entgegengesetzten Bewegung; also verläuft die Urspannung (E-Richtungspfeil) von $B \to A$. Es ist nach Gl. (6) und (8) $|E| = |U|$. Die Vorzeichen bestimmen sich unter Einbeziehung der Zählpfeile. Bei Zählpfeilen nach Abb. 16b links (angepaßte Zählpfeile) ist $U = E$; bei Zählpfeilen nach Abb. 16b rechts (nicht angepaßter E-Zählpfeil) ist $U = -E$.

[1] Bei dem in der Fußn. 2, S. 15 angeführten Ausnahmefall sind die von äußeren Magnetfeldern induzierten Urspannungen mit zu berücksichtigen, s. 3. Kap.

3. Widerstand

a) Was wird mit Widerstand bezeichnet? (Qualitatives)

Ströme fließen nach dem Kennengelernten nicht von selbst durch Körper, sondern bedürfen dauernder Antriebe, Spannungen. Unter Widerstand eines Körpers versteht man qualitativ sein Widersetzen gegen Stromdurchgang. Es ist verschieden stark je nach seinem mikroskopischen Bau und seinen makroskopischen Abmessungen. Ein Körper aus Eisen macht dem Strom das Durchfließen beschwerlicher als ein gleichgeformter aus Kupfer, und ein langer schmaler Kupferkörper wieder schwieriger als ein kurzer mit großem Querschnitt. Der Widerstand ist also eine elektrische Eigenschaft des betreffenden Körpers.

Widerstand = Eigenschaft des betreffenden Körpers (physikalische Größe), die das Widersetzen gegen Stromdurchgang chrakterisiert.

b) Leiter – Nichtleiter

Hinsichtlich der Materialeigenschaft für das Verhalten beim elektrischen Durchströmen werden die Stoffe – wie schon erwähnt – in Leiter und Nichtleiter klassifiziert.

Leiter. Drei Stoffgruppen haben ausgesprochene Leitereigenschaft: Die unter dem Namen Metalle zusammengefaßte, größere Zahl der Elemente, die metallischen Legierungen und die Elektrolyte.

Die Metalle zeigen die besten Leitvermögen, Silber ist bei Zimmertemperatur der beste Leiter. Die häufig vorkommenden, wie Kupfer und Aluminium, spielen deshalb in der Elektrotechnik eine überragende Rolle. Die Ladungsträger sind Elektronen, die sich zwischen den in Gitterstruktur angeordneten Metallatomrümpfen ähnlich frei bewegen wie Moleküle eines Gases (Elektronengas): Metalle sind Elektronenleiter.

Die Metallegierungen sind ebenfalls gute Leiter.

Unter Elektrolyten versteht man Flüssigkeiten, die als bewegliche Ladungsträger Ionen besitzen: Elektrolyte sind Ionenleiter. Sie kommen vor als wäßrige Lösungen von Salzen oder Säuren oder Basen. Ihre Leitereigenschaften sind merklich schlechter als die der vorerwähnten Leiterarten.

Nichtleiter = Dielektrika = Isolatoren. Die wichtigsten Vertreter sind:

Vakuum;

von den *gasförmigen* Körpern alle bei nicht zu hoher elektrischer Beanspruchung, also auch Luft;

von den *flüssigen* Körpern alle diejenigen, die nicht flüssige Metalle oder Elektrolyte sind, insbesondere Öle, Petroleum, Fette, Alkohol, destilliertes Wasser;

von den *festen* Körpern die Naturstoffe Glimmer, Quarz, Marmor, Schiefer, Salze in fester Form, Bernstein, Harze, Holz, Baumwolle, Seide u. a. und die Kunststoffe Porzellan, Keramik, Glas, Bakelit, Preßmasse, Hartgummi, Styroflex, Silikone, Papier, Gewebe u. a. m.

Genau betrachtet sind alle praktischen Isolatoren nicht absolut nichtleitend, sondern zeigen bei Anwendung genügend feiner Instrumente eine freilich auffallend geringe Leitfähigkeit. Das Entscheidende ist: Das charakteristische Verhalten der als typische Nichtleiter bezeichneten Stoffe ist grob verschieden (z. B. um 10 Größenordnungen) von dem der typischen Leiter. Man behandelt daher berechtigterweise in Überlegungen und Berechnungen die praktischen Nichtleiter in erster Näherung als ideale Nichtleiter.

Halbleiter: Die meisten der vorkommenden Stoffe lassen sich klar einer der beiden extremen Gruppen (Leiter, Nichtleiter) zuordnen. Nur ein kleiner Teil nimmt eine vermittelnde Zwischenstellung ein, bzw. läßt sich zu diesem Zwischenverhalten züchten: Halbleiter. Ihre bekanntesten Vertreter sind Kohle, Silizium, Germanium, Selen, Graphit, Kupferoxydul und die Schwermetalloxyde wie Urandioxyd, Titandioxyd u. a.

c) Definition des Widerstandes

Vergleicht man zwei Körper 1 und 2 mit den Anschlußklemmen AB, von denen 1 sich dem Stromdurchgang stärker widersetzen soll als 2, so ist für gleiche Stromstärke durch beide bei 1 ein höherer Spannungsabfall U_{AB} erforderlich, oder bei gleichem Spannungsabfall über beiden fließt durch 1 ein Strom geringerer Stärke I. Also der Quotient beider Größen U_{AB}/I ändert sich wie das Widersetzen. Deshalb definierte man (Abb. 17):

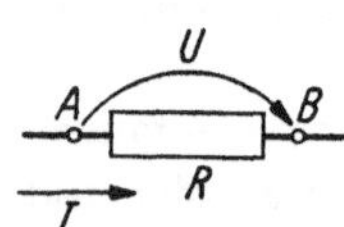

Abb. 17. Zur Definition des Widerstandes

$$\text{Widerstand eines Körpers zwischen } AB = \frac{\text{Spannungsabfall über } AB}{\text{Stromstärke } I \text{ des dabei durch } AB \text{ fließenden Stromes}}$$

$R_{AB} = \dfrac{U_{AB}}{I}$ oder ohne die die Zusammengehörigkeit betonenden Indizes geschrieben:

$$\boxed{R = \frac{U}{I}} \quad \text{Widerstand, Definitionsgleichung} \tag{13}$$

Man muß dabei wissen, daß U nicht eine beliebige Spannung ist, sondern die über R liegende beim Stromfluß I.

d) Ohmsches Gesetz

Die überragende Bedeutung des Widerstandsbegriffes liegt in Folgendem: Bestimmt man experimentell von einer Vielzahl von Körpern für

Spannungswerte $U_1, U_2 \ldots$ die zugehörigen Stromwerte $I_1, I_2 \ldots$, wobei auf gleichbleibende Bedingungen (Temperatur usw.) geachtet wird, so ergibt die Darstellung im Strom-Spannungsdiagramm (I über U, Abb. 18) die sog. Strom-Spannungskennlinie, in den meisten Fällen exakt eine durch den Ursprung gehende Gerade. Dieses Verhalten, das nur vom Material, nicht von der Form abhängt, zeigen insbesondere alle Metalle und Metallegierungen, also die wichtigsten Leiter. In dem einfachen Zusammenhang von Abb. 18 offenbart sich das von OHM[1] gefundene Naturgesetz: Der Widerstand ist in der Regel bei gleichbleibenden Bedingungen unabhängig von der Stromstärke (über etwa 10 Potenzen der Stromdichte gültig!).

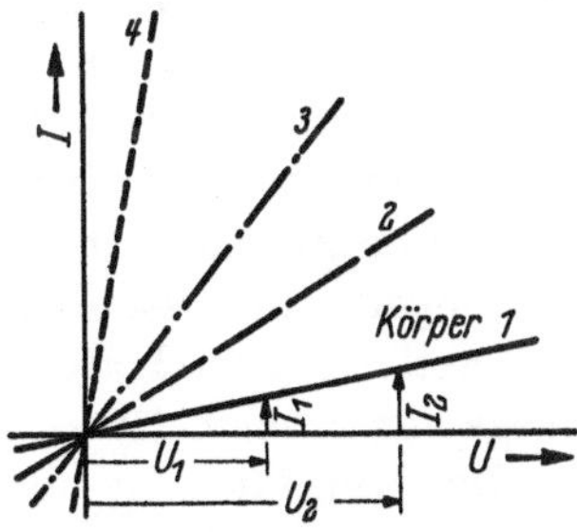

Abb. 18. Zum Ohmschen Gesetz

$$(R)_{\substack{\text{Bedingungen} \\ \text{konstant}}} = \text{konst.}$$ Ohmsches Gesetz (Naturgesetz) (gültig insbesondere für Metalle und Legierungen) (14)

Die das Ohmsche Gesetz befolgenden Stoffe sind also hinsichtlich ihres Strom-Spannungsverhaltens durch diese einzige Größe Widerstand eindeutig charakterisiert. Man kann dann den Widerstand einer Strecke bei irgendwelchen Stromstärken messen, um ihn bei ganz anderen zu verwenden. Sprechen wir von Widerständen schlechthin, so sind stets solche, die das Ohmsche Gesetz erfüllen, gemeint. Die Ausnahmen vom Ohmschen Gesetz bilden die Elektrolyte, bei denen die „Polarisationsspannung" eine kleine Abänderung bringt (s. C 7a), bestimmte Halbleitergrenzschichten – z. B. Kupferoxydul auf Kupfer oder Selen auf Eisen, die dem Strom in der „Durchlaß-Richtung" einen geringeren Widerstand als in der entgegengesetzten „Sperr-Richtung" bieten (Abb. 19) – und die später zu behandelnden Strecken freier Elektronen und Ionen im Vakuum bzw. Gas als Leiter im erweiterten Sinne.

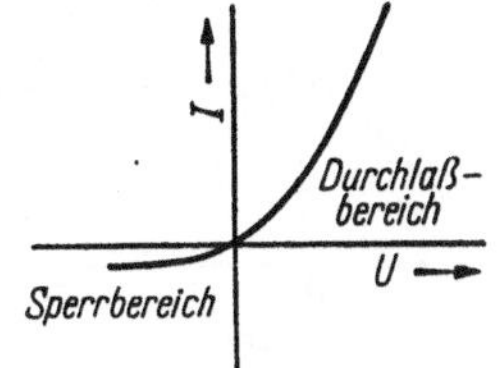

Abb. 19. Strom-Spannungskennlinie eines Trockengleichrichters

e) *Widerstands-Bemessungsgleichung*

Die Gleichung: Der Widerstand des betrachteten Körpers (abhängig vom Material und seinen geometrischen Abmessungen) ist bei der klar überblickbaren Form des linienhaften Leiters als notwendige Folge der Definitionsgleichungen von Widerstand, Strom und Spannung streng

[1] GEORG SIMON OHM, 1789–1854.

proportional der Länge l des Strömungsweges AB und umgekehrt proportional seinem gleichbleibenden Querschnitt q: $R =$ konst. l/q. Denn bei gleichbleibendem Material, Querschnitt und Strom ändert sich der Energieumsatz jedes Ladungsträgers, mithin U, proportional der Länge l; somit wächst $R = U/I$ proportional l. Bei gleichbleibender Länge und Spannung hingegen wird bei doppeltem Querschnitt die doppelte Zahl von Ladungsträgern mit gleicher Geschwindigkeit durchbewegt, also I verdoppelt; somit ist R proportional $1/q$. Insgesamt sind also für große Widerstände lange Leiterwege mit dünnem Querschnitt, für kleine kurze Wege von großem Querschnitt zu wählen.

Die Konstante in obiger Widerstandsgleichung ist eine dem betr. Material eigene, der sog. spezifische Widerstand; er ist die wichtigste elektrische Materialkonstante hinsichtlich der Leitereigenschaften eines Stoffes.

$R = \varrho \dfrac{l}{q}$	Widerstands-Bemessungsgleichung für linienhafte Leiter; Definitionsgleichung für spezifischen Widerstand ϱ	(15)

Temperaturabhängigkeit des spezifischen Widerstandes: Der ϱ-Wert eines betrachteten Materials wird am auffälligsten von der Temperatur beeinflußt. Es verhalten sich verschieden: Die nichtferromagnetischen Metalle, die ferromagnetischen Metalle, die Metallegierungen, die Halbleiter, die Elektrolyte.

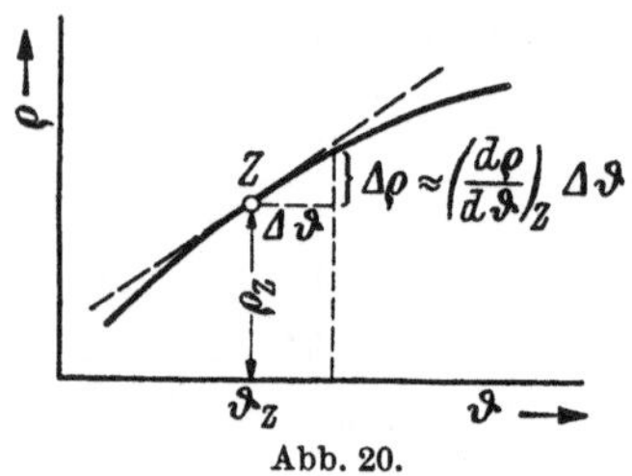

Abb. 20.
Zur Definition des Temperaturbeiwertes (kleine Temperaturbereiche)

Für **kleine** Temperaturabweichungen gegenüber einem Bezugspunkt – dieser Fall interessiert am häufigsten – läßt sich für alle fünf Fälle eine einheitliche Formel für die Temperaturabhängigkeit des ϱ angeben, da man dann jede irgendwie verlaufende Kurve ϱ über der Temperatur ϑ[1] in der Nähe des interessierenden Bezugspunktes Z (ϱ_z, ϑ_z) durch ihre dortige Tangente annähern kann (Abb. 20). Für die Abweichungen vom Bezugswert ($\Delta\varrho$ infolge von $\Delta\vartheta$) gilt dann hinreichend genau

$$\Delta\varrho = \left(\frac{d\varrho}{d\vartheta}\right)_z \Delta\vartheta \quad \text{mithin: } \varrho = \varrho_z + \Delta\varrho = \varrho_z\left[1 + \frac{1}{\varrho_z}\left(\frac{d\varrho}{d\vartheta}\right)_z \Delta\vartheta\right]$$
$$= \varrho_z(1 + \alpha_z\Delta\vartheta).$$

Die vom Bezugspunkt abhängige Größe α_z heißt Temperaturbeiwert = Temperaturkoeffizient. Sie wird meist auf $\vartheta = 20\,°\mathrm{C}$ bezogen

[1] Absolute Temperaturen wollen wir mit T, Celsius-Temperaturen mit ϑ bezeichnen.

angegeben (α_{20}), wobei $\Delta\vartheta$ dann den Temperaturunterschied gegen $\vartheta = 20\,°\mathrm{C}$ bedeutet:

$$\boxed{\varrho = \varrho_{20}(1 + \alpha_{20}\,\Delta\vartheta)} \tag{16}$$

Abhängigkeit des spezifischen Widerstandes von der Temperatur in Umgebung von $\vartheta = 20\,°\mathrm{C}$; Definitionsgleichung für Temperaturbeiwert α_{20}

Für die häufig gefragte prozentuale Widerstandsänderung mit der Temperatur folgt somit:

$$\frac{\Delta\varrho}{\varrho_z} = \alpha_z\,\Delta\vartheta\,.$$

Für **große** Temperaturbereiche gilt für die fünf verschiedenen Fälle:

1. Nichtferromagnetische Metalle (Abb. 21, Kurve *1*). Der Verlauf von ϱ über der absoluten Temperatur T läßt sich mit Ausnahme sehr tiefer Temperaturen recht genau durch die Gerade $\varrho = \text{konst.}\,(T - 0{,}15\,\Theta)$ darstellen, wobei Θ = Debye-Temperatur aus der Theorie der spezifischen Wärme (Kupfer $\Theta = 315°\,\mathrm{K}$, Silber $\Theta = 215°\,\mathrm{K}$, Aluminium $\Theta = 390°\,\mathrm{K}$ Also wird

$$\alpha_z = \frac{1}{\varrho_z}\left(\frac{d\varrho}{d\vartheta}\right)_z = \frac{1}{T_z - 0{,}15\,\Theta}\,.$$

Da für alle Metalle $0{,}15\,\Theta \approx 50°$, wird bei Zimmertemperaturgegend:

$$\boxed{\alpha_{\text{Zimmertemp}} \approx +\frac{1}{250\,°} = +0{,}4\,\frac{\%}{\text{grad}}}$$

Temperaturbeiwert für nichtferromagnetische Metalle

Der Widerstand eines Metalleiters erhöht sich also bei Zimmertemperatur um $4\,‰$ je Grad, mithin für $\Delta\vartheta = 20°$ um den beträchtlichen Wert von 8%. Diese Widerstandsvergrößerung stellen wir uns grob als Folge häufigerer Zusammenstöße mit den intensiver schwingenden Gitterpunkten vor.

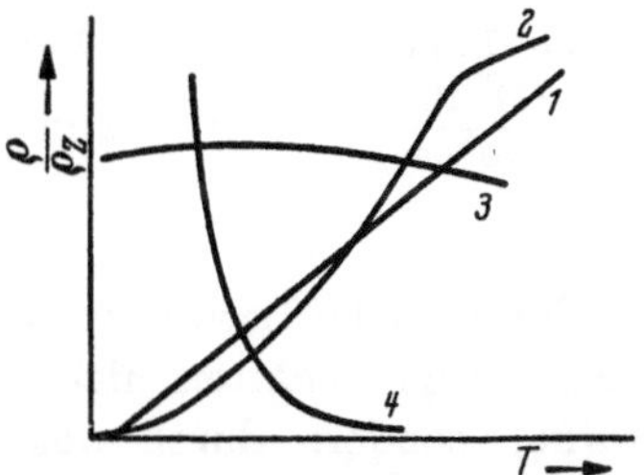

Abb. 21. Änderung des spez. Widerstandes über große Temperaturbereiche; ϱ/ϱ_z-Maßstäbe verschieden.

2. Für reine Ferromagnetika (Eisen, Nickel, Kobalt, Abb. 21, Kurve *2*) gilt unterhalb des Curiepunktes (Temperaturpunkt, oberhalb dessen der Ferromagnetismus verschwindet, Knickpunkt in Kurve *2*) $\varrho = \text{konst.}\,T^{1,7}$ außer für kleinstes T. Also $\alpha_z = \frac{1{,}7}{T_z}$; $\alpha_{20} \approx 0{,}6\,\frac{\%}{\text{grad}}$ (leicht beeinflußbar durch Beimengungen).

3. Für Metallegierungen kein einheitliches Gesetz. Von außerordentlicher Wichtigkeit für die Meßtechnik ist, daß für besonders gezüchtete

Legierungen (z. B. Manganin, Konstantan) der Temperaturkoeffizient in einem größeren Bereich um Zimmertemperatur etwa $^1/_{100}$ des Wertes der Metalle beträgt, also praktisch vernachlässigbar ist (Abb. 21, Kurve *3*).

4. Die als Halbleiter bezeichneten Stoffe befolgen das Temperaturgesetz

$$\varrho = \text{konst.}_1\, e^{\frac{\text{konst.}_2}{T}} \quad \text{also} \quad \alpha_z = -\frac{\text{konst.}_2}{T_z^2}.$$

Sie haben einen negativen Temperaturbeiwert, d. h. im Gegensatz zu den Leitern verringern sie mit zunehmender Temperatur ihren Widerstand (Abb. 21, Kurve *4*). Wir erklären es modellmäßig als Folge eines dann häufigeren Freigebens von Ladungsträgern, die mehr oder weniger fest an die Gitterbausteine gebunden sind.

5. Über Elektrolyte s. C 7a.

f) Einheit

Nach der Definition des Widerstandes Gl. (13) S. 28 ist die Einheit 1 V/A, sie hat den Namen Ohm und das Zeichen Ω:

$$1\,\text{Ohm} = 1\,\frac{\text{Volt}}{\text{Ampere}}, \quad \Omega = \frac{\text{V}}{\text{A}} \tag{17}$$

Häufig benutzte Untereinheiten sind:

$$1\,\text{mOhm} = 1\,\text{Milliohm} = 10^{-3}\,\text{Ohm}$$
$$1\,\text{kOhm} = 1\,\text{Kiloohm} = 10^{3}\,\text{Ohm}$$
$$1\,\text{MOhm} = 1\,\text{Megohm} = 10^{6}\,\text{Ohm}.$$

Nun lassen sich auch für den spez. Widerstand gemäß $\varrho = \frac{R q}{l}$ Einheiten angeben, z. B. $1\,\Omega\,\text{cm}$ oder $1\,\frac{\text{m}\Omega\cdot\text{mm}^2}{\text{m}}$. Dabei ist $1\,\frac{\text{m}\Omega\cdot\text{mm}^2}{\text{m}} = \frac{10^{-3}\,\Omega\cdot 10^{-2}\,\text{cm}^2}{10^2\,\text{cm}} = 10^{-7}\,\Omega\,\text{cm}$.

g) Leitwert

Für manche Betrachtungen bei Leitern ist zweckmäßig, deren elektrische Eigenschaften nicht durch den Widerstand (Spannung/Stromstärke), sondern durch das Verhältnis Stromstärke/Spannung auszudrücken. Dieser Kehrwert des Widerstandes heißt Leitwert. Er ist qualitativ ein Maß für die Stromdurchlässigkeit eines Leiters und ist quantitativ definiert durch

$$\boxed{G = \frac{1}{R} = \frac{I}{U}} \quad \text{Leitwert, Definitionsgleichung} \tag{18}$$

Die Bemessungsgleichung (15) für linienhafte Leiter wird dann, wenn $\varkappa = 1/\varrho$ die spezifische Leitfähigkeit bedeutet:

$G = \varkappa \frac{q}{l}$ wobei $\varkappa = \frac{1}{\varrho}$	Leitwerts-Bemessungsgleichung für linienhafte Leiter, Definitionsgleichung für spez. Leitfähigkeit $\varkappa$	(19)

Der Leitwert eines Körpers ist also um so größer, der Körper leitet den Strom um so besser, je kürzer und dicker er ist. Die Einheit des Leitwertes ist

$1\ \text{Siemens}^1 = 1\ \text{S} = \frac{1}{\Omega}$	Einheit des Leitwertes, Definitionsgleichung	(20)

Der spez. Leitwert ist daher gemäß $\varkappa = \frac{G\,l}{q}$ in der Einheit $1\,\frac{\text{S}}{\text{cm}} = \frac{1}{\Omega\,\text{cm}}$ angebbar.

h) Zahlenwerte

Gibt man den spez. Widerstand in $\text{m}\Omega\,\frac{\text{mm}^2}{\text{m}}$ an, so stimmt der Zahlenwert überein mit dem Zahlenwert des Widerstandes von 1 m Länge und 1 mm² Querschnitt, gemessen in mΩ. Geringe Verunreinigungen in der Zusammensetzung können den Widerstand beträchtlich ändern, z.B. erhöht 1% Arsen bzw. Phosphor bei Kupfer den Widerstand auf etwa das 4- bzw. 9fache.

Material	$\varrho_{20} / \frac{\text{m}\Omega \cdot \text{mm}^2}{\text{m}}$	$\varkappa_{20} / \frac{\text{S}}{\text{cm}}$	$\alpha_{20} / \frac{\%}{\text{grad}}$
Silber	16	$60 \cdot 10^4$	0,36
Kupfer rein	17,0	$58 \cdot 10^4$	0,39
Kupfer für Leitungen	17,8	$56 \cdot 10^4$	
Aluminium	29	$34 \cdot 10^4$	0,37
Wolfram	55	$18 \cdot 10^4$	0,48
Eisen rein	100	$10 \cdot 10^4$	0,6
Eisen Guß-	500...1600	$5...2 \cdot 10^4$	
Messing	75...80	$13 \cdot 10^4$	0,13...0,19
Nickelin	400...440	$2{,}5 \cdot 10^4$	0,02
Manganin	430	$2{,}3 \cdot 10^4$	0,001
Konstantan	500	$2{,}0 \cdot 10^4$	−0,005
Chromnickel	1150	$0{,}91 \cdot 10^4$	
Bogenlampenkohle	$(60...80) \times 10^3$	170...120	−0,2...−0,8
Graphit	$(12...100) \times 10^3$	800...100	−0,5
Seewasser	$3 \cdot 10^8$	$3 \cdot 10^{-2}$	—
Flußwasser	$10^{10}...10^{11}$	$10^{-3}...10^{-4}$	—
Erde	$10^{11}...10^{13}$	$10^{-4}...10^{-6}$	—

[1] WERNER V. SIEMENS, 1816–1892.

Als *Beispiel* für die Handhabung von Größengleichungen sei der Widerstand eines 1,4 km langen Kupferseiles von 2 cm² Querschnitt berechnet. Zu beachten ist dabei, daß die Größen eingesetzt werden als Produkt von Zahlenwert und Einheit, wobei auf die Einheitenbuchstaben die üblichen Regeln anzuwenden sind und z. B. k (Kilo) vor einem Buchstaben 10^3 bedeutet.

$$R = \varrho \frac{l}{q} = 17{,}8 \frac{\mathrm{m}\Omega \cdot \mathrm{mm}^2}{\mathrm{m}} \frac{1{,}4\,\mathrm{km}}{2\,\mathrm{cm}^2} = \frac{17{,}8 \cdot 1{,}4}{2} \frac{10^{-3}\,\Omega \cdot 10^{-2}\,\mathrm{cm}^2 \cdot 10^3\,\mathrm{m}}{\mathrm{m} \cdot \mathrm{cm}^2}$$

$$= 0{,}125\,\Omega$$

i) Technische Ausführungsformen

Die Schaltelemente, die zum Verwirklichen bestimmter Widerstandswerte gebaut sind, heißen ebenso Widerstände. Das Wort ist also nachteiligerweise doppeldeutig und bezeichnet a) das Schaltelement, b) seine Eigenschaft. Es sind zu unterscheiden:

1. Festwiderstände
   Schaltzeichen —▭— oder —⊓⊔⊓⊔— (Meßwiderstand)
2. veränderbare Widerstände
   Schaltzeichen —▭̸— oder —⊓⊔̸⊓⊔— (Meßwiderstand)

In Schaltbildern bedeuten einfache Verbindungslinien zwischen Schaltelementen widerstandslose Strecken. Ist der Widerstand der tatsächlichen Strecke nicht vernachlässigbar, so wird er in einem Widerstand konzentriert dargestellt. Einfache Überkreuzungen zweier Verbindungsleitungen —+— besagen, daß kein Kontakt zwischen beiden Wegen besteht. Kontaktstellen werden durch Punkte bezeichnet —•—.

Zu 1. Festwiderstände sind im wesentlichen bestimmt durch die verlangte Ohmzahl und ihre für die räumliche Ausdehnung maßgebende Belastung (wird später behandelt). Für die häufig vorkommenden Drahtwiderstände wird als Material wegen der kleineren Drahtlängen oft solches mit großem ϱ bevorzugt. Bei großen Belastungen montiert man den Draht freitragend als Band in Lockenform oder flicht ihn in Isoliermaterial ein (z. B. in Asbest bei den Schniewindt-Bändern), bei kleineren Belastungen spult man ihn mit einer Isolierschicht versehen auf Isolierkörper. Für Meßzwecke wird Material mit kleinen Temperaturbeiwerten (Manganin) verwendet. Man baut auf diese Weise Widerstandsnormale großer Konstanz und Genauigkeit. Für hohe Widerstandswerte, für die Drahtlängen zu groß würden, bevorzugt man auf Isolierkörpern mehr oder weniger dick niedergeschlagenen Kohlenstoff, wobei zur weiteren Widerstandsvergrößerung Wendeln in die leitende Schicht eingeschnitten werden können. Solche Kohleschichtwiderstände ($\alpha_{20} = -0{,}4\%/\mathrm{grad}$) werden in der Schwachstromtechnik vielfach angewandt.

Zu 2. Man unterscheidet Schiebewiderstände und Stufenwiderstände. Bei Schiebewiderständen bzw. Drehwiderständen wird im einfachsten Fall die Länge des auf einen Isolierkörper gerade oder in Kreisform aufgespannten Widerstandsdrahtes durch Abgreifen mit einem Gleitkontakt geändert. Um größere Widerstandswerte unterzubringen, spult man isolierten Draht auf einen Zylinderkörper oder auf ein Toroid auf und läßt den Schieber auf einer von Isoliermaterial befreiten Kontaktbahn entlang gleiten (Abb. 22a Prinzip). Der Widerstand wächst bei gleichbleibendem Drahtquerschnitt (unter Vernachlässigung kleiner Sprünge) proportional dem Schieberweg l bzw. dem Drehwinkel φ: $R =$ konst. l bzw. $R =$ konst. φ. Die Widerstandscharakteristik R über l bzw. φ ist eine (Ursprungs)gerade; solche Widerstände heißen deshalb lineare. Um besondere Charakteristiken zu erzielen, z. B. bei den „logarithmischen" Widerständen einen Gang gemäß $\log R/R_0 =$ konst. φ muß man Länge und Querschnitt des Leiters ändern. Bei den Drehwiderständen der Rundfunktechnik wird hierzu auf einer Grundplatte eine Kohleschicht bestimmter Dicken- und Breitenabnahme mit dem Winkel φ aufgetragen, über der ein Kontakt gleitet.

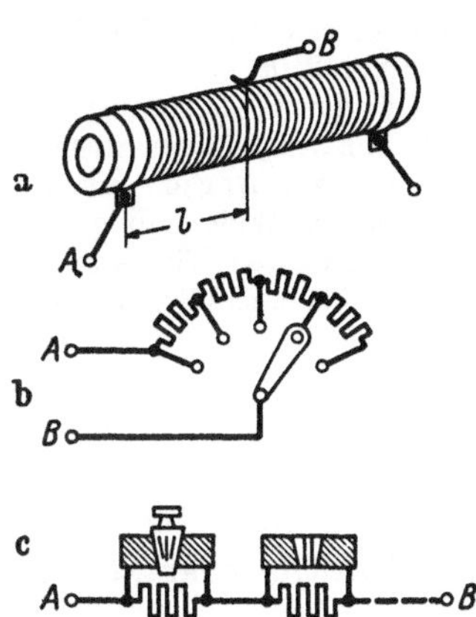

Abb. 22a–c. Veränderbare Widerstände. a) Schiebewiderstand; b) Stufenwiderstand m. Drehkontakt; c) Stufenwiderstand m. Stöpselkontakt

Bei Stufenwiderständen sind die Werteänderungen grob unstetig. Man fügt bei ihnen Einzelwiderstände nach noch zu behandelnden Gesetzen zusammen, wobei ein Kontakt die verschiedenen Widerstandsbahnen einschaltet (s. Abb. 22b). In dieser Weise werden die Widerstandsdekaden der Meßtechnik mit z. B. $10 \times 0{,}1$ Ohm, 10×1 Ohm, 10×10 Ohm usw. gebaut. Bei den früher gebräuchlichen sog. Stöpselwiderständen ist gemäß ihrer Konstruktion (s. Abb. 22c) der Stöpsel zu ziehen, um den bis dahin kurzgeschlossenen Widerstand einzuschalten.

Aufgaben zu A

1. Zwei Adern von 0,9 mm Durchmesser eines im Erdreich liegenden Fernsprechkabels zeigen Kurzschluß gegeneinander. Zur Fehlerortbestimmung mißt man am Kabelanfang zwischen ihnen einen Widerstand von 13,1 Ohm.

a) An welcher Stelle muß aufgegraben werden, wenn 20 °C Temperatur angenommen werden?

b) Um welche Strecke liegt der Fehlerort vom vermeintlichen entfernt, wenn

α) der Leitungsdurchmesser 2% größer, kleiner ist,

β) wenn der spez. Widerstand um 3% höher ist als angenommen,

γ) wenn die mittlere Temperatur im Erdreich nur 12 °C beträgt.

2. Zum Bestimmen der mittleren Temperatur der Wicklung einer elektrischen Maschine mißt man ihren Widerstand. Bei ruhender Maschine und Raumtemperatur von 16°C betrug er 15,2 Ohm, im Betrieb 17,5 Ohm. Wie hoch ist die Temperatur der Kupferwicklung im Betrieb

a) überschlagmäßig,

b) genau.

3. Auf der Anschlußleitung zu einem 530 m entfernt gelegenen Gehöft, das 15 A benötigt, soll die 220 V betragende Speisespannung um höchstens 5% abfallen. Wie groß ist der Leitungsdurchmesser für Kupferleiter, für Aluminiumleiter zu wählen? Wie groß ist in beiden Fällen die Stromdichte?

4. Um das Wievielfache erhöht der Draht einer Wolframlampe seinen Widerstand, wenn er vor dem Einschalten eine Temperatur von $\vartheta = 15\,°C$, nach dem Einschalten von 2100 °C hat?

5. Gib den Widerstandsverlauf eines logarithmischen Widerstandes vom Bereich 1 Ohm...1000 Ohm über den Drehwinkel an, der maximal 270° mißt, und zeichne ihn auf. Angenommen, die Einstellgenauigkeit beträgt $\pm 2°$, um wieviel vom jeweiligen Widerstandswert kann man α) bei vollem, β) bei halbem, γ) bei $^1/_{10}$ Drehwinkel den Widerstand falsch einstellen. Wie groß wären die entsprechenden Fehler bei einem linearen Drehwiderstand?

B. Stromkreise

Dieser Abschnitt hat zum Ziel, das Zusammenspiel der drei grundlegenden Größen Stromstärke, Spannung und Widerstand, das sich wegen des Stromcharakters nur in geschlossenen Bahnen = Stromkreisen vollzieht, zu vertiefen. Er bringt, da die drei Größen im bisher Behandelten definiert und mit ihren Grundeigenschaften angegeben wurden, keine neuen Naturverhalten, sondern alle Aussagen folgen aus dem Kennengelernten. Die vorgegebenen Bauelemente der Stromkreise sind schaltungsmäßig betrachtet Spannungsquellen, Widerstände und Verbindungsleitungen, physikalisch betrachtet Urspannungen und Leiter.

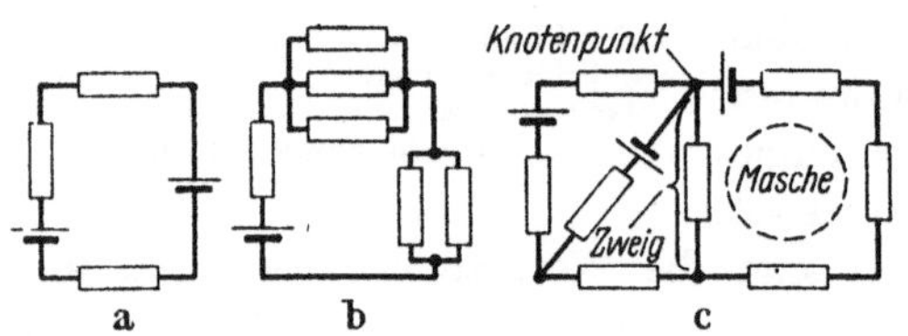

Abb. 23 a–c. Grundtypen von Stromkreisen (Bezeichnung s. Text)

Die Grundtypen der Stromkreise sind vom einfacheren zum komplizierteren fortschreitend:

a) der unverzweigte Stromkreis (Abb. 23 a), z. B. Taschenlampenbatterie und Glühlampe;

b) der verzweigte Stromkreis (Abb. 23 b), z. B. ein Generator und mehrere in Reihe und parallel geschaltete Verbraucher;

c) vermaschte Stromkreise (Abb. 23 c), z. B. Kraftwerke, die auf ein gemeinsames Netz arbeiten.

Verzweigte und vermaschte Stromkreise heißen Stromnetze. Bezeichnungen innerhalb eines Stromnetzes (s. Abb. 23 c).

1. Strom, Spannung und Widerstand im Stromkreis

a) Strom

Qualitatives: Das Grundverhalten des Stromes Gl. (44), nur als in sich geschlossenes Band aufzutreten, erklärt Folgendes: Wird bei einem unverzweigten Stromkreis die Leiterbahn an irgendeiner Stelle unterbrochen, wenn auch nur für ein sehr kurzes Wegstück, so fließt im gesamten Kreis kein Strom, denn er müßte sich an der Unterbrecherstelle stauen bzw. verdünnen. Auch ist erstaunlich, daß der Strom bei noch so komplizierter Strombahn seinen Weg „findet". Führen wir ihn z.B. an einer Stelle einer weitverzweigten Zentralheizungsanlage zu, und nehmen wir ihn an einer ganz anderen Stelle ab, so „verläuft" er sich nicht, sondern fließt in seiner vollen Gesamtstromstärke wieder heraus. Auf seiner geschlossenen Bahn durchströmt er auch die Spannungsquelle, und zwar, da er außerhalb vom +-zum −-Pol läuft, vom −-zum +-Pol. Bestätigung für das Durchströmen: Eine dichte Scheidewand zwischen zwei Platten eines Sammlers gebracht, unterbindet den Strom bei sonst geschlossenem äußeren Kreis. Die Bezeichnung Stromquelle ist daher irreführend, denn sie erweckt den falschen Eindruck, als beginne der Strom an der einen Platte des einen Sammlers und als ende er an der anderen. Wir werden entsprechend physikalischen Tatsachen die Bezeichnung Spannungsquelle bevorzugen.

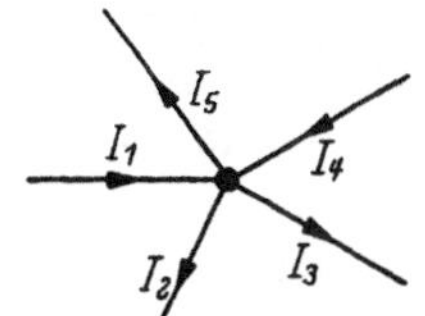

Abb. 24. Zum Knotenpunktsatz

Quantitatives: Aus dem Grundverhalten des Stromes folgt für verzweigte und vermaschte Stromkreise: An einem Knotenpunkt ist die Summe der Stromstärken der auf diesen zufließenden Ströme ($\sum I_{\nu\,\text{hin}}$) gleich der Summe der Stromstärken der fortfließenden Ströme ($\sum I_{\nu\,\text{weg}}$). Oder, wenn die wegfließenden Ströme mit negativer Stromstärke eingesetzt werden: Die Stromstärkesumme aller Ströme in einem Knotenpunkt ist null (1. KIRCHHOFFscher Satz[1]).

$$\boxed{\sum I_{\nu\,\text{hin}} = \sum I_{\nu\,\text{weg}}; \quad \text{oder} \quad \sum I_\nu = 0} \qquad \begin{array}{l}\text{1. KIRCHHOFFscher Satz}\\ = \text{Knotenpunktsatz}\end{array} \qquad (21)$$

Im Beispiel Abb. 24: $I_1 + I_4 = I_2 + I_3 + I_5$.

b) Spannung

Bisher wurde das Zusammenspiel zwischen Urspannung und Spannungsabfällen, s. Gl. (12), nur für den unverzweigten Stromkreis betrachtet. Welche Spannungsbeziehung gilt für den allgemeineren Fall einer Strommasche (Abb. 25) als ebenso in sich geschlossener Leiterbahn?

---

[1] ROBERT KIRCHHOFF, 1824–1887.

Die Ströme in den einzelnen Zweigen sind, da sie sich aus verschiedenen Teilen zusammensetzen, im allgemeinen nicht gleich, auch müssen sie keinen einheitlichen Richtungssinn haben. Somit weisen auch die Spannungsabfälle U_ν keinen solchen auf. Nach der Spannungsdefinition hat ein Ladungsträger Q im Ausgangspunkt einer (örtlich konzentriert gedachten) Urspannungsstelle E, gezählt in deren Richtungssinn, eine um EQ höhere Antriebsenergie, als er in dessen Eingangspunkt besäße, im Ausgangspunkt einer Spannungsabfallstrecke U, gezählt in deren Richtungssinn, hat er eine um UQ geringere Antriebsenergie als in deren Eingangspunkt. Bei Rückkehr zum gleichen Ort hat er, ganz unabhängig von seinem dazwischenliegenden Geschick, die gleiche Antriebsenergie, denn sonst müßte er sich geändert haben, und kinetische Energie besitzt er beim gedachten Aufenthalt in einem Ort nicht. Angewandt auf die (gedachten) Lagen einer Ladung in den einzelnen Punkten einer Netzmasche für einen (gedachten) Umlauf, also bei Rückkehr zum gleichen Ort: Die gesamte Antriebsenergieänderung ist $= 0$, d.h. alle Energieänderungen beim Umlauf durch alle passierten Urspannungen ($\sum E_\nu Q$) sind so groß wie die durch alle Spannungsabfälle ($\sum U_\nu Q$). Mithin:

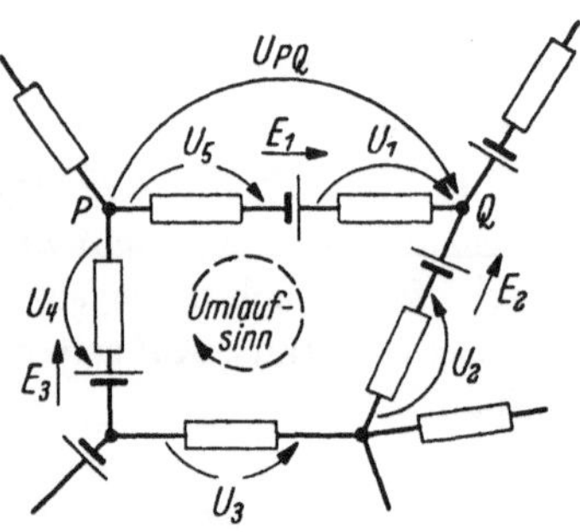

Abb. 25. Zum Maschensatz

$$\boxed{\sum_{\circlearrowleft} E_\nu = \sum_{\circlearrowleft} U_\nu} \quad \text{2. Kirchhoffscher Satz = Maschensatz} \qquad (22)$$

In Worten: Die Summe der Urspannungen bei einem Umlauf längs einer Masche im gewählten Umlaufsinn ist gleich der Summe der Spannungsabfälle beim Umlauf im gleichen Sinn; dabei sind Urspannungen und Spannungsabfälle, die im Sinne der gewählten Umlaufrichtung liegen, mit positivem Vorzeichen einzusetzen, die entgegengesetzt liegenden mit negativem. Die für den Stromkreis aufgestellte Gl. (12) läßt sich also auf Netzmaschen verallgemeinern. Für die Masche in Abb. 25 wird:

$$+E_1 - E_2 + E_3 = U_1 - U_2 - U_3 - U_4 + U_5$$

Die Spannung über einem Zweig, z.B. über PQ bestimmt man ebenso nach Gl. (22), indem man die vorhandenen Spannungen und die gesuchte (U_{PQ}) als eine Masche bildend auffaßt: $E_1 = U_5 + U_1 - U_{PQ}$; $U_{PQ} = U_1 + U_5 - E_1$. Man kann auch gemäß den Energiebetrachtungen die Urspannungen als negativen Spannungsabfall werten und Gl. (11) anwenden: $U_{PQ} = U_5 - E_1 + U_1$.

c) *Widerstand*

Bei Stromkreisen kommen in einem Leitungszug häufig Zusammenschaltungen von Widerständen vor, die keine Urspannungen enthalten. Sie haben stets einen Stromzuführungspunkt (A) und einen Stromwegführungspunkt (B), durch die der Gesamtstrom für diese Anordnung I_{ges} fließt.

Eine Schaltanordnung mit zwei Anschlußpunkten = Polen, die keine Urspannungen enthält, heißt passiver Zweipol.

Da über AB dann eine bestimmte Spannung, die Gesamtspannung $U_{\text{ges}} = U_{\text{AB}}$ liegt, verhält sich der passive Zweipol schaltungsmäßig nach außen hin wie ein einziger Widerstand R_{ers} und wird daher zweckmäßig durch diesen ersetzt: Ersatzwiderstand, Ersatzschaltbild.

$$\boxed{R_{\text{ers}} = \frac{U_{\text{ges}}}{I_{\text{ges}}}} \quad \text{Ersatzwiderstand des passiven Zweipols, Definition} \quad (23)$$

Das Berechnen des Ersatzwiderstandes aus seinen Einzelteilen gelingt rasch für die beiden einfachsten Grundtypen, die Reihenschaltung (Widerstände „hintereinander" geschaltet) und die Parallelschaltung (Widerstände parallel geschaltet).

Reihenschaltung (Abb. 26): Für sie ist charakteristisch, daß der Gesamtstrom alle Teilwiderstände in gleicher Stärke durchfließt, also

$$I_1 = I_2 = I_3 = \cdots I_\nu = I_{\text{ges}}$$

nach Gl. (11)

$$U_1 + U_2 + U_3 + \cdots U_\nu = U_{\text{ges}}$$

mithin

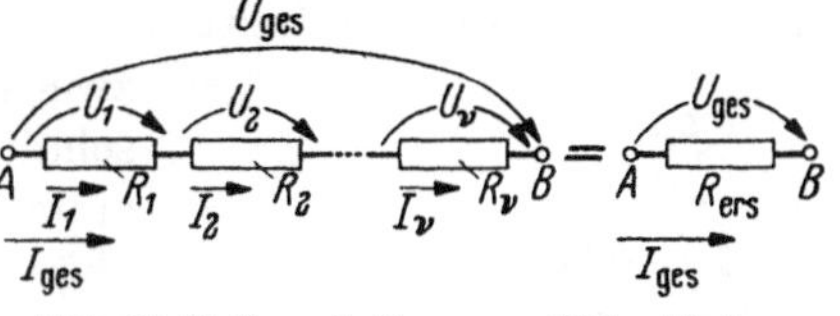

Abb. 26. Reihenschaltung von Widerständen

$$R_{\text{ers}} = \frac{U_{\text{ges}}}{I_{\text{ges}}} = \frac{U_1}{I_{\text{ges}}} + \frac{U_2}{I_{\text{ges}}} + \frac{U_3}{I_{\text{ges}}} + \cdots \frac{U_\nu}{I_{\text{ges}}} = \frac{U_1}{I_1} + \frac{U_2}{I_2} + \frac{U_3}{I_3} + \cdots \frac{U_\nu}{I_\nu}$$

$$\boxed{R_{\text{ers}} = \sum R_\nu} \quad \text{Ersatz-Gesamtwiderstand bei Reihenschaltung} \quad (24)$$

Die Diskussion ergibt:

1. Bei der Reihenschaltung von Widerständen ist stets der größte am meisten maßgebend. Der Gesamtwiderstand ist stets größer als der größte Partner.

2. Durch Zuschaltung eines weiteren Widerstandes in Reihe kann der bisher bestehende Schaltungswiderstand nur vergrößert werden. Soll er um wenig, z. B. um 2% vergrößert werden, so muß der Zusatzwiderstand

2% vom bestehenden sein. Der Zusatzwiderstand ist also bei kleinen Korrekturen viel kleiner als der Grundwiderstand.

3. Bei Reihenschaltung zweier gleicher Widerstände verdoppelt sich der Widerstandswert ($R + R = 2R$).

Parallelschaltung (Abb. 27): Für sie ist charakteristisch, daß alle Teilwiderstände unter gleicher Gesamtspannung U_{ges} stehen:

$$U_1 = U_2 = U_3 = \cdots U_\nu = U_{ges}$$

nach Gl. (21)

$$I_1 + I_2 + I_3 + \cdots I_\nu = I_{ges}$$

mithin

$$\frac{1}{R_{ers}} = \frac{I_{ges}}{U_{ges}} = \frac{I_1}{U_{ges}} + \frac{I_2}{U_{ges}} + \frac{I_3}{U_{ges}} + \cdots \frac{I_\nu}{U_{ges}} = \frac{I_1}{U_1} + \frac{I_2}{U_2} + \frac{I_3}{U_3} \cdots \frac{I_\nu}{U_\nu}$$

$$= \frac{1}{R_1} + \frac{1}{R_2} + \frac{1}{R_3} + \cdots \frac{1}{R_\nu} = \sum \frac{1}{R_\nu}$$

mit Einführung der Leitwerte

$$G_{ers} = G_1 + G_2 + G_3 + \cdots G_\nu = \sum G_\nu$$

$$R_{ers} = \frac{1}{\sum \frac{1}{R}} \quad \text{also:} \quad G_{ers} = \sum G_\nu$$

Ersatz-Gesamtwiderstand bzw. Leitwert bei Parallelschaltung (25)

Diskussion: Die gleichen Beziehungen, die bei Reihenschaltung von Leitern für den Widerstand gelten, treffen bei Parallelschaltung für den Leitwert zu („duale Schaltungen"). Bei Parallelschaltung denkt man zweckmäßig in Leitwerten, bei Reihenschaltung in Widerständen, da dann einfache Additionsregeln entstehen. Die obigen Diskussionsergebnisse 1 ... 3 sind also auf den vorliegenden Fall übertragbar, wenn man das Wort „Reihenschaltung" durch „Parallelschaltung" und „Widerstand" durch „Leitwert" ersetzt. Da üblicherweise die Leiter durch ihre Widerstandswerte gekennzeichnet werden, seien die Diskussionsergebnisse zusätzlich mit dem Widerstandsbegriff formuliert:

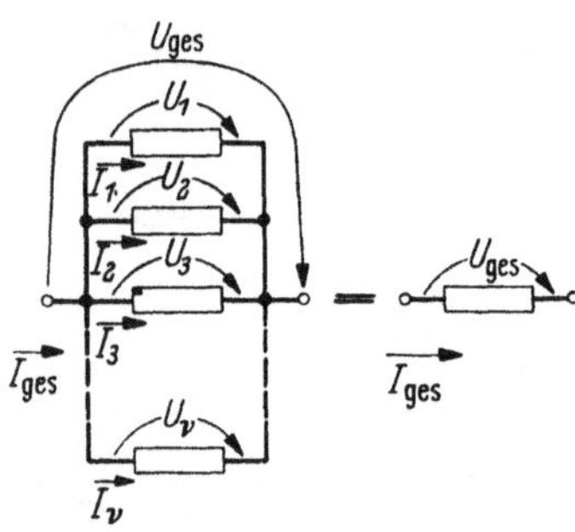

Abb. 27. Parallelschaltung von Widerständen

1. Bei Parallelschaltung von Widerständen ist stets der kleinste am meisten maßgebend. Der Gesamtwiderstand ist stets kleiner als der kleinste Partner.

2. Durch Zuschalten eines weiteren Widerstandes parallel den vorhandenen kann der bisher bestehende Schaltungswiderstand nur ver-

kleinert werden; soll er um wenig, z. B. um 2% verkleiner werden, so muß der Zusatzleitwert 2% vom bestehenden, der Zusatzwiderstand also das $\frac{1}{2\%} = 50$fache vom bestehenden sein. Der Zusatzwiderstand ist also bei kleinen Korrekturen viel größer als der Grundwiderstand.

3. Bei Parallelschaltung zweier gleicher Widerstände wird der Widerstandswert halb so groß $\left(R \parallel R^1 = \frac{R}{2}\right)$.

Für die häufig benutzte Parallelschaltung von zwei Widerständen merke man sich die aus Gl. (25) folgende Formel:

$$\boxed{R_1 \parallel R_2 = \frac{R_1 R_2}{R_1 + R_2}} \quad \text{Ersatzwiderstand für } R_1 \parallel R_2 \qquad (26)$$

d) Anwendungen

Ersatzschaltbild der Spannungsquelle: Beim Beispiel der *Zelle eines Elementes* (Abb. 28 a) findet der durchfließende Strom drei Widerstände vor: den der Platte 1 (R_1), den des Elektrolyten 0 (R_0) und den der Platte 2 (R_2). An den beiden Trennstellen zwischen Platten und Elektrolyt sitzt je eine Urspannung (E_{1-0}, E_{2-0}). Insgesamt entspricht also dem Element das Schaltbild 28 b. Nach dem Behandelten läßt es sich zum Schaltbild 28 c zusammenfassen, wobei bei dem gewählten Richtungssinn der Urspannungen gilt:

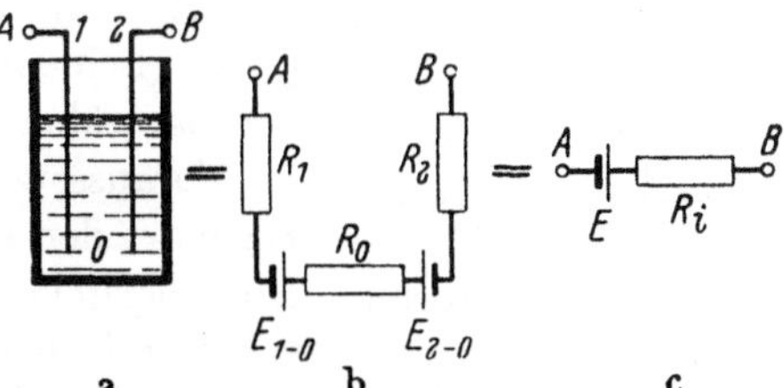

Abb. 28 a–c. Zum Ersatzschaltbild einer Spannungsquelle

$$E = E_{1-0} - E_{2-0} \quad \text{Urspannung der Spannungsquelle}$$

$$R_i = R_1 + R_0 + R_2 \quad \text{Innerer Widerstand der Spannungsquelle}$$

Die Spannungsquelle mit ihrem tatsächlichen, komplizierteren Aufbau verhält sich also wie die Reihenschaltung einer Urspannung mit einem Widerstand, dem sog. „inneren Widerstand" R_i. Sie wird daher zweckmäßig durch diese einfache Schaltung ersetzt: Ersatzschaltung. Da jede unverzweigte Spannungsquelle aus Leitungswegen, d. h. Widerständen und Antrieben besteht, ist diese Ersatzschaltung hierfür allgemeingültig[2].

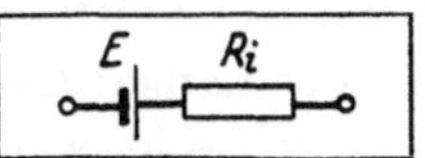

Ersatzschaltung jeder Spannungsquelle (27)

[1] Lies „parallel".

[2] Sie wird sich später als zutreffend für jede beliebig geschaltete Spannungsquelle erweisen.

Der Innenwiderstand ist der Widerstand des Leiterweges, also derjenige, den man zwischen den Polen mit einem Widerstandsmesser messen würde, wenn man die Antriebe totgelegt, d. h. —||— durch einen Kurzschluß ersetzt denkt.

Abb. 29. Zur Ersatzschaltung einer Reihenschaltung von Spannungsquellen

Für eine Spannungsquelle, die aus der *Reihenschaltung mehrerer Einzelquellen* besteht, z. B. Abb. 29, gilt ebenfalls Ersatzschaltbild (27) mit

$$E = E_1 + E_2 - E_3 + E_4$$

$$R_i = R_{i1} + R_{i2} + R_{i3} + R_{i4}$$

Spannungsteiler: Er besteht aus zwei in Reihe geschalteten Widerständen R_1 und R_2 mit einem „Abgriff" im Zusammenschaltpunkt (Abb. 30a). Bei veränderbaren Spannungsteilern (Abb. 30b) sind R_1 und R_2 die Teilwiderstände eines gemeinsamen Widerstandes $R = R_1 + R_2$, auf dem als Abgriff ein Kontakt gleitet (Schiebewiderstand, dessen beide Enden herausgeführt sind).

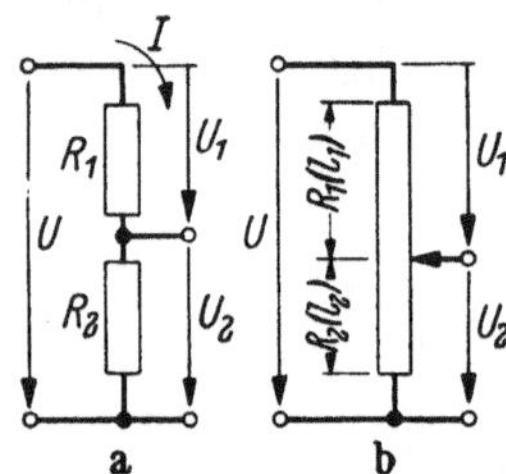

Abb. 30 a u. b. Spannungsteiler

Voraussetzung sei nun, daß infolge der Eigenart der angeschlossenen Schaltung durch den Abgriff kein Strom fließe, so daß die Stromstärke I in beiden Teilwiderständen gleich ist. Dann gilt, wenn über dem gesamten Spannungsteiler die Spannung U liegt, für die Teilspannungen U_1 über R_1 und U_2 über R_2:

$$U_1 = I R_1, \quad U_2 = I R_2 \quad \text{also} \quad \boxed{\frac{U_1}{U_2} = \frac{R_1}{R_2}} \quad \text{Spannungsteiler-Regel} \tag{28}$$

Die Teilspannungen U_1, U_2 verhalten sich also wie die Teilwiderstände. Hieraus, da $U_1 + U_2 = U$:

$$U_1 = U \frac{R_1}{R_1 + R_2} = U \frac{R_1}{R}; \quad U_2 = U \frac{R_2}{R}$$

Bei einem Schiebewiderstand von kalibriertem Draht wird insbesondere bei den Teillängen l_1 bzw. l_2 und der Gesamtlänge L: $U_1 = U \frac{l_1}{L}$; die „abgegriffene" Teilspannung ändert sich linear mit der Länge: Linearer Spannungsteiler. Der Spannungsteiler ist ein technisch sehr wichtiges Gerät, da er aus großen, leicht meßbaren Spannungen beliebig kleine, feste oder veränderbare Teilspannungen mit großer Genauigkeit herzustellen gestattet, z. B. Mikrovolt aus Volt.

Stromteiler: Er besteht aus zwei parallelgeschalteten Widerständen R_1 und R_2 (Abb. 31). Bezeichnen wir den Gesamtstrom mit I, die Teilströme mit I_1 und I_2, so gilt, da die Spannung U über beiden Stromwegen die gleiche ist:

$$\begin{matrix} U = I_1 R_1 \\ U = I_2 R_2 \end{matrix} \quad \text{also} \quad \boxed{\frac{I_1}{I_2} = \frac{R_2}{R_1} = \frac{G_1}{G_2}} \quad \text{Stromteiler-Regel} \qquad (29)$$

Die Teilströme verhalten sich also wie die Leitwerte, d.h. umgekehrt wie die Widerstände, mithin

$$\frac{I_1}{I_1 + I_2} = \frac{R_2}{R_1 + R_2}$$

also

$$I_1 = I \frac{R_2}{R_1 + R_2} \quad \text{entspr.} \quad I_2 = I \frac{R_1}{R_1 + R_2}$$

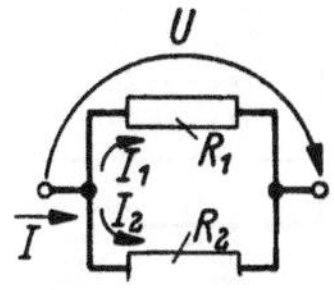

Abb. 31. Stromteiler

Meßbereicherweiterung von Instrumenten: Läßt man bei vorgegebenen Spannungsmessern und Strommessern durch eine Zusatzschaltung nur einen bestimmten Teil der zu messenden Größe auf das Instrument wirken, so kann man damit größere Spannungen und Ströme messen: Meßbereicherweiterung.

Spannungsmesser (nur für stromverbrauchende): Durch einen Vorwiderstand R_v (Abb. 32) wird die zu messende Spannung U so geteilt, daß nur der Teil U_0 über dem Instrument mit seinem Innenwiderstand R_U liegt. Ist p der Erweiterungsfaktor für den Meßbereich, so gilt:

$$p = \frac{U}{U_0} = \frac{R_v + R_U}{R_U} = \frac{R_v}{R_U} + 1$$

$R_v = R_U(p-1)$ Vorschaltwiderstand bei p-facher Meßbereicherweiterung.

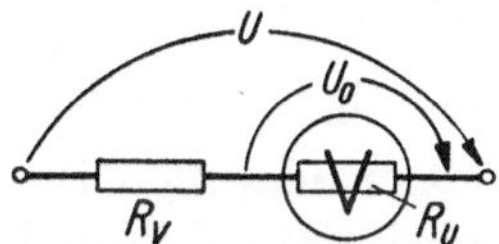

Abb. 32. Meßbereicherweiterung beim Spannungsmesser

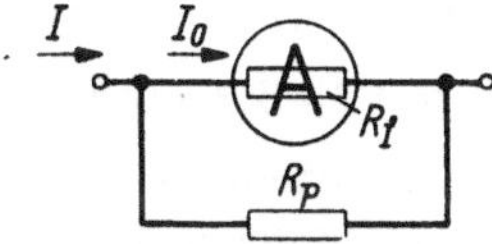

Abb. 33. Meßbereicherweiterung beim Strommesser

Strommesser: Durch einen Parallelwiderstand = Shunt R_p (Abb. 33) wird der zu messende Strom I so geteilt, daß nur der Teil I_0 durch das Instrument mit seinem Innenwiderstand R_I fließt.

$$p = \frac{I}{I_0} = \frac{R_p + R_I}{R_p} = 1 + \frac{R_I}{R_p}$$

$R_p = \frac{R_I}{p-1}$ Parallelwiderstand bei p-facher Meßbereicherweiterung

Wheatstonesche[1] Brücke bei Nullabgleich: Die WHEATSTONEsche Brücke (Abb. 34) ist das gebräuchlichste Meßgerät zum Bestimmen unbekannter Widerstände R_x. Sie besteht aus zwei parallelgeschalteten Spannungsteilern, aus einem festen – gebildet von R_x und einem bekannten „Normalwiderstand" R_N – und aus einem veränderbaren R_1, R_2 (Brückendraht). Beide Spannungsteiler werden von der Spannungsquelle E, R_i gespeist. In der anderen Brückendiagonale liegt ein empfindliches Nullinstrument. Beim Entlangfahren des Schleifers auf dem Brückendraht weist der Instrumentenzeiger erst nach der einen, dann nach der anderen Seite. Man stellt den Brückenschieber auf Ausschlag Null ein (Nullabgleich); dann ist der Instrumentenstrom $I = 0$. Das setzt voraus $U_{BC} = 0$. Da allgemein $U_{AC} = U_{AB} + U_{BC}$, wird $U_{AB} = U_{AC}$, also $\frac{U_{AB}}{U} = \frac{U_{AC}}{U}$. Oder anschaulicher gedeutet: U_{BC} ist die Spannung zwischen den Spannungsteilerabgriffen. Sie wird null, wenn durch beide Spannungsteiler die Gesamtspannung U in gleicher Weise geteilt wird.

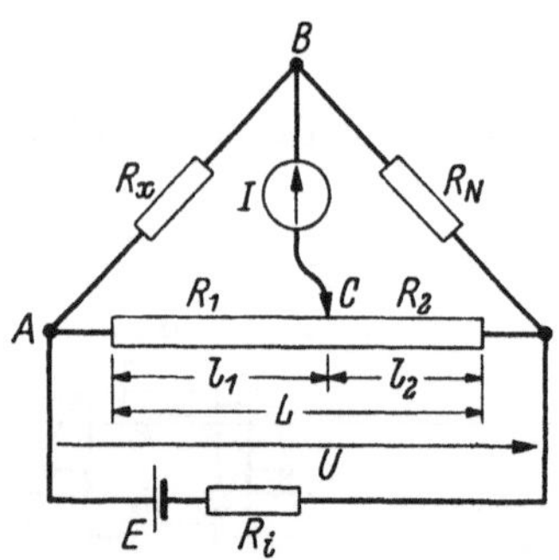

Abb. 34. WHEATSTONEsche Brücke bei Nullabgleich

Nun ist

$$\frac{U_{AB}}{U} = \frac{R_x}{R_x + R_N}; \quad \frac{U_{AC}}{U} = \frac{R_1}{R_1 + R_2} \quad \text{mithin} \quad \frac{R_x}{R_x + R_N} = \frac{R_1}{R_1 + R_2}$$

also

$$\boxed{\frac{R_x}{R_N} = \frac{R_1}{R_2}} \quad \text{Bedingung bei Brückenabgleich} \qquad (30)$$

Insbesondere gilt bei kalibriertem Brückendraht $R_x = R_N \frac{R_1}{R_2} = R_N \cdot \frac{l_1}{L - l_1}$. In das Meßergebnis geht – was sehr wichtig ist – die Größe der Urspannung nicht ein (sie bestimmt nur die Meßgenauigkeit; s. S. 55). Es lassen sich theoretisch mit einem einzigen Normalwiderstand R_N und einem stetigen Spannungsteiler alle Widerstandswerte messen. Man vermeidet praktisch aber möglichst das Arbeiten weit von der Brückenmitte entfernt, da dann selbst bei kleinen Ablesefehlern der Brückeneinstellung $\frac{\Delta l}{l}$ größere prozentuale Fehler für R_x entstehen (vgl. Aufgabe 9). Bei den technischen Brückenausführungen verwendet man daher umschaltbare Sätze von Normalwiderständen, oft um eine Zehnerpotenz springend. Auf der Schieberskala gibt man die Verhältniszahl $\frac{l_1}{L - l_1}$ an, die

[1] SIR CHARLES WHEATSTONE, 1802–1875.

dann nur mit dem jeweils eingestellten R_N-Wert zu multiplizieren ist, um R_x zu liefern.

Spannungskompensation: Bei dem häufig verwendeten Prinzip der Spannungskompensation schaltet man (Abb. 35) einer Spannung U eine veränderbare „Kompensationsspannung“ U_{Kp} entgegen und mißt die Differenz beider an einem Nullinstrument, denn nach Gl. (11) ist $\Delta U = U - U_{Kp}$.

Man kann so einerseits die Abweichungen einer Spannung U von einem Sollwert U_{soll} anzeigen ($U_{Kp} = U_{soll}$), bei einem empfindlichen Nullinstrument sogar als große Ausschläge. Die Differenzspannung läßt sich auch zu einer automatischen Nachregelung der Spannung U benutzen.

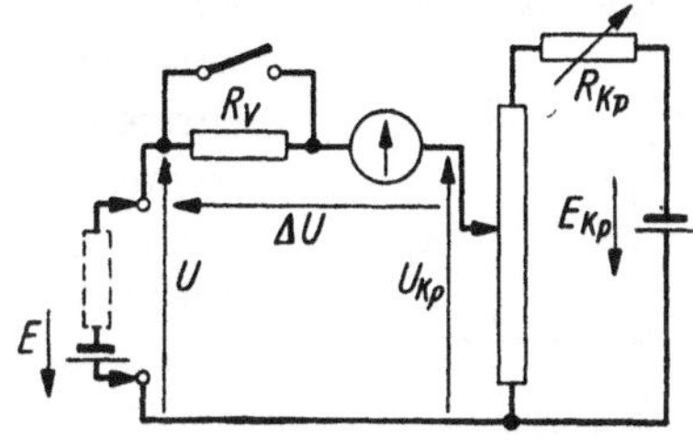

Abb. 35. Spannungskompensation (allgemein)

Andererseits kann man – und darin liegt der Hauptwert der Kompensationsschaltung – U_{Kp} so einregeln, daß $\Delta U = 0$ wird, also $U = U_{Kp}$ ist. Bei Verwendung eines höchstempfindlichen, sogar ungeeichten Nullinstrumentes (vor Erreichen der Kompensation muß es durch den Schutzwiderstand R_v erst hinreichend unempfindlich geschaltet werden) lassen sich so zwei Spannungen U und U_{Kp} sehr exakt gleichmachen. Das benutzt man in der Präzisionsmeßtechnik:

1. Zum Bestimmen von Urspannungen. Denn bei $\Delta U = 0$ fließt kein Strom, mithin wird, wenn E die zu U gehörige Urspannung ist, $U = E$ und somit $E = U_{Kp}$. Über U_{Kp} s. 2.

2. Zum Schaffen sehr genauer Spannungen U_{Kp}. Man verwendet einen sehr genauen Spannungsteiler („Kompensator“) und stellt dessen Gesamtspannung mit R_{Kp} dadurch sehr genau ein (z. B. auf 2,00000 V), daß man nach 1. einen Spannungspunkt des Teilers (U'_{Kp}) mit Hilfe eines Normalelementes, geschaltet als zu kompensierende Spannung ($U = E_N$), exakt festlegt ($E_N = U'_{Kp}$) und von Zeit zu Zeit überprüft.

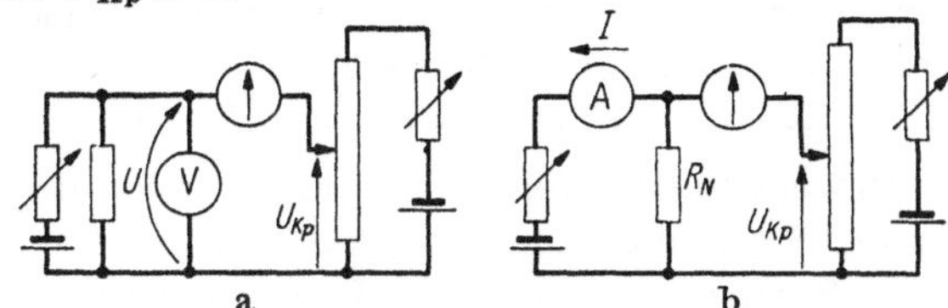

Abb. 36 a u. b. a) Spannungsmesser-Eichung durch Kompensation (für $\Delta U = 0$: $U = U_{Kp}$); b) Strommesser-Eichung durch Kompensation $\left(\text{für } \Delta U = 0\text{: } I = \frac{U_{Kp}}{R_N}\right)$

3. Zur sehr genauen, auf ein Normalelement bezogenen Eichung von Spannungs- und Strommessern (Schaltungen s. Abb. 36a u. b), indem die Spannungen U_{Kp} nach 2. eingestellt und von Zeit zu Zeit kontrolliert werden.

2. Der Grundstromkreis

Aufbau: Der „Grundstromkreis“ ist der einfachste Stromkreis. Er besteht (Abb. 37) aus

Spannungsquelle = Generator = aktivem Zweipol, gekennzeichnet durch E, R_i, und

„Ohmschem“ Verbraucher = Last = passivem Zweipol, gekennzeichnet durch R_a.

Der Ausdruck aktiver Zweipol im Gegensatz zu passivem Zweipol besagt, daß das betreffende Schaltgebilde mit zwei Anschlußklemmen zusätzlich zu Widerständen eine Urspannung oder mehrere enthält. Der Grundstromkreis ist also die Zusammenschaltung eines aktiven und eines passiven Zweipols. R_i ist der „Innenwiderstand“, R_a wird häufig als „Außenwiderstand“ bezeichnet.

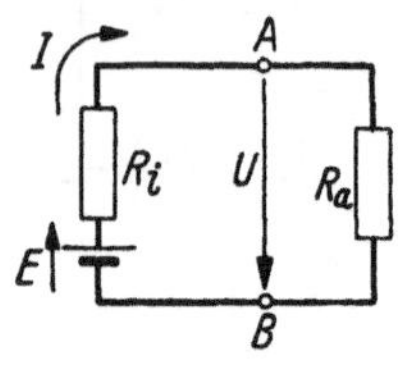

Abb. 37. Grundstromkreis

Es interessieren: Der Strom I des Kreises und die „Klemmenspannung“ U zwischen den einzigen zugängigen Klemmen AB bei vorgegebenem E, R_i, R_a. Wir werden R_a veränderbar machen, um das Zusammenspiel im Kreis kennenzulernen.

Ausgangsformeln: Bezeichnet man mit U_i den nicht zugängigen, „inneren Spannungsabfall“ über dem R_i der Spannungsquelle, so gilt:

$$U_i = IR_i$$

$$U = IR_a$$

$$E = U_i + U = I(R_i + R_a)$$

$$\boxed{I = \frac{E}{R_i + R_a} = \frac{E}{R_{ges}}; \quad U = E\frac{R_a}{R_i + R_a}}$$ Grundbeziehungen für Strom und Spannung im Grundstromkreis (31)

Diskussion. *Qualitatives:* Je kleiner R_a wird, um so größer wird der Strom. Er nimmt seinen größten Wert an für $R_a = 0$ „Kurzschluß“. Dieser Stromstärkewert heißt „Kurzschlußstromstärke“ I_k. Die Spannung hingegen wächst mit zunehmendem R_a (da der Zähler schneller prozentual wächst als der Nenner). Sie strebt für $R_a = \infty$ „Leerlauf“ ihrem Höchstwert zu, der „Leerlaufspannung“ U_l. Strom und Spannung zeigen also beim Ändern von R_a ein gegenläufiges Verhalten.

Quantitatives: Vorerst behandeln wir die theoretischen Grenzfälle und den zwischenliegenden, ausgezeichneten Fall der „Anpassung“ $R_i = R_a$.

Theoretischer Kurzschluß:

$$R_a = 0 \qquad I = I_{max} = I_k = \frac{E}{R_i} \qquad U = U_{min} = 0$$

Theoretischer Leerlauf:

$$R_a = \infty \qquad I = I_{min} = 0 \qquad U = U_{max} = U_l = E$$

Anpsasung:

$$R_a = R_i \quad I = \frac{I_k}{2} \qquad U = \frac{U_l}{2}$$

Also

$$\boxed{I_k = \frac{E}{R_i}; \quad U_l = E; \quad R_i = \frac{U_l}{I_k}} \quad \text{Kurzschlußstrom, Leerlaufspannung und innerer Widerstand} \tag{31a}$$

Jeweils zwei der drei Größen U_l, I_k, R_i kennzeichnen zufolge Gl. (31a) die Spannungsquelle. Merke: Die bei unbelasteter Spannungsquelle an ihren Klemmen auftretende Spannung ist gleich der Urspannung (zweite wichtige Möglichkeit, Urspannungen zu bestimmen). Bei Anpassung nehmen Strom und Spannung die Hälfte ihrer Extremwerte an.

Beachte für $E = U_l$ den Unterschied des Vorzeichens zu $E = -U$ nach Abb. 16b rechts, wo beide Zählpfeile gleiche Richtung haben. Bei Abb. 37 (Pfeile bedeuten Richtungs- und Zählpfeile) sind E und U_l – denke hierzu R_i kurzgeschlossen, da bei Leerlauf darüber kein Spannungsabfall – beim Umlauf längs des Kreises in gleicher Richtung zu zählen: E von B nach A und U_l von A nach B (angepaßte Zählpfeile!). Dieser Fall entspricht also Abb. 16b links, während in 16b rechts der E-Zählpfeil nicht angepaßt ist.

Praktisch sind völliger Kurzschluß und Leerlauf nicht exakt zu verwirklichen, da z.B. schon jeder kurze Draht einen, wenn auch kleinen, Widerstand besitzt. Sie sind also nur bis auf eine kleine Korrekturgröße ΔI_k bzw. ΔU_l erreichbar, wobei aus Gl. (31) ersichtlich wird, wenn man sie in der Form

$$I = \frac{E}{R_i}\,\frac{1}{1+\frac{R_a}{R_i}} = I_k\,\frac{1}{1+\frac{R_a}{R_i}}; \qquad U = E\,\frac{1}{1+\frac{R_i}{R_a}} = U_l\,\frac{1}{1+\frac{R_i}{R_a}} \tag{31b}$$

schreibt, daß nicht der Absolutwert von R_a, sondern nur das Verhältnis R_a/R_i maßgebend ist.

Praktischer Kurzschluß:	$R_a \ll R_i \quad I = I_k - \Delta I_k \quad U \approx I_k R_a \ll U_l$ wobei $\frac{\Delta I_k}{I_k} \approx \frac{R_a}{R_i}$ [1]	(32)
Praktischer Leerlauf:	$R_a \gg R_i \quad I \approx \frac{U_l}{R_a} \ll I_k \quad U = U_l - \Delta U_l$ wobei $\frac{\Delta U_l}{U_l} \approx \frac{R_i}{R_a}$ [1]	

[1] Denn z.B. $I = I_k - \Delta I_k = I_k\left(1 - \frac{\Delta I_k}{I_k}\right)$ wird nach Gl. (31b), wenn man berücksichtigt, daß bei kleinem x gilt $\frac{1}{1+x} \approx 1 - x$: $I \approx I_k\left(1 - \frac{R_a}{R}\right)$; durch Vergleich $\frac{\Delta I_k}{I_k} \approx \frac{R_a}{R_i}$.

Will man also von einer Spannungsquelle mit $R_i = 50\,m\Omega$ die Leerlaufspannung auf mindestens 1% genau bestimmen, so muß, da $\frac{\Delta U_1}{U_1} < 0{,}01$, der Instrumentenwiderstand $R_a > 100\,R_i$, d.h. > 5 Ohm sein.

Um den gesamten Verlauf von I bzw. U über R_a darzustellen, benutzt man vorteilhafterweise „bezogene" Maßstäbe, nämlich als Abszisse R_a/R_i und als Ordinate I/I_k bzw. U/U_1. Dann sind die ermittelten Kurven nicht nur für einen speziellen Fall von E und R_i, sondern für jeden verwendbar. Einige Werte:

$\frac{R_a}{R_i} =$	0	$^1/_4$	$^1/_2$	1	2	4	8	∞
$\frac{I}{I_k} =$	1	0,80	0,667	0,50	0,333	0,20	0,111	0
$\frac{U}{U_1} =$	0	0,20	0,333	0,50	0,667	0,80	0,89	1

In dem so erhaltenen Bild (Abb. 38), das für Abszisse und Ordinate eine lineare Teilung verwendet, ist der gegenläufige Verlauf von U und I klar erkennbar. Das Gebiet des praktischen Kurzschlusses ist auf einen sehr schmalen Streifen zusammengedrückt, das des praktischen Leerlaufs auf ein bis ∞ reichendes Gebiet ausgedehnt. Diesen Verlauf mit dem Anhaltspunkt, daß I und U bei $R_a = R_i$ die Hälfte ihrer Extremwerte annehmen, muß man wegen seiner Wichtigkeit stets klar vor Augen haben. Insbesondere erkennt man: I und U ändern ihre Absolutwerte vor allem im Bereich $R_a/R_i = 0$ bis $5\ldots8$ und ihre Relativwerte: U im Bereich $R_a/R_i = 0$ bis $5\ldots8$, I im Bereich $1/5\ldots1/8$ bis ∞, denn I fällt für großes R_a/R_i hyperbolisch ab, d.h. bei doppeltem R_a vermindert sich I auf 50%.

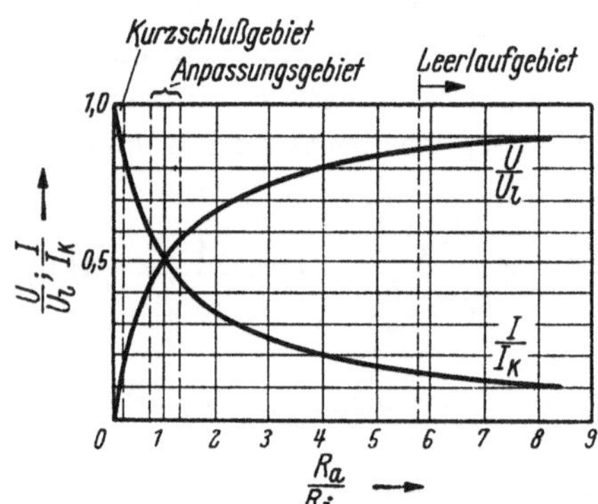

Abb. 38. Grundstromkreis: Stromstärke- und Spannungsverlauf über R_a bei linearen Achsenmaßstäben

Eine Darstellung mit für Kurzschluß- und Leerlaufgebiet gleicher Bewertung ergibt sich, wenn man statt der linearen Maßstabteilung für Abszisse und Ordinate eine logarithmische wählt („doppeltlogarithmische Darstellung", Abb. 39). Während bekannterweise eine lineare Skala bei gleicher Entfernung von Punkt zu Punkt um gleiche Absolutwerte fortschreitet, nimmt eine logarithmische Skala hierbei in gleichen Verhältnissen zu[1]. Das Gebiet kleiner Werte wird gedehnt, das großer Werte zusammengedrängt. Kurzschluß- und Leerlaufgebiet gruppieren sich dann symmetrisch um den Fall der Anpassung. Insbesondere besagt der Anstieg bzw. Abfall der Kurven mit $+45°$ im praktischen Kurzschluß und Leerlauf, daß dort die Spannung prozentual genau so wächst bzw. der Strom um gleich viele Prozente kleiner wird, wie der Widerstand zunimmt.

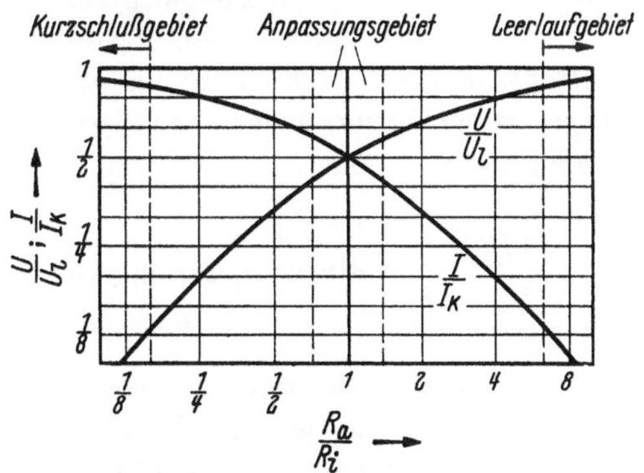

Abb. 39. Grundstromkreis: Stromstärke- und Spannungsverlauf über R_a bei logarithmischen Achsenmaßstäben

Strom-Spannungskennlinien: Bisher wurden Strom und Spannung in Abhängigkeit vom Außenwiderstand betrachtet. Im Kommenden seien die zwischen Strom und Spannung bestehenden Zusammenhänge für den aktiven und passiven Zweipol untersucht.

Beim *passiven* Zweipol (R_a) ist der U–I-Zusammenhang bekanntlich $U = I\,R_a$; die Strom-Spannungskennlinie ist eine Gerade durch den Ursprung (Abb. 40a) mit dem Neigungswinkel α, wobei $\operatorname{tg}\alpha = 1/R_a$. Beim aktiven Zweipol ist die Spannung U am größten, wenn kein Strom entnommen wird, und U sinkt mit zunehmendem Strom. Quantitativ gilt nach Gl. (22) $U = U_l - U_i = U_l - I\,R_i$. Die Klem-

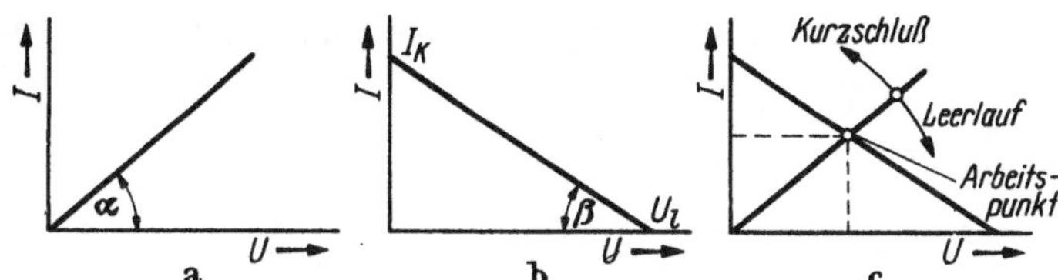

Abb. 40 a–c. Strom-Spannungskennlinie. a) des passiven Zweipols, b) des aktiven Zweipols, c) der Zusammenschaltung beider

[1] $y = \log x$, $\left.\begin{matrix} y_1 = \log x_1 \\ y_2 = \log x_2 \end{matrix}\right\} y_2 - y_1 = \log \frac{x_2}{x_1}$; zu gleichen $y_2 - y_1$ gehören gleiche $\frac{x_2}{x_1}$.

Es ist dienlich, die logarithmische Zahlenfolge mit 10 Intervallen für 1 Dekade im Gedächtnis zu haben:

1 1,26 1.6 2 2,5 3,2 4 5 6,3 8 10 12,6 $\cdots [\times \sqrt[10]{10}]$

andere sind: 0,1 0,316 1 3,16 10 31,6 $\cdots [\times \sqrt{10}]$

0,01 0,1 1 10 100 $\cdots [\times 10]$

$\frac{1}{8}$ $\frac{1}{4}$ $\frac{1}{2}$ 1 2 4 8 $\cdots [\times 2]$

menspannung ist um den inneren Spannungsabfall $U_i = I R_i$ kleiner als die Urspannung. Die Strom-Spannungs-Kennlinie ist eine fallende Gerade (Abb. 40 b), die durch die Werte Kurzschlußstrom und Leerlaufspannung geht; Neigungswinkel $\operatorname{tg} \beta = I_k/U_l = 1/R_i$. Man kann also mit einer vorgegebenen Spannungsquelle nicht alle möglichen Wertepaare von Strom-Spannung erreichen – genau so wenig bei einem vorgegebenen Verbraucher –, sondern nur die enge Auswahl der Kennlinienpunkte.

$$\boxed{\begin{aligned} U &= I R_a \\ U &= U_l - I R_i \end{aligned}} \quad \text{Strom-Spannungs-Kennlinie des } \begin{matrix}\text{passiven}\\ \text{aktiven}\end{matrix} \text{ Zweipols} \tag{33}$$

Beim *Zusammenschalten* von Generator und Ohmscher Last stellt sich dasjenige Wertepaar ein, das beiden Kurven gerecht wird, das also dem Schnittpunkt zukommt (Abb. 40 c). Ein Verändern von R_a bedeutet in dieser Darstellung ein Schwenken der Verbraucherkennlinie um den Ursprung.

3. Methoden zur Berechnung von Leitungsnetzen

Von Leitungsnetzen seien Urspannungen und Widerstände vorgegeben, Zweigströme und Zweigspannungen werden gesucht. Die Zweigspannungen berechnen sich leicht aus den Strömen, z. B. ist in Abb. 41

$$E_1 = -I_1 (R_1 + R_2) + U_{AC} \quad \text{also} \quad U_{AC} = E_1 + I_1 (R_1 + R_2)\,.$$

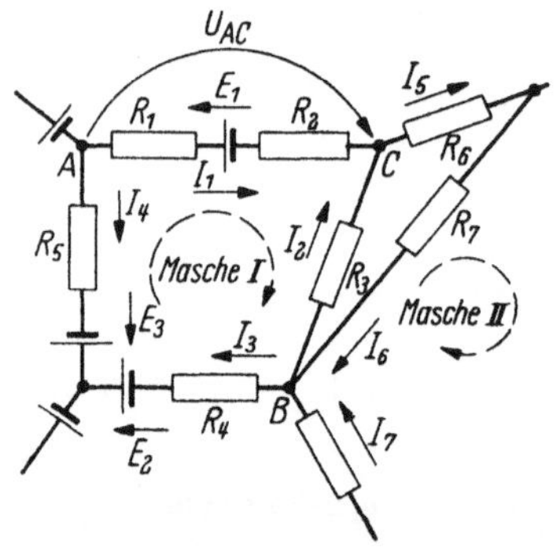

Abb. 41. Zur Berechnung nach den KIRCHHOFFschen Sätzen

Es genügt also vorerst, die Zweigströme zu bestimmen. Hierfür gibt es 3 Methoden, die im Kommenden behandelt seien.

a) Berechnung mit Hilfe der Kirchhoffschen Sätze

Grundlagen: Wichtig ist, vorerst die vorgegebenen Urspannungen und Widerstände eindeutig zu numerieren und bei ersteren die Richtungssinne einzutragen. Die unbekannten Zweigströme $I_1, I_2 \ldots$ werden ebenfalls numeriert, und es werden ihnen nach Gutdünken Richtungssinne erteilt. Berechnen sich Stromstärken dann als negativ, so ist der tatsächliche Richtungssinn dem angenommenen entgegengesetzt. Man beachte, daß in Abb. 41 der Zweigstrom I_1 nicht der von E_1 allein angetriebene ist, sondern er erhält Antriebe mit von allen anderen Urspannungen.

Eine genauere Betrachtung zeigt, daß die beiden KIRCHHOFFschen Sätze Gln. (21 u. 23),

$$\sum I_\nu = 0 \quad \text{Knotenpunktsatz,}$$
$$\sum_{\circlearrowleft} E_\nu = \sum_{\circlearrowleft} U_\nu \quad \text{Maschensatz,}$$

angewandt auf alle Knotenpunkte und auf alle Maschen des Netzes, gerade soviel voneinander unabhängige Gleichungen liefern als unbekannte Zweigströme I_ν vorhanden sind. Die beiden Sätze lauten für die herausgegriffenen Knotenpunkte C und B (Abb. 41) und die herausgegriffenen Maschen I und II

$$C: I_1 + I_2 = I_5$$
$$B: I_6 + I_7 = I_2 + I_8$$

Masche I: $\quad -E_1 + E_2 - E_8 = I_1(R_1 + R_2) - I_2 R_3 + I_3 R_4 - I_4 R_5$

Masche II: $\quad 0 = I_5 R_6 + I_6 R_7 + I_2 R_3$

Gemäß dem Beispiel werden die Rechnungen sehr weitläufig. Von besonderem Nachteil ist, daß sie sich im Prinzip nicht vereinfachen, wenn nur ein Zweigstrom gesucht wird, wie das meist der Fall ist. Insgesamt führt die Berechnungsmethode mit Hilfe der KIRCHHOFFschen Sätze stets zum Ziel, auch bei Widerständen mit nichtlinearer Strom-Spannungs-Kennlinie, aber sie ist umständlich. Man wird sie deshalb nur in solchen Fällen anwenden, wo die Verhältnisse sehr einfach liegen (s. das kommende Beispiel) oder die nachfolgenden einfacheren Methoden nicht anwendbar sind (bei nichtlinearen Netzen).

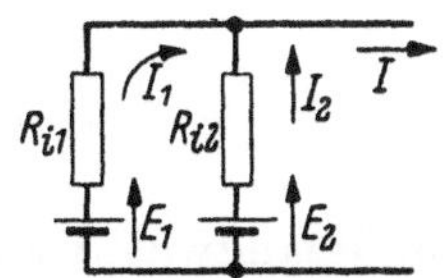

Abb. 42. Zur Parallelschaltung von zwei Spannungsquellen

Beispiel: *Parallelschaltung von zwei Spannungsquellen* (Abb. 42): Für die Generatoren E_1, R_{i1} und E_2, R_{i2} ist wichtig, wie groß die durchfließenden Ströme I_1, I_2 bei einem entnommenen Strom I sind:

Knotenpunktsatz: $\quad I = I_1 + I_2$

Maschensatz: $\quad E_1 - E_2 = I_1 R_{i1} - I_2 R_{i2}$

Hieraus:

$$I_1 = I \frac{R_{i2}}{R_{i1} + R_{i2}} + \frac{E_1 - E_2}{R_{i1} + R_{i2}}; \qquad I_2 = I \frac{R_{i1}}{R_{i1} + R_{i2}} - \frac{E_1 - E_2}{R_{i1} + R_{i2}}.$$

Jeder Zweigstrom besteht somit aus zwei Anteilen, von denen der zweite zum abgehenden Strom I überhaupt nichts beisteuert, daher auch ohne äußere Stromabgabe fließt. Um diesen nutzlosen Anteil, der vom Unterschied der beiden Urspannungen $E_1 - E_2$ bedingt wird, möglichst klein zu halten, müssen beim Parallelschalten von Spannungsquellen die

Urspannungen weitgehend gleich sein. Wie weit, beleuchtet ein Zahlenbeispiel des Parallelschaltens zweier größerer Generatoren mit

$$E_1 = 220\ \text{V},\ E_2 = 218\ \text{V}\ \text{(also Spannungsunterschied nur 1\%!)},$$

$$R_{i1} = R_{i2} = 20\ \text{m}\Omega;$$

$$\frac{E_1 - E_2}{R_{i1} + R_{i2}} = \frac{2\ \text{V}}{40\ \text{m}\Omega} = 50\ \text{A}(!) = \text{nutzloser Strom}.$$

b) Berechnung nach dem Strom-Überlagerungsgesetz = Superpositionssatz

Grundlagen: Dieser von HELMHOLTZ[1] angegebene Satz ist nur bei linearen Systemen anwendbar; das sind solche, bei denen sämtliche Widerstände eine lineare Strom-Spannungs-Kennlinie aufweisen, also das Ohmsche Gesetz befolgen. Sein Kern werde am unverzweigten Stromkreis mit

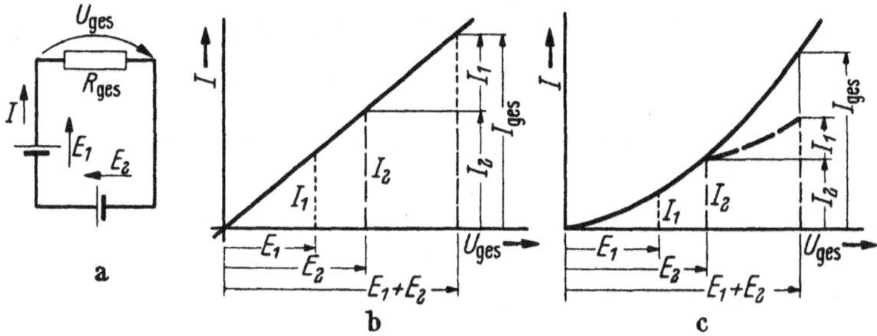

Abb. 43 a–c. Zum Stromüberlagerungsgesetz

dem Gesamtwiderstand $R_{ges} = U_{ges}/I$ dargelegt (Abb. 43 a). Wird bei linearer Kennlinie (R_{ges} = konst.) nur die Urspannung E_1 in den Kreis geschaltet, so treibt sie einen Strom $I_1 = E_1/R_{ges}$ an[2], nur die Urspannung E_2 den Strom $I_2 = E_2/R_{ges}$. Schaltet man beide ein, so wird bei dem nun herrschenden Gesamtantrieb

$$E_{ges} = E_1 + E_2: \quad I_{ges} = \frac{E_1 + E_2}{R_{ges}} = \frac{E_1}{R_{ges}} + \frac{E_2}{R_{ges}} = I_1 + I_2\,.$$

Das Entscheidende ist: I besteht aus 2 Teilströmen I_1, I_2, wobei jeder so groß ist, als wäre der andere nicht vorhanden (s. Abb. 43 b): Die Einzelströme überlagern sich. Bei nichtlinearer Kennlinie hingegen gilt zwar auch $I_{ges} = \frac{E_1 + E_2}{R_{ges}}$, aber hier ist, wenn I_1 bzw. I_2 wieder die Stromstärke bezeichnet, die E_1 bzw. E_2 allein hervorbringt, $I_{ges} \neq I_1 + I_2$ (Abb. 43 c), denn R_{ges} ist keine Konstante, sondern abhängig von I_1 und I_2; die Einzelströme beeinflussen sich also. Insgesamt: Bei proportionalem Zusammenhang zwischen Spannung (= Ursache) und Strom

[1] HERMANN V. HELMHOLTZ, 1821–1894.

[2] Beachte: Jeder der Ströme I_1 bzw. I_2 bedeutet hier nicht einen Zweigstrom, sondern den Strom, den die Urspannung E_1 bzw. E_2 für sich allein antreibt.

(= Wirkung) gilt das Überlagerungsgesetz nicht nur für Spannungen (Ursachen), sondern auch für Ströme (Wirkungen). Angewandt auf Stromnetze folgt:

> In Stromnetzen, deren Widerstände lineare Strom-Spannungs-Kennlinien besitzen, gilt das Überlagerungsgesetz auch für Ströme, d.h. jeder Zweigstrom läßt sich auffassen als die Summe von Einzelströmen, wobei jeder von einer Urspannung angetriebene Einzelstrom sich so berechnet, als wären alle übrigen Urspannungen = Null.

Hierzu Experiment gemäß Abb. 44a, wobei als Spannungsquellen von Hand angetriebene Generatoren verwendet werden. Vorteil: Durch Still-

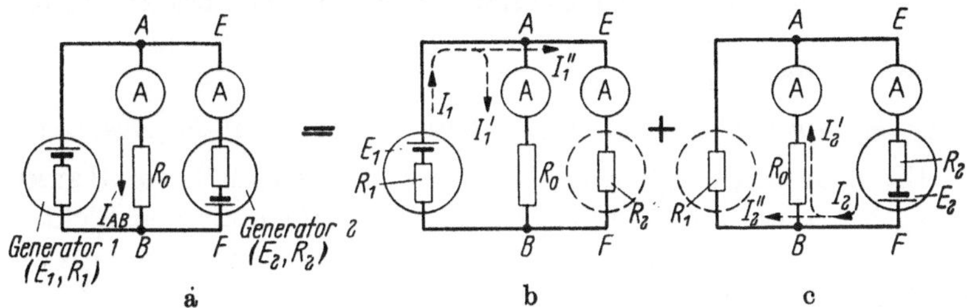

Abb. 44 a–c. Experiment zum Strom-Überlagerungssatz

setzen der Bewegung kann man die Urspannungen zu Null machen, also Einzelströme (I_1, I_2) erzeugen, ohne sonst im Kreis etwas zu ändern (Widerstände bleiben konstant). Die eingeschalteten Strommesser zeigen z.B.

nur Generator 1 (I_1):	$I_{AB} = +0{,}5\,A$	$I_{EF} = 0{,}3\,A$
nur Generator 2 (I_2):	$I_{AB} = -0{,}5\,A$	$I_{EF} = 0{,}8\,A$
beide Generatoren:	$I_{AB} = 0\,A$	$I_{EF} = 1{,}1\,A\,(= 0{,}3\,A + 0{,}8\,A)$.

1. Beispiel: Für Abb. 44a sei der Zweigstrom I_{AB} berechnet. Alle Zweigströme werden als Überlagerung zweier Einzelströme aufgefaßt, des von E_1 angetriebenen I_1 mit seinen Teilen I_1', I_1'', als wäre $E_2 = 0$ (Abb. 44b), und des von E_2 angetriebenen I_2 mit seinen Teilen I_2', I_2'', als wäre $E_1 = 0$ (Abb. 44c). $I_{AB} = I_1' - I_2'$. Also:

Nur E_1: $$I_1 = \frac{E_1}{R_1 + \frac{R_0 R_2}{R_0 + R_2}} \qquad I_1' = I_1 \frac{R_2}{R_0 + R_2} = \frac{E_1 R_2}{R_0 R_1 + R_0 R_2 + R_1 R_2}$$

Nur E_2: $$I_2' = \frac{E_2 R_1}{R_0 R_1 + R_0 R_2 + R_1 R_2}$$ [1]

E_1 und E_2: $$I_{AB} = I_1' - I_2' = \frac{E_1 R_2 - E_2 R_1}{R_0 R_1 + R_0 R_2 + R_1 R_2}$$

[1] Man erkennt sofort, daß von I_1' nur die Indizes 1 und 2 vertauscht zu werden brauchen; rationell arbeiten!

2. Beispiel: *Stromkompensation*[1] Schaltung Abb. 45. Der Kurzschlußstrom I einer Ersatzschaltung schwanke um den Mittelwert $\bar{I}$, also $I = \bar{I} + \Delta I$, die Schwankungen ΔI sind anzuzeigen. Die Schaltung wird nach Abb. 45 durch eine Kompensationsbatterie E_{Kp} mit regelbarem Widerstand R_{Kp} ergänzt. Damit der Kurzschlußfall erhalten bleibt, muß sein: Der Widerstand des Nullanzeigeinstrumentes $R_{\mathrm{I}} \ll R_{\mathrm{i\,ers}}$, und damit die Schwankungen ΔI in voller Höhe durch das Instrument fließen: $R_{\mathrm{I}} \ll R_{\mathrm{Kp}}$. Der mittlere Strom $\bar{I}$ durch das Instrument wird damit durch den gleich großen, entgegengesetzt fließenden der Zusatzbatterie kompensiert $\left(R_{\mathrm{Kp}} \approx \frac{E_{\mathrm{Kp}}}{\bar{I}}\right)$

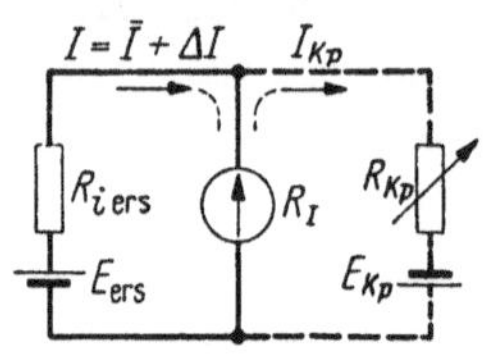

Abb. 45. Stromkompensation

c) Berechnung nach dem Satz von der Ersatzspannungsquelle (Zweipoltheorie)

Grundlagen: Bezüglich der Ableitung dieses ebenfalls von HELMHOLTZ angegebenen Satzes sei auf die Literatur der theoretischen Elektrotechnik verwiesen. Der Satz ist aber so wichtig, daß wir keinesfalls auf ihn verzichten können:

> Zur Berechnung des Stromes zwischen zwei Punkten AB eines linearen Netzwerkes mit Spannungsquellen läßt sich das gesamte Netzwerk jenseits AB durch einen aktiven Zweipol, gekennzeichnet durch E_{ers}, $R_{\mathrm{i\,ers}}$ ersetzen (Ersatzspannungsquelle), der auf die Schaltelemente der Strecke AB arbeitet.

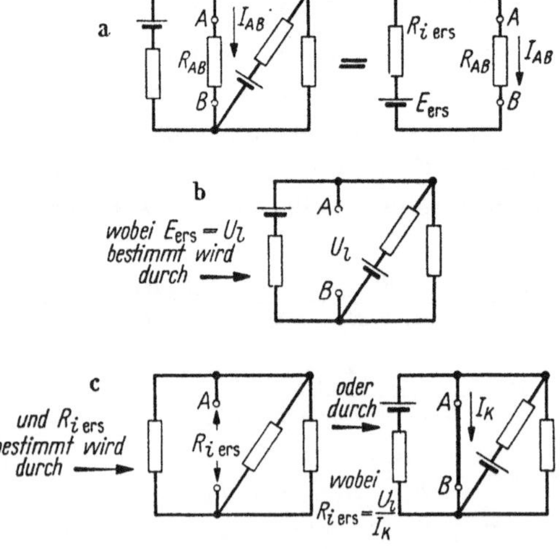

Abb. 46 a–c. Zum Satz von der Ersatzspannungsquelle

Beispiel: Abb. 46a links, in der der Strom I_{AB} durch R_{AB} berechnet werden soll. Die komplizierte Schaltung außerhalb R_{AB}, also die Parallelschaltung von 2 Spannungsquellen und einem Widerstand, läßt sich durch eine einzige Spannungsquelle E_{ers}, $R_{\mathrm{i\,ers}}$ ersetzen. Somit wird die komplizierte Schaltung auf den einfachen Grundstromkreis zurückgeführt (Abb. 46a rechts).

Für die Berechnung der noch unbekannten Ersatzgrößen E_{ers}, $R_{\mathrm{i\,ers}}$ gelten die gleichen Beziehungen wie beim

[1] Gegenstück zur Spannungskompensation, s. S. 45.

einfachen Zweipol: E_{ers} berechnet sich als Leerlaufspannung U_l, d.h. als die zwischen AB herrschende Spannung, wenn die Schaltelemente zwischen AB herausgetrennt sind (Abb. 46b), und $R_{i\,ers}$ entweder als Widerstand, hineingemessen in das Netzwerk, wobei alle Urspannungsschaltzeichen durch Kurzschlüsse zu ersetzen sind (Abb. 46c links), oder aus U_l und I_k, wobei I_k der in einer Kurzschlußverbindung zwischen AB fließende Strom wäre (Abb. 46c rechts).

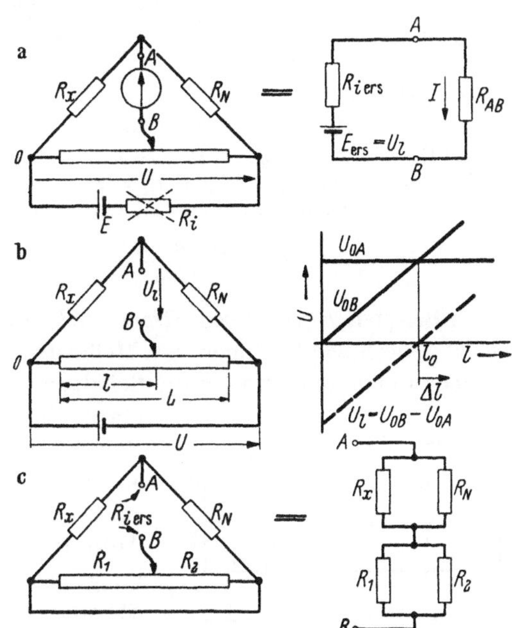

Abb. 47a–c. Zur WHEATSTONEschen Brücke bei Verstimmung

1. Beispiel: *Wheatstonesche Brücke bei Verstimmung.* Zur Beurteilung der Meßgenauigkeit einer WHEATSTONEschen Brücke muß man u.a. die Größe des Galvanometerstromes bei Verstimmung = Abweichung von der Nullstellung kennen, denn jedes Instrument gestattet infolge Ableseungenauigkeit, Reibung u.a. nur, den Strom bis zu einem bestimmten unteren Schwellwert anzuzeigen. Die gesamte Schaltung außerhalb des Galvanometerzweiges wird als aktiver Zweipol mit E_{ers}, $R_{i\,ers}$ aufgefaßt, der auf das Galvanometer (R_{AB}) arbeitet (Abb. 47a). Zur Vereinfachung sei der Innenwiderstand der Speisespannungsquelle vernachlässigbar klein angenommen, was meist zutrifft.

Bestimmung von $E_{ers} = U_l$: Nach Abb. 47b ist

$$U_l = (U_{OB} - U_{OA})_{R_{AB} \to \infty}$$

Bei einem kalibrierten Brückendraht steigt U_{OB} linear mit der Schieberstellung l an ($U_{OB} = Ul/L$), U_{OA} hingegen bleibt bei konstantem R_x und R_N unabhängig von der Schieberstellung. U_l als Differenz beider hat beim Brückenabgleich $l = l_0$ den Wert 0 und ändert sich mit der gleichen Steilheit wie U_{OB}, d.h. bei einer Verstimmung Δl gegenüber dem Abgleich um $U_l = U\Delta l/L$. Die Leerlaufspannung ist hier also keine konstante, sondern eine mit versetztem Nullpunkt linear ansteigende Größe.

Bestimmung von $R_{i\,ers}$: Nach Umzeichnung gemäß Abb. 47c ist:

$$R_{i\,ers} = R_x \| R_N + R_1 \| R_2 .$$

Bestimmung des gesuchten Galvanometerstromes I (vgl. Abb. 47a):

$$I = \frac{U_1}{R_{\mathrm{i\,ers}} + R_{\mathrm{AB}}} = U\frac{\Delta l}{L}\,\frac{1}{R_x \| R_N + R_1 \| R_2 + R_{\mathrm{AB}}}$$

Ist, wie in den meisten Fällen, $R_1 \| R_2$ gegenüber den anderen Widerstandsgliedern vernachlässigbar, so zeigt I über l einen linearen Gang mit $l = l_0$ als Nullpunkt analog U_1.

Zahlenbeispiel:

$E = U = 4\,\mathrm{V}$; $L = 1\,\mathrm{m}$; $R_x = 200\,\Omega$; $R_N = 300\,\Omega$; $R_x \| R_N = 120\,\Omega$; $R_{\mathrm{AB}} = 100\,\Omega$; $R = R_1 + R_2 = 5\,\Omega$; also $R_1 \| R_2$ höchstens $1{,}25\,\Omega$, nämlich bei Mittelstellung des Schiebers, ist gegen $R_x = R_N + R_{\mathrm{AB}} = 220\,\Omega$ vernachlässigbar. Für $\Delta l = a$ mm Brückenverstimmung ist somit der Galvanometerstrom

$$I = 4\,\mathrm{V}\frac{a\,\mathrm{mm}}{1000\,\mathrm{mm}}\,\frac{1}{220\,\Omega} = a \cdot 18\,\mu\mathrm{A}.$$

2. Beispiel: *Einfluß von Strom- und Spannungsmessern auf das Meßobjekt.* Durch das Einfügen von Meßinstrumenten, also von zusätzlichen Widerständen, ändert man die Schaltung und damit mehr oder weniger stark die zu messenden, ursprünglichen Werte. Grundsätzlich wird also das Meßobjekt durch das Meßinstrument gestört. Es interessiert, welche Anforderungen an Strom- und Spannungsmesser zu stellen sind, damit die Störung möglichst gering bleibt oder, wenn sie sich nicht vernachlässigen läßt, wie groß sie wird. Das Prinzipielle sei an je einem Beispiel dargelegt. Die ungestörten, d.h. ohne Instrument vorhandenen Größen sind mit I bzw. U, die gestörten, d.h. nach Einbau des Instrumentes auftretenden mit I', U' bezeichnet. Geringe Störung heißt, die prozentualen Fehler $\frac{I - I'}{I} = \frac{\Delta I}{I}$ bzw. $\frac{U - U'}{U} = \frac{\Delta U}{U}$ möchten hinreichend klein sein.

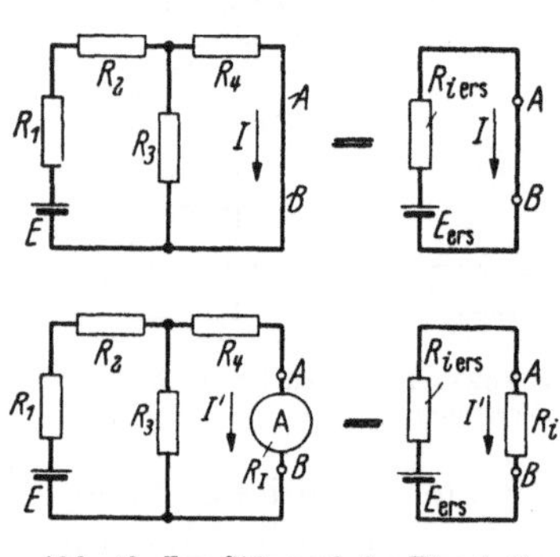

Abb. 48. Zur Störung beim Einschalten eines Strommessers (oben ohne, unten mit Instrument)

Strommesserbeispiel (Abb. 48).

Die Schaltung jenseits der Punkte AB, zwischen denen der interessierende Strom fließt, wird durch die Spannungsquelle E_{ers}, $R_{\mathrm{i\,ers}}$ ersetzt. Dabei ist:

$$E_{\mathrm{ers}} = U_1 = E\frac{R_3}{R_1 + R_2 + R_3}\,; \qquad R_{\mathrm{i\,ers}} = R_4 + R_3 \| (R_1 + R_2)$$

I ist, wie ersichtlich, der Kurzschlußstrom der Ersatzspannungsquelle:

$$I = I_k = \frac{E_{\mathrm{ers}}}{R_{\mathrm{i\,ers}}}$$

Und I' ergibt sich zu

$$I' = \frac{E_{ers}}{R_{i\,ers} + R_I}$$

Die Bedingung für geringe Störung ($I' \approx I$) fordert somit Kurzschlußbetrieb der Ersatzquelle:

$\boxed{R_I \ll R_{i\,ers}}$ Bedingung für störungsarme Strommessung (36a)

Der Strommesserwiderstand muß also klein gegen den in die Schaltung hineingemessenen Innenwiderstand sein. Bei Erfüllung dieser Bedingung ist der prozentuale Fehler nach Gl. (32) sofort angebbar:

$$\frac{\Delta I}{I} = \frac{R_I}{R_{i\,ers}} \quad \text{Fehler bei } R_I \ll R_{i\,ers}$$

Zahlenwerte: Soll für $R_1 = 0{,}1\ \Omega$, $R_2 = 10\ \Omega$, $R_3 = 20\ \Omega$, $R_4 = 15\ \Omega$ die Störung bei Einfügen des Strommessers weniger als 1% betragen, so muß, da $R_{i\,ers} = 21{,}7\ \Omega$ ist, $R_I < 0{,}2\ \Omega$ sein.

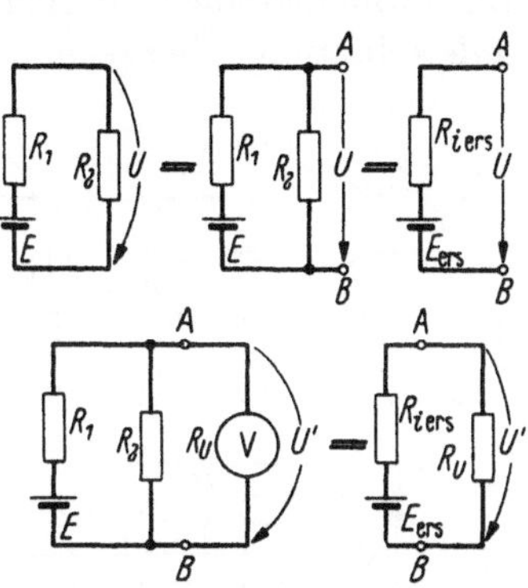

Abb. 49. Zur Störung beim Einschalten eines Spannungsmessers (oben ohne, unten mit Instrument)

Spannungsmesserbeispiel (Abb. 49): Die Schaltung jenseits der Meßpunkte AB wird durch die Spannungsquelle E_{ers}, $R_{i\,ers}$ ersetzt. Dabei ist:

$$E_{ers} = U_l = E\frac{R_2}{R_1 + R_2}; \qquad R_{i\,ers} = R_1 \| R_2$$

U ist mithin die Leerlaufspannung der Ersatzquelle $U = U_l$. Und U' ergibt sich zu:

$$U' = U\frac{R_U}{R_{i\,ers} + R_U}$$

Die Bedingung für geringe Störung ($U' \approx U$) fordert somit Leerlaufbetrieb der Ersatzquelle:

$\boxed{R_U \gg R_{i\,ers}}$ Bedingung für störungsarme Spannungsmessung (36b)

Der Spannungsmesserwiderstand muß also groß gegen den in die Schaltung hineingemessenen Innenwiderstand sein. Bei Erfüllung dieser Bedingung ist der Fehler nach Gl. (32) sofort angebbar:

$$\frac{\Delta U}{U} = \frac{R_{i\,ers}}{R_U} \quad \text{Fehler bei } R_U \gg R_{i\,ers}$$

Zahlenwerte: Soll für $R_1 = 100\ \Omega$, $R_2 = 400\ \Omega$ die Störung bei Einfügen des Spannungsmessers weniger als ½% betragen, so muß, da $R_{i\,ers} = 80\ \Omega$ ist, $R_U > 16\ \mathrm{k}\Omega$ sein.

Man erstrebt daher grundsätzlich bei Strommessern einen möglichst geringen, bei Spannungsmessern einen möglichst hohen Instrumentenwiderstand.

3. Beispiel: *Regelwiderstände.* Gegeben sei ein Grundstromkreis mit konstantem E, R_i, R_a. Mit Hilfe eines Widerstandes R (abgegriffener Widerstand r) mit linearer Charakteristik soll der durch R_a fließende Strom I über einen möglichst weiten Bereich möglichst gleichmäßig geregelt werden. Welche Schaltungen bestehen, wie ist R zu bemessen, und wie sieht die Regelkennlinie I über r – besser verwendet man bezogene Größen I/I_{max} über r/R – aus? Es gibt drei Schaltungsmöglichkeiten des Regelwiderstandes: Reihenschaltung, Parallelschaltung, Spannungsteilerschaltung. Hier seien nur die ersten beiden behandelt, über die letzte s. Aufgabe 12. Da nicht nach einem einzelnen Wertepaar, sondern nach einem funktionellen Zusammenhang gefragt ist, versucht man, auf die bekannten Kurvenverläufe des Grundstromkreises (Abb. 38) zurückzugreifen. Das gelingt in folgender Weise:

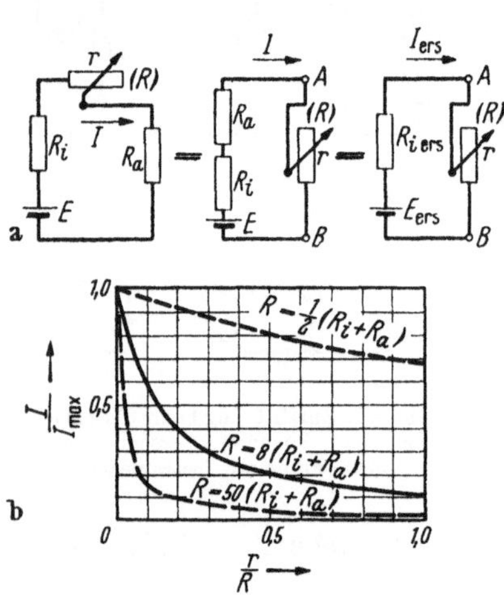

Abb. 50 a u. b. Zum reihengeschalteten Regelwiderstand R

Reihenschaltung (Abb. 50a u. b): Man faßt r als veränderbaren Außenwiderstand eines Grundstromkreises auf und zeichnet das Schaltbild entsprechend um (Abb. 50a). Im Ersatzbild ist dann:

$$E_{ers} = U_l = E; \qquad R_{i\,ers} = R_i + R_a$$

Der Strom durch R_a ist der Strom des Ersatzkreises ($I = I_{ers}$). Mithin zeigt I über r den bekannten fallenden Verlauf des Stromes im Grundstromkreis (s. Abb. 38, Kurve I/I_k). Da eine merkliche Änderung des Absolutwertes des Stromes nur im Bereich $r = 0$ bis etwa 8 $R_{i\,ers}$ besteht, muß also zweckmäßig $r_{max} = R \approx 8\,(R_i + R_a)$ (günstiger Regelwiderstand) werden. Die Regelkennlinien für verschiedene R[1] mit ihrer fallenden Tendenz lassen sich sofort hinzeichnen (Abb. 50b), denn es ist $I_{max} = \frac{E}{R_i + R_a}$, und der Halbwert des Stromes wird jeweils erreicht bei $r = R_{i\,ers} = R_i + R_a$. Der Nachteil dieser Schaltung ist, daß man den Wert $I = 0$ nicht erreicht.

[1] In Abb. 50 a u. b sind zum Vergleich mit der etwa günstigsten Kennlinie $R = 8\,(R_i + R_a)$ noch zwei andere, ungünstigere eingezeichnet.

Parallelschaltung (Abb. 51a u. b): Man faßt r ebenso als veränderbaren Außenwiderstand eines Grundstromkreises auf und zeichnet das Schaltbild entsprechend um (Abb. 51 a). Im Ersatzbild ist dann:

$$E_{ers} = U_1 = E \frac{R_a}{R_i + R_a}\,; \qquad R_{i\,ers} = R_i \| R_a$$

Es ist hier nicht $I = I_{ers}$, sondern die Spannung U über R_a ist gleich der Klemmenspannung des Ersatzkreises ($U = U_{ers}$), und der gesuchte Strom durch R_a ist dieser proportional ($I = U_{ers}/R_a$). U_{ers} und damit auch I zeigen also den bekannten steigenden Verlauf der Spannung im Grundstromkreis (s. Abb. 38, Kurve U/U_1). Da eine merkliche Änderung des Absolutwertes der Spannung nur im Bereich $r = 0$ bis etwa $8\,R_{i\,ers}$ besteht, muß also zweckmäßig werden $r_{max} = R \approx 8\;(R_i \| R_a)$ (günstigster Regelwiderstand). Die Regelkennlinien für verschiedene R[1] mit ihrer steigenden Tendenz lassen sich sofort hinzeichnen (Abb. 51 b), denn der größtmögliche Strom (bei $r \to \infty$) wäre $I_{max} = \frac{E_{ers}}{R_a} = \frac{E}{R_i + R_a}$ – diesem Grenzwert nähert man sich nur mehr oder weniger gut – und der Halbwert davon gehört zu $r = R_{i\,ers} = R_i \| R_a$. Der Nachteil dieser Schaltung ist, daß die Spannungsquelle einen Kurzschluß aushalten muß.

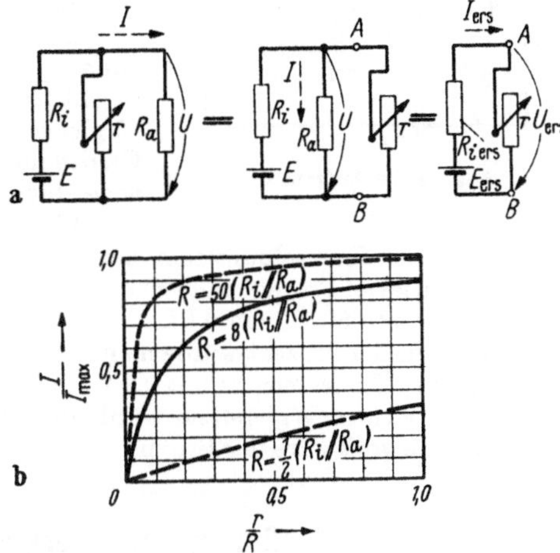

Abb. 51 a u. b. Zum parallelgeschalteten Regelwiderstand R

Aufgaben zu B

6. Wie muß ein Widerstand von a) 4,85 kΩ, b) 5,10 kΩ, c) 5,82 kΩ ergänzt werden, damit 5 kΩ entstehen?

7. Zwei Widerstände R_1, R_2 mit den Temperaturbeiwerten α_1, α_2 werden a) in Reihe, b) parallelgeschaltet. Wie groß ist der Temperaturbeiwert des Ersatzwiderstandes? Zahlenbeispiel für Kupfer (1) und Manganin (2) bei einem Widerstands- bzw. Leitwertsverhältnis $v_{1,2} = 1:5$.

8. Berechne für Schaltung 52 Ströme und Spannungen!

9. Berechne für eine WHEATSTONEsche Brücke in Abhängigkeit von der Schieberstellung den Verlauf derjenigen Ungenauigkeit in der Bestimmung von R_x, die von der Ableseunsicherheit der Schieberstellung herrührt. Diskutiere das Ergebnis.

10. Berechne die Stromstärke I_{AB} im Beispiel Abb. 52 nach der Zweipoltheorie.

[1] In Abb. 51 a u. b sind zum Vergleich mit der etwa günstigsten Kennlinie $R = 8\,(R_i \| R_a)$ noch zwei andere, ungünstigere eingezeichnet.

11. Wie groß sind die wirksame Urspannung und der wirksame Innenwiderstand der Parallelschaltung a) von zwei Spannungsquellen, b) von n Spannungsquellen? Diskutiere die Ergebnisse für den Spezialfall, daß alle Spannungsquellen gleich sind.

12. Berechne für einen Spannungsteiler (R, r), der von einer Spannungsquelle (E) mit vernachlässigbarem Innenwiderstand gespeist wird, den von der Abgriffseite aus gesehenen Verlauf der Ersatzurspannung und des Ersatzwiderstandes in Abhängigkeit von der Schieberstellung. Stelle ihn in bezogenen Größen dar. Wie groß muß ein angeschlossener Widerstand mindestens sein, damit die an ihm liegende Spannung höchstens 1% von der nach der Spannungsteilerregel berechneten abweicht? Welches Verhältnis von Spannungsteilerstrom und Abgriffstrom besteht dann?

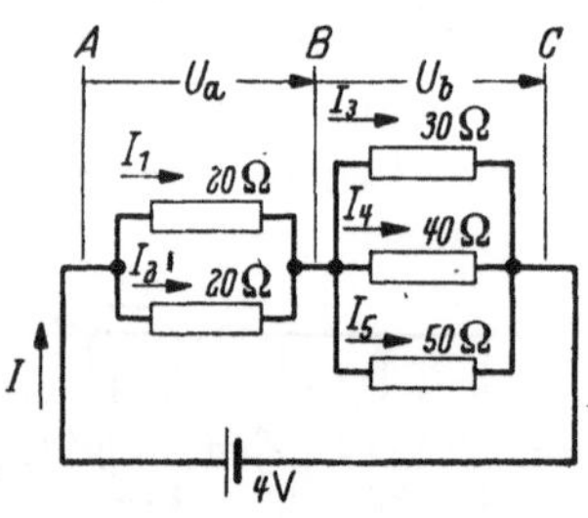

Abb. 52. Zu Aufgabe 8

13. Gegeben eine Akkumulatorenbatterie von 15 gleichen Zellen in Reihenschaltung mit einer Urspannung von je 2,0 V und einem Innenwiderstand von je 25 mΩ.

a) Wie groß ist die Leerlaufspannung, wie groß wäre der Kurzschlußstrom der Batterie, einer Zelle?

b) Um wieviel Prozent mißt man die Leerlaufspannung falsch mit einem Spannungsmesser von 50 Ω, von 5 kΩ.

c) Um wieviel Prozent würde man den Kurzschlußstrom falsch messen bei Verwendung eines Instrumentes mit 0,2 Ω, mit 10 mΩ?

d) Bei welchem Widerstand würde die Spannung gegenüber Leerlauf um 5% absinken, wie groß wäre der Strom?

C. Elektrische Energie und Leistung

1. Grundbeziehungen und Definitionen

Während die bisher behandelten Begriffe Strom, Spannung und Widerstand nur der elektrischen Welt angehören, sind Energie und Leistung Begriffe, die allen Zweigen der Physik gemeinsam sind. Sie spielen daher die Rolle der Verbindungsglieder vom elektrischen Gebiet zu den anderen. Bevor wir sie vom speziell elektrischen Standpunkt aus betrachten, sei an das Allgemein-Physikalische über sie kurz erinnert.

Energie: Sie ist definiert als dasjenige Etwas in der Natur, das fähig ist, Arbeit zu leisten, d.h. Kräfte entlang von Wegen zu überwinden. Diese mögliche Arbeitsvollbringung ist die sinnfälligste Äußerung der Energie. Aber die Energie kann an Stelle davon auch Wärme erzeugen, elektrische Ströme fließen lassen, elektromagnetische Wellen schaffen u.a.m. Energie ist also der Sammelbegriff für etwas in der Natur Vorkommendes, das im Inneren gleiches Wesen, im Äußeren aber mannigfaltige Formen, die es wechseln kann, besitzt. Man darf den Begriff Energie wohl als eine der treffsichersten Formulierungen, die menschlicher Geist zur Beschreibung des Naturverhaltens ersann, bezeichnen, denn unter ihrem Blickwinkel lassen sich alle Naturgeschehen einheitlich qualitativ und quantitativ fassen: Alle Naturgeschehen sind Umwandlungen einer Energieform in andere, wobei die Gesamtmenge der einzelnen Energien (W_ν) eines abgeschlossenen Systems konstant bleibt:

$$\sum W_\nu = \text{konst.} \qquad \text{Energiesatz}^1$$

Leistung: Sie ist definiert als Energieänderung, geteilt durch die Zeitdauer, während der sie vor sich geht:

$$P = \lim_{\Delta t \to dt} \frac{\Delta W}{\Delta t} = \frac{dW}{dt} \qquad \text{Definition der Leistung}$$

Die Leistung ist also eine Größe, die einem jeden Zeitpunkt zuzuordnen ist, denn das Zeitelement $\Delta t \to dt$ und die währenddessen vonstatten gehende Energieänderung $\Delta W \to dW$ sind in Umgebung des betrachteten Zeitpunktes herausgegriffen. Im Gegensatz dazu ist die Arbeit eine Größe, die einer Zeitspanne zukommt, denn durch Umkehrung der obigen Definitionsgleichung folgt, daß die Energieänderung $W_2 - W_1$ zwischen den Zeitpunkten $t_1 \ldots t_2$ gleich dem zugehörigen Zeitintegral der Leistung ist:

$$W_2 - W_1 = \int_{t_1}^{t_2} P\,dt; \quad \text{für} \quad P = \text{konst.}: \quad W = Pt$$

Wird ein Gewicht auf den Tisch gehoben, so wird in jedem Augenblick des Hebens durch Überwinden der Schwerkraft eine Leistung vollbracht, bei Heben mit gleicher Geschwindigkeit eine in diesen Zeitpunkten gleich große $\left(P = \frac{d(Fs)}{dt} = F\frac{ds}{dt} = Fv\right.$, wobei F = Gewichtskraft, s = senkrechter Hebeweg, v = Hebegeschwindigkeit sind$\left.\right)$. Nach dem Heben ist die Leistung Null. Die vollbrachte Arbeit hingegen (Fs) wuchs mit dem Hebeweg und bleibt nach dem Heben konstant. Ein Maß für eine Leistung, die man vollbringt, ist die dabei spürbare körperliche Kraftanstrengung.

Der Energiesatz formuliert sich, ausgedrückt durch Leistungen, da die Erhöhung der Energie einer betreffenden Form eine positive, die Verminderung eine negative Leistung der betreffenden Form bedeutet, als: In einem abgeschlossenen System ist in jedem Zeitpunkt die Summe der positiven gleich der Summe der negativen Leistungen, oder die Summe der Leistungen ist in jedem Zeitpunkt Null. (Man kann zum Beweis auch formell den Energiesatz nach der Zeit differenzieren.)

$$\sum P_\nu = 0 \qquad \text{Energiesatz geschrieben in Leistungen}$$

Wenden wir uns nun den speziellen elektrischen Betrachtungen zu!

[1] Julius Robert v. Mayer, 1814–1878; 1842: Ex nihilo nihil fit, nil fit ad nihilum. – Hermann v. Helmholtz, 1847, wissenschaftliche Formulierung und Folgerungen.

a) *Elektrische Energie*

Qualitatives: Unter elektrischer Energie verstehen wir die der elektrischen Welt eigene Energieform. Für sie sind notwendig Ladungen und Spannungen. Die Definition der Spannung beruhte auf der Verknüpfung mit der elektrischen Energie unter Zuhilfenahme gedachter oder tatsächlicher Bewegungen von Ladungen. Beim Lauf von Ladungen durch Urspannungsstellen in dem von deren Antrieb gewünschten Sinn, d. h. von $-$ zu $+$, nehmen die Ladungsträger elektrische Energie auf, und andere Energie mindert sich dort; beim Lauf von Ladungen durch Spannungsabfallstrecken, d. h. von $+$ zu $-$, vermindern die Ladungsträger ihre elektrische Antriebsenergie, und andere Energie entsteht.

Mit Hilfe von Ladungen wird somit Energie von Ursprungsstellen zu Spannungsabfallstrecken in Form elektrischer Energie als Zwischenform transportiert.

Von den verschiedenen Energieformen spielt die elektrische in der Energiewirtschaft eine besonders wichtige Rolle aus nachfolgenden drei Gründen, denen vor allem die Starkstromtechnik ihre hohe Bedeutung verdankt:

1. Leichte Transportierbarkeit großer Energiemengen auf große Entfernungen (Überlandleitungen),
2. vollständige Umsetzmöglichkeit in andere Energieformen (im Gegensatz von z. B. Wärmeenergie),
3. einfache Speicherbarkeit.

Ein Teil der hohen Bedeutung der Schwachstromtechnik ist in der leichten Umformmöglichkeit elektrischer Energie in elektromagnetische Strahlungsenergie und zurück begründet. Erwähnt sei, daß man, insbesondere in Fällen, bei denen elektrische Energie in mechanische Arbeit umgeformt wird, mitunter von elektrischer Arbeit spricht.

Quantitatives: Bei den Spannungsdefinitionen betrachteten wir den Energieumsatz, gebunden an den einzelnen Ladungsträger. Die einzelnen Träger sind bei Leitern aber nicht unmittelbar wahrzunehmen, wohl aber ihre Vielheit, die Ströme. Daher interessiert im folgenden der Energieumsatz bei Stromfluß, gebunden an die einzelnen festbleibenden Stellen; diese seien zunächst gemäß den beiden Spannungsformen gegliedert in Urspannungsstellen und Spannungsabfallstrecken.

Energieumsatz in Urspannungsstellen: Wir wählen den einfachsten Fall des unverzweigten Stromkreises mit nur einer Urspannung E. Die gesamte Kreisbahn enthalte n bewegbare Ladungsträger der gleichen Ladung Q', z. B. Elektronen. Wird der Stromkreis geschlossen, so beginnen alle Ladungsträger ihre Kreisbewegung. Der Strom möge so lange fließen, bis ein herausgegriffener Ladungsträger, der an der Ausgangsstelle der Spannungsquelle startete, diese Querschnittstelle genau wieder passiert. Dann hat er wie alle anderen Träger exakt einen Umlauf beschrieben. An jeden einzelnen Träger wurde gemäß Gl. (7) von der Urspannungsstelle die Umlaufenergie $W_{\mathrm{O}} = EQ'$ abgegeben, an alle Träger zusammen $W_{\mathrm{O\,ges}} = EnQ'$. Hätte der Stromfluß nur z. B. $^1/_5$ der obigen Zeit gedauert, so wäre, da der Strom in allen Augenblicken seines Fließens gleiche Stärke besaß, die abgegebene Energie $W = (1/5)\,EnQ'$ gewesen. Man erkennt, die für den Energieumsatz maßgebende Elektrizitätsmenge (nQ' bzw. $(1/5)\,nQ'$, allgemein Q_{E}) ist gerade diejenige, die durch einen Querschnitt der Urspannungsstelle E als Strom I_{E} während der Energieabgabezeit t geflossen ist [Q_{E}[1] $= I_{\mathrm{E}} t$, wenn $I_{\mathrm{E}} =$ konst.]. Also ist die von der (konstant angenommenen) Urspannungsstelle E während der Zeit des Durchfließens der Elektrizitätsmenge Q_{E} durch einen ihrer Querschnitte abgegebene Energie, d. h. die erzeugte elektrische Energie $W_{\mathrm{E}} = EQ_{\mathrm{E}}$. Im allgemeineren Fall kann die Urspannung E aus irgendwelchen Gründen zeitlich schwanken. Dann ist sie nur für eine infinitesimal kleine Zeitspanne $\mathrm{d}t$, während der die Elektrizitätsmenge $\mathrm{d}Q_{\mathrm{E}} = I_{\mathrm{E}}\,\mathrm{d}t$ einen ihrer Querschnitte durchfloß, als konstant anzusehen. Die erzeugte elektrische Energie $\mathrm{d}\,W_{\mathrm{E}}$ ist dann

$$\boxed{\begin{aligned} &\mathrm{d}W_{\mathrm{E}} = E\,\mathrm{d}Q_{\mathrm{E}} = E I_{\mathrm{E}}\,\mathrm{d}t \\ &W_{\mathrm{E}} = \int_{Q_{\mathrm{E}}=0}^{Q_{\mathrm{E}}} E\,\mathrm{d}Q_{\mathrm{E}} = \int_{t=0}^{t} E I_{\mathrm{E}}\,\mathrm{d}t \\ &\text{für } E, I_{\mathrm{E}} = \text{konst.:}\quad W_{\mathrm{E}} = EQ_{\mathrm{E}} = EI_{\mathrm{E}}t \end{aligned}}$$

Von Urspannungsstelle E erzeugte elektrische Energie bei Durchfluß der Elektrizitätsmenge $\mathrm{d}Q_{\mathrm{E}}$ bzw. Q_{E} durch einen ihrer Querschnitte (37)

Energieumsatz in Spannungsabfallstrecken: Da die Umlaufenergie W_{O} der einzelnen Ladungen Q' sich auf die Kreisstrecken vollständig als Antriebsenergie im Verhältnis deren U-Werte aufteilt und bei Stromfluß in andere umsetzt, muß die von der Urspannungsstelle E erzeugte elektrische Energie W_{E} bzw. $\mathrm{d}\,W_{\mathrm{E}}$ restlos an die Spannungsabfallstellen des Kreises abgeführt werden und ebenso entsprechend den U-Werten aufgeteilt sein. An die herausgegriffene Strecke mit dem Spannungsabfall U wird dann von $\mathrm{d}\,W_{\mathrm{E}}$ der Energieanteil $U\mathrm{d}Q_{\mathrm{E}}$ abgegeben. Weil im betrachteten Stromkreis die durch einen Qerschnitt der Spannungsstrecke U strömende Elektrizitätsmenge $\mathrm{d}\,Q_{\mathrm{U}}$ genau so groß ist wie die dabei

[1] Man muß sehr wohl unterscheiden: Q' ist die Elektrizitätsmenge, die mit dem einzelnen Ladungsträger sich dahinbewegt, Q_{E} ist die viel größere Elektrizitätsmenge, dir durch einen festgehaltenen Querschnitt der Urspannungsstelle E strömt.

durch einen Querschnitt von E fließende, folgt für den allgemeinen, nicht auf den unverzweigten Stromkreis beschränkten Fall:

$$\boxed{\begin{gathered} \mathrm{d}W_{\mathrm{U}} = U\,\mathrm{d}Q_{\mathrm{U}} = U I_{\mathrm{U}}\,\mathrm{d}t \\ W_{\mathrm{U}} = \int\limits_{Q_{\mathrm{U}}=0}^{Q_{\mathrm{U}}} U\,\mathrm{d}Q_{\mathrm{U}} = \int\limits_{t=0}^{t} U I_{\mathrm{U}}\,\mathrm{d}t \\ \text{Für } U, I_{\mathrm{U}} = \text{konst.:}\quad W_{\mathrm{U}} = U Q_{\mathrm{U}} = U I_{\mathrm{U}}\, t \end{gathered}} \tag{38}$$

An Spannungsstrecke U bei Durchfluß der Elektrizitätsmenge $\mathrm{d}\,Q_{\mathrm{U}}$ bzw. Q_{U} durch einen ihrer Querschnitte abgegebene elektrische Energie

Man merke sich: An der Energie sind Stromstärke, Spannung und Zeit als gleichberechtigte Produktpartner beteiligt.

Einheiten: Sie ergeben sich aus Gln. (37, 38), wobei man bedenken muß, daß die Differentiale, da sie eine Differenz darstellen, in den gleichen Einheiten zu messen sind wie die Größen selbst, z. B. $\mathrm{d}t$ in Sekunden. Weil man bezeichnet:

$$1\,\text{Volt}\cdot\text{Ampere} = 1\,\text{Watt}^{1} = 1\,\frac{\text{Joule}}{\text{s}} = 1\,\frac{\text{J}}{\text{s}},$$

sind Einheiten der elektrischen Energie

$$\boxed{\begin{aligned} &1\ \text{Voltamperesekunde} = 1\ \text{Wattsekunde} = 1\ \text{Ws} = 1\ \text{J} \\ &1\ \text{Kilowattstunde} = 1\ \text{kWh} = 3{,}6\cdot 10^{6}\ \text{J} \end{aligned}} \tag{39}$$

Einheiten der elektrischen Energie

Andere Energieeinheiten und die Umrechnungszahlen (Einheitenverhältnisse) sind in Anhang I, F behandelt. Einige häufig gebrauchte Beziehungen sind:

$$\left.\begin{aligned} 1\,\text{erg} &= 10^{-7}\,\text{J} \\ 1\,\text{kpm} &= 9{,}80665\,\text{J} \\ 1\,\text{kcal}_{\text{IT}} &= 4{,}1868\cdot 10^{3}\,\text{J} \\ 1\,\text{PSh} &= 2{,}6478\cdot 10^{6}\,\text{J} \end{aligned}\right\} \tag{40}$$

Tarif: Die von den Kraftwerken an die angeschlossenen Verbraucher gelieferte Energie wird nach Tarifen berechnet. Meist wendet man einen Grundpreistarif an, bei dem sich die Gesamtkosten aus einer Grundgebühr und einer Verbrauchergebühr zusammensetzen. Die feste Grundgebühr richtet sich nach der Größe der elektrischen Anlage und dient im wesentlichen zum Decken der Kosten an Kapitalabschreibung und Verzinsung für das Elektrizitätswerk und das Netz. Die Verbrauchergebühr soll die Betriebskosten (für Betriebsstoff, Wartung des Werkes usw.) begleichen. Sie liegt etwa zwischen 4...40 Pf. je kWh.

---

[1] James Watt, 1763–1819.

Größenvorstellung: Zwei Beispiele: Da 1 kWh = $3{,}6 \cdot 10^6 \cdot 10{,}2$ kp cm = $25 \cdot 15$ kp km, ist dies die Arbeit, die man verrichtet, wenn man 25 kp 15 km hebt, d.h. bei einer Hubgeschwindigkeit von 1 m/sek etwa 4 Stunden lang heben würde. Für diese Arbeitsleistung verdient man auf elektrische Tarife umgerechnet 4, höchstens 40 Pf.! Um 1 Liter Wasser zu kochen, d.h. um rund 80° zu erwärmen, sind etwa 80 kcal, d.h. etwa 1/10 kWh erforderlich.

Meßgeräte für elektrische Energie: Sie heißen Elektrizitätszähler. Es gibt zwei Formen, eine vereinfachte, den Amperestundenzähler, und eine allgemein anwendbare, den Wattstundenzähler.

Der *Amperestundenzähler* ersetzt vereinfachend den Spannungsabfall durch seinen konstanten Mittelwert U_{mittel}. Die entnommene elektrische Energie berechnet sich dann gemäß Gl. (38) zu $W = U_{\text{mittel}} Q = \text{konst.}\, Q$. Das Gerät mißt also nur die durchgehenden Elektrizitätsmengen (größere Einheit 1 Ah). Hierzu kann man bei Gleichstrom die elektrolytische Abscheidung des Stromes benutzen da – s. Abschn. C 7a – die an einer Elektrolytelektrode abgeschiedene Stoffmenge der durchgeströmten Elektrizitätsmenge streng verhältnisgleich ist. Der in Deutschland bekannteste Zähler dieser Art, der Stia-Zähler, verwendet als Elektrolyt eine wäßrige Jod-Kalium-Quecksilberlösung, aus der an der einen Stromzuführung bei Stromfluß Quecksilber ausscheidet, das in ein mit einer Skala versehenes Steigrohr fällt und so als Maß für die durch-

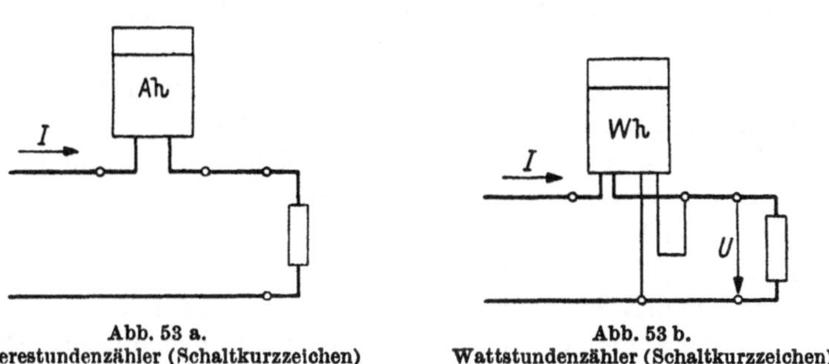

Abb. 53 a. Amperestundenzähler (Schaltkurzzeichen)

Abb. 53 b. Wattstundenzähler (Schaltkurzzeichen)

gegangene Elektrizitätsmenge gezählt wird. Durch Schwenken kann das Steigrohr geleert werden, wodurch das Quecksilber zu der anderen Stromzuführung gelangt, die dem Elektrolyt die Quecksilberionen nachliefert. So entsteht keinerlei Verschleiß. Amperestundenzähler haben zwei Anschlußklemmen und sind in den Strompfad zu schalten (Abb. 53a).

Der *Wattstundenzähler* mißt das Integral $\int_{t_1}^{t_2} U I \, dt$, also die elektrische Energie ohne Einschränkung. Die meisten dieser Zähler besitzen ein drehbares System, dessen Drehgeschwindigkeit $d\alpha/dt$ dank der besonderen, später zu behandelnden Arbeitsweise proportional dem jeweiligen Produkt UI ist: $\mathrm{d}\alpha/\mathrm{d}t = cUI$. Mithin wird

$$W = \int_{t_1}^{t_2} \frac{d\alpha}{c} = \frac{\alpha_2 - \alpha_1}{c} = \text{konst.}\,(\alpha_2 - \alpha_1).$$

Die Energie ist also proportional dem gesamten Drehwinkel (vielfache Umläufe). Er wird durch ein geeichtes, die Umlaufzahl messendes Zählwerk angezeigt. Wattstundenzähler haben einen Strompfad und einen Spannungspfad, insgesamt also vier Anschlußklemmen, von denen aber zwei gemeinsam sind (Abb. 53 b).

b) Elektrische Leistung

Quantitatives: Gemäß $P = \mathrm{d}W/\mathrm{d}t$ und $\mathrm{d}W = EI\,\mathrm{d}t$ ist die von einer Urspannungsstelle E bei Stromfluß I erzeugte elektrische Leistung P:

$$\boxed{P = EI} \quad \text{von Urspannungsstelle erzeugte elektrische Leistung} \tag{41}$$

Analog:

$$\boxed{P = UI} \quad \text{an Spannungsabfallstrecke abgegebene elektrische Leistung} \tag{42}$$

Es kommt bei Leistungen also nicht auf den Strom allein oder die Spannung allein an, sondern Stromstärke und Spannung sind gleichberechtigte Produktpartner. Die gleiche Leistung kann daher mit kleiner Stromstärke und hoher Spannung oder mit hoher Stromstärke und geringer Spannung erstellt werden. Ein typisches Beispiel sind die Beleuchtungslampen. Sie setzen die ihnen zugeführte elektrische Leistung in Lichtleistung = Lichtstrom um (s. Abschn. C6), wobei gleicher Lichtstrom unter der hinreichend zutreffenden Voraussetzung gleichen Umsatzwirkungsgrades gleiche elektrische Leistung erfordert. Eine Hausbeleuchtungslampe von z.B. etwa 25 W wird mit hoher Spannung und kleinem Strom z.B. 220 V und 0,1 A betrieben, eine gleich hellbrennende, also etwa gleiche Lesitung aufnehmende Autolampe aber mit geringer Spannung und größerem Strom, z.B. 6 V und 4 A.

Einheiten: Die Leistungseinheit ist

$$\boxed{1\ \text{Volt} \cdot \text{Ampere} = 1\ \text{Watt}} \quad \text{Leistungseinheit} \tag{43}$$

Untereinheiten sind:

$$10^{-6}\,\mathrm{W} = 1\,\mu\mathrm{W}$$
$$10^{-3}\,\mathrm{W} = 1\,\mathrm{mW}$$
$$10^{3}\,\mathrm{W} = 1\,\mathrm{kW}$$
$$10^{6}\,\mathrm{W} = 1\,\mathrm{MW}$$

Größenvorstellung: Hebt man 25 kg in 1 Sekunde 1 Meter hoch, so vollbringt man während dieser Hubarbeit bei gleichmäßigem Heben in jedem Augenblick eine Leistung von $\frac{25\,\text{kp}\cdot 100\,\text{cm}}{1\,\text{s}} = \frac{2500}{10{,}2}\,\text{W} = 250\,\text{W} = \frac{1}{4}\,\text{kW}$. Diese Leistung bedeutet für den Menschen eine Anstrengung, die er auf längere Zeit nicht aushält. Er kann über Stunden maximal 70 Watt (normales Gehen) leisten.

Meßgeräte für elektrische Leistung: Nur die an Spannungsabfallstrekken abgegebene elektrische Leistung UI läßt sich direkt messen. Die von einer Urspannungsstelle erzeugte Leistung EI ist indirekt als Gesamtheit aller von ihr abgegebenen Leistungen bestimmbar. Man kann zur Leistungsmessung Stromstärke und Spannung für sich ermitteln und das Produkt UI berechnen. Es gibt aber Instrumente, die sog. **Leistungsmesser** oder **Wattmeter**, die das Produkt selbst bilden und auf einer Skala (mittels Zeiger oder Lichtmarke) anzeigen. Arbeitsweise siehe später. Erwähnt sei nur, daß sie zwei Stromklemmen $I-I$ haben, die zu der dickdrähtigen Stromspule führen, und zwei Spannungsklemmen $U-U$, die an die dünndrähtige Spannungsspule angeschlossen sind (Abb. 54).

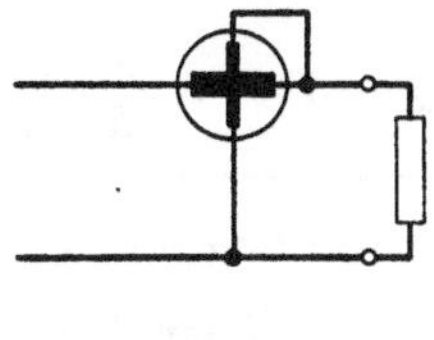

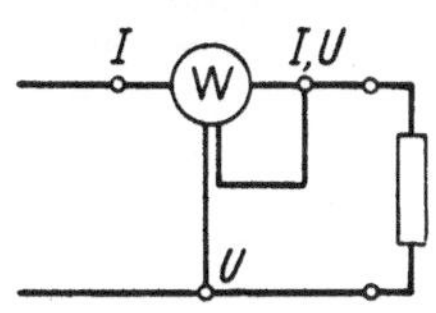

Abb. 54. Leistungsmesser; oben Prinzipschaltung, unten Schaltkurzzeichen

2. Leistungsbetrachtung bei stromdurchflossenen Schaltelementen

Widerstände und Urspannungen sind die beiden Grundtypen von Schaltelementen, aus denen wir bisher die Stromkreise aufbauten. Die bei Stromdurchfluß – den Strom geben wir deshalb im Kommenden stets mit an – in diesen Elementen vonstatten gehenden Energieumsätze seien genauer betrachtet. Es zeigt sich, daß zu diesen beiden Elementen noch eine dritte Gruppe, die energiespeichernden Elemente, hinzukommt, die zwischen beiden steht.

a) Widerstand R

Das Schaltelement Widerstand ist dadurch ausgezeichnet, daß ihm von Hause aus keine Richtung innewohnt, wie etwa der Urspannung. Kehrt sich bei ihm die Richtung von I um, so kehrt sich auch die des Spannungsabfalles über ihm um. I und U haben also stets die gleiche Richtung, d. h. bei Stromfluß ist R immer elektrischer Energieverbraucher. Die elektrische Energie wird in ihm sofort und vollständig in Wärmeenergie = Stromwärme = Joulesche Wärme umgesetzt, d. h. in unregelmäßige Zitterbewegung seiner Materiebauteile. Da der Energieumsatz in R nur in der Richtung elektrische Energie → Wärmeenergie verlaufen kann, aber nicht in der entgegengesetzten[1], heißt er **nichtumkehr-**

[1] Die Thermoelemente beruhen nicht auf Umkehrung dieses Prozesses, s. Abschn. 5c.

bar = irreversibel. Diese Eigenart ist darin begründet, daß Wärmeenergie stets von einer Vielzahl von Energieträgern ausgemacht wird und jeder Zustand der „idealen Unordnung" zustrebt.

Der umgekehrte Prozeß würde verlangen, daß z. B. die ungeordnete Temperaturbewegung des Leitergerüstes übergeführt wird in geordnete Strömungsbewegung der Ladungsträger.

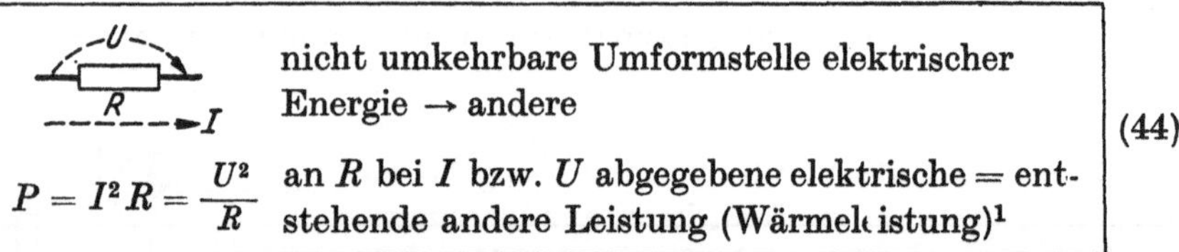

Die letzte Gleichung folgt aus $P = UI$ und $U = IR$.

Zahlenbeispiel: Ein Widerstand von 10 Ω wird von einem Strom von 5 A durchflossen. Die in ihm entstehende Wärmeleistung beträgt

$$P = 25\,\mathrm{A}^2 \cdot 10\,\Omega = 250\,\mathrm{A}^2 \frac{\mathrm{V}}{\mathrm{A}} = 250\,\mathrm{W} = 250 \cdot 0{,}239 \frac{\mathrm{cal}}{\mathrm{s}} = 60 \frac{\mathrm{cal}}{\mathrm{s}}.$$

Diese Wärmeleistung könnte also je Sekunde 60 g Wasser um 1 °C erwärmen.

b) Urspannung E

Eine Urspannungsstelle ist dadurch ausgezeichnet, daß sie von Hause aus eine Richtung besitzt. Die Richtung, in der sie positive Ladungen antreiben möchte, verläuft von − zu + (verdeutlicht durch den E-Richtungspfeil). Hinsichtlich der Stromrichtung (I-Pfeil)[2] gibt es zwei Möglichkeiten:

Bisher wurde der Kreis mit nur 1 Urspannung behandelt. Dann ist die Richtung des Stromes (I-Pfeil) die gleiche wie die der Urspannung (E-Pfeil). Dieser Fall sei abkürzend als Urspannung bei Mitstrom bezeichnet. Die Ladungsträger erhalten beim Lauf durch E elektrische Energie, und Energie in anderer Form[3] muß sich dort vermindern.

E, − +, I (Schaltbild)	Urspannungsstelle bei Stromfluß in E-Richtung (Mitstrom) = Umformstelle andere Energie[3] → elektrische	(45 a)
$N = EI$	verschwindende andere = entstehende elektrische Leistung	

[1] Für Gleichstrom ist die irreversibel entstehende Leistung nur Wärmeleistung. Bei Wechselstrom kommen noch andere irreversible Formen vor, z.B. Ummagnetisierungsleistung.

[2] Die Pfeile bedeuten hier Richtungspfeil und Zählpfeil.

[3] „Andere" Energie soll genauer bedeuten: Keine elektrische Energie, keine Wärmeenergie (s. Abschnitt a) und auch nicht in elektrischen Schaltelementen speicherbare Energien (s. Abschnitt c).

Ist in dem Kreis aber außer der Urspannung E mindestens noch eine weitere vorhanden, die größer und von entgegengesetzter Antriebsrichtung ist (s. z. B. in Abb. 15 die zusammengesetzte Urspannung $E_1 + E_3$ und die ihr entgegengesetzt gerichtete $E_2 = E$), so fließt der Strom durch E in der dem E-Pfeil entgegengesetzten Richtung: **Urspannung bei Gegenstrom.** Der Strom fließt also von + zu − wie durch eine Spannungsabfallstrecke. Mithin verschwindet dort elektrische Energie und andere entsteht. Die Richtung des Energieumsatzes hat sich also im Vergleich zu Satz (45a) umgekehrt:

$\rightarrow E$ $-\,+$ $I \leftarrow$	Urspannungsstelle bei Stromfluß entgegengesetzt zur E-Richtung (Gegenstrom) = Umformstelle elektrische Energie → andere	(45 b)
$N = E\,I$	entstehende andere = verschwindende elektrische Leistung	

Der Energieumsatz in jeder Urspannungsstelle läßt sich also [siehe Gl. (45a) und (45b)] – im Gegensatz zu einer Widerstandsstelle – durch Umkehr der Stromrichtung umkehren: Jede Urspannungsstelle ist also eine Stelle umkehrbaren = reversiblen Energieumsatzes.

Als *Beispiele* dafür, daß jede Urspannungsstelle sowohl als Erzeuger als auch als Verbraucher von elektrischer Energie betrieben werden kann, je nach der Stromrichtung, seien folgende Umformungen angeführt:

Mechanische Energie	$\rightleftarrows$ elektrische	Gerät betrieben als	Generator Motor
Chemische Energie	$\rightleftarrows$ elektrische	Akkumulator wird	entladen geladen
Elektromagnetische Strahlungsenergie	$\rightleftarrows$ elektrische	Antenne benutzt zum	Empfangen Senden

Experiment zum Veranschaulichen der Umkehrbarkeit des Energieumsatzes in Urspannungsstellen (Abb. 55): An einem Akkumulator ist ein Motor mit einer Handkurbel (durch Untersetzungsgetriebe) angeschlossen. Der Strom fließt ohne zusätzlichen Kurbelantrieb in dem von der Urspannung E_1 des Akkumulators gewünschten Sinn. E_1 wirkt also als Urspannung bei Mitstrom; in E_1 Umsatz chemische Energie → elektrische (= Erzeugerstelle elektrischer Energie).

Dem laufenden Motor kommt als Ersatzbild nicht nur ein Widerstand R zu, sondern zusätzlich eine Urspannung E_2. Denn beim Motor werden Leiter im Magnetfeld bewegt: Urspannungserzeugung durch Induktion. Bremst man den Motor mechanisch ab, also ohne am Widerstand des Kreises etwas zu ändern, so nimmt der Strom zu. Das bestätigt erneut, daß eine von der Drehzahl abhängige Urspannung (E_2) im Anker sitzen muß, und weiterhin, daß diese der Urspannung E_1, also auch I, entgegengesetzt gerichtet ist: E_2 wirkt also als Urspannung bei Gegenstrom in Übereinstimmung mit der Tatsache, daß dort elektrische Energie verbraucht wird und andere (= mechanische) entsteht. Somit trifft für diesen Betrieb das Schaltbild 55a zu. Dreht man nun den Motor zusätzlich von Hand in seiner Drehrichtung schneller und schneller an, d. h. führt man ihm mechanische Energie von außen zu und macht ihn damit zum Generator, so wird der Strom kleiner, bei einer bestimmten Drehzahl 0, und schließlich kehrt er seine Richtung um. Die frühere Urspannung bei Gegenstrom E_2, die durch die erhöhte Drehzahl über die Akkumulatorspannung E_1 hinaus vergrößert wurde, wird jetzt Urspannung bei Mitstrom und die frühere Urspannung bei Mitstrom E_1 zur Urspannung bei Gegenstrom (Abb. 55b).

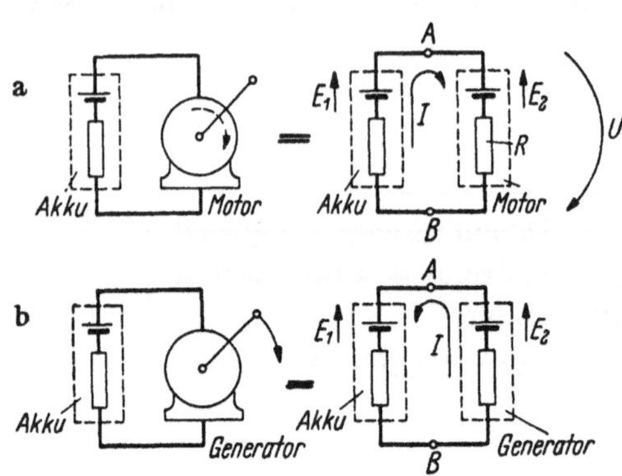

Abb. 55 a u. b. Zum Veranschaulichen des reversiblen Energieumsatzes in Urspannungsstellen

Die Rollen und damit Energieumsätze haben sich vertauscht; im Generator Umsatz mechanische Energie → elektrische, im Akkumulator Umsatz elektrische Energie → chemische. Beide Urspannungsstellen sind Orte umkehrbarer Energieumformung.

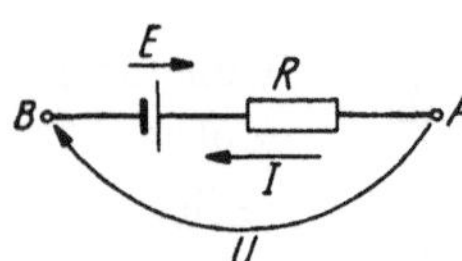

Abb. 56. Spannungsquelle bei Gegenstrom

Spannungsquelle bei Gegenstrom: Eine Urspannungsstelle E bei Gegenstrom, die üblicherweise wegen des Stromweges noch einen Widerstand R in Reihe enthält, stellt als Zweipol $A\,B$, s. Abb. 56, eine Spannungsabfallstrecke (U) dar. Gemäß den (angepaßten) Zählpfeilen ist. (Kirchhoffscher Maschensatz: $E = -I\,R + U$)

$$U = E + IR$$

Man sagt, die Klemmenspannung U hat den Spannungsabfall $I\,R$ und die Gegenurspannung E_{geg} zu überwinden. Die Strom-Spannungs-Kennlinie der umkehrbaren Energieumformer ist also keine Gerade durch den Ursprung.

Energetisch betrachtet ist das so betriebene Umformerelement eine Verbraucherstelle elektrischer Leistung. Durch Multiplikation der Gl. (46)

mit I ergibt sich:

UI	$=$	$E_{geg} I$	$+$	$I^2 R$
an AB abgegebene elektrische Gesamtleistung		in umkehrbarer Weise umgeformte elektrische Leistung		in nicht umkehrbarer Weise umgeformte elektrische Leistung (Wärme)

c) Kapazität, Induktivität

Im 2. und 3. Kapitel werden wir als weiteren Typ die Schaltelemente Kapazität und Induktivität kennenlernen. Das sind Schaltelemente gewissermaßen mit einer energieundurchlässigen Hülle, in die sich nur durch die Anschlußdrähte Energie in Form elektrischer Energie einführen oder aus ihr abführen läßt. In der Zeit zwischen Einführen und Abführen wird sie dort gespeichert, und zwar wandelt sich bei der Kapazität die zugeführte elektrische Energie um in die speicherbare „dielektrische Energie", und in der Induktivität in die speicherbare „magnetische Energie". Die genauere Betrachtung wird zeigen, daß sich im Gegensatz zu a) und b) Energieumsätze in der Kapazität nur bei Spannungsänderung, in der Induktivität nur bei Stromänderung vollziehen.

3. Leistungsbetrachtung beim Stromkreis

Der gesamte Kreis läßt sich klassifizieren (s. Abb. 57) in die antreibende Urspannung (= Urspannung bei Mitstrom) und Spannungsabfallstellen. Die Urspannungsstelle bei Mitstrom ist, da sie andere Energie in elektrische umformt, Durchgangsstelle von Energie (andere Energie in Form A strömt ein, elektrische aus). Die Spannungsabfall-

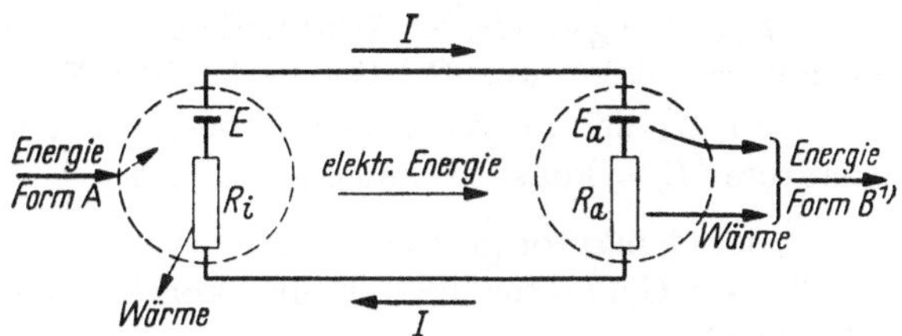

Abb. 57. Leistungsbetrachtungen im Stromkreis

stellen sind – sofern nicht Speicherstellen, d. h. Induktivität oder Kapazität –, da sie elektrische Energie in andere umformen, ebenso Durchgangsstellen von Energie (elektrische strömt ein, andere der Form B aus). Die elektrische Energie ist also nicht Endzweck, sondern eine Zwischenstufe der Umwandlung der Energieform A in Form B. Darüber hinaus hat die elektrische Energie den Vorteil, leicht von einer Stelle (Urspannungsstelle) zu anderen (Spannungsabfallstellen) gebracht werden zu können. Während der Strom im Stromkreis eine kreisförmige Bewegung beschreibt, führt der Energiefluß eine fortschreitende aus

(s. Abb. 57). Dem Stromkreis kommt die Aufgabe zu, die Energie von der Urspannungsstelle zu den Spannungsabfallstellen zu leiten und sie auf diese zu verteilen. Die für diese energetischen Betrachtungen notwendigen Gesichtspunkte seien im folgenden behandelt.

a) Grundstromkreis (nicht umkehrbarer Energieumsetzer als Verbraucher)

Allgemeine Betrachtungen: Schaltung s. Abb. 37. Die elektrische Energie wird von der Urspannungsstelle gespendet und von den Stellen mit Spannungsabfall, also R_i und R_a, verbraucht. Die Energiebilanz folgt wieder aus der Spannungsgleichung durch Multiplikation mit dem Strom I:

$$E = I R_i + I R_a$$

$$E I = I^2 R_i + I^2 R_a$$

$$P_E = P_i + P_a, \quad P_E = \text{erzeugte elektrische Leistung}$$

wobei

$$P_i = I^2 R_i \quad = \text{innerer Leistungsverbrauch}$$

$$P_a = I^2 R_a \quad = \text{abgegebene äußere Leistung (Nutzleistung)}$$

insgesamt

$$\boxed{P_E = P_i + P_a; \quad \frac{P_i}{P_a} = \frac{R_i}{R_a}} \quad \text{Leistungsbilanz im Grundstromkreis} \quad (47)$$

Die gesamte, im Sitz der Urspannung erzeugte elektrische Leistung wird von den beiden Widerständen R_i und R_a vollständig verbraucht, d. h. in Wärme umgesetzt und im Verhältnis R_i/R_a auf diese verteilt. Die äußere Leistung P_a ist die interessierende Nutzleistung, während die Leistung P_i nur die Spannungsquelle erwärmt und daher unerwünscht ist.

Betrachtungen über Nutzleistung P_a: Der Verlauf der Nutzleistung P_a in Abhängigkeit von R_a sei für zwei grundlegende Fälle eines vorgegebenen Generators (R_i = konst.) ermittelt, nämlich

für P_E = konst., der Generator gibt konstante Leistung ab (Abb. 58a),
für E = konst., der Generator besitzt eine konstante Urspannung (Abb. 58b).

Um auch im zweiten Fall eine Bezugsleistung zu erhalten, wählen wir die bei Kurzschluß erzeugte elektrische Leistung $E I_k$.

P_E = konst.

$$\frac{P_a}{P_E} = \frac{U I}{E I} = \frac{U}{E} = \frac{1}{1 + \frac{R_i}{R_a}} = \eta_K$$

E = konst.

$$\frac{P_a}{E I_k} = \frac{P_a}{P_E} \frac{P_E}{E I_k} = \eta_K \frac{E I}{E I_k} = \eta_K \frac{I}{I_k} = \eta_K \frac{1}{1 + \frac{R_a}{R_i}}$$

wobei: $\frac{P_a}{P_E} = \eta_K$ Kreiswirkungsgrad.

Diese beiden Fälle sind wichtig für die Bemessung des Kreises für starkstromtechnische oder für schwachstromtechnische Zwecke, wobei stets zu beachten ist, daß bei allen technischen Lösungen die gleichzeitig wirtschaftlichere die bessere ist.

Starkstromtechnik: Die Aufgabe der Starkstromtechnik ist es, Menschenarbeit durch die Arbeit elektrischer Maschinen zu ersetzen. Dabei handelt es sich um große und größte Energien. Ihre Erstellung verschlingt dementsprechend gewaltige Mengen an Rohstoffen. Sie bestimmen neben den Aufwänden für die Anlagen die Kosten. Da der Zweck der elektrischen Energieversorgung war, die elektrische Energie an der Verbraucherstelle wirken zu lassen, ist diejenige Anlage am wirtschaftlichsten, bei der bei gleicher erzeugter Leistung P_E möglichst viel dem Ver-

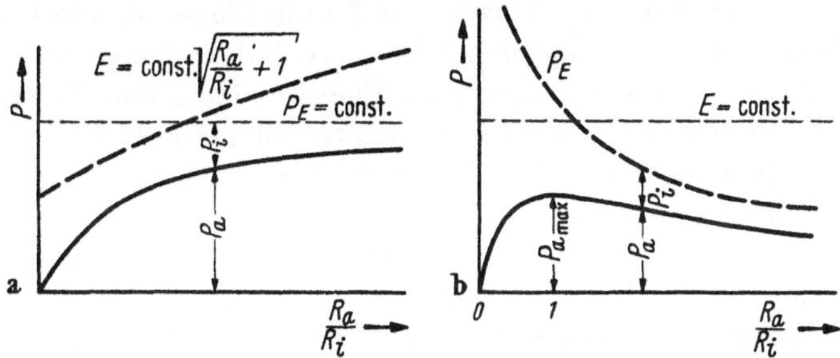

Abb. 58 a u. b. a) Leistungen im Grundstromkreis bei P_E = konst.; b) Leistungen im Grundstromkreis bei E = konst.

braucher (P_a), also möglichst wenig dem Generator (P_i) zukommt, d.h. bei der Wirkungsgrad $P_a/P_E = \eta_K$ möglichst hoch ist. In der Starkstromtechnik interessiert also nicht P_a allein, sondern maßgebend ist P_a in bezug auf P_E. Deshalb trifft hierfür die Darstellung Abb. 58a zu. Großer Wirkungsgrad verlangt aber $R_a \gg R_i$, d.h. Arbeiten im praktischen Leerlauf. Die Ströme können dabei bei genügend kleinem R_i ganz erhebliche, die Leistungen also sehr große sein. η_K strebt seinem Maximalwert 1 zu, und P_a nähert sich P_E. Der Unterschied $P_E - P_a$ ist die im Generator unerwünscht im Wärme umgesetzte Leistung P_i. Der Leerlaufbetrieb hat zur Folge, daß die Klemmenspannung praktisch unabhängig von der Belastung und gleich der Leerlaufspannung ist. Das ist uns von allen Starkstromanschlüssen geläufig: z.B. im Haushalt bleibt die Spannung an den Steckdosen 220 V, ganz gleich, ob wir nichts anschließen oder eine Glühlampe mit ihrem geringen oder eine Kochplatte mit ihrem 50mal größeren Strombedarf. Zusammengefaßt:

Starkstromtechnik strebt nach möglichst hohem **Wirkungsgrad.**
$\frac{P_a}{P_E} = \eta_K \to \max$. Deshalb arbeiten im praktischen Leerlauf $R_a \gg R_i$. (48)
Mithin Klemmenspannung $U \approx U_l$ unabhängig von Belastung.

Beispiel zur Veranschaulichung: Wasser soll mit Hilfe eines von Hand antreibbaren, größeren Generators erwärmt werden. Drei Tauchsieder mit $R_{a1} = 1/10\ R_i$; $R_{a2} = R_i$; $R_{a3} = 10\ R_i$ stehen zur Verfügung. Es werde in den drei Fällen mit der gleichen mechanischen Anstrengung gedreht, d.h. es ist P_E = konst. Beobachtung: Bei R_{a3} steigt die Temperatur am raschesten an, am langsamsten bei R_{a1}. Obwohl man sich bei R_{a1} gleich stark anstrengt, erreicht man viel weniger. Es wird nicht das Wasser, sondern der Generator erwärmt. Das Arbeiten ist ganz unwirtschaftlich, nicht im Leerlaufbetrieb, der Wirkungsgrad ist schlecht. Weiter fällt auf, daß man bei R_{a3}, um die gleiche Leistung zu erzeugen, viel rascher drehen muß. Das bedeutet nach den Induktionserscheinungen, E ist größer. P_E wird mit höherer Spannung (s. Abb. 58a) und geringerem Strom erstellt.

Schwachstromtechnik: Der Schwachstromtechnik fallen solche Aufgaben zu, für die die großen Energien der Starkstromtechnik nicht nötig, ja sogar ungeeignet sind. Ihr Hauptgebiet ist die Nachrichtenübermittlung im weitesten Sinn des Wortes, das Fernmeldewesen. Die Energien der Nachricht an ihrer Ursprungsstelle (z.B. Besprechungsenergien für das Mikrofon beim Fernsprecher oder Energien eines eine Temperatur überwachenden Thermoelementes) und ihrer Empfangsstelle sind stets klein, wenngleich sie längs des Übertragungsweges mittels Verstärkereinrichtungen merkliche Größen annehmen können (z.B. für die Sendeantenne). Die Kosten werden im Gegensatz zum Vorigen in keiner Weise durch die Energie der Ursprungsnachricht bestimmt (der Fernsprechende erhält nichts bezahlt, sondern muß bezahlen!), sondern durch die Aufwände der Errichtung, Inbetriebhaltung (Relais-, Verstärkereinrichtungen) und Überwachung der Anlage. Diese ändern sich aber praktisch nicht mit der Höhe der stets kleinen entnommenen Empfangsleistung. Ein Fernsprechempfänger würde verspottet, wollte er eine Kostenminderung erzielen durch Verwendung eines Telefons, das nur einen Teil der angebotenen Empfangsleistung entnimmt und in akustische Energie umsetzt; er würde nur leiser hören. Von verschiedenen Empfangseinrichtungen ist daher diejenige am wirtschaftlichsten, da sie Aufwand sparen hilft, die von der erhältlichen Empfangsleistung den größten Absolutbetrag aufnimmt. Also die Schwachstromtechnik erstrebt, einen möglichst hohen Absolutbetrag an Empfangsenergie einem Kreis zu entnehmen. Der Relativbetrag, d.h. das Verhältnis zur Energie an der Ursprungsstelle, also der Wirkungsgrad, interessiert überhaupt nicht[1].

Um zu beantworten, wie R_a zu bemessen ist, wenn bei gleichem Aufwand auf der Sendeseite möglichst viel Leistung P_a erhalten werden soll,

[1] In der Starkstromtechnik hingegen haben wir kein Interesse, stets der Steckdose soviel Energie als möglich, d.h. einen möglichst hohen Absolutbetrag, zu entnehmen, sondern jeweils nur soviel, als wir gerade benötigen. Die riesigen Energiemengen wüßten wir gar nicht zu „verkraften", und sie würden nur Schaden anrichten. Für den entnommenen Teil wünschen wir aber nicht mehr zu zahlen als nötig (größter Wirkungsgrad). In der Schwachstromtechnik sind die Empfangsenergien so klein, daß sie nie Schaden verursachen können, jede Vermehrung des Absolutbetrages aber willkommen ist, da sie Aufwand sparen hilft.

ist vorerst eine in der Regel zutreffende Eigenart schwachstromtechnischer Generatoren aufzuzeigen. Wird beispielsweise ein Mikrofon (= Generator für Sprechspannungen) in gleicher Stärke besprochen, so ist die Bewegung seiner Membran praktisch unabhängig davon, ob der angeschlossene Verbraucher einen Kurzschluß oder Leerlauf darstellt[1]. Diese Rückwirkungslosigkeit ist in dem schlechten Umsatzwirkungsgrad von Sprechenergie in elektrische begründet. Gleiche Bewegung der Membran bedeutet aber gleiche Urspannung, nicht gleiche Leistung. Beim Vergleichen von Empfangsleistungen muß man daher in der Schwachstromtechnik, da die Spannungsquellen meist praktisch rückwirkungsfrei sind, in der Regel gleiche Urspannungen zugrunde legen. Also interessiert P_a bei konstanter Urspannung E (Abb. 58b). Um P_a möglichst groß zu erzielen, muß man somit $R_a = R_i$ wählen, also im Zustand der Anpassung arbeiten. Strom und Spannung nehmen dann die Hälfte ihrer Extremwerte an, und die maximal abgebbare Leistung ist $P_{a\,max} = U^2/R_a$ $E^2/4\,R_i$. Man erkennt, daß eine Fehlanpassung von $1:2$ ($R_a = R_i/2$ oder $2\,R_i$) nicht kritisch ist, da die Leistungskurve flach durch das Maximum verläuft (nur 12% Leistungsverluste würden entstehen). Strom für sich und Spannung für sich ändern sich aber stark (s. Abb. 38). Der nicht interessierende Wirkungsgrad beträgt bei Anpassung 50%. Zusammengefaßt:

> Die Schwachstromtechnik strebt nach möglichst hohem Absolutwert der Empfangsleistung, $P_a \to \max$. Deshalb bei $E =$ konst. arbeiten bei Anpassung $R_a \approx R_i$. Mithin $U \approx \frac{E}{2}$ und $I \approx \frac{I_k}{2}$. (49)

Beispiel: Meßeinrichtungen mit ihren geringen Leistungen sind in der Regel schwachstromtechnische Anlagen. Langsame Drehschwankungen eines Fundamentes um seine Mittellage sollen an ferner Stelle angezeigt werden (der Leitungswiderstand sei vernachlässigbar). Als Umformglied auf der Sendeseite wählen wir ein auf das Fundament gesetztes Drehspul-Nullinstrument mit $R_i = 50\ \Omega$ und mit nach unten weisendem Zeiger. Das Ende des Zeigers sei so beschwert, daß dieser bei Drehungen des Gehäuses stets in lotrechter Lage bleibt. Dann werden in der ruhenden Spule durch das sich mit dem Gehäuse mit bewegende Magnetfeld Urspannungen erzeugt analog einem Generator. Von den beiden auf der Empfangsseite zur Verfügung stehenden Anzeigeinstrumenten mit $R_{a\,1} = 80\ \Omega$ und $60\,\mu$A für Vollausschlag und mit $R_{a\,2} = 3000\ \Omega$ und $10\,\mu$A für Vollausschlag gibt das stromunempfindlichere ($60\,\mu$A) überraschenderweise den größeren Ausschlag. Denn da beide Instrumente für Vollausschlag die gleiche Leistung $N = 3 \cdot 10^{-7}$ W brauchen, entnimmt dasjenige dem Kreis die größere Leistung, das besser angepaßt ist ($R_{a\,1} = 80\ \Omega$). Man berechnet leicht, daß sich die auf Vollausschlag bezogenen Ausschläge wie $4:1$ verhalten. Ferner findet selbstverständlich keine Rückwirkung von R_a auf die Bewegung statt. Für den Generator gilt also $E =$ konst., d. h. unabhängig von R_a.

[1] Ein Starkstromgenerator würde bei größerer Stromentnahme langsamer laufen, $E \neq$ konst.

Leistungsbetrachtungen für Ersatzspannungsquellen: Der Grundstromkreis stellte das Ersatzschaltbild eines noch so komplizierten Stromnetzes dar, das auf einen Zweipol R_a arbeitet. Das Ersatzbild E_{ers}, $R_{i\,ers}$ für das Stromnetz diesseits der betrachteten Klemmen $A\,B$ ließ Strom und Spannung berechnen, aber

das Ersatzbild E_{ers}, $R_{i\,ers}$ gibt keinen Aufschluß über Leistungen in dem Netzteil, den es ersetzt.	(50)

Man ersieht z.B. an Abb. 46 sofort, daß die Ersatzquelle bei Leerlauf an den Klemmen $A\,B$ keine Leistung verbraucht, wohl aber die tatsächliche Schaltung. Da man mit dem Ersatzschaltbild die maximal entnehmbare Leistung, aber wegen der inneren Verluste nicht den Wirkungsgrad bestimmen kann, wird die Zweipoltheorie in der Schwachstromtechnik weit mehr als in der Starkstromtechnik angewandt.

b) (Gegen)urspannung mit Widerstand als Verbraucher

Allgemeines: Abb. 59 zeigt den noch möglichen Grundtyp des unverzweigten Stromkreises (vgl. Abb. 55, Generator mit angetriebenem Motor): Die antreibende Spannungsquelle E, R_i arbeitet auf eine zweite, schwächere Spannungsquelle mit entgegengesetzt zu E gerichteter Urspannung E_a und dem Widerstand R_a als Verbraucher. E ist also Urspannungsstelle bei Mitstrom, E_a bei Gegenstrom. Da bei Betrachtung des gesamten Kreises E_a der antreibenden Urspannung E entgegen gerichtet ist, wird E_a auch als Gegenurspannung (Gegen-EMK) bezeichnet ($E_a \equiv E_{geg}$).

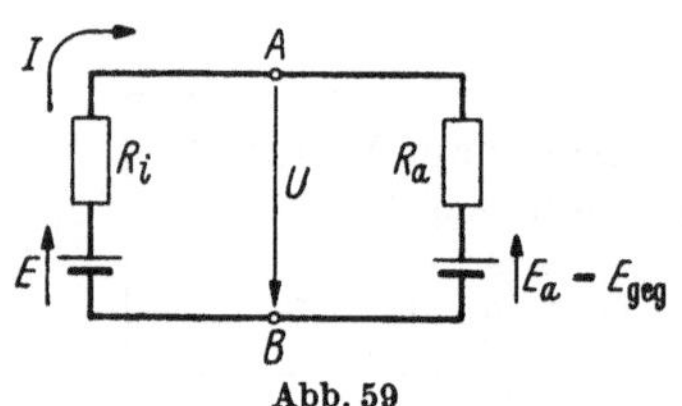

Abb. 59

In E_{geg} wird also elektrische Leistung verbraucht, und andere Leistung = Nutzleistung entsteht dort. Die Spannungsbilanz und die durch Multiplikation mit der Stromstärke zu gewinnende Leistungsbilanz des Kreises ergibt:

$$E = I\,R_i + E_{geg} + I\,R_a$$

$$E\,I = I^2\,R_i + I\,E_{geg} + I^2\,R_a$$

$$P_E = P_i + P_{a_{Nutz}} + P_{a_{Wärme}} = P_i + P_a$$

Die an den Verbraucher insgesamt abgegebene Leistung P_a teilt sich auf in die gewollte Nutzleistung $P_{a_{Nutz}}$ und die unerwünschte Wärmeleistung ($P_{a_{Wärme}}$ = Erwärmung des Verbrauchers). Man bezeichnet mit

$$\frac{P_{a_{Nutz}}}{P_a} = \eta_V \quad \text{Wirkungsgrad des Verbrauchers} \qquad (51)$$

Starkstromtechnik: Die bezweckte Leistung $P_{a_{Nutz}}$ möchte möglichst groß im Verhältnis zu P_E werden. Da

$$\frac{P_{a_{Nutz}}}{P_E} = \frac{P_{a_{Nutz}}}{P_a} \frac{P_a}{P_E} = \eta_V \eta_K$$

folgt

$$\boxed{\frac{P_{a_{Nutz}}}{P_E} = \eta_V \eta_K \text{ möglichst groß}}$$

Ziel der starkstromtechnischen Bemessung bei umkehrbarem Energieumsetzer als Verbraucher (52)

Schwachstromtechnik: Der Absolutwert der bezweckten Leistung möchte möglichst groß bei konstanter Urspannung E und vorgegebenem R_i und R_a werden.

$$P_{a_{Nutz}} = E_{geg} I = E_{geg} \frac{E - E_{geg}}{R_i + R_a}; \quad \frac{d P_{a_{Nutz}}}{d E_{geg}} = \frac{E - 2 E_{geg}}{R_i + R_a} = 0; \quad E_{geg} = \frac{E}{2}$$

$$\boxed{E_{geg} = \frac{E}{2}}$$

Ziel der schwachstromtechnischen Bemessung bei umkehrbarem Energieumsetzer als Verbraucher (53)

Da dann über $R_i + R_a$ ebenso die Spannung $E/2$ liegt, die maximal abgebbare Leistung also $(P_{a_{Nutz}})_{max} = \frac{E^2}{4(R_i + R_a)}$ ist, erstrebt man, R_a klein zu halten; aber ein Verkleinern wesentlich unter R_i lohnt nicht.

c) Stromkreis mit Leitungen

Welche Bemessung hinsichtlich der Leistungen hat man zu treffen, wenn Leitungen zwischen Erzeuger und Verbraucher geschaltet sind? Hin- und Rückleiter mit der Einzellänge L und dem Querschnitt q stellen einen zusätzlichen Gesamtwiderstand $R_L = \varrho \frac{2L}{q}$ dar (Abb. 60a), der ein Energieverbraucher ohne jeden Nutzen ist. Daher erstrebt man für Stark- und Schwachstromtechnik, dessen Leistung P_L im Vergleich zur Verbraucherleistung P_a klein zu halten.

Ziel:

$$\frac{P_L}{P_a} = \frac{I^2 R_L}{UI} = \frac{I R_L}{U}$$

soll klein werden.

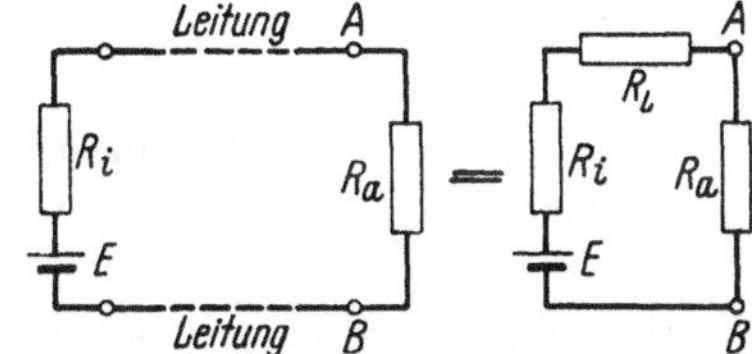

Abb. 60a. Zum Stromkreis mit Leitungen

Hierzu gibt es zwei Mittel:

1. R_L klein machen: Das ist nur zu erreichen durch Verwenden von gutleitendem Material (Kupfer) und durch Wahl großer Querschnitte q. Rohstoffe und Kosten setzen sehr bald eine Grenze.

2. U groß, I klein machen: Das bedeutet eine Übertragung der Leistung mit hoher Spannung und kleinem Strom. Diese Methode ist die technisch vernünftige.

Energieübertragung auf Leitungen mit hoher Spannung und geringem Strom zum Kleinhalten der Stromwärmeverluste auf Leitungen	(54)

Beispiel: Eine Lampe von 20 W in 50 m Entfernung soll über eine Leitung betrieben werden. Zur Verfügung stehen eine Niedervoltlampe von 6,3 V 3,5 A und eine Hochvoltlampe von 220 V 0,1 A und die entsprechenden Speisespannungsquellen von 6,3 bzw. 220 V. Der Versuch zeigt, daß beide Lampen bei direktem Anschluß an die zugehörige Spannungsquelle gleich hell brennen, daß aber bei Zwischenschaltung der Leitung ($q = 1\ \mathrm{mm}^2$) in Übereinstimmung mit Satz (54) die Niedervoltlampe nicht leuchtet, während die Hochvoltlampe so hell wie bei direktem Anschluß brennt.

Zur Übertragung von großen Leistungen auf weite Entfernungen muß man sehr hohe Spannungen verwenden. Da diese weder auf der Generator- noch auf der Verbraucherseite brauchbar sind, wird je ein „Umspanner" an den Anfang und das Ende der Leitung geschaltet (Abb. 60 b). Der eingangsseitige Umspanner 1 setzt die Generatorspannung U_G im „Spannungsübersetzungsverhältnis" $\ddot{u}_1$ hoch auf $U_L = \ddot{u}_1 U_G$.

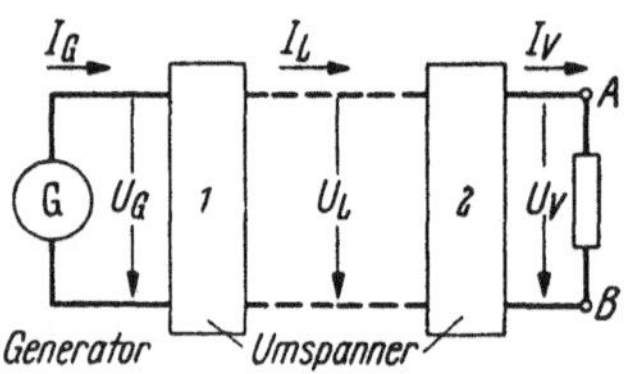

Abb. 60 b. Umspannung bei Energieübertragung über Leitungen

Bei Unterstellung vernachlässigbarer Leistungsverluste im Umspanner – was weitgehend der Fall ist – muß dann $U_G I_G = U_L I_L$ und damit $I_L = I_G/\ddot{u}_1$ sein. Die Leitungsverluste $I_L^2 R_L$ werden dann im Vergleich zu denen ohne Umspanner ($I_G^2 R_L$) im Verhältnis $1/\ddot{u}_1^2$ gesenkt. Der ausgangsseitige Umspanner 2 setzt die hohe Leitungsspannung auf ungefährliche Größen herab und die Ströme entsprechend hinauf. Da das Umspannen mit hohem Wirkungsgrad und ohne sich abnutzende Schaltteile bei Wechselstrom sehr einfach mit „Transformatoren" verwirklichbar ist, liegt hierin ein Großteil der hohen Bedeutung des Wechselstromes begründet.

4. Meßinstrumente und Leistung

a) Leistungsbedarf der Instrumente

Meßinstrumente – wir beschränken uns wieder auf Strom- und Spannungsmesser als die wichtigsten – brauchen zu ihrem Betätigen eine gewisse elektrische Leistung. Bei Hitzdrahtinstrumenten verlangt dies das Prinzip direkt, da die im Hitzdraht umgesetzte Stromwärme als Maß für die Stromstärke verwendet wird. Bei Instrumenten, die auf magnetischer Wirkung beruhen, ist zwar nur der durchfließende Strom für das Prinzip notwendig, aber da jeder Strompfad einen Widerstand besitzt, entsteht indirekt ein Leistungsverbrauch. Ähnlich ist es bei den statischen Voltmetern; bei ihnen ist grundsätzlich nur die Spannung erforderlich, aber es fließen stets auch schwache Ströme, da es keine vollständigen Nichtleiter gibt.

Zunächst sei der Zusammenhang zwischen dem Leistungsbedarf, den man üblicherweise für Vollausschlag ($I^2_{\text{voll}}\,R$ bzw. U^2_{voll}/R) angibt und dem Meßbereich ermittelt. Am übersichtlichsten gelingt das für die Meßwerke, die auf magnetischer Wirkung beruhen, also am häufigsten vorkommen. Unter Meßwerk versteht man das Kernstück eines Instrumentes ohne die meist eingebauten Vor- oder Nebenwiderstände. Es besitzt aus später[1] angeführten Gründen stets eine Spule, die in der Regel mit Kupferdraht so voll als konstruktiv möglich bewickelt ist. Wählt man für eine betrachtete Konstruktion hierzu dünnen Draht und damit viele Windungen, so wird der Widerstand groß und der Strom für Vollausschlag klein[2], bei dickem Draht, also weniger Windungen, wird hingegen R klein und I_{voll} groß. So kann man durch diese „innere Meßbereichänderung" Strom- bzw. Spannungsbedarf in weiten Grenzen variieren und die Berechnung[1] ergibt, daß der Leistungsbedarf grob unabhängig von der Bewicklung bleibt. Er ist also eine charakteristische Größe für das Meßwerk. Für die nicht magnetischen Meßwerktypen gilt Ähnliches.

Da man in der Regel einen geringen Leistungsbedarf erstrebt (s. unten), ist verständlich, daß dieser für jede Meßwerktype trotz verschiedenster Herstellung sich einigermaßen in gleichen Größenordnungen bewegt:

Meßwerk	Leistungsbedarf
Drehspulmeßwerk	≈ 1 mW
Dreheisenmeßwerk	≈ 1 W
Hitzdrahtmeßwerk	≈ 1 W

Grobe Richtwerte des Leistungsbedarfes der Meßwerke bei normalrobuster Ausführung, etwa unabhängig vom Meßbereich. (55a)

Es gibt Zeiger-Drehspulmeßwerke mit weit weniger Leistungsbedarf, z.B. 10^{-7} W oder Lichtmarkeninstrumente mit noch geringerem. Diese Instrumente sind aber dann auch mechanisch empfindlicher als diejenigen der obigen Richtwertgrößenordnung. Für normal-robuste Meßwerke ist also aus dem Meßbereich und der Type gemäß $P = I^2_{\text{voll}} R$ bzw. $P = U^2_{\text{voll}}/R$ der Widerstand entnehmbar. Man erkennt, daß die Widerstände bei Strommessern um so größer werden, je kleiner I_{voll} ist, und daß sie bei Spannungsmessern um so kleiner werden, je kleiner U_{voll} wird.

Im Gegenstück zur inneren Meßbereichänderung seien nun die Leistungen für äußere Meßbereicherweiterung betrachtet:

---

[1] Siehe 3. Kap. II A 3.

[2] Für den Ausschlag ist das Produkt Strom × Windungszahl maßgebend.

Erweiterung durch Vorwiderstand (s. Abb. 32)		Erweiterung durch Nebenwiderstand (s. Abb. 33)	
Leistungsbedarf des Meßwerkes:	$P = U_0 I$	Leistungsbedarf des Meßwerkes:	$N = U I_0$
Leistungsbedarf mit R_v	$P_{erw} = p U_0 I = p P$	Leistungsbedarf mit R_p	$N_{erw} = U p I_0 = p P$

> Bei äußerer Meßbereicherweiterung auf das p-fache erhöht sich der Leistungsbedarf auf das p-fache. (55b)

b) *Auswirkung des Leistungsbedarfes auf Messungen*

Aus den angestellten Betrachtungen folgt im Zusammenhang mit den Erkenntnissen über geringe Störbeeinflussung [Gl. (36a, b), für Strommesser R_I grundsätzlich möglichst klein, für Spannungsmesser R_U möglichst groß] allgemein für die Strommessung und die Spannungsmessung: Da Meßwerke für höhere Stromwerte niederohmiger werden als solche für kleinere Stromwerte, und da Meßwerke für höhere Spannungswerte hochohmiger werden als solche für kleinere, ist geringe Störung durch das Instrument bei größeren Strömen und größeren Spannungen, d.h. in der Starkstromtechnik, in der Regel leichter erfüllbar als bei kleineren Strömen und Spannungen, d.h. in der Schwachstromtechnik.

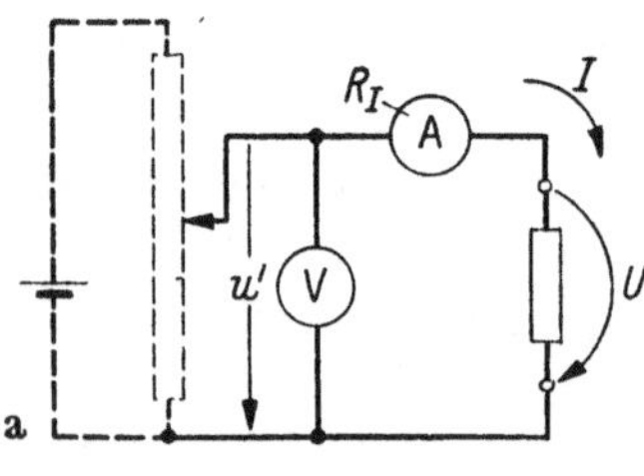

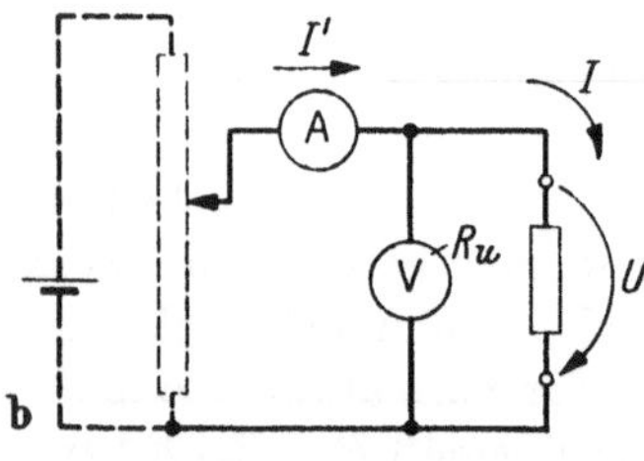

Abb. 61 a u. b. Zur gleichzeitigen Strom-Spannungsmessung

Im Fall der gleichzeitigen Messung von Strom und Spannung, z.B. für die Widerstandsbestimmung, kommt es nicht darauf an, den Stromkreis möglichst wenig zu stören, sondern das Verhältnis $R = U/I$ (U = Spannung über AB, I = dabei durch AB fließender Strom), also Punkte der Strom-Spannungskennlinie von AB möglichst richtig zu bestimmen. Von den zwei Schaltmöglichkeiten (Abb. 61a u. b) gibt keine das Gewünschte. Bei a) wird der Strom richtig gemessen, die Spannung gegenüber U aber um den Spannungsbedarf des Strommessers zu hoch angezeigt; bei b) wird die Spannung richtig gemessen, der Strom gegenüber I aber um den Strombedarf des Spannungsmessers zu hoch angezeigt. Bezeichnen wir die von den Instrumenten angezeigten Werte mit U' bzw. I', so gilt:

bei a)

$$I' = I$$

$$U' = U + IR_{\mathrm{I}} = U + \Delta U = U\left(1 + \frac{\Delta U}{U}\right)$$

also Meßfehler

$$\frac{\Delta U}{U} = \frac{IR_{\mathrm{I}}}{U} = \frac{I^2 R_{\mathrm{I}}}{UI} = \frac{P_{\mathrm{I}}}{P},$$

möglichst kleiner Meßfehler verlangt $P_{\mathrm{I}} \ll P$.

bei b)

$$U' = U$$

$$I' = I + \frac{U}{R_{\mathrm{U}}} = I + \Delta I = I\left(1 + \frac{\Delta I}{I}\right)$$

also Meßfehler

$$\frac{\Delta I}{I} = \frac{U/R_{\mathrm{U}}}{I} = \frac{U^2/R_{\mathrm{U}}}{UI} = \frac{P_{\mathrm{U}}}{P},$$

möglichst kleiner Meßfehler verlangt $P_{\mathrm{U}} \ll P$.

Der Fehler wird in beiden Fällen bestimmt durch das dem Verbraucher am nächsten liegende Instrument. Um ihn klein zu machen, muß die darin verbrauchte Leistung P_{I} bzw. P_{U} klein sein gegenüber der im Meßzweipol AB verbrauchten (P).

$$\boxed{P_{\mathrm{Instr}} \ll P}$$ Erstrebte Bedingung für das dem Verbraucher am nächsten liegende Instrument bei gleichzeitiger U- und I-Messung (56)

Also ist bei solchen Messungen das leistungsärmste Instrument dem Verbraucher am nächsten zu schalten. In der Starkstromtechnik (P groß) ist die Bedingung (56) meist ohne weiteres zu erfüllen, und die abgelesenen Werte sind praktisch die tatsächlichen. Aber in der Schwachstromtechnik [P klein, Gl. (56) nicht erfüllbar] sind die abgelesenen Werte häufig zu korrigieren. Bei der Aufnahme der Strom-Spannungskennlinie macht man dies zweckmäßig durch „Scherung“ (s. Abb. 62 a u. b): Man zeichnet in das Diagramm der aufgenommenen Kennlinie I' über U' zusätzlich die „Sche-

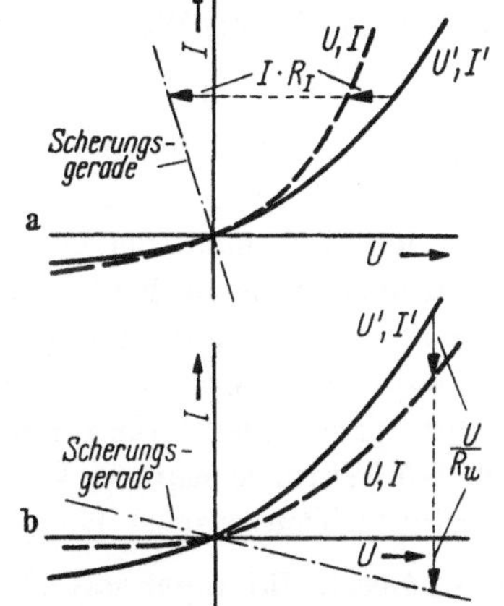

Abb. 62 a u. b. Ermittlung der tatsächlichen Strom-Spannungskennlinie (I, U) aus der aufgenommenen (I, U) durch „Scherung“ a) für Schaltung 61 a; b) für Schaltung 61 b

rungsgerade", bei a) $\Delta U = -I R_I$, bei b) $\Delta I = -U/R_U$ ein durch Ermittlung je eines Punktes und zieht von U' bzw. I' den Fehler ΔU bzw. ΔI ab.

5. Umformung elektrischer Energie → Wärmeenergie (und umgekehrt)

Zwei Aufgaben bestehen hier für die Elektrotechnik:

1. Wärme im gewünschten Maß am gewünschten Ort (Nutzwärme) mit Hilfe elektrischer Energie zu erzeugen,
2. unerwünschte Stromwärme abzuführen.

Das Umformelement von elektrischer in gewünschte oder ungewünschte Wärmeenergie läßt sich stets als Widerstand R, der bei Stromfluß die Wärmeleistung $I^2 R$ erzeugt (Wärmequelle), darstellen. Vorerst seien wieder die grundlegenden Fragen, dann die technischen Anwendungen behandelt.

a) Grundlegende Fragen

Die temperaturbestimmenden Wärmezu- und -abfuhren: Die für alle Wärmefragen charakteristische Größe ist die Temperatur. Vier Möglichkeiten der Wärmezu- bzw. -abfuhr bestimmen sie.

1. *Benötigte Wärmezufuhr nur für Erwärmung:* Um einen Körper der Masse m zu erwärmen, d.h. um seine Temperatur zu erhöhen, ist laut Definition der spezifischen Wärme c für eine Temperaturerhöhung um $\Delta\vartheta$ eine Wärmeenergie $\Delta W_{erw} = mc\Delta\vartheta$ nötig, also erforderliche Wärmeleistung $P_{erw} = \mathrm{d}W_{erw}/\mathrm{d}t$.

$$\boxed{P_{erw} = mc\frac{\mathrm{d}\vartheta}{\mathrm{d}t}}$$ Benötigte Wärmeleistung zur Erwärmung eines Körpers (57)

Zahlenwerte für c:	Wasser	Trafoöl	Kupfer	Aluminium	
	$c = 1$	0,45	0,094	0,214	$\frac{\text{cal}}{\text{g}\cdot\text{grad}}$

2. *Wärmeabfuhr durch Leitung:* Zwischen Wärmequelle (Oberflächentemperatur ϑ_0) und einem Wärmereservoir konstanter Temperatur ϑ_a befinde sich die Schicht der Dicke d eines festen Körpers. Der Temperaturunterschied zwischen beiden Seiten der Schicht, die sog. Übertemperatur $\vartheta_ü = \vartheta_0 - \vartheta_a$, veranlaßt eine Fortleitung der Wärmeenergie durch sie von Molekül zu Molekül: „Wärmeleitung". Für die vom Oberflächenteil O der Wärmequelle abströmende Wärmeleistung $\mathrm{d}W_L/\mathrm{d}t = P_L =$ abgehende Wärmeleistung = Wärmestrom gilt im stationären Fall (zeitlich konstante Temperatur) bei paralleler Wärmeströmung ein dem Ohmschen Gesetz für linienhafte Leitung $\left(I = \varkappa \frac{q}{l} U\right)$ ganz analoges Gesetz ($\vartheta_ü$ entspricht der Spannung):

$$P_L = \lambda \frac{O}{\mathrm{d}} \vartheta_ü$$ Wärmeabgabe bei linienhafter Wärmeleitung, Definition der Wärmeleitfähigkeit λ. (58a)

Da die Materialkonstante λ proportional der elektrischen Leitfähigkeit ist ($\lambda = \varkappa\, T$, WIEDEMANN-FRANZsches Gesetz), sind gute elektrische Leiter gleichzeitig gute Wärmeleiter.

Zahlenwerte für λ:	Kupfer	Öl	Faserstoff	Luft
	$\lambda = 3{,}8$	$1{,}5 \cdot 10^{-3}$	$1{,}5 \cdot 10^{-3}$	$3 \cdot 10^{-4} \dfrac{\text{W}}{\text{cm} \cdot \text{grad}}$

Allgemein kann man schreiben

$$\boxed{P_{\text{L}} = \alpha_{\text{L}} O\, \vartheta_{\ddot{\text{u}}}}$$ Wärmeabgabe der Oberfläche O durch Wärmeleitung allein. (58b)

3. *Wärmeabfuhr durch Konvektion:* An den Oberflächenteil O einer Wärmequelle grenze ein weitausgedehnter flüssiger oder gasförmiger Körper. Dessen bewegliche Moleküle nehmen von der Oberfläche Wärme auf und führen diese durch ihre eigene Ortsveränderung ab: Wärmeabgabe durch „Konvektion". Die Ortsbewegung kann eine künstlich veranlaßte sein (Wasserumlauf usw.) oder von selbst dadurch eintreten, daß das spezifische Gewicht der wärmeren Schichtteile ein anderes ist als das der kälteren. Es gilt

$$\boxed{P_{\text{konv}} = \alpha_{\text{k}} O\, \vartheta_{\ddot{\text{u}}}}$$ Abgeführte Wärmeleistung bei Konvektion, Definition der Wärmeübergangszahl α_{k}, (59)

wobei $\vartheta_{\ddot{\text{u}}}$ die Übertemperatur der Oberfläche gegenüber der konstant bleibenden Temperatur in genügend weiter Entfernung von der Quelle ist.

Zahlenwert für nicht künstlich bewegte Luft: $\alpha_{\text{k}} \approx 10^{-3} \dfrac{\text{W}}{\text{cm}^2 \cdot \text{grad}}$ (Richtwert).

4. *Wärmeabfuhr durch Strahlung:* Wärmequellen geben Energie in Form elektromagnetischer Strahlung ab, vor allem bei hohen Temperaturen. Da sich diese Strahlung auch im Vakuum fortpflanzt, ist diese Art die einzige Wärmeabgabemöglichkeit bei Körpern im Vakuum. Für die am stärksten abstrahlende schwarze Oberfläche gilt

$$\boxed{P_{\text{S}} = \sigma O\, T^4}$$ Abgestrahlte Leistung des schwarzen Körpers (STEFAN-BOLZMANNsches Gesetz) (60)

wobei P_{S} die vom Oberflächenteil O der absoluten Temperatur T insgesamt abgestrahlte Leistung ist. $\sigma = 5{,}7 \cdot 10^{-12}$ W/cm^{2}grad^4.

Zeitlicher Temperaturverlauf bei elektrischer Energiezufuhr: Von der einem Körper zugeführten elektrischen Leistung P_{el} wird nur ein Teil zu dessen Erwärmung = Temperaturerhöhung verwendet (P_{erw}), der andere – das läßt sich praktisch nicht verhindern – wird an die Umgebung in den 3 angegebenen möglichen Formen abgeführt (P_{abg}):

$$P_{\text{el}} = P_{\text{erw}} + P_{\text{abg}}$$

Das Grundsätzliche des Temperaturverlaufs des Körpers (Masse m, spezifische Wärme c; $m' c'$ der Wärmequelle sei vernachlässigbar oder mit einbezogen) zeigt ein Schaltvorgang: Vor der Zeit $t = 0$ sei der Körper im Temperaturgleichgewicht mit seiner Umgebung, d.h. $P_{abg} = 0$; von $t = 0$ ab werde dem Körper eine konstante elektrische Leistung zugeführt.

Für den Anfang der Erwärmung ist die Körpertemperatur noch wenig von der Umgebungstemperatur entfernt, also ist praktisch $P_{abg} \approx 0$. Somit wird anfangs P_{el} nur zur Erwärmung verwendet ($P_{el} = P_{erw}$), und die Temperatur nimmt gemäß Gl. (57) zeitproportional zu mit einer Geschwindigkeit

$$\boxed{\left(\frac{d\vartheta}{dt}\right)_{\text{Anfang}} = \frac{P_{el}}{m\,c}}$$ Temperaturanstieg zu Beginn der Erwärmung bei vorangegangenem Temperatur-Gleichgewicht (61)

Je höher die Körpertemperatur steigt, um so mehr Wärme wird gemäß den Gln. (58, 59, 60) abgeführt, deshalb muß in dem Maße, wie P_{abg} wächst, der Anteil für P_{erw} sinken, d. h. der Temperaturanstieg geht immer langsamer vonstatten. Das Ende der Erwärmung $\left[\left(\frac{d\vartheta}{dt}\right)_{\text{Ende}} = 0\right]$ ist erreicht, wenn alle Leistung P_{el} nur noch an die Umgebung abgegeben wird ($P_{el} = P_{abg}$), dann muß der Körper eine konstante Endtemperatur ϑ_{end}, also auch Übertemperatur $\vartheta_{ü_{end}}$ annehmen. Nach Gl. (58) bzw. (59) ist sie[1]

$$\boxed{\begin{aligned} \vartheta_{ü_{end}} &= \frac{P_{el}}{\alpha_L\,O} \quad \text{(nur Wärmeleitung)} \\ \vartheta_{ü_{end}} &= \frac{P_{el}}{\alpha_K\,O} \quad \text{(nur Konvektion)} \end{aligned}}$$ Konstante Übertemperatur am Ende der Erwärmung (62)

Temperaturverlauf s. Abb. 63[2]: Der anfängliche geradlinige Temperaturanstieg geschieht um so rascher, je größer P_{el} und je kleiner $m\,c$ ist; die Wärmeabgabe geht nicht ein. Die Endtemperatur liegt um so höher, je größer P_{el} und je kleiner die Wärmeabgabe ist; die Größen m, c gehen nicht ein.

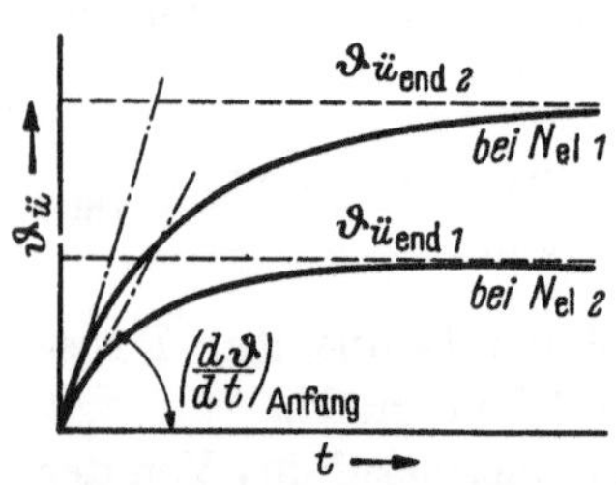

Abb. 63. Temperaturverlauf bei elektrischer Erwärmung

Technische Folgerungen: *Für Nutzwärme:* Um einen Körper auf eine bestimmte Solltemperatur ϑ_{soll} zu erwärmen, z. B. Wasser zu kochen, muß auf alle Fälle

[1] Für Wärmestrahlung, bei der der Körper im Strahlungsaustausch mit seiner Umgebung ist, liegen die Dinge ähnlich, aber etwas komplizierter.

[2] Für den Fall, daß der zu erwärmende Körper in eine andere Phase, z.B. vom flüssigen in den gasförmigen Zustand übergeht, ist die Abänderung leicht angebbar.

sein $\vartheta_{\text{end}} > \vartheta_{\text{soll}}$; es ist also ein bestimmter Mindestwert für P_{el} zu überschreiten. Für wirtschaftliches Erwärmen muß man dabei so viel Leistung zuführen, daß man im geradlinigen Teil der Erwärmungskurve arbeitet. Diese Zufuhr kann (zum Vorteil für die Wärmebeanspruchung des Widerstandsmaterials) um so niedriger gehalten werden, je kleiner die für die Wärmeabgabe maßgebenden Größen, d.h. die Oberfläche und die Wärmeabgabezahlen sind.

Soll wie bei Öfen, Bügeleisen, Kochplatten usw. eine bestimmte konstante Endtemperaur erreicht werden, so ist bei der damit vorgeschriebenen Wärmeübergangszahl eine bestimmte Oberflächenbelastung P_{el}/O einzuhalten, z.B. bei Kochplatten 4...5 W/cm², Schnellkochplatten bis 7 W/cm².

Für schädliche Wärme: Da bei dem Erwärmungsprozeß die höchste Temperatur die Endtemperatur ist, gilt es, diese klein zu halten. Hierzu sind die für die Wärmeableitung maßbegenden Faktoren hinreichend groß zu machen: In allen Fällen die Oberfläche O; dazu dienen Kühlfahnen, die, damit die Wärme von der Wärmequelle zu ihnen gut geleitet wird, aus Metall sein müssen. Um die Konvektion zu vergrößern, bläst man die Wärmequelle mit einem Luftstrom (Ventilatoren bei Motoren usw.) an oder umgibt sie mit umlaufendem Wasser (Kühlschlangen) oder umlaufendem Öl (bei Transformatoren). Um die Wärmeableitung groß zu machen, verwendet man, wenn möglich, gut leitende Metalle, wenn Isolatoren vorgeschrieben sind, Magnesiumoxyd (hohes λ). Um bei hohen Temperaturen die Wärmestrahlung zu vergrößern, schwärzt man die aufgerauhte Oberfläche. Darüber hinaus darf dann bei einer fertigen Konstruktion eine bestimmte elektrische Leistung, also eine bestimmte „Höchststromstärke" nicht überschritten werden. Als Beispiel seien einige Werte der vom VDE (Verein Deutscher Elektrotechniker) festgelegten Höchststromstärken für gummiisolierte Leitungen, verlegt in Rohren, angeführt ($\vartheta_{\ddot{u}_{\text{end}}} = 20°$).

Querschnitt	1,0	1,5	2,5	4	6	10	16	25 mm²
$I_{\max}$ bei Kupfer	12	16	21	27	35	48	66	90 A
$I_{\max}$ bei Aluminium	—	—	17	22	28	38	53	72 A

b) Wärmegeräte und Wärmeschaltungselemente

Starkstromwärmegeräte. *Wirtschaftlichkeit:* Da Wärme üblicherweise durch Verbrennen von Kohle erzeugt wird, seien die Kosten für die gleiche Wärmeenergie, erzeugt durch Kohle und Elektrizität, miteinander verglichen. Die beim Verbrennen eines Briketts (Masse $m \approx 0{,}3$ kg) entstehende Wärmeenergie ist, wenn mit H der „Heizwert" des Materials (für Brikett $H \approx 4000$ kcal/kg) bezeichnet wird:

$$W_{\text{Kohle}} = m H = 0{,}3\,\text{kg} \cdot 4000\,\frac{\text{kcal}}{\text{kg}} = \frac{1200}{860}\,\text{kWh} \approx 1{,}5\,\text{kWh}$$

Da der Preis eines Briketts[1] etwa 2,8 Pf ist, folgt:

	bei Kohle kostet[1]	1 kWh etwa 2 Pf
hingegen	bei Elektrizität kostet	1 kWh etwa 4 ... 40 Pf

Also die elektrische Wärmeerzeugung ist etwa 2...20mal so teuer. Wenn sie trotz dieses hohen Kostenunterschiedes weitgehend verwendet wird, so sind folgende Vorteile maßgebend: Sofortige Betriebsbereitschaft, Sauberkeit, Geruchlosigkeit, Regelbarkeit und Konzentrierung der Wärmeentwicklung.

Wärmegeräte des Haushaltes: Von den Starkstromwärmegeräten seien die Haushaltgeräte herausgegriffen, da sie bei weitem am verbreitetsten sind: Kochtopf, Tauchsieder, Kochplatte, Warmwasserbereiter, elektrischer Ofen, Bügeleisen, Heizkissen, Föhn u. a. m. Ihr Leistungsbedarf liegt zwischen einigen 100 W bis 1 kW (= 5 A bei 200 Volt). Die Wärmegeräte haben also im Vergleich zu den Beleuchtungslampen (40 Watt) sehr große Anschlußwerte, die daher die Kosten für den Stromverbrauch weitgehend bestimmen. Ihr hoher Leistungsbedarf erhellt daraus, daß – wie früher angeführt – 1 Liter Wasser zum Kochen in $^1/_{10}$ Stunde ohne sonstigen Leistungsverlust 1 kW braucht.

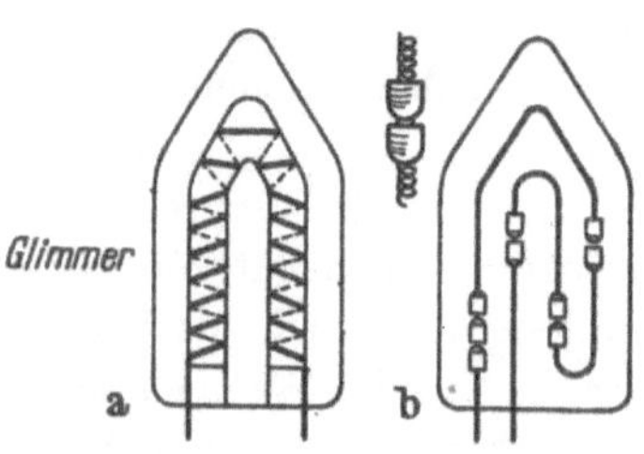

Abb. 64 a u. b. Elektrische Bügeleisen

Aufbau: Die Wärmequelle ist meist ein stromdurchflossener Widerstandsdraht, dessen Widerstandswert sich aus der aufzunehmenden Leistung P_{el} bestimmt. An ihn werden vor allem zwei Bedingungen gestellt: 1. hoher spezifischer Widerstand, damit die unterzubringende Länge nicht zu groß wird, und 2. hohe Gebrauchstemperatur. Besonders eignen sich Chromnickel ($\varrho_{20} = 1{,}13\,\Omega\,\text{mm}^2/\text{m}, \vartheta_{max} = 1000\,°\text{C}$), Megapyr ($\varrho_{20} = 1{,}40\,\Omega\,\text{mm}^2/\text{m}$, $\vartheta_{max} = 1300\,°\text{C}$), Kanthal ($\varrho_{20} = 1{,}45\,\Omega\,\text{mm}^2/\text{m}$, $\vartheta_{max} = 1300\,°\text{C}$)[2]. Der Widerstandsdraht muß einerseits elektrisch gegen seine Umgebung isoliert sein, andererseits mit den zu erwärmenden Stellen, z. B. dem Boden des Kochtopfes einen möglichst guten Wärmekontakt haben. Da gute Wärmeleiter gleichzeitig gute elektrische Leiter sind, sind beide Forderungen für sich nicht günstig zu erfüllen. Besonders eignet sich Glimmer, da er hitzebeständig und dünnschichtig ist. Auf Glimmerplatten, deren Form den zu erwärmenden Flächen gut angepaßt wird, wickelt man Widerstandsdraht oder -band auf (Abb. 64 a) und deckt das Ganze mit einer weiteren Glimmerplatte ab, die wegen ihrer geringen Dicke einen guten Wärmeübergang zur zu erwärmenden Fläche gestattet. In Ermangelung von Glimmer verwendet man auch Keramik-

[1] Für Haushalt.

[2] ϑ_{max} höchste Gebrauchstemperatur.

perlen, die über den zur Längsspirale aufgewundenen Widerstandsdraht geschoben werden, wobei man die Perlenkette dann auf die zu erwärmende Schicht montiert (Abb. 64 b). Für manche Zwecke werden Widerstandsdrähte in Asbest eingewebt oder mit Magnesiumoxyd umpreßt. Neuerdings hat man auch keramische Stoffe mit geeignetem Leitvermögen entwickelt, die als Ganzes in Plattenform die Wärmequelle bilden.

Schmelzsicherungen und Temperaturschalter. *Schmelzsicherungen:* Sicherungen sollen den Stromkreis bei Überstrom unterbrechen und so vor Schaden bewahren[1]. Meist ist wegen Einschaltstromstößen eine gewisse Ansprechträgheit erwünscht. Eine Schmelzsicherung ist ein vom Gesamtstrom einer Anlage durchflossenes Drahtstück, dessen Widerstand R eine solche Leistung P_{el} erzeugen soll, daß die Endtemperatur ϑ_{end} bei Stromstärken unterhalb der Nennstromstärke die Schmelztemperatur nicht erreicht, daß bei Überschreiten der Nennstromstärke[2] aber der Draht durchschmilzt. P_{el} wird als beim üblichen Betrieb nutzlose Leistung möglichst kleingehalten. Konstruktion so, daß bei auftretenden großen Überströmen kein Lichtbogen die Durchschmelzstelle überbrücken kann. Bei der üblichen Patronensicherung (Abb. 65) ist das Innere des röhrenförmigen Porzellankörpers mit Quarzsand gefüllt, der den Schmelzdraht zwischen den leitenden Endkappen umgibt. Ein mit durchbrennender Kenndraht gibt das Kennblättchen frei.

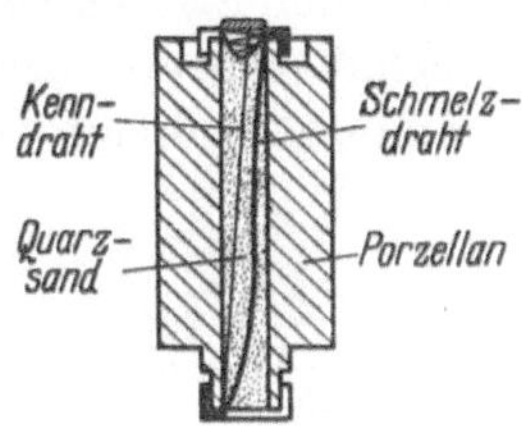

Abb. 65. Patronensicherung

Temperaturschalter: Das Schalten wird von der Temperatur bestimmt. Vorteilhaft verwendet man Bimetallstreifen, die sich infolge des verschiedenen Ausdehnungskoeffizienten ihrer beiden Metalle bei Temperaturerhöhung strecken und dadurch z.B. einen Kontakt öffnen (s. Abb. 66 a). Ein solcher Temperaturschalter wird in Reihenschaltung mit einem Heizwiderstand R zu einem Regler für die Temperatur seiner Umgebung. Bei einem Regler muß die Wirkung (= Temperatur) auf die Ursache (= Stromwärme $I^2 R$) zurückwirken (Rückkopplung). Bei anfänglich geschlossenem Kontakt (s. Abb. 66 a) erhöht sich bei Stromfluß die Temperatur,

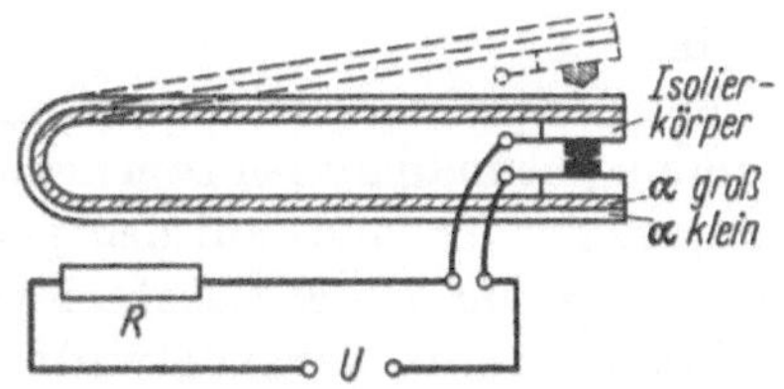

Abb. 66 a. Temperaturregler, oben Temperaturschalter

[1] Jeder vernünftige Mensch wird deshalb das Verbot, Sicherungen zu überbrücken, anerkennen.

[2] Gemäß den Vorschriften darf eine 6-A-Schmelzsicherung nicht abschmelzen innerhalb 1 Stunde bei 1,5fachem Nennstrom, aber sie muß abschmelzen innerhalb 1 Stunde bei 2,1fachem Nennstrom. Die Stromüberschreitungen bei Schäden liegen viel höher, so daß dann die Sicherung praktisch sofort anspricht.

bis sich der Schalter öffnet. Die Temperatur sinkt dann ein wenig, wodurch sich der Temperaturschalter wieder schließt und das Erwärmungsspiel von neuem beginnt. Durch den Kontaktdruck des Schalters ist die Betriebstemperatur einzustellen.

Das Prinzip des Temperaturschalters wird auch für Überstromauslöser = Automaten, verwendet. Diese haben bei gleicher Aufgabe wie die Schmelzsicherungen den Vorteil, immer wieder verwendbar zu sein. Im Konstruktionsbeispiel Abb. 66 b durchfließt der zu überwachende Strom den als Schleife ausgebildeten Bimetallstreifen, der bei Überstrom durch die eigene Erwärmung sich so stark krümmt, daß schließlich ein gespanntes Kniehebelwerk ausgelöst wird, welches plötzlich (sonst Lichtbogen!) den Stromkreis unterbricht.

Schaltelemente, beruhend auf Temperaturbeeinflussung der Stromspannungskennlinie: Die Stromspannungskennlinie eines Leiters wird

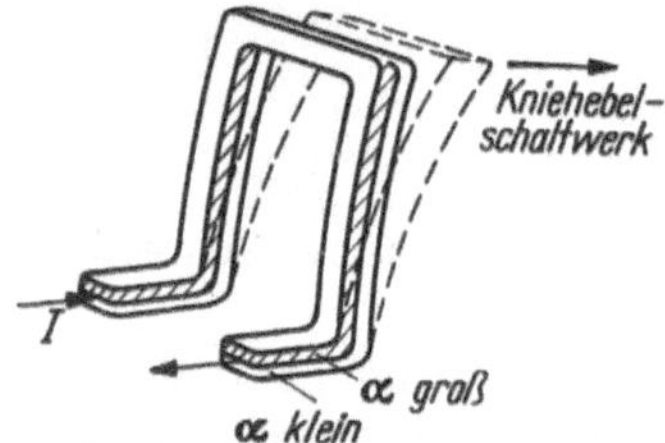

Abb. 66 b. Automat mit Auslösung durch Stromwärme

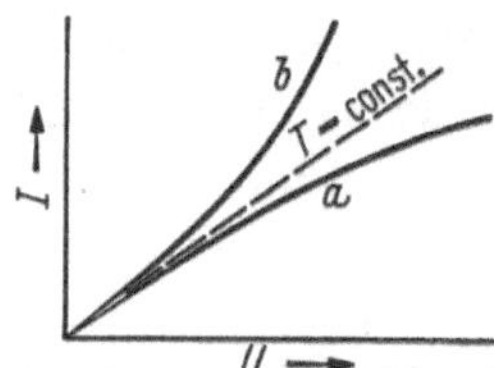

Abb. 67. Stromspannungskennlinie bei Selbsterwärmung; *a* Leiter mit positivem, *b* mit negativem Temperaturbeiwert

(s. Abb. 67), wenn der Körper sich selbst überlassen bleibt, infolge der Stromwärme und des Temperaturbeiwertes des Widerstandes eine andere im Vergleich zu der früher betrachteten bei konstanter Temperatur. Die Abweichungen werden natürlich erst merklich bei höheren zugeführten Leistungen. Wegen der Trägheit der Erwärmungsvorgänge spielt die Zeit herein.

Von den technischen Anwendungen der Eigenbeeinflussung der Stromspannungskennlinie seien zwei herausgegriffen, wobei sich die eine (Eisenwasserstoffwiderstand) auf den jeweils stationären, die andere (Urdoxwiderstand) auf den Einschaltvorgang bezieht.

Ein Eisenwasserstoffwiderstand (abgekürzt EW) ist ein von Wasserstoffgas umgebener Eisendraht, meist montiert in einem kleinen, abgeschmolzenen, gesockelten Glasrohr. Man nutzt den bei Eisen unterhalb des CURIEpunktes (768 °C) sehr steilen Anstieg des Temperaturbeiwertes mit der Temperatur (s. Abb. 21) und damit die starke Widerstandserhöhung mit der Spannung aus, um bei geeigneter Bemessung des Drahtes eine Stromspannungskennlinie ($I - U_{EW}$) zu erhalten, bei der über einen gewissen Spannungsbereich der Strom konstant bleibt. EW werden in schwachstromtechnischen Anlagen (Vorwiderstand bedeutet schlechten Wirkungsgrad) zur Stromstabilisierung von Kreisen mit schwankender Urspannung verwendet (s. die durch Scherung erhaltene Kennlinie I über $E = U_{EW} + IR$ in Abb. 68).

Die Urdoxwiderstände bestehen aus Halbleitermaterial (ursprünglich *Urandioxyd*). Schaltet man einen solchen an eine derart bemessene konstante Spannung, daß er sich merklich erwärmt, so steigt wegen dessen negativen Temperaturbeiwertes der Strom allmählich zum Endwert an (siehe Abb. 69, Kurve *a*). Schaltet man hingegen einen Leiter mit positivem Temperaturbeiwert (z.B. eine Rundfunkröhre) an eine derart bemessene konstante Spannung, daß er merklich erwärmt wird, so zeigt der Strom im Einschaltaugenblick eine unerwünschte Stromspitze (Abb. 69, Kurve *b*). Diese die Lebensdauer verkürzende Schaltspitze kann durch Vorschalten eines geeigneten Urdox unter Inkaufnehmen des zusätzlichen Leistungsverbrauches im Dauerbetrieb vermieden werden (s. Abb. 69, Kurve *c*).

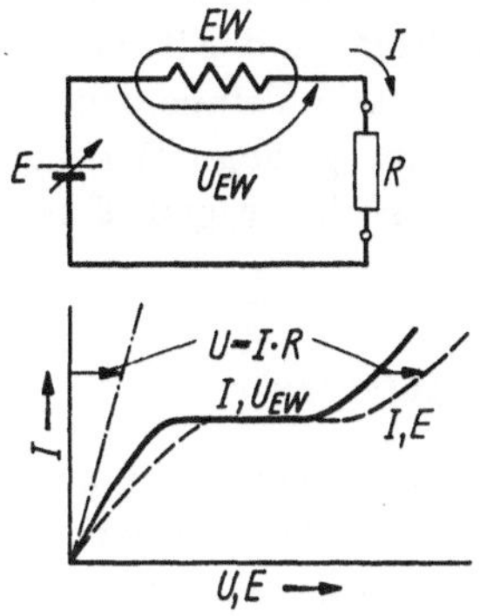

Abb. 68. Stromstabilisierung durch Eisenwasserstoffwiderstand

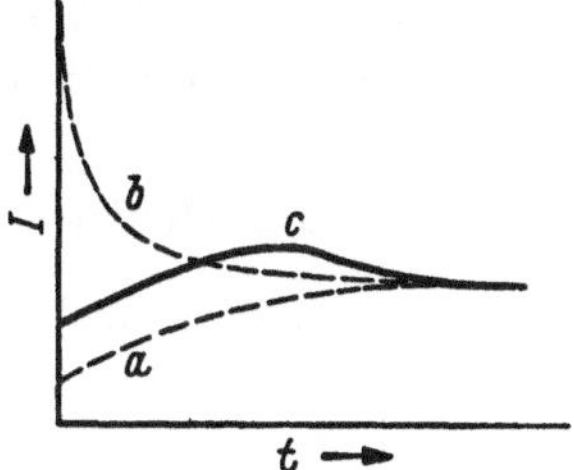

Abb. 69. Zum Schaltvorgang mit Urdoxwiderstand

c) Thermoelemente

Wirkungsweise: Sie formen Wärmeenergie in elektrische Energie um. Man verwendet sie aber wegen ihrer sehr geringen Urspannung nicht für Energie-, sondern für Meßzwecke. Wie bei jeder Wärmeenergieumsetzung läßt sich auch hier nur ein geringer Teil ausnutzen, nämlich derjenige, der durch den Temperaturunterschied der beiden Kontaktstellen (s. Abb. 9) veranlaßt wird. Es handelt sich also hier nicht um den zu den bisherigen Umsetzungen elektrische → Wärmeenergie umgekehrten Prozeß (den gibt es nicht!), sondern das Entscheidende sind die beiden verschieden temperierten Kontaktstellen. Das Ersatzbild einer Thermostrecke ist daher das übliche für Spannungsquellen (E, R_i). Die erzeugten kleinen Urspannungen sind abhängig von den beiden Materialien und bei grober Betrachtung proportional dem Temperaturunterschied der Kontaktstellen.

Zahlenwerte: Für die Thermo-Urspannungen je Grad Temperaturunterschied (grob)[1]

Silizium-Wismut	520 $\frac{\mu V}{\text{grad}}$	bisher höchste Urspannung,
Eisen-Konstantan	54 ,,	häufig verwendet bei
Kupfer-Konstantan	43 ,,	üblichen Temperaturen,
Platin-Platinrhodium	6,4 ,,	für hohe Temperaturen.

Anwendung: Die eine Lötstelle wird an den zu messenden Ort, die andere an einen bekannter Temperatur gebracht. Vorteile der Thermoelemente: Man kann wegen der Kleinheit der Lötstellen Temperaturen an schwer zugängigen Stellen messen, sie haben eine geringe Wärmekapazität, man kann Temperaturwerte an ferne Stellen übertragen (Fernmessung) und dort ihren Verlauf registrieren.

6. Umformung elektrische Energie ⇄ Lichtenergie

Die Umformung elektrische Energie → Lichtenergie ist sowohl technisch als auch wirtschaftlich von großer Wichtigkeit: Die elektrische Lichterzeugung konnte alle anderen Arten (Kerze, Petroleum, Gas) überflügeln. Deutschland stellte vor dem Kriege täglich fast 1 Million Glühlampen her, praktisch ist jeder Haushalt mit elektrischem Licht ausgestattet. Die Umformung Lichtenergie → elektrische Energie spielt in der Meßtechnik (und Steuerungstechnik) und in der Schwachstromtechnik (Fernsehen) eine wichtige Rolle. Wir werden vorerst kurz das Grundlegende vom Licht, dann die beiden Umformungsarten behandeln.

a) Grundlegendes vom Licht

Was ist Licht? Im Gegensatz zu bisher nur kennengelernten physikalischen (= objektiven) Größen ist Licht eine physiologische (= subjektive) Größe. Für eine solche sind zwei Dinge maßgebend: Ihr physikalischer Kern und dessen subjektive Bewertung. Der physikalische Kern des Lichtes ist die elektromagnetische Strahlung. Aber nicht jede elektromagnetische Strahlung, wie z.B. die der Rundfunkwellen, Wärmestrahlen, Röntgenstrahlen, erscheint uns als Licht, sondern nur der Ausschnitt, den unser Auge (= subjektiver Empfänger elektromagnetischer Strahlung) wahrzunehmen vermag. Er erstreckt sich – physikalisch gekennzeichnet – auf den schmalen Bereich der Wellenlänge λ von etwa

$$\lambda_1 \ldots \lambda_2 = 400\ \text{m}\mu \ldots 700\ \text{m}\mu \qquad \text{„Sichtbarer Spektralbereich“},$$

wobei $1\ \text{m}\mu = 10^{-6}$ mm.

Die wichtigsten physiologischen Kenngrößen des Lichteindruckes sind Farbe und Helligkeit.

Farbeindruck: Er wird ausgelöst von der Wellenlänge λ. Strahlung von nur einer Wellenlänge empfinden wir als reine Farbe = Spektralfarbe. Zu Rot gehören

[1] Die angegebenen Zahlenwerte × 100 gelten genau, wenn die eine Kontaktstelle sich auf 0°, die andere auf +100° befindet.

die langen, zu Gelb mittlere, zu Blau die kurzen Wellenlängen des sichtbaren Bereiches. Im weißen Licht sind alle Farben in bestimmten Leistungsverhältnissen gemischt. Tageslichtweiß ist etwa von gleicher Mischung wie die Strahlung einer schwarzen Oberfläche bei $T = 4800°\,K$.

Helligkeitseindruck: Er wird veranlaßt von der Leistung der elektromagnetischen Strahlung P_s[1] und ihrer Wellenlänge λ.

Dabei ruft bei gleicher Leistung eine Strahlung der mittleren Wellenlängen des sichtbaren Spektrums einen größeren Helligkeitseindruck hervor (Maximum bei $\lambda_0 = 555$ mμ, gelbe Farbe), als eine solche der kürzeren oder längeren Wellen. Zur quantitativen Kennzeichnung hiervon dient der „spektrale Helligkeitsempfindlichkeitsgrad" V_λ:

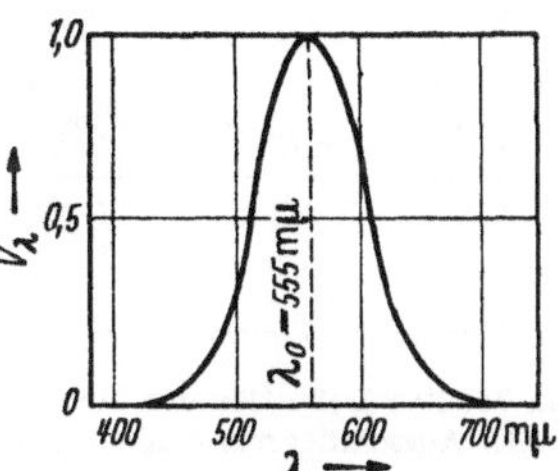

Abb. 70. Spektrale Hellempfindlichkeit des menschlichen Auges

$$V_\lambda = \frac{(P_s)_{\lambda_0}}{(P_s)_\lambda}$$ P_s = Strahlungsleistungen für gleichen Helligkeitseindruck bei λ und λ_0 — Definition des spektralen Helligkeitsempfindlichkeitsgrades

Die über viele Versuchspersonen gemittelten Werte (für normale bis große Beleuchtungsstärken) zeigt Abb. 70. Die Hellempfindlichkeitskurve des Auges ähnelt also der eines auf die Wellenlänge $\lambda_0 = 555$ mμ abgestimmten Funkempfängers[2].

Größen

1. Lichtstrom Φ. Er charakterisiert die Größe des von der Sendestelle zur Empfangsstelle übertragenen Lichtes.

$$\text{Lichtstrom} = \frac{\text{helligkeitsbewertete, elektromagnetische}}{\text{Strahlungsleistung (= Lichtleistung)}} \qquad (63)$$

Definition des Lichtstromes

Also seine Dimension: Leistung.

Für einfarbiges Licht (Wellenlänge λ) ist $\Phi = V_\lambda P_s$.

Um z.B. den gesamten von einer Lichtquelle ausgehenden Lichtstrom zu ermitteln, denkt man sich um diese eine Kugel geschlagen und bestimmt die helligkeitsbewertete elektromagnetische Strahlungsenergie, die je Zeiteinheit die Kugel durchstößt.

2. Beleuchtungsstärke E: Sie ist das wichtigste Lichtcharakteristikum für die Empfangsstelle. Da ein auf einen ausgedehnten Gegenstand fallender Lichtstrom diesen im allgemeinen an verschiedenen Stellen verschieden stark beleuchtet, ist die Beleuchtungsstärke eine einem Punkt zugeordnete Größe,

$$E = \frac{d\Phi}{dA} \qquad (64)$$

Definition der Beleuchtungsstärke (im Punkt P der betrachteten Fläche A)

wobei dA ein um P herausgegriffenes Flächenelement und $d\Phi$ der darauffallende Lichtstromteil bedeuten. Ihre Dimension: $\frac{\text{Leistung}}{\text{Fläche}}$ = Leistungsdichte.

[1] Erkenntlich daran, daß die gleiche Lampe, 1 s oder 1 h lang betrachtet, gleichhell erscheint. Die photographische Platte hingegen bewertet die Strahlungsenergie = Leistung × Belichtungszeit.

[2] Diese Wellenlänge wird etwa am leistungsstärksten von der Sonne ausgestrahlt.

Die Beleuchtungsstärke nimmt bei punktförmiger Lichtquelle mit dem Quadrat der Entfernung von dieser ab.

3. Lichtstärke I: Sie ist das wichtigste Lichtcharakteristikum für die Sendestelle = Lichtquelle. Da eine Lichtquelle im allgemeinen nach verschiedenen Richtungen hin verschieden stark strahlt, ist die Lichtstärke eine mit einer Raumrichtungsangabe behaftete Größe: Um sie für die interessierende Richtung nach z zu ermitteln, greifen wir definitionsgemäß um die Richtungsgerade nach z eine von Lichtstrahlen begrenzte „Tüte" heraus, deren Weite durch den Raumwinkel $\Delta\omega = \Delta A/r^2$ gekennzeichnet wird, und bestimmen den in die „Tüte" gestrahlten Teillichtstrom (Abb. 71). Da die Lichtstärke um so stärker wird, ein je größerer Lichtstrom in eine je schlankere Tüte strahlt, definiert man:

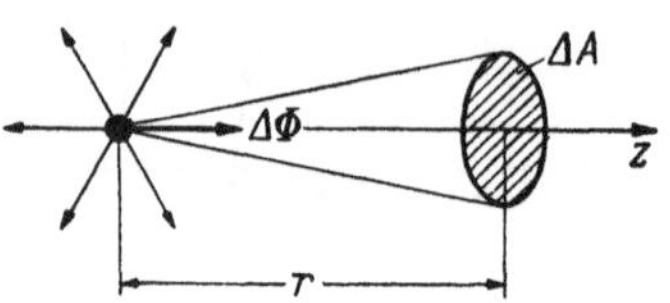

Abb. 71. Zur Definition der Lichtstärke (ΔA Ausschnitt aus Kugelfläche)

$$I = \frac{d\Phi}{d\omega}$$ Definition der Lichtstärke (nach Raumrichtung z) (65)

Ihre Dimension: Leistung.

Einheiten

1. Lichtstärke I: Einheit 1 Candela = 1 cd.

Eine ebene, 1 cm² große Fläche eines schwarzen Körpers hat[1] bei der Temperatur des erstarrenden Platins in Richtung der Flächennormalen eine Lichtstärke von 60 cd.	Definition der Lichtstärkeeinheit	(66)

Umrechnungsfaktor der früheren Einheit Hefnerkerze[2] (HK) zur Einheit Candela: 1 HK ≈ 0,9 cd.

1 cd ist eine kleine Einheit. Zur Größenvorstellung diene:

Übliche Stearinkerze	1...2 cd	
Moderne 40-W-Glühlampe	in Kolbenrichtung	$I = 60$ cd
	im Mittel	$I = 40$ cd

2. Beleuchtungsstärke: Einheit 1 Lux = 1 lx.

Eine Lichtquelle der Stärke 1 cd beleuchtet ein 1 m entferntes, senkrecht zur Strahlrichtung stehendes Flächenelement mit der Beleuchtungsstärke 1 lx	Definition der Beleuchtungsstärkeeinheit	(67)

Da die Beleuchtungsstärke von 1 lx somit etwa von einer Stearinkerze in 1 m Entfernung hervorgebracht wird, ist dies eine kleine Einheit. Eine 40-W-Glühlampe

[1] Unter der Voraussetzung, daß die Lichtquelle vom Empfänger aus als punktförmig erscheint. Für eine flächenhafte Lichtquelle ist die „Leuchtdichte" die kennzeichnende Größe. Die Einheit cd ist also aus der Leuchtdichte B_0 des schwarzen Körpers bei der Temperatur des erstarrenden Platins definiert: 1 cd = B_0/60 cm².

[2] v. Hefner-Alteneck, 1845–1904.

erzeugt in 1 m Entfernung (richtungsgemittelt) etwa 40 lx, in ½ m Entfernung mithin 160 lx. Solche Beleuchtungsstärken sind – wie man ersieht – zum Schreiben und Lesen erforderlich. Folgende Empfehlungen bestehen:

grobe Arbeit	(Schmiede)	etwa 30 lx
feinere Arbeit	(Schreiben)	etwa 100 lx
feinste Arbeit	(Uhrmacher)	etwa 300 lx

Das Tageslicht wird im Vergleich dazu zu 3000 lx in Rechnung gesetzt.

3. Lichtstrom: Einheit 1 Lumen = 1 lm.

Wird eine 1 m² große Fläche überall mit 1 lx beleuchtet, so ist der auf sie fallende Lichtstrom 1 lm	Definition der Lichtstromeinheit	(68)

Anders gesagt: 1 lm ist der Lichtstrom, der von einer Lichtquelle, die nach jeder Richtung mit 1 cd leuchtet, in die Raumwinkeleinheit gestrahlt wird. Um zur Größenvorstellung den von einer 40-W-Glühlampe ausgehenden Lichtfluß zu berechnen, denken wir uns um die Lampe eine Kugel von $r = 1$ m geschlagen. Ihre Beleuchtungsstärke ist nach obigem im Mittel $E = 40$ lx. Da die Kugelfläche $F = 4\pi r^2 = 12{,}6\ \mathrm{m}^2$ ist, folgt nach Gl. (64)

$$\Phi = \int E\,\mathrm{d}F = E F = 40\ \mathrm{lx} \cdot 12{,}6\ \mathrm{m}^2 \approx 500\ \mathrm{lm}$$

Zur Umrechnung der Lichtstromeinheit in andere Leistungseinheiten merke man sich den experimentellen Befund: 1 Watt elektromagnetischer Strahlungsleistung der Wellenlänge $\lambda_0 = 555$ mμ ergibt einen Lichtstrom von 682 lm.

$(P_s)_{\lambda_0 = 555\,\mathrm{m}\mu} = 1\,\mathrm{W} \mathrel{\hat{=}} 682\ \mathrm{lm}$	Umrechnung der Strahlungsleistungseinheit in Lichtstromeinheit	(69)

Für eine Strahlungsleistung von 1 W bei beliebiger Wellenlänge gilt dann

$$(P_s)_\lambda = 1\,\mathrm{W} \mathrel{\hat{=}} V_\lambda\, 682\ \mathrm{lm}$$

b) Umformung elektrische Leistung → Lichtleistung = elektrische Lichterzeugung[1]

Allgemeines: Die Lichtquelle ist der Umformer von zugeführter elektrischer Leistung P_{el} in abzugebende Lichtleistung = Lichtstrom Φ. Eine wirtschaftliche Umformung – diese interessiert für die Zwecke der Allgemeinbeleuchtung in erster Linie neben ästhetischen Gesichtspunkten („angenehmes Licht") – verlangt von der Lichtquelle bei vernünftiger Lebensdauer eine möglichst hohe Lichtausbeute a = Verhältnis von abgestrahltem Lichtstrom zu zugeführter elektrischer Leistung:

$a = \dfrac{\Phi}{P_{el}}$; Einheit von a: $\dfrac{\text{Lumen}}{\text{Watt}}$	Definition der Lichtausbeute

[1] Bei der elektrischen Lichterzeugung ist besonders klar der Weg einer technischen Entwicklung zu erkennen. Die Großzahl der technischen Errungenschaften ist keine dem Erfinder zufällig in den Schoß fallende Frucht, sondern das Ergebnis meist mühevoller, folgerichtiger Arbeit, die auf den zugrunde liegenden physikalischen Tatsachen aufbaut.

Theoretische Höchstwerte: Sie seien angeführt, um Erreichtes beurteilen zu können. Die höchste Lichtausbeute überhaupt ergäbe sich, wenn alle zugeführte elektrische Leistung vollständig in elektromagnetische Strahlungsleistung der Wellenlänge $\lambda_0 = 555\ \mathrm{m\mu}$ (gelbes Licht, größter Helligkeitseindruck) umgeformt würde. Da aus $P_{el} = 1$ W dann 682 lm entstünden, ist:

$$a_{max} = 682 \frac{\mathrm{lm}}{\mathrm{W}} \approx 700 \frac{\mathrm{lm}}{\mathrm{W}}$$ Theoretischer Höchstwert der Lichtausbeute überhaupt

Dieser Umsetzung ordnet man den Wirkungsgrad $\eta = 100\%$ zu. Für weißes Licht – gelbes Licht ist meist unerwünscht – müßte im günstigsten Fall die gesamte zugeführte elektrische Leistung vollständig in Strahlungsleistung aller Wellenlängen nur des sichtbaren Gebietes umgeformt werden mit solcher Intensitätsverteilung, wie es dem Sonnenlicht entspricht. Die Auswertung ergibt wegen der geringeren spektralen Hellempfindlichkeit für alle Farben außerhalb Gelb die geringere Ausbeute von etwa

$$(a_{max})_{weiß} \approx 250 \frac{\mathrm{lm}}{\mathrm{W}}\ ; \quad (\eta_{max})_{weiß} \approx 35\%$$ Theoretischer Höchstwert der Lichtausbeute für weißes Licht

Für die Umformung elektrischer Leistung in Lichtleistung kennen wir zwei physikalisch verschiedene Möglichkeiten: Die Verwendung von Temperaturstrahlern und die von Gasentladungsstrahlern.

Lichterzeugung mit Temperaturstrahlern. *Theoretische Vorbetrachtung:* Wird ein fester oder flüssiger Körper erhitzt, so sendet seine Oberfläche elektromagnetische Strahlung aller Wellenlängen (kontinuierliches Spektrum), darunter auch Licht, aus. Strahler dieser Art sind Oberflächenstrahler, und ihr Kennzeichen ist die hohe Temperatur (Temperatur-Strahler). Wegen des für ihre Entwicklung zu verfolgenden Zieles fragen wir, unter welchen Bedingungen sich die höchste Ausbeute ergibt und wie groß diese werden kann: Nach dem Planckschen Strahlungsgesetz, das für den stärksten Strahler, den schwarzen Körper[1], den Zusammenhang zwischen der Wellenlängenverteilung der elektromagnetischen Strahlung und der Temperatur beschreibt, verschiebt sich der Intensitätsschwerpunkt des Spektrums mit zunehmender Temperatur nach immer kürzeren Wellenlängen über das sichtbare Gebiet hinweg, wobei die Gesamtstrahlung mit der Temperatur rapid ansteigt, Gl. (60). Bei gedachter zunehmender Temperatur würde also die Oberfläche erst dunkelrot, dann immer heller und schließlich wieder dunkler erscheinen, da dann im wesentlichen nur zu kurze, unsichtbare Wellen erzeugt würden. Es gibt also bezüglich der Helligkeit eine optimale Temperatur, etwa $\vartheta = 5000\,^\circ\mathrm{C}$, und für 1 W Strahlungsleistung ergäben sich dann, da An-

[1] Das Material der Oberfläche ist wenig von Einfluß.

teile außerhalb des Sichtbaren liegen, etwa 40% von 250 lm, also 100 lm:

$(a_{max})_{Temp.\ Str.} \approx 100 \frac{lm}{W}$	bei $\vartheta = 5000\,°$ und	Günstigste Ausbeute
$(\eta_{max})_{Temp.\ Str.} \approx 14\%$	ohne Wärmeabgabe	bei Temperaturstrahlern

Das Ziel muß also eine Temperatur von $\vartheta = 5000\,°C$ sein, aber selbst dann bleibt der Wirkungsgrad noch unerwünscht klein.

Technische Lösungen: Die Lampen, die die Temperaturstrahlung benutzen, heißen Glühlampen. Strom erhitzt einen Glühfaden durch die an ihn abgegebene elektrische Leistung $P_{el} = I^2 R$ auf möglichst hohe Temperatur. Seit der Erfindung der Glühlampe durch GOEBEL[1] und dem ersten technischen Aufgreifen durch EDISON[2] sind folgende vier Entwicklungsstufen zu unterscheiden:

1. Kohlenfaden im Vakuum (um Verbrennung zu vermeiden):

$$\vartheta = 1800\,°C \qquad \text{„rote Farbe"}$$

$$a = 3 \frac{lm}{W} \qquad \text{also } \eta = {}^1/_2\%$$

2. Wolframfaden im Vakuum (Wolfram wegen seiner hohen Schmelztemperatur $\vartheta_s = 3370\,°C$):

$$\vartheta = 2100\,°C\,^3 \qquad \text{„weißere Farbe"}$$

$$a = 9{,}5 \frac{lm}{W} \qquad \text{also } \eta = 1^1/_4\%$$

Bei höherer Temperatur verdampft das Wolfram zu schnell (Niederschlag auf Glaskolben) und vermindert damit die Lebensdauer.

3. Wolframwendel in Stickstoffgas (N = Nitra-Lampen). Das Umgeben mit neutralem Stickstoffgas von etwa 1 at Druck hat gegenüber Vakuum den Vorteil, das Verdampfen herabzusetzen, so daß die Temperatur auf $\vartheta = 2350\,°C$ erhöht werden kann. Es hat aber den Nachteil, daß vom Glühfaden die Wärme durch Konvektion stärker abgeführt wird. Dadurch bleibt die Ausbeute trotz der höheren Temperatur praktisch ungeändert. Man erstrebt deshalb, die Konvektion trotz vorhandenen Gases zu vermindern: In der Konvektionsgleichung (59) besteht gemäß Experiment die Proportionalität mit der Oberfläche O für Drähte nur, solange deren Durchmesser größer als 1 mm ist. Ist er kleiner – und das interessiert bei Glühlampen – bleibt die Abgabe praktisch so groß wie bei einem Zylinder von etwa 1 mm Durchmesser. Man verkleinert nun

[1] HEINRICH GOEBEL, 1818–1893, deutscher Mechaniker, wanderte 1848 nach Amerika aus, erfand 1854 die Glühlampe mit Bambusfasern.

[2] ALVA EDISON, 1847–1931, amerikanischer Physiker und Erfinder.

[3] Die angeführten Zahlenwerte sind für verschiedene Volt- und Wattzahlen etwas verschieden. Hier sind etwa 220 V 40 W zugrunde gelegt.

die für die Konvektion wirksame Zylinder-Oberfläche durch Verringern ihrer Länge, indem man den Draht als Wendel von etwa 1 mm Durchmesser (Einfachwendel Abb. 72 a) aufrollt, oder man vermindert sie noch weiter durch Ausführen einer Doppelwendel (Abb. 72 b, D-Lampen). Eine solche Doppelwendel ist ein technisches Wunderwerk, sie hat z. B. für die 220 V 40-W-Glühlampe folgende Ausmaße: Drahtdurchmesser 23,5 μ (!), Drahtlänge ungewendelt 76 cm, gewendelt 2,4 cm. Durch diese Wendelung erreicht man:

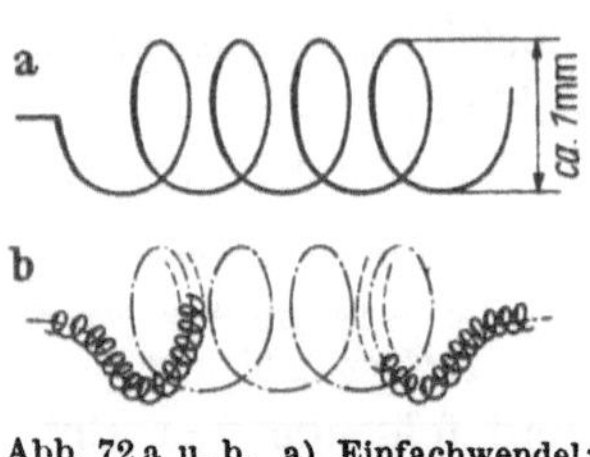

Abb. 72 a u. b. a) Einfachwendel; b) Doppelwendel

$$a = 11{,}8 \frac{\text{lm}}{\text{W}} \eta = 1^3/_4\%$$

4. Wolfram-(Doppel)wendel in Kryptongas (K-Lampen). Kryptongas ist ein neutrales Gas mit niedrigem Wärmekonvektionskoeffizienten. Da es ein seltenes Gas ist, hält man den Kolben möglichst klein.

$$\vartheta = 2350\,^\circ\text{C}\; a = 13{,}4 \frac{\text{lm}}{\text{W}} \eta = 2\%$$

Wir erkennen: Trotz außerordentlicher Anstrengungen ist der Umsatzwirkungsgrad sehr gering. Bei den Glühlampen wird der weitaus größte Teil der zugeführten elektrischen Leistung in Wärme umgeformt; sie sind also mehr Ofen als Lichterzeuger. Da es nach dem derzeitigen Wissensstand wenig wahrscheinlich ist, wesentlich günstigere Glühmateriale als Wolfram zu finden, kann die Glühlampe nicht als ideale Lösung der Lichterzeugung angesprochen werden.

Lichterzeugung mit Gasentladungsstrahlern[1]: *Theoretische Vorbetrachtung.* Werden Gasmoleküle und -atome durch Elektronen genügend heftig bombardiert, so senden sie elektromagnetische Strahlung aus. Nach der anschaulichen Bohrschen Vorstellung werden dabei Elektronen der Atomhülle aus ihrer Bahn gehoben, bei ihrem Zurückspringen entstehen elektromagnetische Energiequanten. Diese Strahlung ist, da die Bombardierungen im gesamten Volumen des Gases stattfinden, eine Volumenstrahlung. Ihr Licht heißt, weil es nicht mit Wärme verknüpft ist, kaltes Licht. Die physikalischen Charakteristika dieser Strahlung sind:

1. Sie enthält nur einzelne für die betreffende Gasart charakteristische Wellenlängen (Linienspektrum). Nur bei wenigen Gasen liegen sie im Sichtbaren und ergeben dann, da in der Regel nur 1 Wellenlänge in das Sichtbare entfällt, die satten Farben der Spektrallinien, z. B. Neon – rot, Helium – rosa, Natrium – gelb, Argon – grün. Quecksilber leuchtet grün-

[1] Gasentladungsstrahler, die nachfolgende Alkali-Fotozelle und der Lichtbogen werden, obwohl sie keine Leiter sind, der Gebietszusammengehörigkeit wegen, hier behandelt.

blau und ist wegen der Vielzahl seiner Linien besonders geeignet. Durch den Dampfdruck läßt sich die Intensitätsverteilung im Linienspektrum ändern.

2. Der Umsetzungsfaktor von kinetischer Energie der stoßenden Elektronen in elektromagnetische Strahlungsenergie kann beträchtlich sein, 50% und mehr.

Technische Lösungen: Das Elektronenbombardement führt man in sog. Gasentladungsstrecken durch. Die Leuchten heißen deshalb Gasentladungslampen. Die elektrischen Vorgänge der Gasentladung werden später (im 2. Kap.) behandelt. Die Technik der Gasentladungslampen ist etwa erst seit zwei Jahrzehnten im Vorwärtsstreben und befindet sich daher noch in der Entwicklung. Zwei Anwendungsgebiete lassen sich klar unterscheiden, das für Allgemeinbeleuchtung und das für Sonderzwecke.

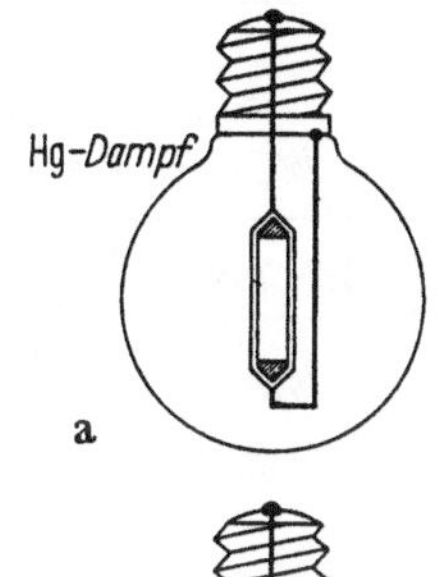

Abb. 73a u. b. a) Quecksilberhochdrucklampe; b) Mischlichtlampe

Für Allgemeinbeleuchtung: Das Ziel ist hoher Wirkungsgrad bei angenehmem Licht. Aus der bisherigen Typenvielzahl kristallisieren sich zwei heraus:

1. Die Quecksilberhochdrucklampe (Abb. 73a). In einem Glaskolben (der u.a. die ultraviolette Strahlung abhält) von Art der bei Glühlampen verwendeten befindet sich ein „Brenner" aus Quarzglas von etwa 5 cm Länge und 1 cm Durchmesser mit Stromzuführungen an beiden Enden. In ihm ist Quecksilberdampf von einigen at Druck, der eine Intensitätsbevorzugung der im Sichtbaren liegenden Wellenlängen gibt. Bei Stromdurchgang leuchtet das gesamte Quecksilberdampfvolumen – nach einer kurzen Einbrennzeit, in der sich durch den Stromdurchgang erst der höhere Dampfdruck einstellt – hell in blauweißem Licht. Für unser Empfinden ist das Licht zu blau und wirkt kalt.

$$a = 45 \frac{\mathrm{lm}}{\mathrm{W}} \qquad \eta = 7\%$$

Eine Abart, die sog. Mischlichtlampe, ist eine Kombination einer Quecksilberhochdrucklampe (Licht zu blau) und einer Glühlampe mit Wolframwendel (Licht zu rot) im gleichen Kolben (Abb. 73b). Sie gibt gut weißes Licht. Die Ausbeute ist natürlich durch die Glühwendel eine geringere:

$$a = 22 \frac{\mathrm{lm}}{\mathrm{W}} \qquad \eta = 3\%$$

2. Die Leuchtstofflampe = Quecksilberniederdrucklampe mit Leuchtstoff (Abb. 74). Sie besteht aus einem 1 m langen Glasrohr von

etwa 3 cm Durchmesser, das mit Quecksilber- und Argondampf von niederem Druck (etwa 0,1 torr) gefüllt ist. Bei Stromdurchgang zwischen den an den Rohrenden angebrachten besonders ausgebildeten Elektroden sendet das Gasvolumen infolge des zu 1. anderen Druckes fast nur unsichtbare, ultraviolette Strahlung aus. Diese wird durch einen „Leuchtstoff", der auf der Innenseite des Glasrohres als weißlicher Überzug aufgebracht ist, in ein kontinuierliches, im Sichtbaren liegendes Spektrum umgesetzt. Aus dem Rohr dringt dann, gleichmäßig über seine große Fläche verteilt, angenehm mildes weißes Licht. Der Leuchtstoff ist so gewählt, daß die spektrale Intensitätsverteilung praktisch völlig der des Tageslichtes gleicht.

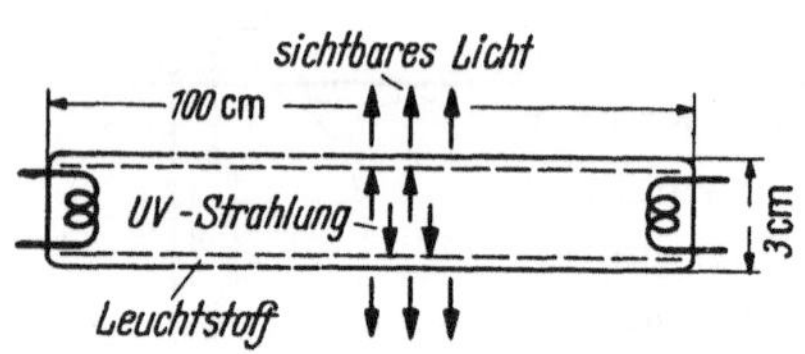

Abb. 74. Leuchtstofflampe

$$a = 50 \frac{\text{lm}}{\text{W}} \quad \eta = 7\%$$

Die Gasentladungsstrahler weisen also schon in ihrer Anfangsentwicklung einen um den Faktor 3 besseren Wirkungsgrad als die Glühlampen auf, d.h. für den gleichen Lichtfluß wie mit Glühlampen braucht man nur den 3. Teil an „Lichtrechnung" zu zahlen (!). Es ist ganz augenscheinlich, daß die Gasentladungsstrahler im Vergleich zu den Glühlampen die technisch bessere Lösung darstellen. Von gewissem Nachteil für ihre Einführung sind – abgesehen bei der Mischlichtlampe – die andersartigen Armaturen. Insbesondere muß der Gasstrecke stets ein Widerstand vorgeschaltet werden; ihn bildet man bei Wechselstrom als Drosselspule aus, da er dann nur wenig Leistung verbraucht[1].

Für Sonderzwecke: Bei diesen steht die möglichst hohe Ausbeute nicht so im Vordergrund. Folgende 4 Arten seien erwähnt:

1. Reklameleuchten: Erwünscht sind möglichst bunte, die Aufmerksamkeit beanspruchende, leuchtende, blendfreie Strecken. Man verwendet hierzu in Buchstabenform gebogene Entladungsrohre, gefüllt mit geeigneten Edelgasen.

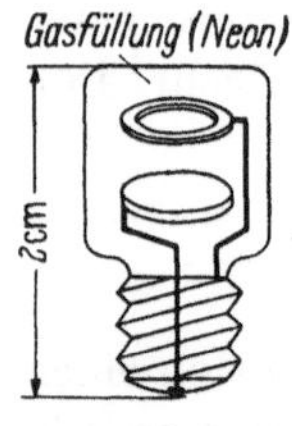

Abb. 75. Glimmlampe

2. Glimmlampen: Am häufigsten werden sie als Signallampen ausgeführt, die bei geringem Leistungsbedarf einen noch auffallenden Lichtstrom erzeugen sollen. Die Gasentladungsstrecke wird (s. Abb. 75) so stark verkürzt, daß nur die mit einer Glimmhaut bedeckte, jeweils negative „kalte" Elektrode leuchtet („negatives Glimmlicht"). Die „Zwergglimmlampen" für 110 V nehmen z.B. einen Strom von 1...5 mA,

[1] Die angegebenen Ausbeutewerte verstehen sich unter Einrechnung der Drosselverluste.

also eine Leistung von 0,1...0,5 W auf. Der Vorwiderstand ist häufig im Sockel eingebaut.

3. Lampen hoher Leuchtdichte = Quecksilberhöchstdrucklampen: Bei ihnen soll – wie z.B. für Projektionszwecke erforderlich – ein hoher Lichtstrom von einer verhältnismäßig kleinen Fläche ausgehen. Im Beispiel Abb. 76 wird in einem Quarzglasgefäß mit Quecksilberdampf von 50...100 at Druck eine stromstarke Entladung zwischen zwei sich hoch erhitzenden Wolframelektroden (Lichtbogen, $I = 8$ A, $U = 12$ V) auf kleinem Raum beschränkt. Man erzielt eine so große Leuchtdichte, wie sie die Sonne besitzt.

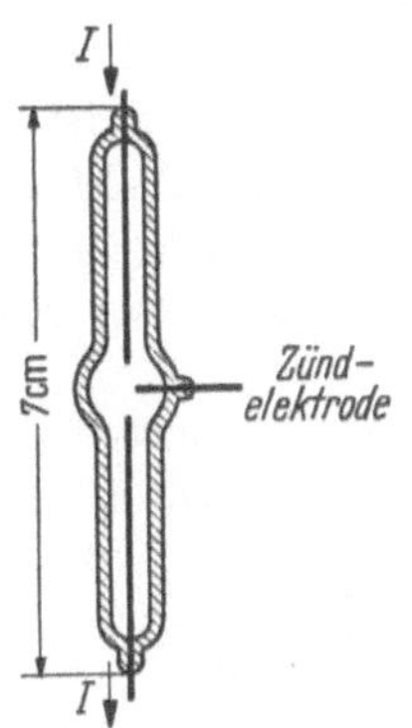

Abb. 76. Quecksilberhöchstdrucklampe

4. Lichtblitzröhren: Durch Xenon- oder Kryptongas von etwa 1 at Druck in einem Glasrohr von z.B. 30 cm Länge und 5 mm Durchmesser wird kurzzeitig (für 1...20 μsek, mittels Kondensatorenentladung) ein hoher Stromstoß ($\hat{I} = 100$ A, $U = 5$ kV) geschickt, der einen außerordentlich hellen Lichtblitz von etwa 10^6 lm erzeugt.

Lichtbogen: Zieht man zwei spannungsführende Leiter in Luft – besonders eignen sich wegen ihrer schlechten Wärmeableitung Kohlestäbe – nach vorangegangener Berührung etwas auseinander, so brennt zwischen ihnen ein Lichtbogen (Abb. 77), wenn der Stromkreis eine Stromstärke von wenigstens einigen Ampere zuläßt. Von der negativen Elektrode gehen dann viele Elektronen aus, die bei ihrem Auftreffen auf die positive Elektrode dort eine sehr hohe Temperatur von etwa $\vartheta = 4000$ °C erzeugen. Der Lichtbogen ist also ein Temperaturstrahler. Ausbeute etwa 30 lm/W. Bei den „Effektkohlen" geben zugesetzte Stoffe beim Verbrennen Dämpfe, die bei Stromdurchgang zusätzlich als Gasentladungsstrecke leuchten und die Ausbeute weiter erhöhen.

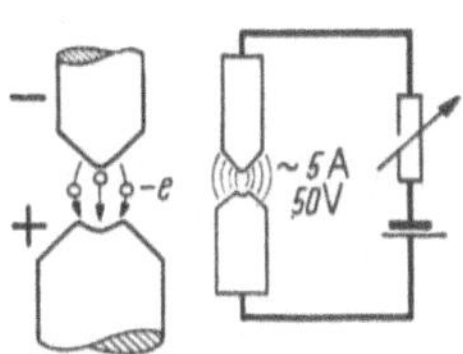

Abb. 77. Lichtbogen

Der Vorteil des Lichtbogens liegt in seiner hohen Leuchtdichte (geeignet für Projektionen); seine erheblichen Nachteile sind das wegen des Abbrandes erforderliche dauernde Nachregulieren (Regulierwerke) und das häufige Kohlenwechseln. Es ist anzunehmen, daß der Lichtbogen für Beleuchtungszwecke von den Gasentladungsstrahlern mehr und mehr verdrängt wird.

c) Umformung Lichtleistung → elektrische Leistung

Die Umformer hierfür heißen Fotozellen oder lichtelektrische Zellen. Es gibt zwei Arten, denen verschiedene physikalische Effekte zugrunde liegen:

Alkali-Fotozelle: Sie beruht auf dem von HALLWACHS[1] 1888 entdeckten „äußeren" lichtelektrischen Effekt. Fällt Licht auf Metalle – besonders eignen sich die Alkalimetalle (Kalium, Natrium, Rubidium, Cäsium) speziell mit „aktivierter" Oberflächenschicht – so treten Elektronen aus deren Oberfläche. Die Alkalifotozellen bestehen aus einem Glasgefäß, üblicherweise von den Ausmaßen einer kleineren Rundfunkröhre (Abb. 78a). Auf der dem Lichteintrittsfenster entgegenliegenden Seite der Innenwandung ist die lichtelektrische Schicht niedergeschlagen. Eine metallische Elektrode (Gitter) vor ihr dient zum Aufnehmen der ausgelösten Elektronen. Die Zelle ist evakuiert oder enthält verdünntes, neutrales Gas. Man nützt vom äußeren lichtelektrischen Effekt nicht die vollständige Energiebilanz aus (Lichtenergie → potentielle + kinetische Energie der Elektronen), sondern nur den Auslösevorgang. Damit alle aus der Alkalischicht ausgelösten Elektronen durch die Auffangelektrode abgesaugt werden und zum so geschlossenen Strom beitragen (Näheres s. 2. Kap.), sind etwa 100 Volt mit positivem Pol an der Auffangelektrode erforderlich. Das Entscheidende ist, der Kreisstrom = Fotostrom wird wegen des Auslösevorganges vom Licht gesteuert. Für die technische Anwendung sind folgende zwei ausgezeichnete Eigenschaften des äußeren Fotoeffektes maßgebend:

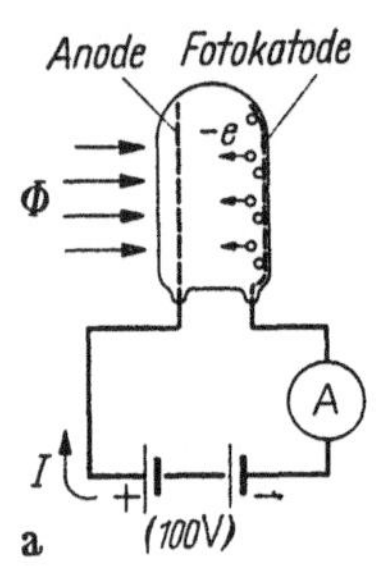

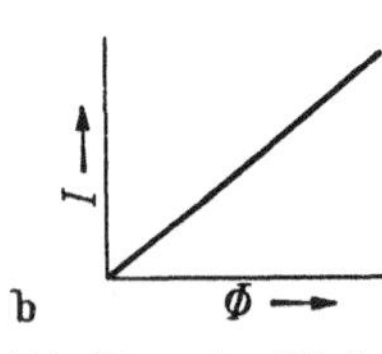

Abb. 78 a u. b. Alkali-Fotozelle

1. Die je Zeiteinheit ausgelöste Zahl der Elektronen und damit die Stärke des Fotostromes I ist streng proportional dem Lichtstrom, $I = \text{konst.}\ \Phi$ (s. Abb. 78b). Die „Ausbeute" erreicht je nach Schicht und Lichtfarbe etwa 10...100 μA/lm.

2. Der Auslösevorgang ist praktisch trägheitsfrei.

Technische Anwendungen sind vor allem:

a) Sog. lichtelektrische Steuerungen. Zum Beispiel werden die Rolltreppen mancher Stadtbahnen in verkehrsarmen Zeiten durch den Fahrgast in Bewegung gesetzt. Durchschreitet dieser am Einlauf zur Rolltreppe eine „Lichtschranke", gebildet von einer Lichtstrahlquelle auf der einen und einer Fotozelle auf der anderen Seite, so unterbricht er den Lichtstrom und damit den Fotostrom, wodurch über Verstärker der Antriebsmotor für angemessene Zeit in Tätigkeit gesetzt wird. Da Fotozellen auch auf ultrarotes, also unsichtbares Licht ansprechen, lassen sich „unsichtbare" Lichtschranken (z.B. für Einbruchsschutz) bauen.

[1] WILHELM HALLWACHS, 1859–1922.

b) Verwendung bei Bildtelegrafie, Tonfilm, Fernsehen, deren genauere Behandlung dem Spezialgebiet der Schwachstromtechnik zukommt.

Sperrschicht-Fotozelle (= Fotoelement): Sie beruht auf dem „Sperrschicht-Fotoeffekt", der bei Halbleitern, grenzend an Metalle, auftritt. Bei der häufig verwendeten Kupferoxydulzelle befinden sich auf der einen Seite einer Kupferscheibe eine halbleitende Kupferoxydulschicht und darüber ein Metall (Netz, s. Abb. 79a). Da[1] Elektronen aus dem Halbleiter leichter austreten können als aus dem Metall, ist infolge der Temperaturbewegung im Gleichgewichtszustand die Grenzschicht des Halbleiters an Elektronen verarmt und wird zur noch schlechter leitenden „Isolierschicht". Einfallendes Licht stört den Gleichgewichtszustand an der Grenzstelle, wodurch die Ladungsträger einen Bewegungsdrang erhalten, ihn wieder herzustellen: Urspannung. Die Zelle heißt zu Recht auch Fotoelement. Im geschlossenen äußeren Kreis fließt somit ein vom Licht gesteuerter Fotostrom. Der Vorteil des Fotoelementes ist, keine Batterie zu benötigen. Seine Eigenschaften sind:

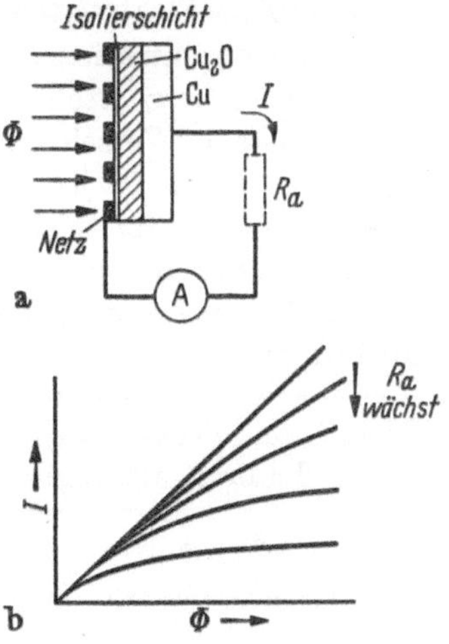

Abb. 79 a u. b. Sperrschicht-Fotozelle

1. Nur im Kurzschlußbetrieb besteht strenge Proportionalität zwischen Lichtstrom und elektrischem Strom (siehe Abb. 79b). Die Ursache der bei größerem R_a gekrümmten Kennlinie liegt in zusätzlichen, dann wirksam werdenden Nebenschlußwegen innerhalb des Elementes. Die Ausbeute erreicht etwa 500 μA/lm.

2. Für schnelle Lichtänderungen ist das Element unbrauchbar, nicht weil der Auslösemechanismus nicht schnell genug abliefe, sondern wegen der großen „Schaltkapazitäten", die der Zelle eigen sind. (Sie wirken für Wechselstrom als Nebenschluß, der immer stromdurchlässiger wird, je rascher der Wechsel erfolgt, s. 4. Kap.).

Die Anwendungsgebiete der Fotoelemente liegen vor allem dort, wo Gleichlicht vorliegt und eine zusätzliche Batterie unerwünscht ist:

Luxmeter = Beleuchtungsstärkemesser. Das den Fotostrom anzeigende Instrument ist in Lux geeicht.

Belichtungsmesser der Fototechnik. Bei ihnen sind Fotoelement und Meßinstrument als handliche Einheit zusammengebaut.

[1] Nach einer Modellvorstellung, theoretische Klärung noch im Fluß.

7. Umformung elektrischer Energie ⇄ chemische Energie

Diese Umformung macht das Arbeitsgebiet der Elektrochemie aus. Chemische Energieänderungen bestehen in einer Umgruppierung der Elemente der beteiligten Massen. Mit Hilfe der Elektrizität läßt sich diese Umgruppierung durch an den Strom gebundene Ionenwanderung erreichen. Deshalb bildet der Elektrolyt (= Flüssigkeit mit Ionen) das Kernstück dieses Abschnittes, und das grundlegende Schaltelement ist das elektrolytische Bad (Abb. 80) – also ein Zweipol AB – zu dem außer dem Elektrolyten die beiden festen Stromleiter = Elektroden gehören. Die positive heißt Anode, die negative Katode. Auch hier verschaffen wir uns vorerst Klarheit über die physikalischen Grundlagen.

a) Grundlagen

Vorgang im Elektrolyten (Widerstand): Im Elektrolyten besteht zwischen der Konzentration der Ionen und der noch ungespaltenen Moleküle ein vom betr. Stoff, seiner Temperatur u.a. abhängiger Gleichgewichtszustand. Verschwinden Ionen, so spalten sich weitere Moleküle auf (Dissoziation). Da jedes Molekül vor seiner Spaltung in ein positives und ein negatives Ion oder in mehrere positive und negative Ionen neutral war, müssen der positive und negative Spaltteil eines Moleküls eine gleichgroße, aber entgegengesetzte Ladung besitzen. Für das Vorzeichen gilt:

Metall- und Wasserstoffionen haben positive Ladung, alle anderen negative.	Vorzeichen der Ionenladung	(70)

Die Ladung jedes Ions ist gemäß Früherem ein ganzzahliges Vielfaches (= „Wertigkeit" w des Atoms bzw. Atomrestes) der Elementarladung e:

$$Q_{\mathrm{Ion}} = \pm w e \qquad \text{Größe der Ionenladung} \qquad (71)$$

Die Ionenladung schreibt man als soviel erhobene + - oder − Zeichen bei dem chemischen Symbol, als w beträgt, z.B.:

$$NaCl \to Na^+ + Cl^-; \quad H_2SO_4 \to H^+ + H^+ + SO_4^{--}$$

Da im Gegensatz zum metallischen Leiter im Elektrolyten neben beweglichen negativen auch positive Ladungsträger vorhanden sind, wird der dort fließende Ionenstrom von positiven und negativen Ionen, die nach entgegengesetzten Richtungen laufen, gebildet, wobei nach der Definition der Stromrichtung gilt (s. Abb. 80):

Positive Ionen wandern in Richtung des Stromes, negative entgegengesetzt.	(72)

Die Wanderungsrichtung der Ionen in bezug auf die Elektroden läßt sich also durch Änderung der Stromrichtung umkehren. Die **Stromstärke** ist an einer herausgegriffenen Stelle, wenn in der Zeit t die positive Ladungsmenge Q_+ und die negative Q_- hindurchströmen,

$$I = \frac{|Q_+|}{t} + \frac{|Q_-|}{t}$$

Da das modellmäßige Bild des „Durchsickerns" der von Spannungen angetriebenen Ionen durch das Molekülgewirr dem des Elektronenstromes durch das Kristallgitter gleicht, folgt in Übereinstimmung mit dem Experiment:

Für die reine Elektrolytstrecke[1] gilt das Ohmsche Gesetz.	(73)

Daher wird zweckmäßig mit deren **Widerstand** R_E gerechnet.

$R_E = \frac{U'}{I}$ Widerstand der reinen Elektrolytstrecke

R_E Ersatzbild der reinen Elektrolytstrecke.

Für linienhafte Elektrolytstrecken ist analog dem Früheren $R_E = \varrho_E \frac{l}{q}$, wobei der spezifische Widerstand ϱ_E des Elektrolyten wegen der schwerfälligeren Ionen wesentlich höher liegt als bei metallischen Leitern; als Richtwert kann gelten $\varrho_E > 10^6\, \varrho_{Metall}$. Natürlich hängt ϱ_E ab vom Elektrolytstoff, der Ionenkonzentration (mit wachsender Konzentration nimmt ϱ_E ab) und der Temperatur. Der Temperaturbeiwert ist positiv, bei Zimmertemperatur in der Regel etwa $\alpha_E \approx +2\%/\text{grad}$. Die beim Stromdurchgang durch den Elektrolyten an diesen abgegebene Leistung $U'I$ wird völlig in Wärme umgesetzt.

$U'I = I^2 R_E$ Bei Stromdurchgang durch die reine Elektrolytstrecke entstehende Wärmeleistung

Stoffabscheidung an Trennfläche Elektrode - Elektrolyt (Strom). *Qualitatives:* Wie schon bei den „Kennzeichen des Stromes" (s. A. 1b) angeführt, geben die Ionen bei Stromfluß an der Trennstelle Elektrode – Elektrolyt ihre Ladung ab und ihr stofflicher Teil bleibt zurück: Stoffabscheidung. An den Elektroden werden somit bei Stromfluß die Ionen in Atome bzw. Atomreste umgewandelt. Gemäß Satz (72):

An Elektrode in Stromrichtung Abscheiden der Stoffe der +-Ionen, an Elektrode im Stromrücken Abscheiden der Stoffe der – -Ionen.

[1] Als „reine" Elektrolytstrecke sei die Strecke ausschließlich der Elektrodengebiete bezeichnet. Auf diese Strecke entfalle die Spannung U'. Dies wird besonders betont, da die Strecke AB des elektrolytischen Bades, die also die Trennstellen Elektroden – Elektrolyt mit einschließt, das Ohmsche Gesetz nicht erfüllt. Die auf AB entfallende Spannung wird U genannt.

Der Stromdurchgang durch den Elektrolyten bewirkt also: Die vor der Dissoziierung als Molekül zusammen gewesenen Bestandteile des Elektrolytstoffes werden nach der Dissoziation infolge der entgegengesetzten Wanderungsrichtung von + - und − -Ionen räumlich getrennt und an den beiden Elektroden als der eine und andere Atombestandteil abgelagert. Diese abgelagerten Atombestandteile sind bestrebt, da ihnen der Ergänzungspartner fehlt, chemische Bindungen einzugehen. 3 Möglichkeiten bestehen:

1. Die abgeschiedenen Atombestandteile lagern sich mit vielen Artgenossen zusammen. Das ist der Fall bei Metallen: „Metallische Bindung". Durch den metallischen Überzug wird die Elektrode dicker.

2. Die abgeschiedenen Atombestandteile bilden mit einem (oder sehr wenigen) dort schon abgeschiedenen Artgenossen Moleküle ($H + H \rightarrow H_2$). Das ist besonders bei Gasen der Fall. Da diese entweichen, bleibt die Elektrode ungeändert (abgesehen von einer auf ihr sitzenden Gashaut).

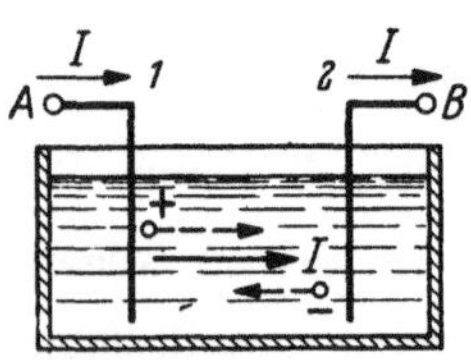

Abb. 80. Elektrolytische Zelle

3. Die abgeschiedenen Atombestandteile reagieren chemisch mit dem Elektrodenstoff, der sich dadurch auflöst. Die Elektrode wird dünner.

Quantitatives: Die Elektrizitätsmengen, die während der gleichen Strömungszeit durch jedweden Querschnitt des Stromkreises fließen, sind gemäß Gl. (5a) gleich. Speziell ist, wenn mit $(Q)_1$[1] bzw. $(Q)_2$ die Elektrizitätsmengen durch einen Querschnitt im Elektrolyten unmittelbar vor der einen Elektrode 1 bzw. der anderen 2, und mit Q die Elektrizitätsmenge durch irgendeinen Querschnitt des Kreises bezeichnet werden, wobei alle für die gleiche Zeit genommen seien: $(Q)_1 = (Q)_2 = Q$. Dabei wird $(Q)_2$ nur von Ionen ausgemacht, die auf die Elektrode 2 zuströmen und somit nur das eine Vorzeichen tragen, bei Abb. 80 das positive[2], und $(Q)_1$ nur von den nach 1, also in entgegengesetzter Richtung laufenden mit dem anderen Vorzeichen (bei Abb. 80 das negative). Weil nun mit jedem Ion eine ganz bestimmte, durch sein Atomgewicht A sich ergebende Masse ($m_{\text{Ion}} = A \cdot 1{,}66 \cdot 10^{-24}$g) wandert und fernerhin eine ganz bestimmte Elektrizitätsmenge ($Q_{\text{Ion}} = \pm we$) mit ihm verknüpft ist, folgt:

Ein den Elektrolyten durchfließender Strom scheidet an der einen Elektrode 1 wie an der anderen Elektrode 2 je eine Stoffmenge (m_1, m_2) ab, die der Elektrizitätsmenge Q, die währenddem irgendeinen Querschnitt des (unverzweigten) Kreises durchfließt, streng proportional ist.

[1] Lies „Q an der Stelle 1".

[2] Man bedenke, daß es unmittelbar vor Elektrode 2 keine negativen Ionen gibt, denn diese müßten rechts von der gewählten Querschnittsfläche durch Dissoziation entstehen, dort befindet sich aber die Elektrode!

Der Proportionalitätsfaktor $1/F$ heißt „elektrochemisches Äquivalent" und ist eine der betr. Ionensorte eigene Größe (FARADAYsches[1]) Abscheidungsgesetz 1833):

$m_1 = \frac{1}{F_1} Q$ $m_2 = \frac{1}{F_2} Q$	Bei Durchfluß von Q auf Elektrode 1 und auf 2 abgeschiedene Stoffmenge	(74)
wobei $\frac{1}{F} = \frac{\text{Atomgewicht}}{96479 \cdot \text{Wertigkeit}} \frac{\text{g}}{\text{As}}$	elektrochemisches Äquivalent	

Beweis: Die Menge Q enthält Q/we Ionen, diese haben eine Masse[2]

$$m = \frac{Q}{w e} A \cdot 1{,}66 \cdot 10^{-24}\,\text{g} = \frac{A}{w} \frac{1{,}66 \cdot 10^{-24}\,\text{g}}{1{,}602 \cdot 10^{-19}\,\text{As}} Q = \frac{A}{96479\, w} \frac{\text{g}}{\text{As}} Q = \frac{1}{F} Q$$

Zahlenbeispiele:

Stoff	H_2	Al	Cu	Cu	Ag	Pb	
Wertigkeit	1	3	1	2	1	2	
$\frac{1}{F}$	0,0104	0,0932	0,658	0,329	1,118	1,074	$\frac{\text{mg}}{\text{As}}$

Also

Eine Stromstärke von größenordnungsmäßig 1000 A ist erforderlich, um 1 g je Sek. abzuscheiden.	(75)

Da das Abscheidungsgesetz außerordentlich genau befolgt wird, und der Einfluß von Nebenerscheinungen leicht ferngehalten werden kann, hat man früher die Stromstärkeeinheit Ampere definiert aus der Abscheidung von Silber aus einer Lösung von Silbernitrat bei Stromdurchgang. Das heute geltende Ampere ist anders definiert, vgl. Anhang I, A 2. und B.

Spannungen an Trennfläche Elektrode – Elektrolyt. Aus dem früher Angeführten (Abschn. A 2c, i) ergibt sich:

Jede Trennfläche Elektrode – Elektrolyt ist Sitz einer Urspannung (E_{E_1}, E_{E_2}). Im elektrolytischen Bad wirkt nach außen die Resultierende der beiden Urspannungen ($E_E = \Sigma E_{E\,\nu}$)	(76)

Zur Veranschaulichung über das Zustandekommen der Urspannungen als Wechselspiel des „Lösungsdruckes" (= Bestreben der Elektrode, ihre Bausteine als Ionen in den Elektrolyten zu pressen) und des „os-

[1] MICHAEL FARADAY, 1791–1867.
[2] Siehe Gl. (122), S. 165.

motischen Druckes“ (= Bestreben des Elektrolyten, seine Ionen in die Elektrode zu drücken) seien 2 Beispiele angeführt:

1. Metall in reinem, also ionenfreiem Wasser (Abb. 81 a). Nur Lösungsdruck ist vorhanden. Die positiven Metallionen streben zum Wasser, bis der Gleichgewichtszustand erreicht ist. Das Metall lädt sich daher negativ gegen das Wasser auf.

2. Kupferelektrode in Zinksulfat (Abb. 81 b). Der osmotische Druck der Zinkionen ist größer (veranschaulicht durch größere Pfeile) als der Lösungsdruck der Kupferionen. Das Kupfer lädt sich daher positiv gegen das $ZnSO_4$ auf.

Abb. 81 a u. b. Zum Entstehen galvanischer Urspannungen

Richtung und Höhe der einzelnen Urspannungen sind verständlicherweise abhängig vom Elektrodenmaterial, vom Elektrolytstoff und seiner Konzentration. Je unedler ein Metall ist, um so größer ist sein Lösungsdruck, um so stärker also seine Tendenz, sich negativ aufzuladen. Als Richtwert für die Größe der einzelnen Urspannung gelte: $E_{E\nu} = \pm 0{,}1 \ldots$ 1 Volt[1].

Aus Vorstehendem folgt: Das Ersatzbild eines elektrolytischen Bades ist nicht ein Widerstand, sondern ein Widerstand (praktisch R_E) in Reihe mit einer Urspannung (E_E). Je nach der Stromrichtung ist das Bad also

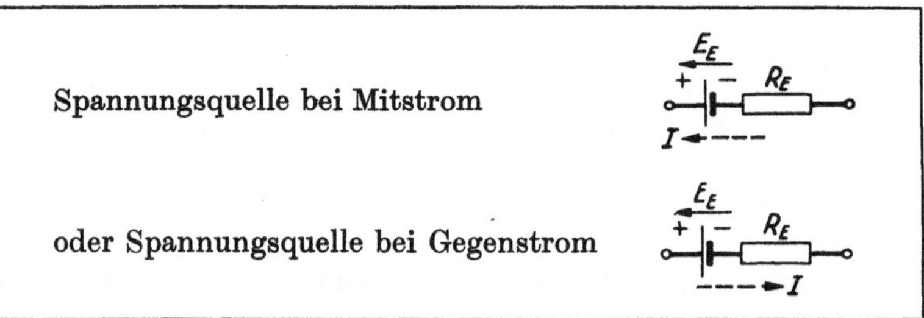

Bei Stromfluß tritt somit außer dem Umsatz in Wärmeenergie ($U'It$) noch ein mit der Stromrichtung umkehrbarer Energieumsatz ($E_E\, It$) auf: der Umsatz elektrische $\rightleftarrows$ chemische Energie, denn an den Orten der Urspannungen vollziehen sich im Zusammenhang mit den Stoffabscheidungen chemische Umformungen.

[1] Ordnet man die chemischen Elemente nach den Urspannungen, die in einem galvanischen Element auftreten, in dem die eine Elektrode von dem betr. chemischen Element gebildet wird, umgeben von einem Elektrolyten, der das Ion des Elementes in Einheitskonzentration (1 g-Ion je Liter) enthält, und in dem die zweite Elektrode eine Normal-Wasserstoffelektrode ist, erhält man die „Spannungsreihe“ der Elemente.

b) Umwandlung elektrischer Energie → chemische Energie (Elektrolyse)

Das Ziel ist, im elektrolytischen Bad Stoffe abzuscheiden, die chemisch einen höheren Energiewert darstellen als ihre Ausgangsprodukte: Elektrolyse. Man muß deshalb dem Bad elektrische Energie zuführen; es wirkt somit als Umformer elektrische → chemische Energie (elektrischer Energieverbraucher) und als Kennzeichen der Elektrolyse ist eine äußere Spannungsquelle (E, R_i Abb. 82) als Energielieferant erforderlich.

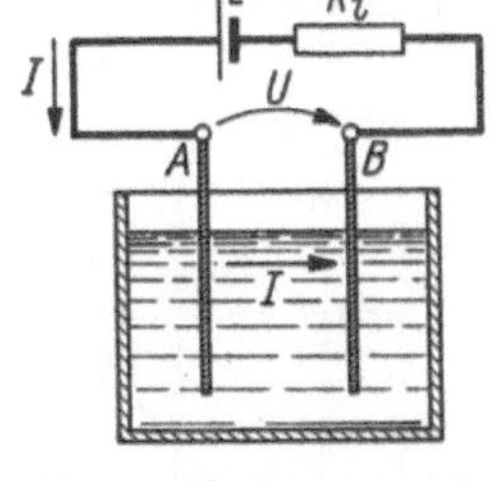

Abb. 82. Umformung elektrische → chemische Energie

Aufbau: Der Elektrolyt ist so zu wählen, daß in ihm der abzuscheidende Stoff in Ionenform enthalten ist, z. B. bei Kupferniederschlag Kupfersulfat ($CuSO_4 \rightarrow Cu^{++} + SO_4^{--}$). Da der Strom das Bad in der von E vorgegebenen Richtung, also von der Anode zur Katode durchfließt, folgt nach Satz (70) und (72):

Metalle und Wasserstoff schlagen sich bei Elektrolyse auf der Katode, die übrigen Stoffe auf der Anode nieder. Der Körper, auf den sich der betreffende Stoff abscheiden soll, ist nach dieser Vorschrift entweder zur Anode oder zur Katode zu machen.

Elektrische Bemessung: Durch die auf Anode und Katode verschiedenen Stoffabscheidungen werden die beiden Elektroden verschieden und somit auch ihre Urspannungen E_{E_1} und E_{E_2}. Die aus beiden resultierende Urspannung heißt hier Polarisationsspannung E_p. Nach den obigen Energiebetrachtungen ist vorauszusagen, da elektrische Energie zum Erhöhen der chemischen Energie verbraucht wird, daß E_p stets dem Strom entgegengerichtet sein wird, also im Stromkreis als Gegenurspannung wirkt.

> Bei Elektrolyse ist das Bad infolge der Polarisationsspannung eine Urspannungsstelle bei Gegenstrom.
>
> Sein Ersatzbild: wobei $E_p < E$

Zur Überzeugung Versuch Abb. 83: Das Bad bestehe vor Stromdurchgang aus zwei gleichen Elektroden, z. B. Kupferplatten in Schwefelsäure. Also ist $E_p = 0$, da $E_{E_1} = E_{E_2}$. In Schalterstellung *a* möge dann einige Zeit Strom (I_a) fließen, er hat die von E vorgegebene Richtung. Da durch ihn an beiden Elektroden verschiedene Stoffe abgeschieden werden, wird $E_{E_1} \neq E_{E_2}$, also entsteht eine Polarisationsspannung $E_p \neq 0$.

Zur Bestimmung ihrer Richtung legen wir den Schalter in Richtung b: Der von E_p angetriebene Strom (I_b) zeigt entgegengesetzte Richtung zu I_a.

Die Stromspannungskennlinie des elektrolytischen Bades erfüllt nicht das Ohmsche Gesetz, da gemäß dem Ersatzschaltbild gilt

$$U = E_p + I R_E$$

sondern sie stellt, weil E_p etwa unabhängig von I ist, praktisch eine gegenüber dem Ursprung um E_p spannungsversetzte Gerade dar (Abb. 84).

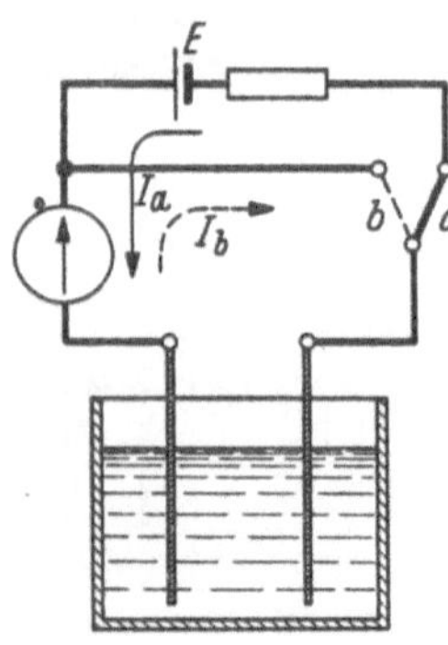

Abb. 83. Versuch zur Polarisationsspannung

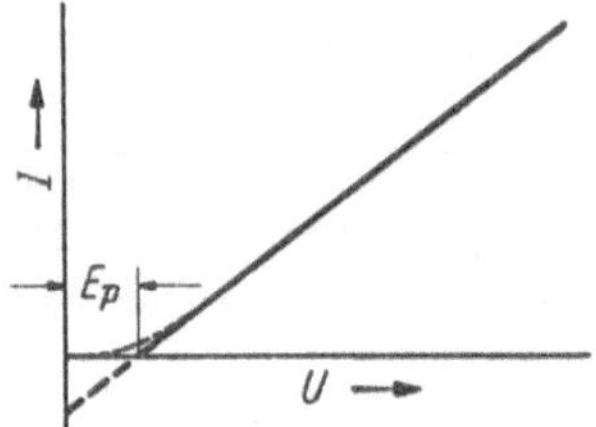

Abb. 84. Stromspannungskennlinie des elektrolytischen Bades

Für die an das Bad abgegebene elektrische Energie gilt somit (bei U = konst., I = konst.)

$$\underset{\text{an Bad abgegebene elektrische Energie}}{UIt} = \underset{\text{Erhöhung der chemischen Energie}}{E_p Q} + \underset{\text{Wärmeenergiezufuhr zu Bad}}{J^2 R_E t}$$

Um einen hohen Wirkungsgrad $\eta_V = \frac{E_p Q}{UIt} = \frac{E_p}{U}$ dieser Starkstromeinrichtung zu erreichen, hält man möglichst die unerwünschte Wärmeenergie gering und damit IR_E klein gegen E_p, also klein gegen einige $^1/_{10} \ldots 1$ Volt. Deshalb wird, wenn verwirklichbar, das Bad aus vielen großflächigen Platten in Parallelschaltung (Abb. 85) bei sehr kurzen

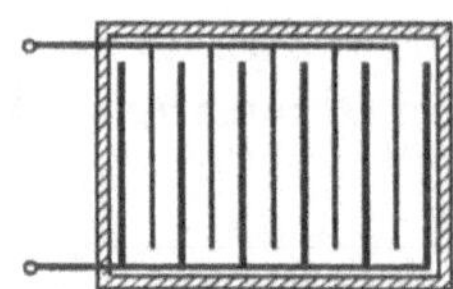

Abb. 85. Elektrodenanordnung für geringen Widerstand

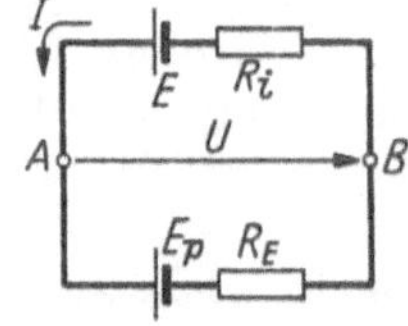

Abb. 86. Ersatzschaltbild bei Umformung elektrische → chemische Energie

Elektrolytwegen ausgebildet. Die Spannung U beträgt dann höchstens einige Volt. Dafür sind wegen Satz (75) bei technischen Großabscheidungen die Ströme sehr groß (I = 1000 A...50000 A).

Für den gesamten Stromkreis gilt somit das Ersatzschaltbild (86). Also

$$I = \frac{E - E_p}{R_i + R_E}$$

Technische Anwendungen

1. Schaffen von Überzügen und Abdrucken = Galvanotechnik.

Metallische Überzüge: Der zu überziehende Körper wird zur Katode gemacht. Isolierstoffe überstreicht man hierzu mit (leitendem) Graphit. Die Anode wählt man zweckmäßig auch aus dem abzuscheidenden Metall. Sie löst sich dann unter Einfluß des auf ihr abgeschiedenen, geeignet gewählten Elektrolytbestandteils auf und ergänzt so das abgeschiedene Metall. Als Richtwerte können gelten: Stromdichte 0,1...0,3 A/cm². Abscheidungsdauer etwa 1 Stunde. Man stellt so Überzüge aus Gold, Silber, Nickel, Kupfer, Chrom, Zinn usw. her vom feinsten Metallhauch bis zu dicken Schichten. In größeren Betrieben sind die Einzelbäder etwa 3...5 m lange Wannen.

Nichtmetallische Überzüge: Wichtig ist vor allem ein durch Abscheiden von Sauerstoff auf Aluminium sich bildender Überzug von Al_2O_3 (Eloxalverfahren), der die Oberfläche des Aluminiums schützt. Durch Zusätze können diese Überzüge gefärbt werden.

Klischeeherstellung für Drucke: Auf der weichen Originalmatrize aus Blei oder Wachs (überstrichen mit leitender Schicht) läßt man einen festen Metallniederschlag z.B. aus Kupfer wachsen, der dann als spiegelbildliches Relief weiter verwendet wird.

2. Elektrolytische Stoffgewinnung: Der Vorteil dieser Methode liegt in der Gewinnung außerordentlich reiner Stoffe.

Metalle: Besonders wichtig ist die elektrolytische Gewinnung von Kupfer (Elektrolytkupfer), da – wie erwähnt – geringste Verunreinigungen dessen Leitfähigkeit beträchtlich mindern können. Man verwendet als Elektrolyt Kupfersulfat, als Katoden dünne Reinkupferblechplatten, als Anoden dicke Platten aus geschmolzenem, also unreinem Kupfer. Bei Stromdurchgang schlägt sich das Kupfer in chemisch sehr reiner Form auf den Reinkupferplatten nieder, während das zu den unreinen Anoden wandernde SO_4 dort $CuSO_4$ bildet, welches sich im Elektrolyten auflöst und so das abgeschiedene Kupfer ergänzt. Von weiterem Vorteil ist, da Anode und Katode abgesehen von Verunreinigungen gleich sind, daß $E_p \approx 0$ ist. Bei den großen Raffinerien in USA werden z.B. 11000 A je Bad verwendet, d.h. in 1 Sekunde je Bad $0{,}328 \cdot 11000$ mg $\approx 3{,}5$ g abgeschieden.

Zinkelektrolyse: Ein Drittel des gesamten Zinkes wurde vor dem Krieg elektrolytisch gewonnen.

Aluminium und andere Leichtmetalle (z.B. Magnesium) werden in großem Maße elektrolytisch hergestellt. Bei Aluminium verwendet man Aluminiumoxyd als Ausgangsmaterial, das durch Erhitzen flüssig gemacht wird. Zum Herabsetzen des Schmelzpunktes fügt man Kryolith bei. Die großen Bäder benutzen den Badboden als Katode und Kohleelektroden als Anoden; je Bad z.B. $U = 5 \ldots 6$ Volt, $I = 10000 \ldots 50000$ A.

Nichtmetalle: Zum Beispiel Wasserstoff und Sauerstoff gewinnt man durch Wasserzersetzung. Als Elektrolyt dient mit Wasser versetzte Kalilauge. H_2 und O_2 bilden sich durch chemische Prozesse an den Elektroden. Bei Großanlagen Stromstärken von z. B. 4000 A.

c) Umwandlung chemische Energie → elektrische Energie (galvanische Elemente)

Ziel, Aufbau: Das Ziel ist, die im Bad wirksame Spannung E_E zur antreibenden Urspannung, das Bad also zur Spannungsquelle zu machen: Galvanisches Element. Die kennzeichnenden Größen E, R_i ergeben sich aus $E_E \rightarrow E$, $R_E \rightarrow R_i$.

Beim galvanischen Element ist das Bad Urspannungsstelle bei Mitstrom. Sein Ersatzbild ist

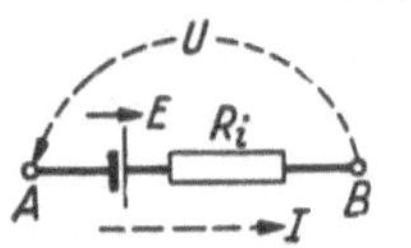

Um hohe Urspannungen zu erzielen, muß man die beiden Trennstellen Elektrode–Elektrolyt möglichst verschieden ausbilden $E_{E_1} \neq E_{E_2}$. Es gibt zwei Wege:

1. Man verwendet – das ist die Regel – zwei verschiedene Elektrodenstoffe und den gleichen Elektrolyten. Bei metallischen Elektroden wählt man die eine aus möglichst edlem, die andere aus möglichst unedlem Metall, z. B. aus Kupfer und Zink (Abb. 87 a). Dann drückt das Zn entsprechend seinem höheren Lösungsdruck mehr Ionen in den Elektrolyten als das Cu. Die Zn-Elektrode wird daher negativ, die Cu-Elektrode positiv.

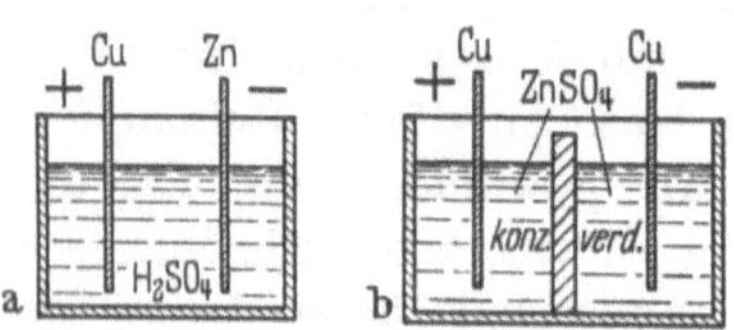

Abb. 87 a u. b. Galvanische Elemente. a) Mit verschiedenen Elektroden; b) mit verschiedenen Elektrolytkonzentrationen

2. Man verwendet gleiche Elektrodenstoffe und verschiedene Elektrolyt-Konzentrationen: Konzentrationselement (Abb. 87 b, DANIELL-Element). Beide Elektrolytteile sind durch ein stromdurchlässiges Diaphragma getrennt.

Elektrische Bemessung: Das Bad arbeitet grundsätzlich auf einen Verbraucher (Abb. 88). Da die Stromrichtung die vom Element gewünschte ist, durchfließt I das Bad im Gegensatz zum Verhalten im vorigen Kapitel von der negativen zur positiven Elektrode: Elektrische Energieerzeugung; die Klemmenspannung U ist jetzt kleiner als die Urspannung

$$U = E - I R_i$$

und die Energiebilanz (für $U = \text{konst.}$, $I = \text{konst.}$) ergibt:

$$EQ \quad = \quad UIt \quad + \quad I^2 R_i t$$

Im Bad erzeugte elektrische Energie — an Verbraucher abgegebene elektrische Energie — Erhöhung der Wärmeenergie im Bad

Die erzeugte elektrische Energie wird der chemischen Energie des Bades entnommen, denn die bei Stromfluß sich abscheidenden und reagierenden Stoffe haben chemisch einen geringeren Energiewert als ihre Ausgangsprodukte. Im Beispiel Abb. 88 sind die Stoffänderungen

+ Elektrode	$2H \rightarrow H_2$	Cu überzieht sich mit Gashaut
– Elektrode	$SO_4 + Zn \rightarrow ZnSO_4$	Elektrode löst sich auf

Die Zn-Elektrode wird also als augenscheinlicher Beweis der chemischen Energieminderung aufgezehrt.

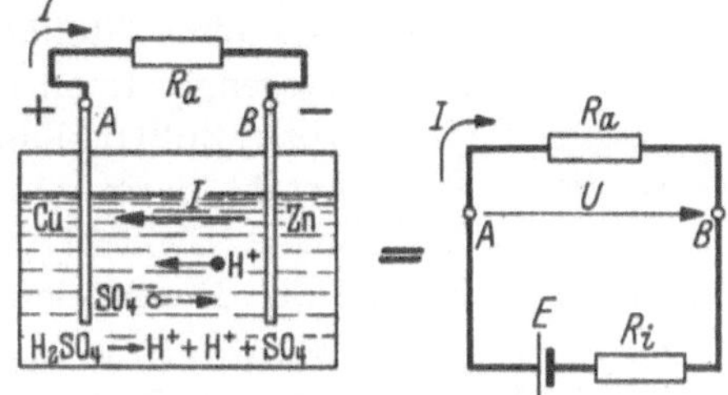

Abb. 88. Stromkreis mit galvanischem Element

Polarisation: Eine Hauptschwierigkeit bei den Elementen bildet die sog. „Polarisation". Durch die mit dem Strom von statten gehende Stoffabscheidung werden die Oberflächen der Elektroden verändert (bei Abb. 88 H_2-Haut auf Cu-Elektrode, die Zn-Oberfläche hingegen bleibt erhalten, da $ZnSO_4$ sich ablöst). Mithin ändert sich E_{E_1} und somit E, und zwar stets im unerwünschten Sinn derart, daß sich E verkleinert: Um Elemente mit konstanter Urspannung zu schaffen, muß man also die Polarisation vermeiden. Hierzu zwei Wege:

1. Man umgibt die sich verändernde Elektrode mit einem chemisch aktiven Stoff, der den unerwünscht abgeschiedenen aufnimmt.

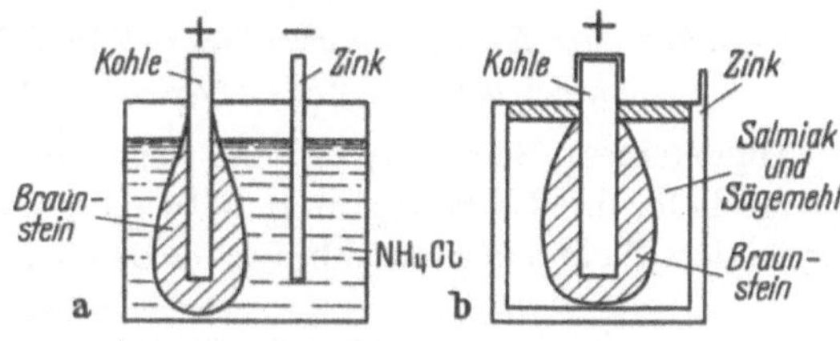

Abb. 89 a u. b. LECLANCHÉ-Element. a) Mit flüssigem Elektrolyt; b) Trockenelement

Beispiel: Das LECLANCHÉ-Element (Abb. 89 a) mit Zink und Kohle als Elektroden und Salmiak als Elektrolyt.

Die Polarisation besteht hier ebenfalls in einem H_2-Überzug der Kohleelektrode. Sie wird mit einem Beutel mit Braunstein (MnO_2) umhüllt, der das H_2 begierig aufsaugt und zu Wasser umsetzt:

Kohle-Elektrode	$2NH_4 \rightarrow 2NH_3 + H_2$	$2MnO_2 + H_2 \rightarrow Mn_2O_3 + H_2O$
Zink-Elektrode	$Zn + 2Cl \rightarrow ZnCl_2$	

Die Zinkelektrode löst sich auch hier auf.

Das LECLANCHÉ-Element findet vielfach Anwendung als „Trockenelement". Es ist nicht „trocken" im eigentlichen Sinn, sondern besitzt als Elektrolyt Salmiak, der mit Sägemehl und anderen Zusätzen zu einem Brei verdickt ist. Die Zn-Elektrode ist bei ihm als Becher, der das Element umschließt, ausgebildet (Abb. 89 b), $E \approx 1{,}5$ V je Zelle.

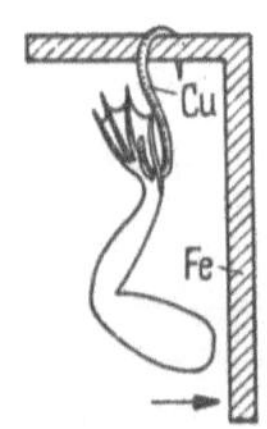

Abb. 90. Galvanis Froschschenkelversuch

2. Man umgibt jede Elektrode mit einem so passend gewählten Elektrolyten, daß keine stofffremden Oberflächen entstehen („unpolarisierbare Elektroden"), z. B. eine Cu-Elektrode mit $CuSO_4$, eine Zn-Elektrode mit $ZnSO_4$. Bei Stromfluß in der einen Richtung wird durch Abscheiden von Cu auf Cu, bzw. von Zn auf Zn die Elektrode ohne Stoffänderung verdickt, bei Stromfluß im entgegengesetzten Sinn wird sie abgebaut, da sich $CuSO_4$ bzw. $ZnSO_4$ bildet, das sich auflöst. Die Schwierigkeit besteht darin, ein Mischen der beiden aneinander grenzenden Elektrolyten zu vermeiden. Alle diese Gesichtspunkte sind bei den Normalelementen berücksichtigt.

Zur Geschichte der Elektrizität sei der berühmte Froschschenkelversuch erwähnt, der lehrt, wie ein vorerst als unwichtig erscheinendes Naturverhalten eine Technik von höchster Bedeutung einleiten kann. GALVANI[1] beobachtete 1780, daß ein mit einem Kupferhaken an einem Eisengitter aufgehängter frischer Froschschenkel zusammenzuckte, wenn er gegen das Eisen schlug (Abb. 90). VOLTA gab 1790 die Erklärung und erfand auf diese Weise das „galvanische Element": Die Anordnung stellt ein derartiges Element dar (Cu-Fe), bei dem der Schenkel die Rolle des Elektrolyten spielt, der bei Stromdurchgang durch Nervenreaktion zusammenzuckt.

d) Umkehrbare Energieumwandlung elektrische $\rightleftarrows$ chemische Energie in der gleichen Zelle (Sammler, Akkumulator)

Allgemeines: Beim galvanischen Element wird für die elektrische Energielieferung (= Entladung) notwendigerweise mindestens die eine der beiden Elektroden aufgebraucht. Das geschieht über die den Strom begleitende Stoffabscheidung. Wird ein verbrauchtes Element beiseite getan, so werden auch seine noch brauchbaren Teile (Gefäß, Armaturen usw.) wertlos. Der dem Nachfolgenden zugrunde liegende Gedanke ist, die bei der „Entladung" mit dem „Entladestrom" I_{ent} sich vollziehende

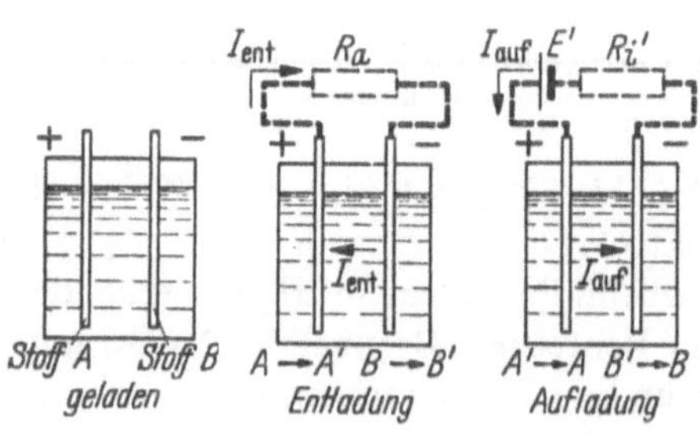

Abb. 91. Zum Prinzip des Sammlers

[1] LUIGI GALVANI, 1737–1798, italienischer Naturforscher.

Stoffwanderungen (Stoffänderung der Elektroden $A \to A'$, $B \to B'$ s. Abb. 91) nach Erschöpfung des Elementes in einem Ladevorgang wieder rückgängig zu machen (Stoffänderung $A' \to A$, $B' \to B$) dadurch, daß ein „Aufladestrom" I_{auf} entgegengesetzter Richtung von einer äußeren Spannungsquelle (E', R_i') erzwungen wird. Beim Entladevorgang wirkt die Zelle als galvanisches Element (Umformung chemische → elektrische Energie), beim Aufladevorgang als elektrolytisches Abscheidungsbad (Umformung elektrische → chemische Energie). Insgesamt wird Energie von der äußeren Spannungsquelle E' an die Zelle und von dieser zu gewünschter Zeit an Verbraucher geliefert. Die Zelle wirkt also als Energie-Zwischenträger mit Speichereigenschaft, als elektrischer Energiespeicher Sie heißt daher Sammler = Akkumulator[1].

Es ist verständlich, daß umkehrbare Prozesse in der gleichen Zelle ganz bestimmte Elektrodenstoffe und Elektrolyte voraussetzen. Von Bedeutung sind zwei Formen:

der Bleisammler, er verwendet Säure als Elektrolyt;
der Stahlsammler, er verwendet Lauge als Elektrolyt.

Bleisammler: An seinem Beispiel sei die Umkehrbarkeit der Stoffwanderung in den Grundzügen erläutert. Aufbau (Abb. 92 geladener Zu-

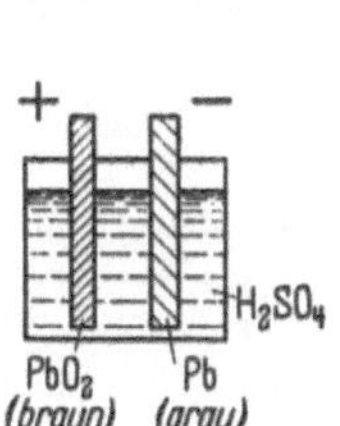

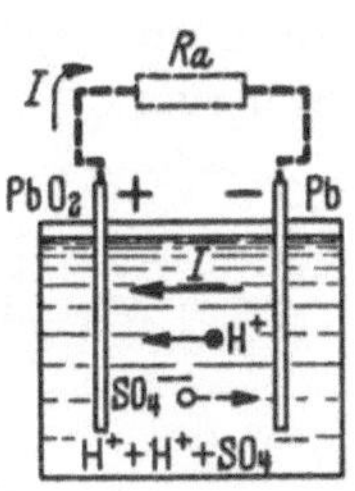

Abb. 93.
Entladung des Bleisammlers

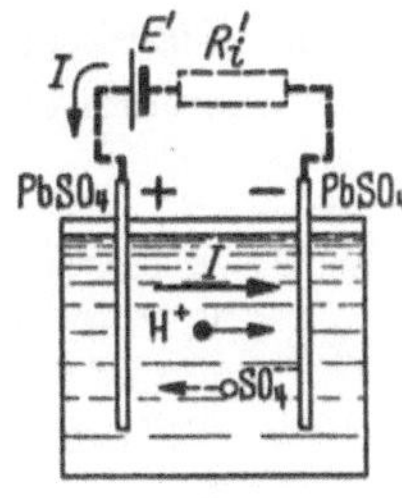

Abb. 94.
Ladung des Bleisammlers

stand): Die negative Elektrode besteht aus Blei (Pb) und sieht grau aus, die positive Elektrode aus Bleisuperoxyd (PbO_2) und sieht braun aus. Der Elektrolyt ist verdünnte Schwefelsäure (H_2SO_4).

Entladung (s. Abb. 93): Die Stoffabscheidungen führen zu folgenden chemischen Prozessen:

$$+\text{Elektrode:}\quad PbO_2 + 2\,H + H_2SO_4 \to PbSO_4 + 2\,H_2O$$

$$-\text{Elektrode:}\quad Pb + SO_4 \to PbSO_4$$

Also beide Platten werden durch die Polarisation stofflich gleich, die Urspannung strebt dann nach Null; Schwefelsäure wird verbraucht, Wasser entsteht, der Elektrolyt wird also verdünnter.

[1] Lat.: accumulare = ansammeln.

Ladung (s. Abb. 94): Die Stoffabscheidungen führen zu folgenden chemischen Prozessen:

$$+\text{Elektrode:}\quad PbSO_4 + SO_4 + 2\,H_2O \rightarrow PbO_2 + 2\,H_2SO_4$$
$$-\text{Elektrode:}\quad PbSO_4 + 2\,H \rightarrow Pb + H_2SO_4$$

Also beide Platten werden wieder – wie notwendig – in ihre Ausgangsstoffe zurückgeformt; Wasser wird verbraucht, Schwefelsäure entsteht, der Elektrolyt wird also konzentrierter.

Bei der technischen Ausführung erstrebt man, um viel umwandelbaren Stoff zur Verfügung zu haben, große Elektrodenoberflächen im Kontakt mit den Elektrolyten. Die Pb-Platte versieht man daher mit tiefen Rillen und Schlitzen. Als Trägermaterial der PbO_2-Platte verwendet man ebenso Blei, in dessen Gitterwerk die möglichst poröse Paste des PbO_2 eingelassen wird. Die Platten werden vor gegenseitigem Berühren durch entsprechend konstruierte Nasen im Gefäß, oder durch Abstandsröhrchen oder stromdurchlässige Lamellen aus Holz oder Kunststoff geschützt. Die Gefäße aus Glas, Hartgummi oder anderen Werkstoffen sind bei geschlossener Bauart mit einer Öffnung zum Nachfüllen der Säure und zum Entweichen der Gase beim Laden versehen. Günstigste Dichte der Schwefelsäure im Mittel 1,2 g/cm³.

Die *elektrischen Bemessungen* beim Entlade- und Aufladevorgang gehen aus nachfolgenden Bildern hervor.

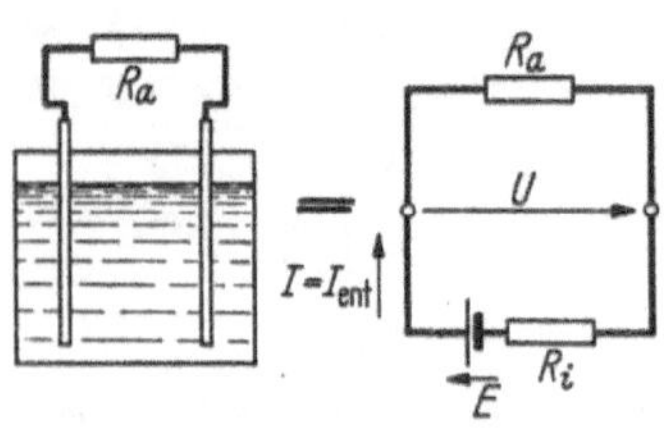

Abb. 95 a. Entladung

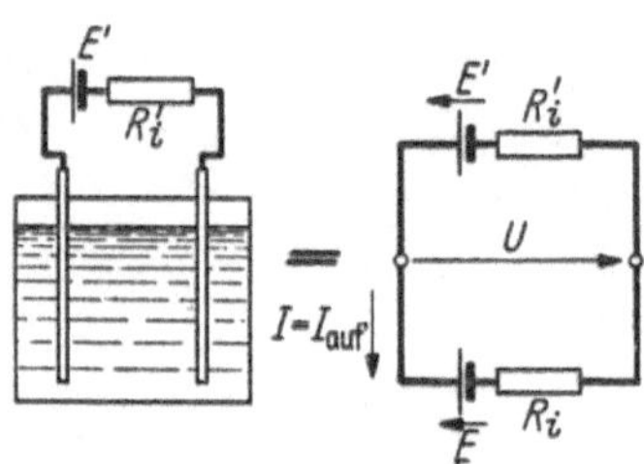

Abb. 95 b. Aufladung

$$U = E - I R_i \qquad\qquad U = E + I R_i$$

$$I = \frac{E}{R_i + R_a} \qquad\qquad I = \frac{E' - E}{R_i' + R_i}$$

von Zelle abgegebene Leistung $P_{ab} = E I - I^2 R_i$ der Zelle zugeführte Leistung $P_{zu} = E I + I^2 R_i$

Die Klemmenspannung U nimmt bei Entladung durch die fortschreitende Polarisation erst wenig, dann rasch ab (Abb. 96a); sie soll nicht unter etwa 1,85 V sinken, da dann die Stoffe nicht gut umwandelbar bleiben. Beim Laden nimmt U erst langsam, dann rasch zu (Abb. 96b); sie soll etwa 2,75 V nicht übersteigen. Die Sammlerplatten „gasen“ dann merklich durch elektrolytische Zersetzung der Schwefelsäure und nachfolgende chemische Prozesse (H_2- und O_2-Abscheidung). Die Klemmenspannung ist bei für längere Zeiten zulässigen Stromstärken nur wenig von der Urspannung $E \approx 2{,}03$ V verschieden wegen der sehr kleinen inneren Widerstände (Richtwert einige 10 mΩ für mittlere Zellen). Den Ladezustand kontrolliert man häufig durch Messen des spezifischen Gewichtes der Schwefelsäure mittels Senkwaage (= Aräometer). Die Änderungen betragen innerhalb der zulässigen Grenzen 3...4%.

Die Speicherfähigkeit eines Sammlers kennzeichnet man durch seine „Kapazität", = die in ihm speicherbare Elektrizitätsmenge Q. Sie hängt von der Menge des umformbaren Stoffes ab (und etwas von der Stromstärke, wegen der Eindringtiefe der Prozesse) und äußert sich also in Gewicht und Größe der Zelle. Kleine Bleisammler haben eine Kapazität von etwa 20 Amperestunden, mittlere 100 Ah, große 1000 Ah. Die für 1 Ah theoretisch erforderliche umsetzbare Stoffmenge wiegt etwa 12 p. Die Gewichte üblicher Sammler betragen je Ah wegen des Gefäßes, Elektrolyten, Trägermaterials, der Armaturen usw. als Richtwert das 5...10fache davon. Die Güte der Energieumformung bei einem Sammler kennzeichnet nam durch 2 Wirkungsgrade:

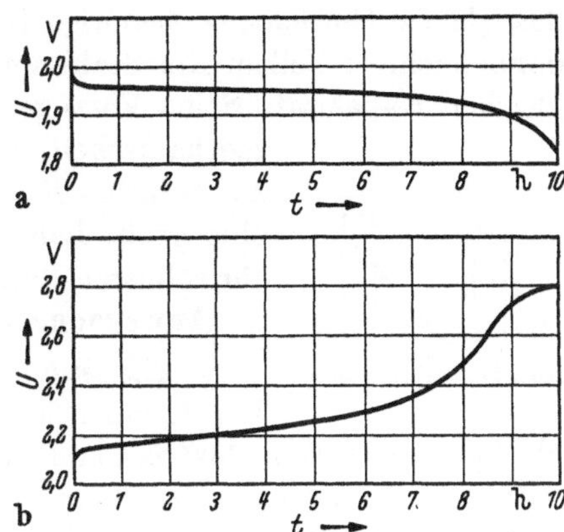

Abb. 96 a u. b. Beispiel für zeitlichen Verlauf der Sammlerspannung
a) beim Entladen; b) beim Laden

Amperestundenwirkungsgrad
$$\eta_{Ah} = \frac{\text{bei Entladung entnehmbare Ah}}{\text{bei Aufladung zugeführte Ah}} = \frac{Q_{ent}}{Q_{auf}}$$

Wattstundenwirkungsgrad
$$\eta_{Wh} = \frac{\text{bei Entladung an Klemmen abgebbare el. Energie}}{\text{bei Aufladung den Klemmen zugeführte el. Energie}} = \frac{P_{ab}\, t_{ent}}{P_{zu}\, t_{auf}}$$

Beim Bleisammler ist etwa $\eta_{Ah} \approx 0{,}9$ und $\eta_{Wh} \approx 0{,}7...0{,}8$. Es ist $\eta_{Ah} < 1$, weil beim Aufladen noch eine gewisse elektrolytische Zersetzung des Elektrolyten nebenhergeht. η_{Wh} ist selbstverständlich kleiner als η_{Ah}, da in ihm noch der Wärmeenergieverlust im Sammler sowohl beim Entladen wie beim Aufladen enthalten ist.

Stahlsammler (oder Nickelsammler oder nach dem Erfinder Edison-Sammler). Er verwendet Kalilauge als Elektrolyt. Abb. 97 zeigt eine der verschiedenen Aufbauformen, als Material für das Gefäß und als Trägermaterial dient allgemein Stahl. Seine Daten sind:

$E = 1{,}45 - 1{,}2\,\text{V}$ nicht so konstant wie beim Bleisammler

$\eta_{\text{Ah}} \approx 0{,}7$

$\eta_{\text{Wh}} \approx 0{,}5$

Im Vergleich zum Bleisammler besitzt er für gleiche Kapazität etwa das gleiche Gewicht, er benötigt für die gleiche Spannung mehr, aber dafür leichtere Zellen. Ein Stahlsammler ist teurer als ein Bleisammler gleicher Kapazität. Seine Vorzüge liegen in der wesentlich größeren mechanischen und elektrischen Unempfindlichkeit. Er verträgt Kurzschlüsse, Schnelladungen und hat eine große Lebensdauer. Der Stahlsammler ist also für robusten Betrieb geeignet.

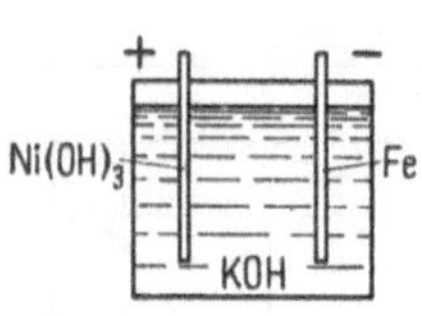

Abb. 97. Stahlsammler

Anwendungen der Sammler. Sie sind zweierlei Art:

1. Als selbständige Spannungsquelle. Verwendet bei Lampen (Grubenlampen), als Anlaßbatterien, als Speisebatterien elektrischer Fahrzeuge (Elektrokarren), als Speisebatterien bei Fernsprechanlagen, in Labors usw., als Notbeleuchtung bei Theatern usw.

2. In Verbindung mit anderen Spannungsquellen = Pufferbetrieb (Abb. 98). Der Generator G habe einen Verbraucher wechselnder Stromentnahme zu speisen. Er müßte für die meist kurzdauernden Leistungsspitzen bemessen werden und wäre dann für die längeren Zeiten geringeren Strombedarfs überdimensioniert. Man bemißt ihn für mittlere Leistungsabgabe und schaltet eine Sammlerbatterie mit veränderbarem Anschluß parallel. In Zeiten geringerer äußerer Stromentnahme lädt der nicht ausgelastete Generator die Batterie auf, in den Leistungsspitzen arbeitet die Batterie parallel zu ihm und unterstützt ihn.

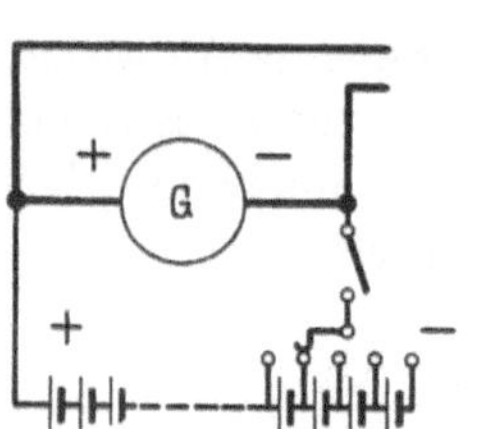

Abb. 98. Sammler im Pufferbetrieb

Die noch nicht erwähnte, technisch so außerordentlich wichtige Umformung von elektrischer Energie in mechanische und umgekehrt wird im 3. Kap. behandelt.

Aufgaben zu C

14. a) Warum rechnet der Starkstromtechniker mit Spannungen und Leistungen (nicht mit Widerständen), der Schwachstromtechniker mit Widerständen?

b) Starkstromtechnik: Wie groß ist (gemäß schwachstromtechnischem Denken) der Ersatzwiderstand, der bei $U = 220$ V 1 kW, 50 kW aufnimmt?

c) Schwachstromtechnik: Wie groß ist (gemäß starkstromtechnischem Denken) die Leistung bei 1 V an 1 Ω, 1 kΩ; bei 1 mV an 1 kΩ?

Man präge sich diese Werte ein beim Vergleich von starkstrom- und schwachstrommäßigem Denken.

15. Ein (fremderregter) Generator soll bei 220 V 20 kW abgeben. Wie groß muß sein Innenwiderstand sein, damit 95% der erzeugten Leistung an den Verbraucher abgegeben werden? Wie groß der Ersatzaußenwiderstand, der also praktisch Leerlauf bedeutet. Welche Wärmeleistung ist von ihm abzuführen? Wie groß ist der Strom, die Generatorurspannung?

16. Gegeben ein Thermoelement ($E = 5{,}5$ mV für $\Delta\vartheta = 100°$) von 150 mΩ Widerstand. Welche maximale Leistung für $\Delta\vartheta = 80°$ (E sei proportional $\Delta\vartheta$) kann man ihm a) bei direktem Anschluß eines Verbrauchers, b) bei Zwischenschaltung einer 75 m langen Cu-Leitung von $q = 0{,}5$ mm² entnehmen? Wie groß muß der Verbraucherwiderstand werden?

17. Berechne den Leistungsbedarf üblicher Hitzdrahtinstrumente (Hitzdrahtlänge 16 cm, Übertemperatur 300°) nur unter Berücksichtigung der Konvektion und zeige, daß er unabhängig vom Meßbereich ist.

18. Im Rheinkraftwerk Laufenburg fallen sekündlich 800 m³ Wasser 11 m herab. Wie groß ist bei einem Wirkungsgrad von 90% die abgebbare Leistung?

19. Welche Beziehung besteht bei Drähten mit vernachlässigbarer Wärmeableitung an den Enden zwischen Abschmelzstromstärke I_s und Drahtradius r. Berechne I_S für Kupferdraht von 3 mm Durchmesser in Luft ($\vartheta_{\text{Schmelz}} = 1083$ °C) bei Zimmertemperatur.

20. Welche Stromempfindlichkeit muß ein elektrischer Belichtungsmesser von 6 cm² Fotoelementfläche (Empfindlichkeit 0,3 mA/lm bei angeschlossenem Instrument) haben, der bei heller Zimmerbeleuchtung von $E = 150$ lx $^1/_4$ Vollausschlag zeigen soll?

21. In einem Bad zur Gewinnung von Elektrolytkupfer seien je 20 Mutterplatten und 21 Rohkupferplatten parallelgeschaltet. Plattengröße 1,2 qm; Plattenabstand 4 cm; spez. Widerstand des Elektrolyten (Zugabe H_2SO_4) $\varrho_E = 5$ Ωcm. Wie groß ist die Stromaufnahme eines Bades bei 0,015 A/cm² Stromdichte, wie groß die Badspannung (Polarisationsspannung $E_p \approx 0$, warum?), der Leistungsbedarf von 300 hintereinandergeschalteten Bädern, in welcher Zeit wird 1 t Kupfer abgeschieden und wie groß ist die dafür erforderliche elektrische Arbeit? Wozu wird sie im wesentlichen verwendet?

II. Räumliche Leiter

Unter räumlichen Leitern verstehen wir – im Gegensatz zu linienhaften – leitende Körper mit merklichen Querabmessungen[1]. Bei ihnen ist die Strombahn somit nicht von vornherein vorgezeichnet und daher nicht sofort angebbar. Räumliche Leitungsprobleme treten z.B. in der Starkstromtechnik auf, wenn durch Überschlag an einem Hochspannungsmast der Strom über das Erdreich zum irgendwie geerdeten Generator zurückfließt, oder in der Schwachstromtechnik, wenn als Hinleitung von der Sende- zur Empfangsstelle ein Draht, als Rückleitung die Erde benutzt wird. Schon an den Beispielen ist zu erkennen, daß bei Leitern die räumlichen Vorgänge hinter den linienhaften wesentlich zurücktreten. Wir bringen sie hier auch mehr aus didaktischen Gründen, um die

[1] Tiefergehend definiert sind es solche Leiter, bei denen die „Strömung" durch drei Ortskoordinaten bestimmt ist. Bei zwei Koordinaten spricht man von flächenhaften Leitern.

Methoden und Begriffe (die sog. „Feldbegriffe“) zur Behandlung räumlicher elektrischer Probleme kennenzulernen; denn in den nachfolgenden beiden Kapiteln spielen sie die Hauptrolle Dort lassen sie sich aber nicht so anschaulich einführen wie hier mit den leicht vorstellbaren, dahinfließenden Ladungsträgern. Die Berechnung räumlicher Probleme ist meist schwieriger und gehört in das Gebiet der theoretischen Elektrotechnik.

A. Die Grundbegriffe am Beispiel der flächenhaften Leiter

Ein flächenhafter Leiter ist ein Körper von geringer, überall gleicher Dicke, z.B. bei metallischen Leitern ein Blech. In der Grundanordnung wird er an zwei Stellen, im einfachsten Fall an zwei Punkten $A\,B$ an eine Spannungsquelle angeschlossen (Abb. 99); er stellt also einen passiven Zweipol dar mit der Stromzuführung A und der Wegführung B. Die Strömung in ihm bildet mithin einen Ausschnitt des gesamten Stromkreises. Die Fragen sind, wie fließt der Strom durch diesen Leiter, was läßt sich über die Spannung aussagen, wie groß ist der Widerstand zwischen $A\,B$ u.a.m. Zur Beschreibung führt man neue Größen ein, die an Strom bzw. Spannung[1] geknüpft sind und ihrer räumlichen Verteilung Rechnung tragen (Feldbegriffe).

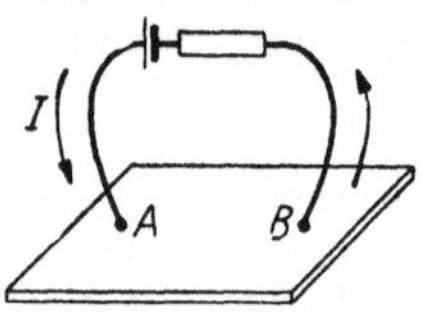

Abb. 99. Kreis mit flächenhaftem Leiter

1. Mit Strom verknüpftes Feld

Strömungsfeld: Die in A zu- und in B weggeführten Ladungsträger beschränken sich bei ihrem Lauf durch den Leiter nicht auf irgendeine bestimmte Bahn, sondern verteilen sich auf alle seine Gebiete. Man sagt, im Leiter besteht ein Strömungsfeld, wobei man mit dem Begriff Feld die räumliche (flächenhafte) Ausdehnung des Stromes charakterisieren will.

Stromdichtevektor: Zur quantitativen Kennzeichnung des Strömungsfeldes muß man die Strömung in jedem seiner Punkte (= „Feldpunkte“) angeben. Dazu braucht man (wie bei der Stromstärke) zwei Aussagen, eine für die Richtung und eine für die Intensität. Für die Richtung der Strömung in jedem Punkt P (s. Abb. 100 a) wählt man selbstverständlich die dortige Stromrichtung. Als Maß für die Intensität der Strömung, d.h. um zu kennzeichnen, wie stark die einzelnen Feldgebiete an der Strömung beteiligt sind, eignet sich die Stromdichte für diese Richtung. Um sie in Weiterführung der Definition von Gl. (2) in einem Punkt P zu definieren, denkt man sich durch P ein Flächenelement ΔA senkrecht

[1] Exakter: An Strom bzw. elektrischen Antrieb.

zur Stromrichtung gelegt und bestimmt den durchfließenden Stromteil $\varDelta I$. Dann ist

$G = \dfrac{\mathrm{d}I}{\mathrm{d}A}$ d A ⊥ Strömungsrichtung Die Stromdichte ist die einem jeden Feldpunkt zugeordnete, die räumliche Strömung charakterisierende Größe.	Stromdichte in einem Feldpunkt, Definition	(77a)

Beide Angaben, Strömungsrichtung und Stromdichte, vereinigt man zum Stromdichtevektor $\mathfrak{G}$. Ein Vektor hat bekanntlich Betrag und

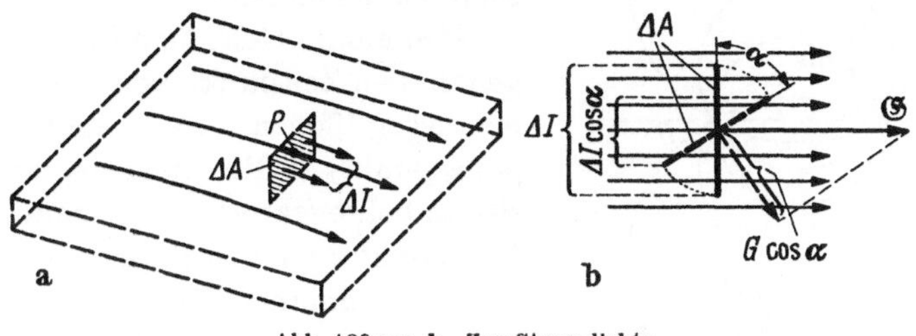

Abb. 100 a u. b. Zur Stromdichte

Richtung und erfüllt die Komponentenzerlegung nach dem Parallelprogramm der Kräfte, was bei der Stromdichte der Fall ist[1]; Vektoren werden mit deutschen Buchstaben geschrieben.

Richtung von $\mathfrak{G}$:	Strömungsrichtung	im betr. Feldpunkt	Definition des Stromdichtevektors $\mathfrak{G}$	(77b)
Betrag[2] von $\mathfrak{G}$:	Stromdichte G bezogen auf diese Richtung			

[1] Denn bei Verdrehung des Flächenelementes $\varDelta A$ (s. Abb. 100b) um den Winkel α zwecks Ermittlung der Stromdichtekomponente G_α ist:

$$G_\alpha = \frac{\varDelta I \cos\alpha}{\varDelta A} = G\cos\alpha; \quad \text{Vektorkomponente} = \text{Vektorbetrag mal} \cos\alpha.$$

[2] Beachte: Der Vektor ist ein mathematischer Ausdruck mit bestimmten Eigenschaften. Die Vektorschreibweise eignet sich für solche im Raum auftretende Größen, die diese Eigenschaften besitzen. In der Schreibweise erscheint dann die Größe zur Angabe des Vektorbetrages. Das Vorzeichen einer Größe (s. Vorzeichen der Stromstärke I A 1c) ist stets bestimmt durch Bezugnahme der Richtung der Erscheinung auf eine gewählte Achsenrichtung. Es ist positiv, wenn die Richtung der Erscheinung gleich der gewählten Achsenrichtung ist. Im speziellen Fall der Vektorschreibweise wird als Achsenrichtung die der Erscheinung gewählt, der Vektorbetrag hat daher stets – wie es auch sein muß – ein positives Vorzeichen. Im allgemeinen Fall aber, z. B. nach Zerlegung des Vektors in Komponenten, bezieht man die Größe auf ein festes (mit Stromumkehr sich nicht umkehrendes) Koordinatensystem, dann hat sie z. B. bei Wechselgrößen abwechselnd positives und negatives Vorzeichen. In Gl. (77a) ist dA ein an den Raum festgebundenes Flächenelement, das bei Wechselstrom in der einen und anderen Richtung durchflossen wird; in Gl. (77b) kehrt sich dA bei Wechselstrom jeweils mit um.

Die Stromdichte (nach Größe und Richtung) spielt also für die räumliche Strömung die gleiche überragende Rolle wie die Stromstärke I für die linienhafte Strömung. Kennt man sie in jedem Feldpunkt, so ist das Strömungsfeld eindeutig festgelegt.

Um die gerichteten Stromdichten in allen einzelnen Feldpunkten mit einem Blick übersehen und in ihrem Zusammenspiel erkennen zu können, mit anderen Worten, um das gesamte Strömungsfeld anschaulich darzustellen, benutzt man ein Bild mit sog. „ausgewählten Stromlinien". Zu seinem Verstehen sind vorerst die beiden Begriffe Stromlinie und Stromröhre zu definieren.

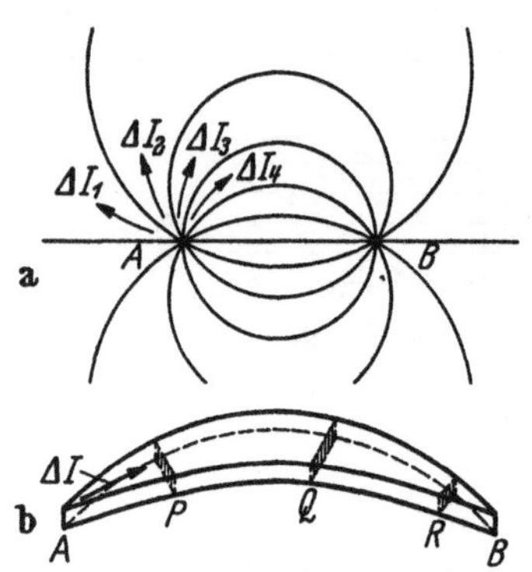

Abb. 101 a u. b. a) Stromlinien bei Punktquelle und -senke; b) Stromröhre

Stromlinie: Geht man in einem festgehaltenen Zeitpunkt von irgendeinem herausgegriffenen Feldpunkt (Ausgangspunkt) in Richtung des dortigen Stromdichtevektors zu seinem Nachbarpunkt und von diesem wieder in dessen Strömungsrichtung zum Nachbarpunkt usw., so heißt der so entstehende Kurvenzug eine S t r o m l i n i e. Da bei Gleichstrom in jedem Zeitpunkt die Strömung ungeändert bleibt, ist hier die Stromlinie identisch mit der Bahn des Ladungsträgers. Es gibt natürlich unendlich viele Stromlinien in einem Feld. Sie überkreuzen sich nicht, denn die Strömung hat in jedem Feldpunkt nur eine Richtung. Weil alle Ladungsträger bei der „Quelle" A einströmen und sich ebensowenig wie beim linienhaften Leiter stauen, also auch alle bei der „Senke" B ausströmen, folgt:

Alle Stromlinien gehen von A aus und münden in B ein, keine entstehen oder versickern im Zwischengebiet.

Wie die Theorie zeigt, sind die Stromlinien bei punktförmiger Quelle und Senke und genügend weit entfernten Flächenbegrenzungen Teile von Kreisen, die durch A und B verlaufen (Abb. 101 a). Die Stromlinien geben also die Richtung des Stromdichtevektors (= Tangentenrichtung an Stromlinie) an.

Stromröhre: Sie ist ein solcher röhrenförmiger Ausschnitt aus dem Strömungsfeld, dessen Begrenzungsflächen nur von Stromlinien gebildet werden (Abb. 101 b). Da sich Stromlinien nicht überschneiden, strömen Ladungsträger, die einmal in einer Röhre sind, nicht aus dieser heraus, und umgekehrt strömen von außerhalb keine hinein; sie verhalten sich wie innerhalb eines seitlich begrenzten Leiters. Also: Durch jeden Querschnitt einer Stromröhre fließt im gleichen Zeitpunkt ein gleichstarker Teilstrom:

$$(\varDelta I)_P = (\varDelta I)_Q = (\varDelta I)_R = \varDelta I$$ Teilstromstärke in verschiedenen Querschnitten einer Stromröhre (78)

Wählen wir die Stromröhren hinreichend schlank, so stellt jede einen linienhaften Leiter – wenngleich mit nicht gleichbleibendem Querschnitt – dar. Das gesamte Strömungsfeld läßt sich so in eine Vielzahl von linienhaften Leitern auflösen. Damit ist die Verknüpfung mit dem vorangehenden Abschnitt I (linienhafte Leiter) hergestellt.

Ausgewählte Stromlinien: Man braucht sie zur Darstellung des Stromdichtebetrages und versteht darunter: Wird das gesamte Strömungsfeld eines flächenhaften Leiters in n Stromröhren von rechteckigem Querschnitt mit gleichem Teilstrom $\varDelta I$ zerlegt (s. Abb. 101 a),

$$\varDelta I_1 = \varDelta I_2 = \cdots \varDelta I_n = \varDelta I$$ Zur Definition der ausgewählten Strömungslinien (79)

$$\text{wobei} \quad I = n \varDelta I$$ Stärke des Gesamtstromes

so heißen die Begrenzungslinien dieser Röhren „ausgewählte Stromlinien". Sie geben deshalb einen klaren Überblick von der Stromdichte, weil diese dort groß ist, wo die Linien dicht beieinander verlaufen (in Umgebung von A und B, Abb. 101 a) und dort gering ist, wo die Linien weit voneinander entfernt sind (abseits von A, B). Denn bezeichnet man mit Index $_0$ die Größen an einer Bezugsstelle des Strömungsfeldes, ohne Index die an einer beliebigen laufenden Stelle, so folgt, wenn d die Dicke des flächenhaften Leiters ist, und man bedenkt, daß der reziproke Wert des jeweiligen gegenseitigen Linienabstandes $\varDelta b$ (= Breite der Stromröhre), also $1/\varDelta b$, ein Maß für die Darstellungsdichte der Stromlinien bedeutet:

$$\left.\begin{aligned} \varDelta I_0 &= G_0 \varDelta b_0 d \\ \varDelta I &= G \varDelta b d \end{aligned}\right\} \text{ nach Gl. (79): } \varDelta I_0 = \varDelta I \frac{G}{G_0} = \frac{1/\varDelta b}{1/\varDelta b_0}$$

Insgesamt:

> Das Strömungsfeld wird quantitativ durch ein Bild ausgewählter Stromlinien veranschaulicht. Die Richtung des Stromdichtevektors an jedem Ort ist gleich der Tangentenrichtung der dortigen (interpolierten) Stromlinie. Sein Betrag ist proportional der dortigen (interpolierten) Darstellungsdichte $1/\varDelta b$[1] der Stromlinien.

[1] Während beim flächenhaften Leiter zur Kennzeichnung der Darstellungsdichte die eine Größe $\varDelta b$ dient, sind beim räumlichen Leiter zwei Abstandsgrößen längs zweier gewählter, zueinander senkrechtstehender Betrachtungsrichtungen, die mit der Strömungsrichtung ein rechtwinkliges Dreibein bilden, erforderlich. Ihre Ermittlung lehrt die theoretische Elektrotechnik.

Man erhält somit beim ausgewählten Stromlinienfeld für die Stromdichte nur Aussagen über deren Relativ-, nicht Absolutwerte; das hat den Vorteil, daß das Darstellungsbild nur von den geometrischen Daten des Feldes bestimmt wird, aber sich nicht mit der Höhe des Stromes ändert; denn verdoppelt sich dieser, so verdoppelt sich die Stromdichte in jedem Punkt, das Verhältnis bleibt das gleiche. Aus dem ausgewähltem Stromlinienbild (Abb. 101 a) erkennt man: Bei punktförmiger Quelle A und Senke B fließt der Strom I bei A nach allen Richtungen auseinander – wie die genaue Rechnung zeigt, zunächst gleichmäßig verteilt – bevorzugt dann die Gebiete „bequemsten Weges" und strömt von allen Seiten gleichstark kommend nach B ein. Die größten Stromdichten (Linien am dichtesten) sind also in unmittelbarer Nähe von Quelle und Senke.

2. Mit Spannung[1] verknüpfte Felder

Es gibt zwei mit der Spannung verknüpfte Felder, das bezogene Spannungsfeld = Potentialfeld und das Feldstärkefeld.

a) Bezogenes Spannungsfeld

Bezogene Spannung = Potential: Da das betrachtete Strömungsfeld sich in einzelne zwischen A und B liegende linienhafte Leiter (= Stromröhren) auflösen läßt, und da jeder Punkt eines stromdurchflossenen linienhaften Leiters eine Spannung U gegen einen gewählten Bezugspunkt aufweist (z. B. Punkt B in Abb. 102), ist die Spannung also auch räumlich verteilt: Spannungsfeld.

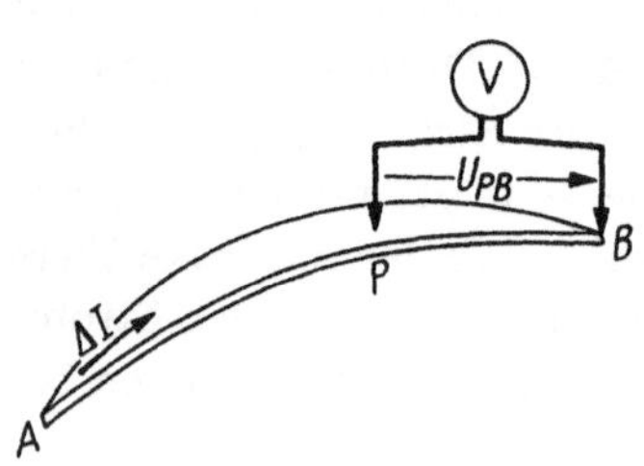

Abb. 102. Zum Spannungsfeld; auf B bezogene Spannung des laufenden Punktes P

Zur quantitativen Angabe der Spannungsverteilung ist zu bedenken, daß der Begriff Spannungsabfall gemäß seiner Definition sich auf 2 Punkte bezieht (U_{PB}), hier aber eine Spannung jedem Feldpunkt, also 1 Punkt zugeordnet werden möchte. Man hilft sich dadurch, daß man den 2. Spannungspunkt für alle Feldpunkte gemeinsam wählt (B in Abb. 102). Die so einem Punkt P zugeordnete Spannung mit gleichem Bezugspunkt für alle Feldpunkte heißt „Potential" im betr. Punkt; wir wollen den Ausdruck „bezogene Spannung" bevorzugen und diese mit einem * (U^*) kennzeichnen[2].

[1] Exakter wäre der Ausdruck Stromantrieb.

[2] Es ist sinnvoll, einem Punkt eine bezogene Spannung nur dann zuzuordnen, wenn diese unabhängig vom Weg ist, mit anderen Worten, wenn die Antriebsenergie potentielle Energie ist. Das trifft zu mit Ausnahme des einen in Fußn. 2, S. 15 erwähnten Falles. Dort kann man wohl von einer Spannung zwischen zwei Punkten bei angegebenem Weg sprechen, aber nicht von einem Spannungsfeld (wohl aber von einem Feldstärkefeld, s. später).

Nennen wir allgemein den Bezugspunkt O, so ist die bezogene Spannung im beliebigen Punkt P: $U^*_P = U_{PO}$. Die Spannung U_{AB} zwischen zwei Feldpunkten mit den bezogenen Spannungen U^*_A und U^*_B ist dann nach Gl. (11)

$$U_{AB} = U_{AO} - U_{BO} = U^*_A - U^*_B \tag{80}$$

> Die bezogene Spannung U^* (d.h. bezogen auf einen gemeinsamen Bezugspunkt) = Potential jedes Feldpunktes ist die das Spannungsfeld direkt charakterisierende Größe.

Im allgemeinen schreibt man am besten das elektrische Potential mit dem Zeichen φ (das Zeichen V ist weniger günstig, wenn Verwechslungen mit dem Kurzzeichen V für die Einheit Volt zu befürchten sind; auch das Potential wird in Volt gemessen). Die Gl. (80) schreibt sich dann

$$U_{AB} = \varphi_a - \varphi_b \tag{80a}$$

die Spannung von A nach B ist also positiv, wenn das Potential in A größer ist, als in B.

Zur experimentellen Aufnahme des Spannungsfeldes eignet sich der „elektrolytische Trog“ (Abb. 103), der als Leiter eine entsprechend geformte Wasserschicht gleichbleibender Dicke hat. Die Spannung in den einzelnen Punkten läßt sich durch einen Taster abgreifen. Um störende Polarisationserscheinungen zu vermeiden, speist man den Trog mit Wechselspannung, insbesondere solcher von hörbarer Frequenz. Zur Messung dient eine Brückenschaltung: Das Telefon schweigt, wenn die Spannung in P bezogen z.B. auf B gleich der des Brückenschiebers in Q bezogen auf B ist. Letztere aber ist nach der Spannungsteilerregel bekannt:

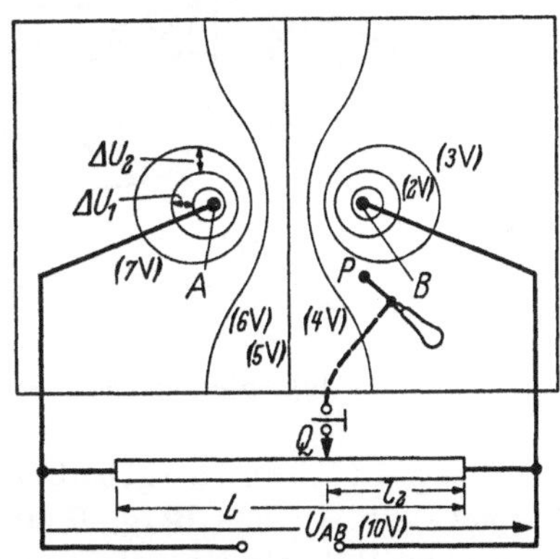

Abb. 103. Aufnehmen des Spannungsfeldes im elektrolytischen Trog

$$U^*_P = U_{PB} = U_{AB}\,\frac{l_2}{L}$$

Spannungslinien: Zur Veranschaulichung des flächenhaften Spannungsfeldes benutzt man die Spannungslinien = Äquipotentiallinien. Sie sind definitionsgemäß die Verbindungslinien der Punkte gleicher bezogener Spannung. Abb. 103 zeigt z.B. die Spannungslinien für die Spannungen $U^*_P = U_{PB} = 9$ V, 8 V, 7 V ... usw. Durch jeden Punkt läßt sich also eine Spannungslinie legen. Zur Übersicht zeichnet man aber aus der Vielzahl der möglichen Spannungslinien nur eine bestimmte Auswahl, die sog. **ausgewählten** Spannungslinien. Sie sind dadurch definiert, daß die Spannungsunterschiede $\Delta U_1, \Delta U_2 \ldots$ zwischen jeweils zwei benachbarten gleichgroß und gleich dem n. Teil der Gesamtspannung U_{AB} sind.

$\Delta U_1 = \Delta U_2 = \cdots \Delta U_n = \Delta U$	Definition der ausgewählten Spannungslinien	(81)
$n\|\Delta U\| = \|U_{AB}\|$	Gesamtspannung	

Ein besonders anschauliches Bild der ebenen Spannungsverteilung erhält man, wenn man sich die Spannung in jedem Punkt senkrecht nach oben als Höhe abgesteckt denkt (Abb. 104); dann bildet die Spannungs-

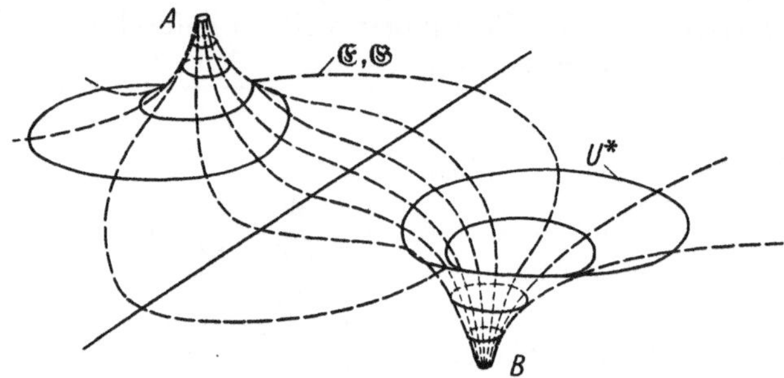

Abb. 104. Spannungsgebirge vom Feld mit Quelle (A) und Senke (B)

verteilung ein **Spannungsgebirge** = Spannungsrelief. Im behandelten Beispiel stellt A einen Berg, B einen Talkessel dar, und die Spannungslinien sind Höhenlinien, die ausgewählten solche für gleichen Höhenabstand.

b) *Feldstärkefeld*

Definition: Bei räumlichen Leitern ist die maßgebende Spannungsgröße – worunter wir eine den Antrieb auf Ladungsträger charakterisierende Größe verstehen wollen – weniger die bezogene Spannung als die von ihr hergeleitete Feldstärke[1]. Sie ist eine jedem Feldpunkt zugeordnete Größe, die charakterisieren will, wie stark die bezogene Spannung in der Umgebung eines betrachteten Feldpunktes mit dem Ort abnimmt, mit anderen Worten, sie will die Abschüssigkeit im Spannungsgebirge kennzeichnen. Diese ist nach verschiedenen Richtungen verschieden groß (s. Abb. 105); also braucht man eine Richtungsfestlegung und eine Intensitätsaussage: Gehen wir von einem Punkt P mit der Spannung U^* aus, in dem die Feldstärke bestimmt werden soll, zu Nachbarpunkten Q,

[1] Dies wird dadurch bestätigt, daß sich stets jedem Feldpunkt eine Feldstärke zuordnen läßt; es gibt im Vergleich zur Spannung (s. Fußn. 2, S. 15) keine Ausnahmen.

die alle eine um ΔU niedere Spannung haben ($U^* - \Delta U$), so sind nach verschiedenen Richtungen verschieden lange Wegstrecken Δs zurückzulegen. In Richtung senkrecht zur Spannungslinie (= Normalenrichtung) ist Δs am kleinsten – wir wollen Δs hierfür mit Δn bezeichnen–; also ist nach dieser Richtung die Abschüssigkeit, für die die Spannungsabnahme mit dem Ort $-\Delta U/\Delta s$ ein Maß ist, am größten. Deshalb definierte man: Feldstärke = Spannungsgefälle in Richtung größter Spannungsabnahme:

$E = -\frac{\mathrm{d}U}{\mathrm{d}n}$ dn Wegelement in Richtung größter örtlicher Spannungsänderung Die Feldstärke ist die jedem Feldpunkt zugeordnete, das Spannungsfeld indirekt, nämlich nach seiner Abschüssigkeit (seinem Abfall) charakterisierende Größe.	Feldstärke, Definition (82a)

Richtungs- und Intensitätsaussage vereinigt man in der Vektorschreibweise (Feldstärkevektor $\mathfrak{E}$), denn die Feldstärke hat Vektoreigenschaft: Aus der Geometrie des Spannungsgebirges, das sich bei jedem Punkt durch die dortige Tangentialebene annähern läßt, ergibt sich, daß die örtliche Spannungsabnahme $-\mathrm{d}U/\mathrm{d}s$ nach einer um den Winkel α von $\mathfrak{E}$ verschiedenen Richtung den Betrag hat $-\mathrm{d}U/\mathrm{d}s = -\mathrm{d}U/\mathrm{d}n \cos\alpha$ (Betrag der Vektorkomponente = Betrag des Vektors mal $\cos\alpha$). Also:

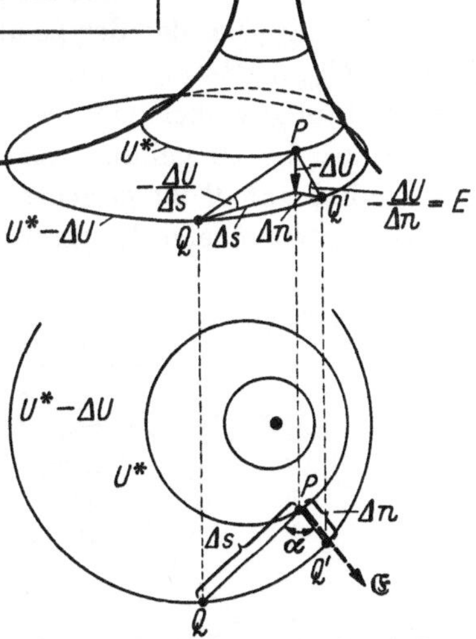

Abb. 105. Zur Definition der Feldstärke

Richtung von $\mathfrak{E}$:	Richtung größter Spannungsabnahme mit dem Ort	im betrachteten Feldpunkt	Definition des Feldstärkevektors (82b)
Betrag[1] von $\mathfrak{E}$:	Feldstärke E bezogen auf diese Richtung		

[1] Beachte: Bezogen auf die an die Erscheinung (Spannungsgefälle) geknüpfte Richtung ergibt sich die Feldstärke, wie es für den Betrag des Vektors sein muß, stets positiv. Denn in dieser Richtung ist die Spannungsänderung ΔU negativ, also ist $-\Delta U$ positiv. Für das Vorzeichen der Feldstärke (gebunden allgemein an eine vorbestimmte Richtung) gilt sinnvoll übertragen das in Fußn. 2, S. 119 Ausgeführte.

Einheiten der Feldstärke sind mithin: V/cm oder kV/cm oder mV/m. Der für das Wesen der Feldstärke als Spannungsgröße wichtige Zusammenhang mit dem Bewegungsantrieb (Kraft) auf Ladungsträger wird im 2. Kap., Abschn. C behandelt.

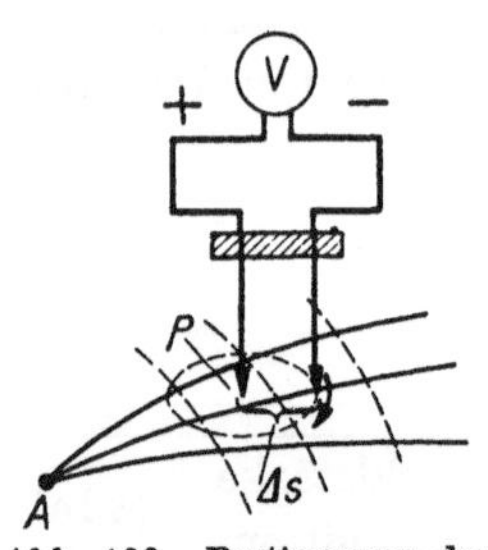

Abb. 106. Bestimmung der Feldstärke in P

Um im elektrolytischen Trog die Feldstärke in einem Punkt P zu ermitteln, verwenden wir zwei an ein Abstandsstück der Länge Δs (z.B. 1 cm) montierte Spannungstastspitzen mit angeschlossenem genügend hochohmigen Spannungsmesser (Abb. 106). Die zu seinem positiven Pol führende Tastspitze wird in P festgehalten, die andere um P herumgeführt (Kreis um P mit Radius Δs). Die angezeigte Spannung ist $-\Delta U$[1], die Anzeige mithin proportional dem örtlichen Gefälle $-\Delta U/\Delta s$. Die Richtung von $\mathfrak{E}$ ist diejenige, bei der der positive Instrumentenausschlag am größten ist $(-\Delta U_{max})$; Betrag: $E \approx -\Delta U_{max}/\Delta s$. Die Anzeige ändert sich mit dem Richtungswinkel nach einer Cosinusfunktion: Vektorcharakter der Feldstärke. In Umgebung der Speisepunkte ist $\mathfrak{E}$ radial von A weg bzw. radial auf B zu gerichtet (s. Abb. 107); E ist bei A und B am größten entsprechend der größten Abschüssigkeit im Spannungsgebirge.

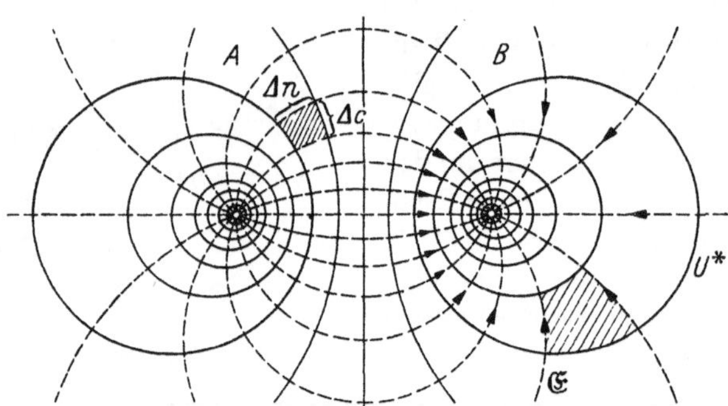

Abb. 107. Ausgewählte Spannungs- und Feldstärkelinien

Feldstärkelinien: Um die Feldstärkevektoren in allen Punkten, d.h. das Feldstärkefeld, übersehen zu können, dient analog der Stromdichte die Darstellung mittels Feldstärkelinien. Auch sie sind dadurch definiert, daß die Tangentenrichtung in jedem Punkt die dortige Feld-

[1] Hierbei sei auf folgenden sich logisch ergebenden – aber merkwürdig anmutenden – Vorzeichenwechsel bei der Bezeichnung großer und differentieller Spannungsabfälle aufmerksam gemacht: U_{AB} bezeichnet einen Spannungsabfall von A nach B; ΔU eine kleine Spannungsänderung, also $-\Delta U$ einen kleinen Spannungsabfall. Das Instrument zeigt also bei positivem Ausschlag die Größe $-\Delta U$ an.

stärkerichtung angibt. Wählt man die Feldstärkelinien so aus, daß ihre Dichte proportional dem Feldstärkebetrag wird, so erhält man die **ausgewählten** Feldstärkelinien. Für den üblichen Fall, daß ein Spannungsfeld existiert, entsprechen die Feldstärkelinien im Spannungsrelief den Fall-Linien (Abb. 104). Sie schneiden definitionsgemäß die Spannungslinien stets senkrecht. Wo bei Verwendung ausgewählter Linien die Spannungslinien dicht sind (Δn für gleiches ΔU klein), ist der Feldstärkebetrag $\left(|E| = \left|\frac{\mathrm{d}U}{\mathrm{d}n}\right|\right)$ groß und mithin sind dort auch die Feldlinien dicht (ihr gegenseitiger Abstand Δc klein); insbesondere folgt:

Bei ausgewählten Spannungslinien und ausgewählten Feldstärkelinien wird bei geeignetem Maßstab für die Auswahl beim flächenhaften Leiter die Darstellungsebene in ein Netz quadratähnlicher Figuren zerlegt (Abb. 107).	(83)

Beweis: Bei ausgewählten Feldstärkelinien ist an jeder Stelle $|E| \approx \text{konst.}_1 \frac{1}{\Delta c}$, bei ausgewählten Spannungslinien ist an jeder Stelle $|\Delta U| = \text{konst.}_2$, da $|E| \approx \left|\frac{\Delta U}{\Delta n}\right|$; $\text{konst.}_1 \frac{1}{\Delta c} \approx \frac{\text{konst.}}{\Delta n}$; $\frac{\Delta n}{\Delta c} \approx \text{konst.}$ (um so genauer, je kleiner Δn, Δc). Bei geeigneter Maßstabswahl: $\Delta n \approx \Delta c$ unabhängig vom Ort.

Die Theorie ergibt, daß für punktförmige Quelle und Senke (A, B) bei weit entfernten Begrenzungen die Feldstärkelinien Teile von Kreisen durch A und B sind. Nach einem Satz der Geometrie müssen dann die Spannungslinien ebenso Kreise sein (Apollonische Kreise), die bei kleinen Durchmessern konzentrisch zu A bzw. B liegen, bei größeren Durchmessern aber auseinanderrücken.

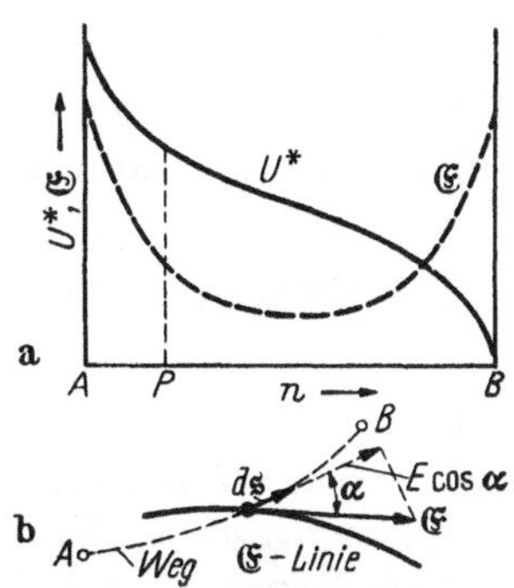

Abb. 108 a u. b. Zur Spannungsbestimmung aus der Feldstärke

Spannungsberechnung aus Feldstärke: Bisher haben wir unter Benutzung der Definitionsgleichung. (Gl. 82a) die Feldstärke aus der Spannungsverteilung bestimmt. Wenden wir uns dem inversen Problem zu, der Ermittlung der Spannung längs einer Strecke AB bei vorgegebener Feldstärke in ihren Punkten.

Spezialfall: Im einfachsten Fall ist die Strecke eine Feldstärkelinie (Ortskoordinate n längs ihr). Wäre wie bisher die bezogene Spannung – bezogen z.B. auf ihren Endpunkt B – längs ihr vorgegeben (U^* über n Abb. 108a, denke n abgerollt), so wäre die Feldstärke definitionsgemäß der negative Wert des Differentialquotienten dieser Kurve. Also erhält man umgekehrt die Spannung aus der Feldstärke durch Integration: Über jedem Wegelement der Feldstärkelinie $\mathrm{d}n$ liegt gemäß $E = -\mathrm{d}U/\mathrm{d}n$ der Teilspannungsabfall $-\mathrm{d}U = E\,\mathrm{d}n$, über der gesamten Strecke von P bis B also die Summe (Integral) aller Teilspannungsabfälle:

$$U_{\mathrm{PB}} = \int_P^B E\,\mathrm{d}n; \quad \text{bei } E = \text{konst.}: U_{\mathrm{PB}} = E\,n_{\mathrm{PB}}$$

Spannungsabfall zwischen 2 Punkten einer Feldstärkelinie (84a)

Beachte: Ist $U_{\mathrm{PB}} = U_{\mathrm{P}}^* - U_{\mathrm{B}}^*$ positiv, so ist U_{P}^* im Spannungsgebirge um U_{PB} höher als U_{B}^*; das Gebirge fällt nach B ab.

Allgemeiner Fall: Liegen P und B nicht auf einer Feldstärkelinie, so ist der Weg ebenso in Wegelemente ($\mathrm{d}s$) zu zerlegen. Längs jedes Wegelementes wirkt dann nicht die gesamte Feldstärke, sondern nur die in Richtung des Weges fallende Komponente $E\cos\alpha$, wobei α der Winkel zwischen den Vektoren $\mathfrak{E}$ und $d\mathfrak{s}$ bedeutet (Abb. 108b). Also wird der Teilspannungsabfall über $\mathrm{d}s$ $-\mathrm{d}U = E\cos\alpha\,\mathrm{d}s$ oder in der Schreibweise der Vektorrechnung (skalares Produkt) $-\mathrm{d}U = \mathfrak{E}\,\mathrm{d}\mathfrak{s}$, mithin:

$$U_{\mathrm{PB}} = \int_P^B E\cos\alpha\,\mathrm{d}s = \int_P^B \mathfrak{E}\,\mathrm{d}\mathfrak{s}$$

Spannungsabfall und Feldstärke allgemein (84b)

Man sagt: Die Spannung ist gleich dem Linienintegral der Feldstärke. Oft[1] ist dieses Integral unabhängig vom Weg zwischen PB.

3. Der Zusammenhang zwischen mit Strom und mit Spannung verknüpften Feldern

Stromdichte und Feldstärke: Zwischen der für räumliche Probleme maßgebenden Strömungsgröße, der Stromdichte $\mathfrak{S}$, und der maßgebenden Spannungsgröße, der Feldstärke $\mathfrak{E}$, (beides Vektorgrößen) besteht eine enge Beziehung sowohl hinsichtlich ihrer Richtung als ihres Betrages:

Richtungsbeziehung: Nach einem allgemeinen Naturverhalten erstreben Träger von potentieller und mithin auch von Ortsenergie eine Bewegung nach der Richtung, in der sich die Energie mit dem Ort am stärksten umsetzt (Fallrichtung)[2]. Also ist die Antriebsrichtung auf Ladungsträger die des größten örtlichen Spannungsabfalles, d.h. die der Feldstärke. Wegen der vielen Zusammenstöße mit dem Leitergerüst

[1] Ausnahmen s. Fußn. 2, S. 15.

[2] Nach dieser Richtung wirkt die volle Antriebskraft, nach anderen nur eine Komponente von ihr.

strömen diese auch in jener Richtung[1]. Mithin:

Stromdichte und Feldstärke haben in jedem Feldpunkt die gleiche Richtung[1].	(85a)

Größenbeziehungen: Wir greifen aus einer hinreichend schlank gewählten Stromröhre mit dem Teilstrom ΔI ein kurzes Stück der Länge Δn heraus, an dessen Anfang die Spannung U^*, an dessen Ende $U^* - \Delta U$ wirkt. Der Widerstand ΔR dieses Leiterstückes berechnet sich um so genauer nach der Bemessungsgl. (15), je kleiner $\Delta n \to \mathrm{d}n$ wird, da dann der Querschnitt $\Delta q \to \mathrm{d}q$ sich über der Länge nicht mehr ändert: $\mathrm{d}R = \varrho \frac{\mathrm{d}n}{\mathrm{d}q}$; mit $-\mathrm{d}U = \mathrm{d}I\, \mathrm{d}R$ wird:

$$-\mathrm{d}U = \mathrm{d}I\, \varrho \frac{\mathrm{d}n}{\mathrm{d}q}; \quad -\frac{\mathrm{d}U}{\mathrm{d}n} = \varrho \frac{\mathrm{d}I}{\mathrm{d}q}; \quad E = \varrho G = \frac{1}{\varkappa} G$$

$$E = \varrho G \quad \text{Stromdichte und Feldstärke} \qquad (85\,\mathrm{b})$$

Die maßgebende Strömungsgröße (G) und die maßgebende Spannungsgröße (E) sind also in den üblichen Fällen ($\varkappa$ = konst., Material erfüllt das Ohmsche Gesetz) einander streng proportional, und der Proportionalitätsfaktor ist nur eine Materialkonstante, die Leitfähigkeit. Dort, wo die Feldstärke im Vergleich zu einer Bezugsstelle doppelt so groß ist, ist auch die Stromdichte im gleichen Material doppelt so groß und umgekehrt. Gl. (85b) der räumlichen Strömung entspricht völlig bei linienhaften Leitern $I = U/R$ und ist von entsprechend hoher Wichtigkeit wie jene.

Die Richtungs- und Größenaussagen lassen sich zu einer Vektorgleichung zusammenfassen:

$\mathfrak{G} = \varkappa\, \mathfrak{E} = \frac{\mathfrak{E}}{\varrho}$	Stromdichtevektor und Feldstärkevektor	(85c)

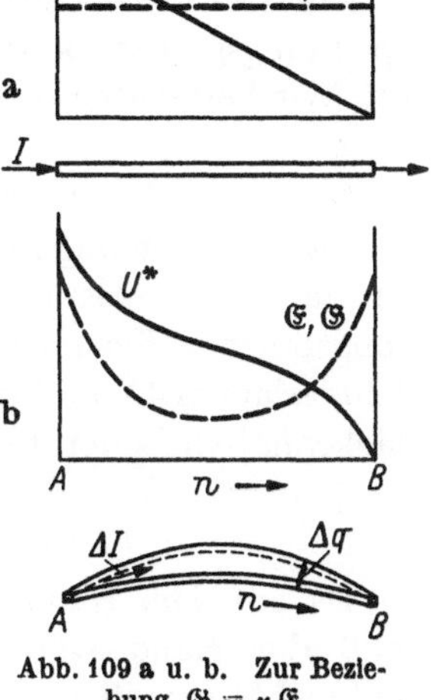

Abb. 109 a u. b. Zur Beziehung $\mathfrak{G} = \varkappa\, \mathfrak{E}$

Beispiele

1. Stromdurchflossener Draht gleichen Querschnitts (Abb. 109a). Die Stromdichte ist nach $G = I/q$ an jeder Stelle die gleiche, mithin muß auch E nach $G = \varkappa E$ überall gleichgroß sein, in Übereinstimmung mit der aus dem linearen Spannungsabfall sich ergebenden Aussage $-\mathrm{d}U/\mathrm{d}n = E =$ konst. Die Größenordnung der Feldstärken in metallischen Leitern liegt

[1] Gilt nicht für anisotrope Medien, d. h. solche, die richtungsabhängige Materialkonstanten aufweisen.

meist, da die Stromdichten in der Regel kleiner als 10 A/mm² sind, unter einigen mV/cm.

2. Stromröhre (Abb. 109 b). Die Stromdichte ändert sich über dem Stromröhrenweg nach $G \approx \Delta I/\Delta n$ wie $\approx 1/\Delta q$; sie wird also nach den Enden zu groß, entsprechend verläuft E in Übereinstimmung mit dem Differentialquotienten $-\mathrm{d}U/\mathrm{d}n$ des von früher her bekannten Spannungsverlaufes (s. Abb. 108 a).

Strom- und Spannungslinien: Die Gl. (85), veranschaulicht an den Feldlinienbildern, besagen: Stromlinien und Feldstärkelinien decken sich; das gilt auch für die ausgewählten Linien bei passendem Maßstab. Sie schneiden also im üblichen Fall, für den ein Spannungsfeld besteht, die Spannungslinien senkrecht. Und zusammen mit Aussage (83) folgt:

Beim flächenhaften Leiter zerlegen bei geeigneter Maßstabswahl ausgewählte Stromlinien und ausgewählte Spannungslinien die Darstellungsebene in ein Netz quadratähnlicher Figuren.	(86)

Wo also die ausgewählten Strom- = Feldstärkelinien dicht verlaufen, verlaufen auch die Spannungslinien dicht. Bei Abb. 101 a ersieht man sofort, daß sich die Stromlinien bei A und B zusammendrängen müssen, dort muß also auch die Feldstärke groß sein. Im Spannungsrelief müssen diese Gebiete somit steil verlaufen, also die Spannungslinien, wie Aussage (86) verlangt, dicht beieinander liegen.

4. Randbedingungen

Die Grenze der Leiterfläche prägt der Verteilung der Strömungs- und Spannungsgrößen bestimmte Bedingungen, sog. Randbedingungen auf. Wir betrachten die beiden möglichen Extremfälle:

a) Der Rand ist ein vollkommener Nichtleiter

Da die Strömung nicht den Rand zu durchdringen vermag, kann sie nur am Rand entlang fließen: Der Rand ist eine Stromlinie. Die Spannungslinien treffen mithin senkrecht auf den Rand auf (Abb. 110). Dieser Feldverlauf trifft praktisch auch zu, wenn der Rand im Vergleich zum flächenhaften Leiter wesentlich schlechter leitend ist.

b) Der Rand ist ein vollkommener Leiter

Da auf dem Rand keine Spannungsunterschiede bestehen können, muß der Rand eine Spannungslinie sein. Die Stromlinien treffen senkrecht auf den Rand auf (Abb. 111). Dieser Feldverlauf trifft praktisch auch zu, wenn der Rand wesentlich besser leitend ist als die Fläche.

Allgemein lassen sich die Strom- und Spannungsfelder bei flächenhaften Leitern mit Hilfe der Konstruktion quadratähnlicher Figuren (Satz 86) und mit Hilfe der Randbedingungen durch fortwährendes gegenseitiges Korrigieren der beiden Linienscharen erstaunlich genau hinzeichnen.

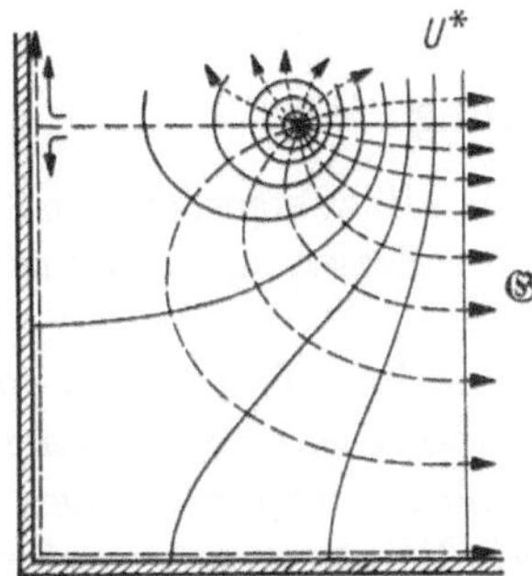

Abb. 110. Rand ist vollkommener Nichtleiter

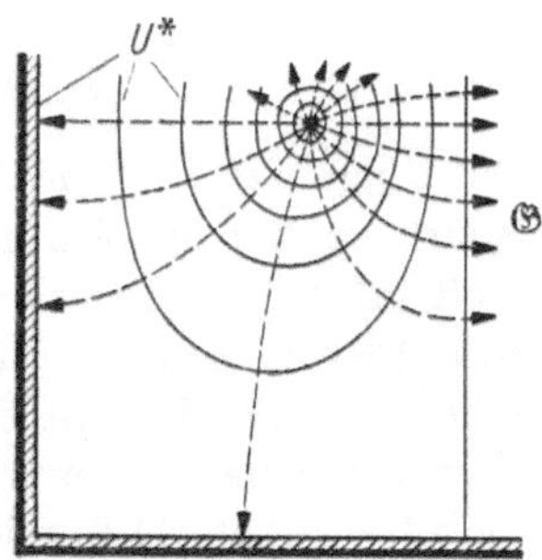

Abb. 111. Rand ist vollkommener Leiter

5. Widerstand

Wie eingangs erwähnt, stellt schaltungsmäßig der flächenhafte Leiter mit seinen Stromanschlüssen AB einen passiven Zweipol dar. Sein Widerstand ist daher definiert durch $R_{AB} = U_{AB}/I$, wobei I die Stärke des gesamten durchfließenden Stromes ist. Aus dem Spannungsgebirge ersieht man, daß der Hauptteil der Spannung U_{AB} in Nähe der Zuführungen abfällt, allgemein an den Stellen größter Feldliniendichte. Also der Hauptteil des Widerstandes R_{AB} wird von den Stellen größter Feldliniendichte ausgemacht. Um den Widerstand zu senken, muß man also im vorliegenden Fall die Durchmesser der Zuführungselektroden vergrößern. Da die Elektrode im allgemeinen gegenüber der Fläche ein wesentlich besserer Leiter ist, ist ihre Berandungslinie Spannungslinie. Das Feldbild außerhalb der Elektroden ändert sich also nicht, wenn man ihre Durchmesser bei Abb. 112 nicht punktförmig, sondern vom Durchmesser d_1 oder d_2 wählt und ihren Mittelpunkt den Spannungslinien entsprechend gegenüber A bzw. B etwas nach außen verschiebt. Der für die gleiche Stromstärke I erforderliche Spannungsabfall ist bei d_2 im Vergleich zu d_1 je Elektrode um $|U_1^* - U_2^*|$ geringer, der Gesamtwiderstand mithin um $2\frac{|U_1^* - U_2^*|}{I}$ kleiner. Um einen „Erder" mit geringem

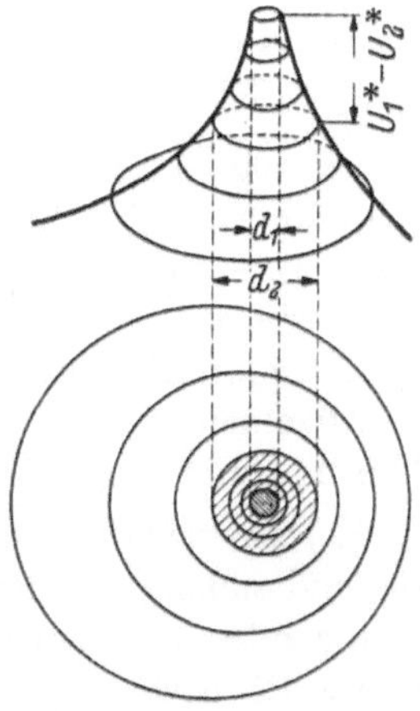

Abb. 112. Zum Widerstand

Übergangswiderstand zu schaffen, nützt es also praktisch nichts, die Leitfähigkeit in irgendwelcher Entfernung von den Elektroden, sondern nur in ihrer unmittelbaren Nähe zu vergrößern; also man muß Elektroden mit großen Abmessungen verwenden, es sei denn, man stößt in wesentlich besser leitende Erdregionen (Grundwasser) vor.

B. Räumliche Strömung

Die Dinge werden komplizierter durch das Hinzukommen der 3. Dimension; die für die Fläche kennengelernten Beziehungen lassen sich sinnvoll auf den Raum übertragen.

Zylindrischer Aufbau: Einen besonders einfachen Fall stellen solche räumlichen Leiter dar, die durch ein senkrechtes Übereinanderschichten gleicher flächenhafter Leiter entstehen, die also einen zylindrischen Aufbau besitzen (Abb. 113), wie z. B. die Kabel. Bei ihnen ist – unter der

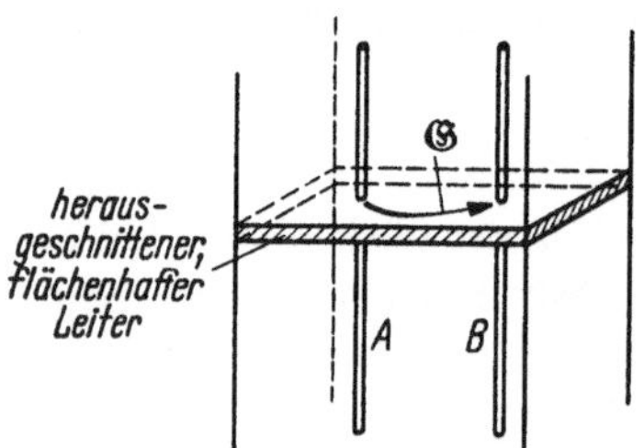

Abb. 113. Räumlicher Leiter mit zylindrischem Aufbau (ebene Strömung)

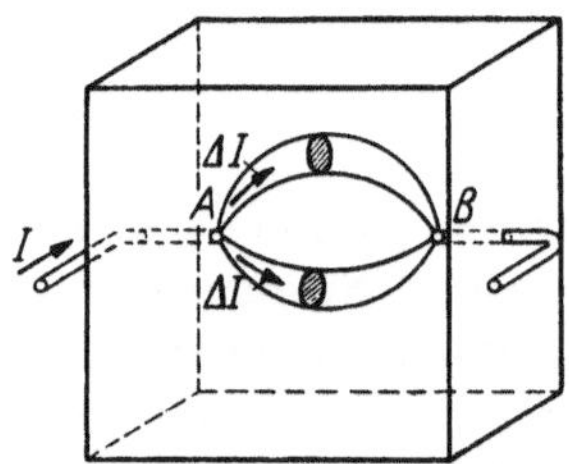

Abb. 114. Räumlicher Leiter allgemein

Voraussetzung, daß längs der Zuführungselektroden kein merklicher Spannungsabfall auftritt – die Strömung zwischen den Leitern AB in jedem Querschnitt gleich, und zwar so, wie in einer der sie aufbauenden Scheiben, also wie bei einem entsprechenden flächenhaften Leiter. Die Strömung in diesem Sonderfall heißt daher ebene Strömung.

Allgemeiner Fall: Siehe als Beispiel den würfelförmigen Leiter von Abb. 114 mit den Zuführungsstellen AB:

1. Das Strömungsfeld ist räumlich. Die Stromlinien gehen alle von A aus und enden in B. Bei der Darstellung durch ausgewählte Stromlinien ist die interpolierte Dichte der Stromlinien gleich der dortigen Stromdichte. Die Strömung läßt sich mit ihrer Hilfe in eine Vielzahl von Stromröhren mit gleichen Teilströmen ΔI aufteilen. Von punktförmiger Quelle aus strebt der Strom zunächst nach allen Richtungen gleichstark verteilt auseinander, bevorzugt die bequemsten Wege und strömt bei punktförmiger Senke von allen Seiten gleichstark kommend in diese ein.

2. Das üblicherweise existierende *Spannungsfeld* ist räumlich. Die Punkte gleicher bezogener Spannung liegen auf Flächen = Spannungs-

flächen = Äquipotentialflächen. In unmittelbarer Nähe von punktförmiger Quelle und Senke sind es Kugelflächen. Für die ausgewählten Spannungsflächen ist der Spannungsunterschied ΔU zu den benachbarten stets gleich. Die Feldstärkelinien stehen in jedem Punkt senkrecht auf den Spannungsflächen – fallen also mit der Richtungslinie der jeweiligen Flächennormalen zusammen – und sind von Stellen höherer zu Stellen niederer bezogener Spannung, also wie der Spannungsabfall gerichtet (Abb. 115). Ihr Betrag ist $E = -\mathrm{d}U/\mathrm{d}n$.

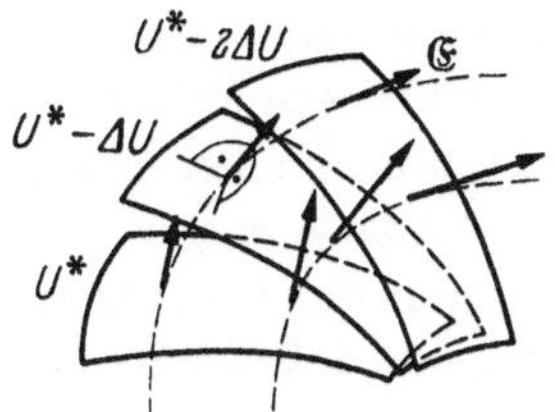

Abb. 115. Spannungsflächen und Feldstärke

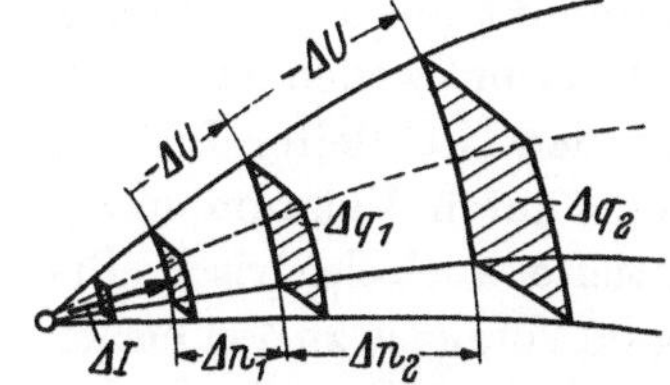

Abb. 116. Stromröhre und Spannungsflächen beim räumlichen Leiter

3. *Zusammenhang beider:* Die Strömungslinien verlaufen gemäß $\mathfrak{G} = \varkappa\mathfrak{E}$ wie die Feldstärkelinien; sie durchstoßen die Spannungsflächen stets senkrecht. Ausgewählte Stromlinien und ausgewählte Spannungsflächen unterteilen das Strömungsfeld nicht (Abb. 116) – wie man denken könnte – bei geeigneter Wahl in würfelähnliche Körper, denn aus $\Delta U = E\Delta n =$ konst.$_1$ und $\Delta I = G\Delta q =$ konst.$_2$ und $G = \varkappa E$ folgt $\Delta n =$ konst.$_3$ Δq. Diese Beziehung erschwert das zeichnerische Konstruieren räumlicher Felder.

Für Randbedingungen und Widerstand gelten die gleichen Aussagen wie beim flächenhaften Leiter.

Aufgaben zu II

22. Zeichne für ein konzentrisches Kabel, bei dem sich Innen- zu Außenleiter wie 1 : 8 verhalten,

a) das Strömungsfeld[1] für einen Querschnitt.

b) Konstruiere nach Augenmaß das Spannungsfeld[1]. Stelle einen Schnitt durch das Spannungsgebirge längs eines Durchmessers dar. Ermittle daraus graphisch die Feldstärke.

c) Nach welchem Gesetz verläuft gemäß der Geometrie des Strömungsfeldes die Stromdichte in Abhängigkeit vom Radius r, nach welchem die Feldstärke? Prüfe b) nach. In welchem Verhältnis stehen die Feldstärken am Innen- und Außenleiter bei einer Spannung zwischen beiden von 2 V, 10 mV?

d) Konstruiere graphisch aus der Feldstärke nach c) die bezogene Spannung. Berechne sie unter Verwendung von c).

[1] Ohne besonderen Zusatz bedeutet das stets ein Feld ausgewählter Linien.

Zweites Kapitel

Elektrische Erscheinungen in Nichtleitern

War das Kernstück des vorigen Kapitels der Leiter, so ist das des vorliegenden der Nichtleiter. Da in ihm von Natur aus keine beweglichen Ladungsträger vorhanden sind, also Ströme im bisherigen Sinne nicht bestehen können, möchte man denken, daß er vom elektrischen Standpunkt aus nicht interessiere. Die Erfahrung lehrt aber z.B.: In den Rundfunkwellen oder im Blitz breiten sich elektrische Erscheinungen durch den Nichtleiter Luft aus, in Rundfunkröhren fließen elektrische Ströme durch Vakuum usw. Diese wenigen Beispiele zeigen, daß im Nichtleiter auch elektrische Erscheinungen auftreten, daß sie ganz andersartig im Vergleich zu den bisher behandelten sind, und daß ihnen eine nicht minder hohe technische Bedeutung zukommt.

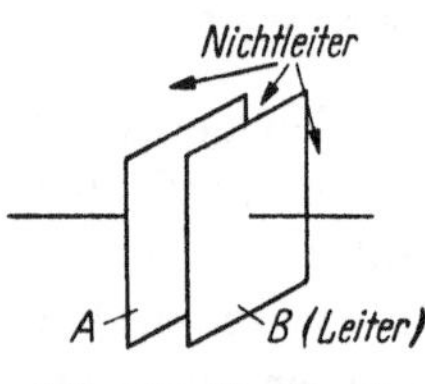

Abb. 117. Kondensator

Die Behandlung der elektrischen Erscheinungen im Nichtleiter läßt sich nicht mit ihrer „reinen Form" beginnen, denn hierzu müßten wir sie in einem Raum untersuchen, der nur den Nichtleiter (also keine Leiter oder Ladungsträger) enthält. Da wir in einem solchen Raum elektrische Antriebe aber nur mit Hilfe magnetischer Größen erzeugen können, wir letztere aber noch nicht besprachen, müssen wir die andere Möglichkeit zum Hervorrufen elektrischer Erscheinungen benutzen und Leiter in den Nichtleiter einbringen, also von Anfang an den Nichtleiter mit dem Leiter verkoppeln. Das Grundschaltelement, das den Leiter und den Nichtleiter verkoppelt, ist der „Kondensator", ein Zweipol (Abb. 117). Zwei Elektroden A und B aus Leitermaterial dienen zum Zuführen der Spannung, sie sind vom Nichtleiter umgeben. Die Elektroden sind im einfachsten Fall ebene parallele Platten: Plattenkondensator. Das allgemeine Schaltzeichen des Kondensators ist —||—

Da der Nichtleiter des Kondensators räumlich ist, dienen zum Beschreiben der Vorgänge in ihm Felder. Es wird sich zeigen, daß auch hier als grundlegende Begriffe Spannung und Strom (im erweiterten Sinn) sich eignen, in enger Anlehnung an das bisher Behandelte.

A. Die maßgebenden Felder

1. Mit Spannung verknüpfte Felder

Auch beim Nichtleiter gibt es zwei mit der Spannung verknüpfte Felder, das Spannungsfeld und das Feldstärkefeld.

a) *Spannungsfeld*

Grundsätzliches: Das Experiment lehrt, daß beim Anliegen einer Spannung an den Kondensatorplatten $A\,B$ jeder Punkt des Nichtleiters eine Spannung (gegenüber einem gewählten Bezugspunkt) besitzt: Im Nichtleiter besteht also ein Spannungsfeld. Die Spannung ist nur nicht so einfach mit üblichen Spannungsmessern wie bei räumlichen Leitern feststellbar, da man hier ganz grob gegen die Spannungsmeßregel (Instrumentenwiderstand groß gegen den der Meßstrecke) verstoßen würde. Weiterhin zeigt sich:

Die Spannungsverteilung im Nichtleiter ist genau so, wie in der Nachbildung durch einen „Ersatzleiter", der aus sehr gutleitenden Elektroden und an Stelle vom Dielektrikum aus einem schlechten Leiter aufgebaut ist.	(87)

Jede Elektrode hat also in allen Punkten die gleiche bezogene Spannung, insbesondere sind die Elektrodenoberflächen Spannungsflächen mit den beiden Spannungsextremwerten. Die Spannungsflächen im Nichtleiter umschließen die eine und die andere Elektrode und führen bezogene Spannungen zwischen beiden Extremwerten.

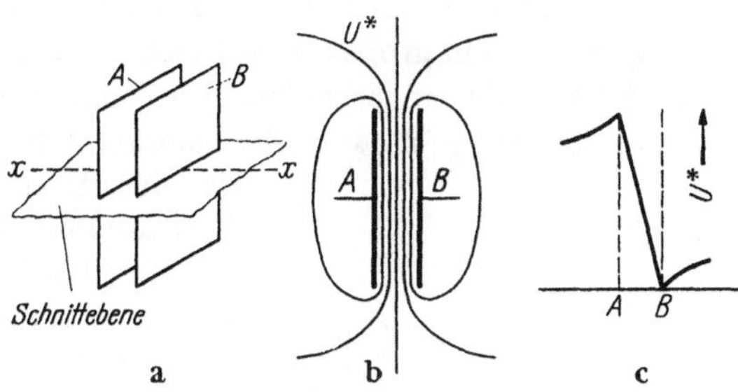

Abb. 118 a–c.
Enger Plattenkondensator. b) Spannungsfeld in Schnittebene von a); c) Spannung längs $x \ldots x$

Feld des engen Plattenkondensators: Die Spannungsflächen verlaufen (Abb. 118 a–c) zwischen den Elektroden parallel zu diesen und eng zusammengedrängt, die ausgewählten im gleichen Abstand voneinander. Zwischen den beiden Elektroden bseteht also ein lineares und, im Vergleich zu den Gebieten außerhalb, starkes Spannungsgefälle.

b) *Feldstärkefeld*

Grundsätzliches: Dem Spannungsfeld ist gemäß der Feldstärkedefinition ein Feldstärkefeld zugeordnet, das wie im Ersatzleiter verläuft. Die Feldstärkelinien streben also von den Punkten höherer zu den niederer bezogener Spannung, die Spannungsflächen senkrecht durchstoßend. Die Feldstärkewerte liegen freilich im Dielektrikum in der Regel vielfach höher als im Leiter, Werte über 10 kV/cm kommen häufig vor.

Enger Plattenkondensator: Zwischen beiden Elektroden liegt entsprechend dem starken, konstanten Spannungsgefälle ein Gebiet hoher, gleicher Feldstärke $|E| = U/d$ (d = Abstand der Platten); außerhalb der Elektroden ist die Feldstärke wesentlich geringer (Abb. 119 a u. b). Das elektrische Feld besteht mithin vornehmlich zwischen den Elektroden. Da dort die Feldstärkelinien parallel verlaufen, hat der enge Plattenkondensator sein Analogon im linienhaften Leiter.

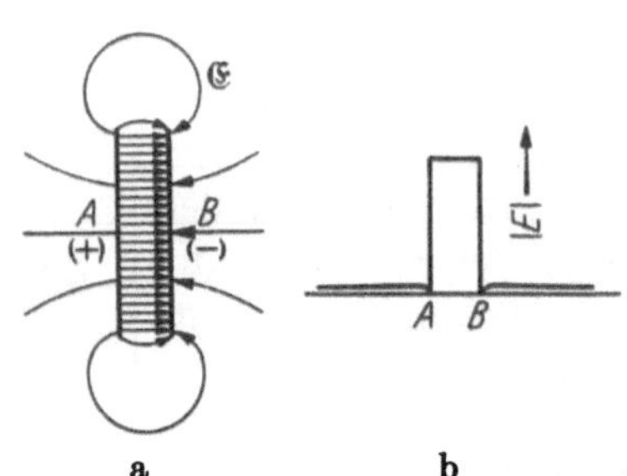

Abb. 119 a u. b
Enger Plattenkondensator. a) Feldstärkefeld; b) Feldstärkeverteilung längs Mittellinie

2. Mit Strömung verknüpfte Felder

Es gibt zwei Felder, das des dielektrischen Stromes und das des Verschiebungsflusses.

a) Dielektrischer Strom (= Verschiebungsstrom)

Wesen: Den Ausgangspunkt bildet folgendes Experiment an einem Stromkreis mit Spannungsquelle, Kondensator (Abb. 120, wegen der Größe des Effekts eignet sich ein großer technischer Kondensator besser als ein anschaulich offener) und eingeschalteten Strommessern. Bei zeitlich gleichbleibender Spannung fließt selbstverständlich kein Strom, da der Kreis durch das Dielektrikum unterbrochen ist. Aber bei S p a n n u n g s - ä n d e r u n g am Kondensator (z. B. durch Schieben eines Spannungsteilerabgriffes oder durch Aus- und Einschalten) zeigen beide Strommesser einen in jedem Augenblick gleichgroßen und gleichgerichteten Ausschlag, es fließt ein Strom.

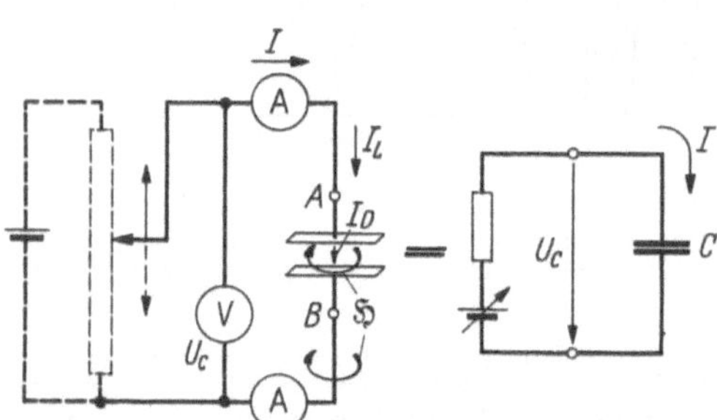

Abb. 120. Zum dielektrischen Strom J_D.

Natürlich können auch bei zeitlich sich ändernder Spannung die in den Leiterteilen des Kreises dahinströmenden Ladungsträger nicht durch den Nichtleiter gelangen. Sie müssen also auf der einen Kondensatorelektrode sich stauen, von der anderen abfließen, so daß an der einen Trennstelle Leiter–Nichtleiter ein Ladungsträgerüberschuß, an der anderen ein Ladungsträgerdefizit entsteht.

Das Experiment besagt weiter, freilich in schwerer nachzuweisender Form: Wenn ein Strom in den Leiterteilen fließt, diese also von einem Magnetfeld als untrügliches Zeichen des Stromes umwirbelt werden, tritt auch ein Magnetfeldwirbel ($\mathfrak{H}$, Abb. 120) um die dielektrische Strecke auf. Obwohl im Nichtleiter keine Ladungsträger strömen können, besteht eine Erscheinung in ihm, die beurteilt nach dem Hauptkennzeichen des Stromes (dem Magnetfeld) Stromcharakter hat. Diese Erscheinung wollen wir dielektrischen Strom (I_D)[1] nennen. Im Gegensatz dazu wird die bisher kennengelernte Stromform, die im Dahinströmen der Ladungsträger im Leiter besteht, als Leitungsstrom (I_L) bezeichnet. Die Stärke des Magnetfeldwirbels ist nun im Nichtleiterstück stets genau so groß wie in den Leiterstücken, also ist die Stärke des dielektrischen Stromes gleich der des Leitungsstromes.

Dielektrischer Strom = Stromerscheinung im Nichtleiter. Besitzt wie Leitungsstrom ein Magnetfeld, tritt nur bei Spannungsänderungen im Dielektrikum auf und wirkt in einem durch ein Dielektrikum unterbrochenen Stromkreis als Stromfortsetzung des Leitungsstromes. Da $I_L = I_D = I$, bildet der Strom wieder ein in sich geschlossenes Band überall gleicher Stärke.	(88)

Man erkennt, wie von einem höheren Standpunkt aus gesehen, nämlich durch Erweitern des Strombegriffes über seine elementare Form als dahinströmende Ladungsträger hinaus, die Erscheinungen sich vereinfachen und vereinheitlichen. Das übergeordnete Kennzeichen ist der begleitende Magnetwirbel. Wir verdanken diese geniale Erkenntnis MAXWELL[2].

Stromverteilung: Nach dem Magnetfeld beurteilt, ist der dielektrische Strom räumlich im Nichtleiter verteilt, es besteht also ein Feld des dielektrischen Stromes. Als kennzeichnende Größe führt man daher die dielektrische Stromdichte G_D ein, die – wie der nachfolgende Satz (90) erklärt – Vektorcharakter hat (Stromdichtevektor G_D)

$$\boxed{G_D = \frac{\mathrm{d}I_D}{\mathrm{d}A}} \quad \text{Dichte des dielektrischen Stromes}^3 \qquad (89)$$

[1] Die übliche Bezeichnung ist „Verschiebungsstrom". Die Bezeichnung dielektrischer Strom wird hier bevorzugt, da sie treffender erscheint als Gegenstück zum Leitungsstrom und außerdem die Möglichkeit der Verwechslung zwischen Verschiebungsfluß $= DA$ (s. später) und Verschiebungsstrom $= A\,\mathrm{d}D/\mathrm{d}t$ wegfällt.

[2] J. CLERK MAXWELL, 1831–1879.

[3] Da später vom gleichen Flächenelement, das hier einen Querschnitt bedeutet, die Oberfläche eingeht, nennen wir es hier dA statt dq und bemerken, daß im Kommenden A sowohl die Bedeutung einer Oberfläche als auch eines Querschnittes haben kann.

und das Feld analog dem Früheren durch Stromlinien veranschaulicht. Das Experiment zeigt:

Der dielektrische Strom ist räumlich so verteilt wie der Leitungsstrom in der formgleichen Nachbildung des Ersatzleiters (Abb. 121)	(90)

Die dielektrischen Stromlinien gehen also alle von der einen Elektrode A senkrecht zu ihrer Oberfläche aus und münden auf der anderen B, keine versiegen oder entstehen im Dielektrikum.

Im Beispiel des engen Plattenkondensators verlaufen fast alle dicht und zueinander parallel im Gebiet zwischen den Platten; dort fließt also praktisch der gesamte dielektrische Strom; also ist mit guter Näherung $G_D = I_D/A = \text{konst.}$, wobei $A = a\,b$ die Fläche jeder der beiden Platten bedeutet.

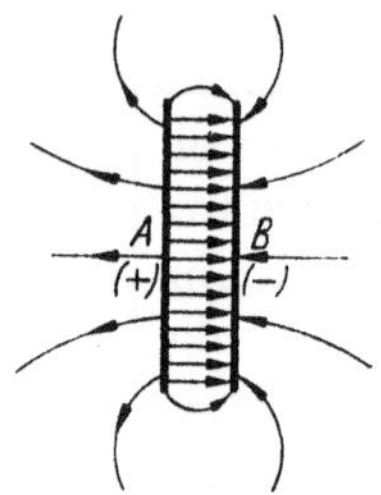

Abb. 121. Feld des dielektrischen Stromes beim engen Plattenkondensator

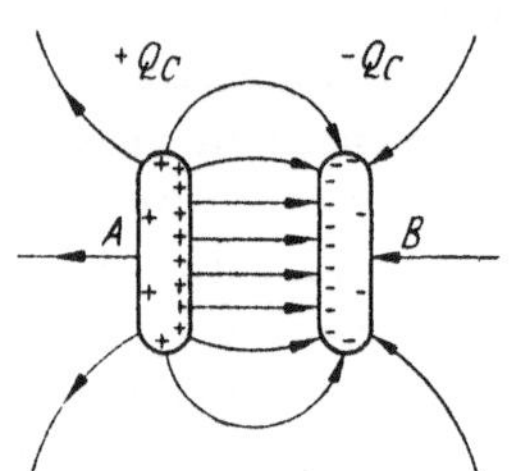

Abb. 122. Ladungen des Kondensators

b) Verschiebungsfluß

Ein Kondensator, über dem eine Spannung U_{AB} liegt – es kann dies auch eine Gleichspannung sein, bei der also kein dielektrischer Strom auftritt – unterscheidet sich von einem solchen ohne Spannung in zweierlei Hinsicht: Auf den Elektroden treten Ladungen auf, das Dielektrikum wird vom „Verschiebungsfluß“ durchsetzt.

Ladungen: Infolge des bei Spannungserhöhung von 0 auf U_{AB} geflossenen Stromes trägt die eine Elektrode einen Ladungsüberschuß, die andere ein Ladungsdefizit. Da die Stromstärke in jedem Augenblick in der Zu- und Wegführungsleitung gleich war, muß der Betrag beider Ladungen gleichgroß sein (Abb. 122): $(Q_C)_A = (Q_C)_B = Q_C$.

Auf den Elektroden eines Spannung führenden Kondensators sitzt ein Ladungspaar $\pm Q_C$. Man sagt, der Kondensator besitzt die Ladung Q_C (geladener Kondensator).

Weil die Ladungen bei Stromfluß in den Leiterteilen so weit als möglich strömen, – würden sie sich schon innerhalb des Leiters stauen, so wäre die Stromstärke nicht in jedem Leiterquerschnitt gleich – müssen sie auf den Elektrodenoberflächen sitzen: Die Ladungen Q_C sind „Oberflächenladungen“. Als Maß für ihre Verteilung dient die Oberflächendichte σ, die angibt, welcher Ladungsteil $\Delta Q_C \to dQ_C$, bezogen auf das zugehörige Flächenelement $\Delta A \to dA$ um einen Oberflächenpunkt P, entfällt:

$\sigma = \frac{dQ_C}{dA}$	Oberflächendichte der Ladungen (in einem Oberflächenpunkt der Elektroden); Definition	(91)

Beim ebenen engen Plattenkondensator, bei dem die Gesamtladung Q_C fast nur auf den Innenflächen sitzt, ist mit guter Näherung $\sigma = Q_C/A$. Die Verteilung der Oberflächenladungen ist allgemein durch das Strömungsfeld bestimmt, denn an Oberflächenstellen, an denen eine hohe Stromdichte herrschte, sind entsprechend viel Ladungen.

Verschiebungsfluß: *Sein Wesen:* Bringt man irgendwo in ein Dielektrikum, über dem eine Spannung liegt, ein (unendlich) dünnes Leiterstück (Probefolie) derart ein, daß es mit der dortigen Spannungsfläche zusammenfällt, so ändert sich im gesamten Feld nichts, nur werden Ladun-

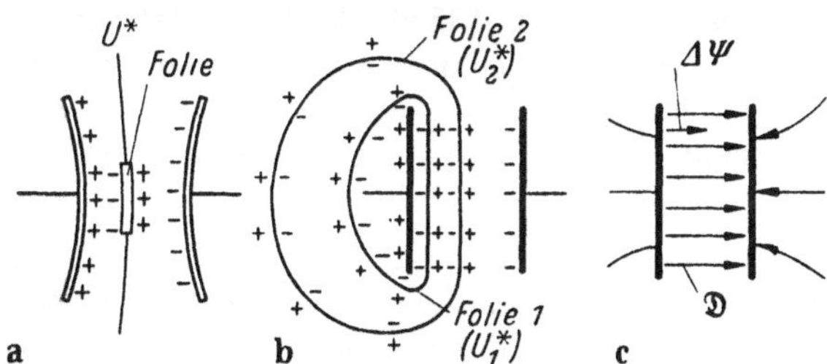

Abb. 123 a–c. Zum Verschiebungsfluß

gen der ursprünglich neutralen Folie so zur Oberfläche verschoben, daß auf der einen Seite positive, auf der anderen negative Ladungen auftreten (Abb. 123a). Auch im materiellen Nichtleiter verschieben sich die elastisch ortsgebundenen Ladungen der Moleküle ein wenig: „Polarisation". Da die Probefolie an jeder beliebigen Stelle diesen Verschiebungseffekt zeigt, nimmt man berechtigterweise an, daß eine bestimmte Erscheinung das Dielektrikum von Stelle zu Stelle durchsetzt, auch wenn keine Folie vorhanden ist (Nahwirkungstheorie von Faraday). Diese Erscheinung ist nicht unmittelbar an die Spannung geknüpft, – wenngleich sie von dieser hervorgerufen wird, – denn bei gleichem Spannungsfeld, aber verschiedenen Medien sind die Ladungen auf der gleichen Folie verschieden. Wohl aber hat sie Stromcharakter, denn: Wir legen eine große Folie so aus, daß sie mit einer gesamten Spannungsfläche, z. B. U_1^* zusammenfällt (Abb. 123b) – da die Spannungsfläche die eine der beiden Elektroden umschließt, umhüllt also die Folie eine Elektrode – und bestimmen die gesamte Folienladung (Ladungspaar $\pm Q_{U1}$). Eine zweite Hüllfolie zusammenfallend mit U_2^* trägt die Ladung Q_{U2}. Es ist laut

Experiment $Q_{U1} = Q_{U2}$. In jedem Querschnitt hat also die Gesamterscheinung gleiche Stärke. Das ist aber, wenigstens für den Erscheinungsausschnitt, der sich im Dielektrikum abspielt, gemäß Gl. (5a) das Stromcharakteristikum; denn im analogen Fall des Leiters, bei dem der Strom zu der einen Elektrode A heraus und in die andere B vollständig hineinströmt, ergäbe sich für den die Hüllflächen durchsetzenden Strom $I_{U1} = I_{U2}$. Die Erscheinung im Dielektrikum, die beim Kondensator von A ausgehend alle Hüllflächen in gleicher Stärke durchsetzt, auch wenn das Dielektrikum aus verschiedenen Medien aufgebaut ist, heißt Verschiebungsfluß. Es sei aber betont, daß der Verschiebungsfluß nicht nur von Ladungen ausgehen und auf Ladungen enden kann, wobei er dazwischen, d.h. im ladungsfreien Dielektrikum, Stromcharakter besitzt (teilweiser Stromcharakter). Wir werden im 3. Kapitel – zusammenhängend mit der Art, ihn zu erzeugen – kennenlernen, daß er auch ohne jegliche Ladungen als in sich geschlossene Erscheinung ohne Anfang und Ende von in jedem Querschnitt gleicher Stärke aufzutreten vermag (vollständiger Stromcharakter, Abb. 188d); der Verschiebungsfluß kann also für sich existieren. Hingegen geht von einer in ein Dielektrikum eingebrachten Ladung stets ein Verschiebungsfluß aus bzw. endet auf ihr; die Ladung im Dielektrikum kann also nicht ohne Verschiebungsfluß bestehen.

> Der Verschiebungsfluß ist eine dem Dielektrikum arteigene Erscheinung von (bei Ladungen teilweisem, ohne Ladungen vollständigem) Stromcharakter. Sein Kennzeichen: Ladungsverschiebung auf Probefolien. Er tritt auch auf bei zeitlich konstanten Spannungen.

Bestimmungsstücke: Diese sind die Verschiebungsflußstärke und die Verschiebungsdichte (= Verschiebungsflußdichte).

Verschiebungsflußstärke Ψ: Da der Verschiebungsfluß eine arteigene Erscheinung ist, läßt sich eine mit ihm zusammenhängende Größe nicht definieren, d.h. nicht auf mehrere einfachere, die als spezifisch in ihr enthalten sind, zurückführen. Als diese Grundgröße wählen wir die Verschiebungsflußstärke Ψ. Zum Festlegen ihres Vorzeichens definiert man verständlicherweise als Richtung des Verschiebungsflusses die Verschiebungsrichtung der positiven Ladungen der Probefolie. Da dies die Richtung größter Spannungsabnahme ist, also die senkrecht zu den Spannungsflächen verlaufende – denn dann mindert sich die Antriebsenergie der verschobenen Ladungen am meisten – ist der Verschiebungsfluß so gerichtet wie der Strom im Ersatzleiter (Abb. 123c).

Zum Festlegen der Einheit der Flußstärke, d.h. um einen speziellen Wert genau angeben zu können, benutzen wir das Naturgesetz (= Verkopplungsbeziehung zwischen Größen), das zwischen Ψ und den Ladungen auf Probefolien besteht und uns erst auf den Flußcharakter aufmerksam machte. *Die Stärke eines Flußteiles $\Delta\Psi$, der einen Probefolienteil durchsetzt, ist streng proportional dem von ihm verschobenen Ladungspaar* $\pm\Delta Q_{\text{Folie}}$:

$$\Delta\Psi = \text{konst.}\,\Delta Q_{\text{Folie}} \tag{92a}$$

Man setzt nun inkonsequenterweise[1] die Konstante = 1.

$\boxed{\Delta\Psi = \Delta Q_{\text{Folie}}}$	Beziehung zwischen Verschiebungsflußstärke und Folienladung	(92)

Damit mutet fälschlicherweise diese Gleichung wie eine Definitionsgleichung an. Weiterhin erhält die Verschiebungsflußstärke die Dimension der Ladung, obwohl beide völlig wesensverschieden sind (der Verschiebungsfluß kann nach Obigem ohne Ladungen existieren!) und die Einheit wird ebenso wie die der Ladung: 1 As.

Meist wird die Größe Ψ nicht Verschiebungsflußstärke genannt, sondern Verschiebungsfluß, ähnlich, wie man die Worte Strom und Stromstärke nebeneinander gebraucht. (Man kann freilich, wie es in dieser Darstellung geschieht, die Worte Strom und Fluß den Naturerscheinungen vorbehalten, die Worte Stromstärke und Flußstärke den physikalischen Größen.)

Verschiebungsdichte D: Zum Beschreiben der räumlichen Verteilung des Verschiebungsflusses dient analog der Stromdichte die Verschiebungsflußdichte – man sagt statt dessen Verschiebungsdichte –, eine Größe, die, wie wir gleich einsehen werden, Vektorcharakter hat ($\mathfrak{D}$ = Vektor der Verschiebungsdichte)

Richtung von $\mathfrak{D}$:	Verschiebungsflußrichtung (= Verschiebungsrichtung der + Ladungen der Probefolie)	Definition des Vektors der Verschiebungsdichte $\mathfrak{D}$	(93)
Betrag[2] von $\mathfrak{D}$:	Verschiebungsdichte $D = \dfrac{\mathrm{d}\Psi}{\mathrm{d}A}$ bezogen auf diese Richtung		

Zwischen der Verschiebungsdichte D und der Oberflächenladungsdichte auf der Folie σ_{Folie} besteht nach Gln. (92), (93) die Beziehung:

$$D = \frac{\mathrm{d}\Psi}{\mathrm{d}A} = \frac{\mathrm{d}Q_{\text{Folie}}}{\mathrm{d}A} = \sigma_{\text{Folie}} \tag{94a}$$

[1] Konsequent wäre zu schreiben: $\Delta\Psi = \xi\Delta Q_{\text{Folie}}$ (Naturgesetz) und die Einheit von Ψ (wir wollen sie schreiben als $[1\,\Psi]$) dadurch festzulegen, daß man dem Zahlenwert der dimensionsbehafteten Naturkonstanten ξ den Wert 1 gibt, wobei man ΔQ in As mißt:

$$\frac{\Delta\Psi}{[1\,\Psi]} = \frac{\xi\Delta Q}{\text{As}}\,\frac{\text{As}}{[1\,\Psi]} = \frac{\xi}{[1\,\Psi]/\text{As}}\,\frac{\Delta Q}{\text{As}}; \quad \frac{\xi}{[1\,\Psi]/\text{As}} = 1\,.$$

[2] Siehe Fußn. 2, S. 119.

Die räumliche Verteilung des Verschiebungsflusses ist nun laut Experiment beurteilt nach der Verteilung von σ_{Folie} genau so, wie die des dielektrischen Stromes bei gleicher Anordnung und somit nach Satz (90) wie die des Ersatzleiters.

Beziehungen zwischen Ladungen und Verschiebungsfluß: Bisher betrachteten wir den quantitativen Zusammenhang zwischen Verschiebungsflußstärke und Folienladung. Welcher besteht zwischen Fluß und der Ladung Q[1], von der er ausgeht? Auf Grund des Stromcharakters des Verschiebungsflusses haben alle Hüllfolien, die Q umschließen (s. Abb. 123 b) und somit den gesamten von Q ausgehenden Fluß der Stärke Ψ messen, die gleiche Ladung $Q_{\text{Folie}} = \Psi$. Da man eine Hüllfolie schließlich mit der Oberfläche des Ladungsträgers von Q zusammenfallen lassen kann, folgt, was das Experiment bestätigt, $Q_{\text{Folie}} = Q$. Also:

Von einer Ladung $+ Q$ geht ein Verschiebungsfluß der Stärke $\Psi = Q$ aus und mündet auf einer Gegenladung $- Q$.	(95)

Zu jeder Ladung gehört also eine Gegenladung und beide verbindet ein Verschiebungsfluß; dabei sitzt am Anfang und Ende jeder Verschiebungsröhre ein gleiches Teilladungspaar $\pm \Delta Q$.

Ferner gilt nach Gl. (94a) für jeden Punkt der Elektrodenoberfläche, da dort $\sigma = \sigma_{\text{Folie}}$ wird

$(D)_0 = \sigma$	Verschiebungsdichte an der Elektrodenoberfläche[2]	(94b)

c) Zusammenhang zwischen beiden Strömungsfeldern

Wir lernten 2 Gruppen von Strömungsgrößen kennen:

die an den Strom gebundenen		I_D ($\mathfrak{G}_D$)	in Klammer stets die Dichte der betr. Größe
die an die Ladungen gebundenen	auf Kondensator	Q_C (σ)	
	im Dielektrikum	Ψ ($\mathfrak{D}$)	

Es wird sich zeigen, daß beide Gruppen auf zeitlich verschiedener Stufe stehen, die Größen der ersten sind die zeitlichen Differentialquotienten der zweiten (am gleichen Ort).

Strom und Ladung: Fließt ein Strom der Stärke I in einem Kreis mit Kondensator, so erhöht er in der Zeit dt die Elektrizitätsmenge um $+ dQ_C$ der Elektrode, auf die er zufließt ($+ I$), und vermindert um gleichviel ($- dQ_C$) die, von der er wegfließt ($- I$). Da im gleichen Zeitintervall

[1] Q kann irgendeine Ladung im Dielektrikum sein, z. B. die Elektrodenladung oder die eines eingebrachten Elektrons usw.

[2] Lies „D an der Oberfläche".

jeder Leiterquerschnitt von der gleichen Elektrizitätsmenge durchsetzt wird, folgt gemäß der Definitionsgleichung der Stromstärke

$$\boxed{I = \frac{\mathrm{d}Q_C}{\mathrm{d}t}}$$ Zusammenhang zwischen Kondensatorstrom und Kondensatorladung (96a)

Die Stromstärke ist also gleich dem Differentialquotienten der Kondensatorladung nach der Zeit (s. Abb. 124, untere Kurve aus oberer). Je rascher sich die Ladung in einem Zeitpunkt ändert, um so höher wird die augenblickliche Stromstärke. Bleibt die Ladung konstant, so fließt kein Strom.

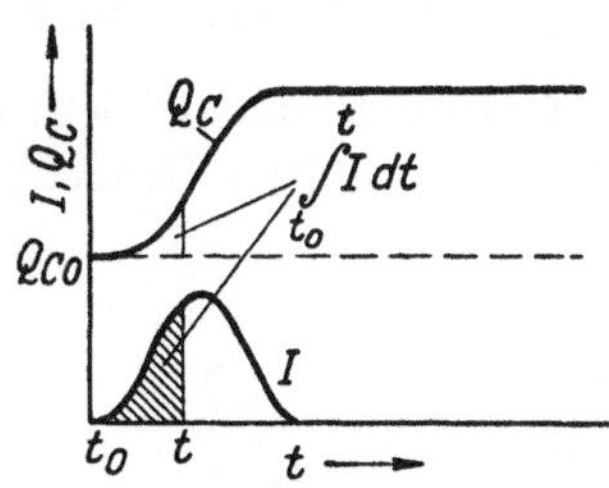

Abb. 124. I und Q beim Kondensator

Ist umgekehrt der zeitliche Verlauf des Stromes vorgegeben, so folgt daraus die Elektrizitätsmenge durch Integration. War zur Anfangszeit $t = t_0$ die Kondensatorladung Q_{C0}, so hat sie zur (laufenden) Zeit t die Größe Q_C:

$$\boxed{Q_C - Q_{C0} = \int_{t_0}^{t} I \,\mathrm{d}t}$$ Zusammenhang zwischen Kondensatorladung und Kondensatorstrom (96b)

Die Ladungsänderung ist gleich dem Zeitintegral des Stromes, d.h. gleich der Stromzeitfläche (Abb. 124, obere Kurve aus unterer).

Stromdichte und Ladungsdichte: Gl. (96a) angewandt auf ein Flächenelement $\mathrm{d}A$ der Elektroden (Stelle O) liefert:

$$(\Delta I_0) = \frac{\mathrm{d}}{\mathrm{d}t}(\Delta Q_C); \quad \left(\frac{\Delta I}{\Delta A}\right)_0 = \frac{\mathrm{d}}{\mathrm{d}t}\left(\frac{\Delta Q}{\Delta A}\right); \quad \text{also} \quad (G)_0 = \frac{\mathrm{d}\sigma}{\mathrm{d}t}.$$

$$(G)_0 = \frac{\mathrm{d}\sigma}{\mathrm{d}t}$$ Stromdichte an Elektrodenoberfläche und Oberflächendichte (97)

Dielektrische Stromdichte und Verschiebungsdichte: Gl. (96a) angewandt auf das Dielektrikum ergibt zusammen mit Satz (95)

$$I_D = \frac{\mathrm{d}\Psi}{\mathrm{d}t} \tag{98a}$$

Umgeschrieben auf die flächenbezogenen Größen (G_D, D), ergibt, da außerdem dielektrischer Strom und Verschiebungsfluß den gleichen örtlichen Verlauf besitzen:

$$\boxed{\mathfrak{G}_D = \frac{\mathrm{d}\mathfrak{D}}{\mathrm{d}t}}$$ Vektor der dielektrischen Stromdichte (Verschiebungsstromdichte) und Vektor der Verschiebungsdichte (am gleichen Ort) (98b)

Diese wichtigen Gln. (98a u. b) besagen: Ein dielektrischer Strom (also ein Magnetfeldwirbel) tritt nur auf, wenn der Verschiebungsfluß sich zeitlich ändert. Bei Zunahme des Verschiebungsflusses haben Verschiebungsfluß und Strom gleiche, bei Abnahme entgegengesetzte Richtung. Je schneller sich an einem Ort die Verschiebungsdichte ändert, um so größer wird dort die Stromdichte.

3. Zusammenhang der mit Spannung und mit Strömung verknüpften Felder

Zuordnung der Größen: Um die Zusammengehörigkeit der mit Spannung verknüpften Größen[1] des Nichtleiters (U, $\mathfrak{E}$) und der mit Strom verknüpften ($\mathfrak{S}_D$, $\mathfrak{D}$) zu finden, betrachten wir die Zuordnung nach Richtung und Zeit.

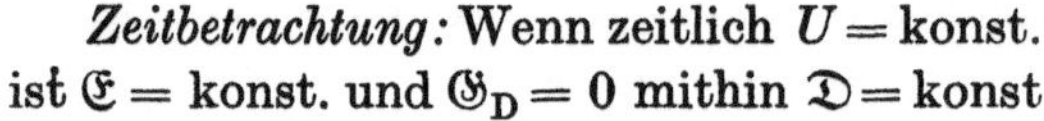

Abb. 125. Zusammenhang der Größen U^*, $\mathfrak{E}$, $\mathfrak{D}$, $\mathfrak{S}_D$

Richtungsbetrachtung: Aus Analogie zum Ersatzleiter und nach Gl. (98b) haben $\mathfrak{E}$, $\mathfrak{S}_D$ und $\mathfrak{D}$-Linien gleiche Richtung. Sie stehen senkrecht auf den Spannungsflächen, treten also aus den Elektrodenflächen senkrecht aus und münden in sie senkrecht ein (Abb. 125).

Zeitbetrachtung: Wenn zeitlich $U =$ konst., ist $\mathfrak{E} =$ konst. und $\mathfrak{S}_D = 0$ mithin $\mathfrak{D} =$ konst.

Also gehören von den Spannungs- und Strömungsgrößen gleicher Richtung nach dem gleichen Zeitverhalten die Größen $\mathfrak{E}$ und $\mathfrak{D}$ zusammen.

$\mathfrak{D}$ und $\mathfrak{E}$: Der Zusammenhang von $\mathfrak{D}$ und $\mathfrak{E}$ ist nur abhängig vom Material des Dielektrikums. Man schreibt analog der Beziehung im Leiter $\mathfrak{S}_L = \varkappa \mathfrak{E}$:

$$\boxed{\mathfrak{D} = \varepsilon \mathfrak{E}}$$ Strömungsgröße $\mathfrak{D}$ und Spannungsgröße $\mathfrak{E}$ im Nichtleiter; Definitionsgleichung der „Dielektrizitätskonstanten" ε (99)

Diese Gleichung ist deshalb von besonderer Wichtigkeit, weil – wie das Experiment zeigt – der Proportionalitätsfaktor ε praktisch für alle Nichtleiter unabhängig von der Größe von E ist[2]: $\varepsilon =$ Materialkonstante.

Gl. (99) angewandt auf Punkte der Elektrodenfläche ergibt:

$$\boxed{\sigma = \varepsilon (E)_0}$$ Oberflächendichte der Ladung und Oberflächenfeldstärke (100)

d.h. dort, wo an den Elektroden die Feldstärke groß ist, ist auch die Ladungsdichte groß. Sucht man also konstruktiv bei einer vorgegebenen Anordnung die σ-Verteilung, so zeichnet man für den Ersatzleiter unter gegenseitiger Korrektur Strömungs- und Spannungsfeld auf. In den

[1] Zur besseren Hervorhebung seien diejenigen, die Vektorcharakter haben, in Vektorform geschrieben.

[2] Deshalb bezeichnet man, ähnlich falsch wie man oft $U = I\,R$ das Ohmsche Gesetz nennt, diese Gl. (99) als Ohmsches Gesetz für Nichtleiter. Ausnahmen sehr selten, z.B. Seignettesalz.

Elektrodenpunkten großer Strömungsliniendichte, also hoher Feldstärke, ist die Oberflächendichte groß. Das ist in der Regel bei vorstehenden Kanten und Spitzen der Fall.

$\mathfrak{G}_D$ und $\mathfrak{E}$: Zusammen mit Gl. (98b) wird Gl. (99)

$$\mathfrak{G}_D = \varepsilon \frac{d\mathfrak{E}}{dt}$$ Verschiebungsstromdichte G_D und Feldstärke E im Nichtleiter (101)

Diese Gleichung läßt klar erkennen, daß Verschiebungsstromdichte und Feldstärke für den Nichtleiter auf einer verschiedenen „zeitlichen Stufe" stehen im Gegensatz zu ihrer Zuordnung im Leiter ($\mathfrak{G}_L = \varkappa\mathfrak{E}$). Nur bei Änderung der Feldstärke tritt ein Strom auf; s. Satz (88).

Dielektrizitätskonstante: Der Proportionalitätsfaktor ε = Dielektrizitätskonstante ist eine Materialkonstante für den Nichtleiter, so wie es $\varkappa$ für den Leiter ist. Sie ist ein Maß für die Verschiebungsdichte D bei vorgegebener Feldstärke E. Ihre Einheit ist gemäß Gl. (99) nach

$$\varepsilon = \frac{D}{E}: \quad \varepsilon\text{-Einheit} = \frac{1\,\frac{\text{As}}{\text{cm}^2}}{1\,\frac{\text{V}}{\text{cm}}} = 1\,\frac{\text{As}}{\text{V cm}} = 1\,\frac{\text{F}}{\text{cm}},$$

denn man nennt 1 As/V = 1 Farad = 1 F; s. Abschn. B.

Stoffe mit $\varepsilon = 0$ gibt es nicht im Gegensatz zu den Leitungsvorgängen, wo Stoffe mit $\varkappa = 0$ (Nichtleiter) zur Genüge bekannt sind. Man kann also Verschiebungsfeldern nicht den Durchgang durch Dielektrika verwehren. Stets, wenn im Dielektrikum eine Feldstärke herrscht, tritt ein Verschiebungsfluß auf. Für Vakuum ist laut Experiment der ε-Wert am kleinsten, er wird deshalb als Bezugswert (ε_0) genommen:

$$\varepsilon_0 = 0{,}08854 \cdot 10^{-12}\,\frac{\text{F}}{\text{cm}} = 0{,}08854\,\frac{\text{pF}}{\text{cm}}$$ [1]

$$\varepsilon = \varepsilon_0\,\varepsilon_{rel}$$ (102)

ε_0 = Dielektrizitätskonstante für Vakuum, auch Influenzkonstante oder Verschiebungskonstante
ε = absolute Dielektrizitätskonstante
ε_{rel} = Dielektrizitätszahl, relative Dielektrizitätskonstante

Die relative Dielektrizitätskonstante gibt also an, wie viel mal größer D ist, als im Vakuum, gleiches E vorausgesetzt. Zahlenwerte:

Stoff	ε_{rel}	Stoff	ε_{rel}
Vakuum	1	Papier	1,8 ... 2,6
Luft	1,0006	Porzellan	4,5 ... 5
Wasser	80 (bei $\vartheta = 20°$)	Holz	3 ... 3,5
Eis	2 ... 3	Keramik	2 ... (3000) [2]
Glimmer	5 ... 10	Öl	2,2 ... 2,5
Glas	5 ... 10		

[1] Wie dieser Wert zustande kommt, ist in Anhang I, A 1.2 gezeigt.

[2] Neuere Spezialmassen.

Für Luft kann man meist ε_0 statt ε setzen. Zum Beispiel auf einer Elektrode, vor der in Luft die Feldstärke $E = 30$ kV/cm herrscht, ist die Ladungsdichte

$$\sigma = \varepsilon_0 E = 0{,}0886 \cdot 10^{-12} \frac{\mathrm{As}}{\mathrm{V\,cm}}\, 3 \cdot 10^4 \frac{\mathrm{V}}{\mathrm{cm}} = 2{,}66 \cdot 10^{-9} \frac{\mathrm{As}}{\mathrm{cm}^2},$$

bei Glimmer an Stelle Luft wäre σ das 5...10fache davon.

Da die ε-Werte in der Regel nicht um mehrere Größenordnungen voneinander abweichen, lassen sich dielektrische Ströme nicht in so bevorzugte Bahnen lenken wie Leitungsströme in Drähten.

B. Kapazität

a) Definition und Folgerungen

Definition: Die Kapazität C ist die den Kondensator kennzeichnende Schaltungsgröße, so wie es Widerstand bzw. Leitwert für einen Leiterzweipol sind. Sie ist definiert durch das Verhältnis der auf dem Kondensator sitzenden Ladung Q_C zur Spannung U_C, oder – ausgedrückt in engerer Bezugnahme zum räumlichen Leiter – durch das Verhältnis von Verschiebungsflußstärke Ψ zwischen den Elektroden zur Spannung.

$$\boxed{Q_C = C\,U_C} \quad \text{Definition der Kapazität} \qquad (103)$$

$C = \dfrac{Q_C}{U_C} = \dfrac{\Psi}{U_C}$ wird als Quotient $\dfrac{\text{Strömungsgröße}}{\text{Spannungsgröße}}$ ein Verhalten analog dem Leitwert $G = \dfrac{I}{U}$, aufweisen.

Einheit: Sie ist gemäß $C = Q_C/U_C$ z.B. 1 As/V = 1 Farad[1] (außerordentlich große Einheit)

$$\boxed{1\ \text{Farad} = 1\ \text{F} = 1\ \frac{\text{As}}{\text{V}}} \quad \text{Kapazitätseinheit} \qquad (104)$$

Häufig benutzte Untereinheiten sind: $1\ \mu F = 10^{-6}$ F = 1 Mikrofarad
$1\ \text{nF} = 10^{-9}$ F = 1 Nanofarad
$1\ \text{pF} = 10^{-12}$ F = 1 Pikofarad

Bemessungsgleichung: Da der von einer Spannung U_C hervorgerufene Verschiebungsfluß von seinen Begrenzungen und der Durchlässigkeit des Mediums bestimmt wird, hängt die Kapazität von den geometrischen Abmaßen des Kondensators und der Dielektrizitätskonstanten seines Nichtleiters ab. Der besondere Wert der Größe Kapazität liegt darin, daß sie üblicherweise (ε = konst.) unabhängig von der Spannung, also eine Schaltungskonstante ist: Q_C und U_C sind also in der Regel streng proportional.

---

[1] Benannt zu Ehren von FARADAY.

Für den engen Plattenkondensator (d = Plattenabstand, A = Plattengröße) mit vernachlässigbarem äußerem Verschiebungsfluß gilt:

$$C = \frac{Q_C}{U_C} = \frac{A\,\sigma}{E\,d} = \frac{A\,(D)_0}{E\,d} = \frac{A\,D}{E\,d} = \frac{A\,\varepsilon}{d}$$

$C = \frac{\varepsilon A}{d}$	Bemessungsgleichung der Kapazität eines ebenen, engen Plattenkondensators	(105)

Die Kapazität wird also um so größer, je größer und enger beieinander die Flächen sind und je dielektrisch durchlässiger das Zwischenmedium ist. Vgl. für linienhafte Leiter: Leitwert $G = \varkappa F/d$.

Zahlenbeispiel: Luftkondensator mit 2 Platten von 10 × 10 cm Größe in 2 mm Abstand

$$C = \frac{\varepsilon_0 A}{d} = 0{,}0885 \frac{\text{pF}}{\text{cm}} \frac{100\,\text{cm}^2}{0{,}2\,\text{cm}} = 44{,}3\ \text{pF}$$

Bei $U_C = 1000$ V ist $Q_C = C\,U_C = 44{,}3 \cdot 10^{-12}$ As/V $\cdot\, 10^3$ V $= 44{,}3 \cdot 10^{-9}$ As. Die Kapazität einfacher Plattenkondensatoren ist also im Vergleich zur Einheit 1 F außerordentlich klein, entsprechend klein ist daher Q_C.

b) Wesen

Wird ein geladener Kondensator von den Spannungszuführungen abgetrennt, so kann – idealer Nichtleiter vorausgesetzt – das Ladungspaar $\pm\, Q_C$ nicht von den Elektroden entweichen.

Der Kondensator ist ein Speicher von Elektrizitätsmengen.

Es lassen sich um so größere Mengen Q_C bei vorgegebener Spannung speichern, je größer C ist. Der Kondensator zeigt also Ähnlichkeit zum Akkumulator, nur ist seine Spannung proportional der Speichermenge Q_C (Genaueres s. Abschn. C).

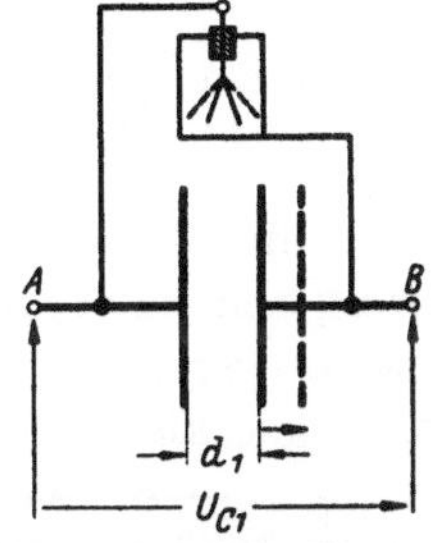

Abb. 126. Zum Kondensator als Ladungssprecher

Zum Veranschaulichen der Speichereigenschaft Versuch Abb. 126: Ein Plattenkondensator mit Luft und sehr gut isolierten Platten (Bernsteinfüße), dessen Spannung U_C ein statisches Voltmeter anzeigt, wird beim Plattenabstand d_1 an Spannung U_{C1} gelegt und wieder von ihr getrennt. Da die so aufgebrachte Ladung Q_C nicht entweichen kann, bleibt sie gespeichert, also konstant. Beim Vergrößern des Abstandes d_1, d.h. Verkleinern der Kapazität C, wächst die Spannung gemäß $U_C = Q_C/C$, beim Zusammenschieben auf d_1 geht sie auf den alten Wert zurück. Bringt man eine

Glasplatte als Dielektrikum zwischen die Platten, so wird C wegen des größeren ε erhöht, U_C sinkt.

c) *Strom und Spannung*

Für den vom Kondensator vermittelten wichtigen Zusammenhang zwischen Stromstärke $I = \mathrm{d}Q_C/\mathrm{d}t$ und Spannung U_C folgt durch Differentiieren von $Q_C = C\,U_C$ nach der Zeit

$$\boxed{I = C\frac{\mathrm{d}U_C}{\mathrm{d}t}} \quad \text{Stromstärke und Spannung beim Kondensator} \qquad (106)$$

Zur Veranschaulichung Versuch nach Abb. 120, Spannungsverlauf vorgegeben nach Abb. 127. Strom (dielektrischer) durchfließt – wie bereits kennengelernt – den Kondensator nur bei Spannungsänderungen. Er ist um so größer, je rascher sie erfolgen, dafür fließt er bei Änderung von U_{C1} auf U_{C2} um so kürzere Zeit, denn die transportierte Elektrizitätsmenge ($Q_C = \int I\,\mathrm{d}t$ = Strom-Zeitfläche) ist in allen Fällen gleich. Bei zeitlinearen Spannungsänderungen hat I gleichbleibende Stärke. Seine Richtung ist die von U_C bei Spannungserhöhung (Aufladestrom), sie ist U_C entgegengesetzt bei Spannungserniedrigung (Entladestrom); beachte, bei Abb. 126 ist U_C stets positiv, also A immer positiver als B. Bei $\mathrm{d}U_C/\mathrm{d}t = 1$ V/s und $C = 1\,\mu$F (technischer Kondensator) wird $I = 1\,\mu$A.

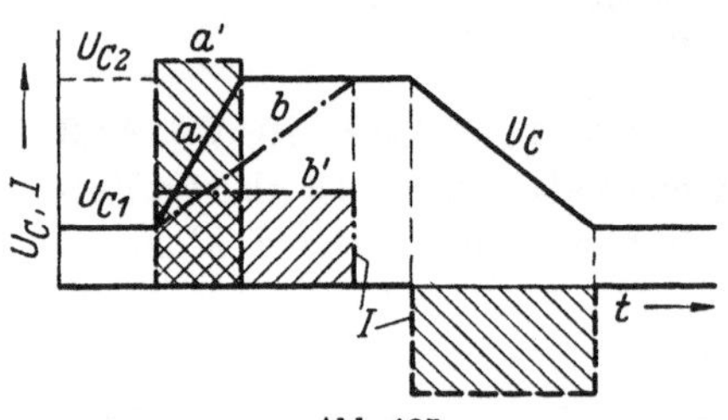

Abb. 127. Stromstärke und Spannung beim Kondensator

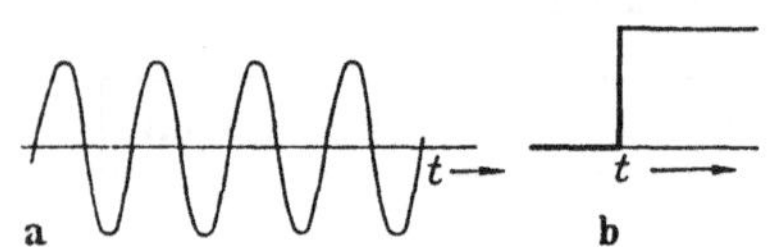

Abb. 128 a u. b. Die Grundformen zeitlicher Änderungen

Da zeitlich sich ändernde Spannungen in die 2 Grundformen, die sinusförmig sich ändernde Spannung = Wechselspannung (Abb. 128 a) und den Spannungssprung (Abb. 128 b) = Grundspannungsverlauf bei Schaltvorgängen klassifiziert werden können, folgt:

Die Kapazität als Schaltungsgröße spielt nur eine Rolle bei Wechselstrom- und Schaltvorgängen.

d) *Zusammenschaltungen*

Eine Zusammenschaltung mehrerer Kapazitäten zwischen 2 Punkten $A\,B$ kann durch eine einzige Kapazität ersetzt werden (C_{ers}), durch deren Anschlüsse bei Spannungsänderung von 0 auf U_C die gleiche Elektrizitätsmenge wie durch A bzw. B fließt. Die beiden Grundformen sind die Parallelschaltung (Abb. 129 a, $Q_C = \Sigma Q_{C_\nu}$) und die Reihenschaltung (Abb. 129 b, $Q_C = Q_{C1} = Q_{C2}$ entsprechend dem für alle Kondensatoren gleichen Ladestrom).

$$Q_C = Q_{C1} + Q_{C2} \qquad\qquad U_C = U_{C1} + U_{C2}$$

$$U_C = U_{C1} = U_{C2} \qquad\qquad Q_C = Q_{C1} = Q_{C2}$$

$$\frac{Q_C}{U_C} = \frac{Q_{C1}}{U_C} + \frac{Q_{C2}}{U_C} = \frac{Q_{C1}}{U_{C1}} + \frac{Q_{C2}}{U_{C2}} \qquad \frac{U_C}{Q_C} = \frac{U_{C1}}{Q} + \frac{U_{C2}}{Q_C} = \frac{U_{C1}}{Q_{C1}} + \frac{U_{C2}}{Q_{C2}}$$

$$\boxed{C_{ers} = C_1 + C_2} \text{ Parallelschaltung} \qquad \boxed{\frac{1}{C_{ers}} = \frac{1}{C_1} + \frac{1}{C_2}} \text{ Reihenschaltung} \qquad (107)$$

Aus $U_C = \frac{Q_{C1}}{C_1} = \frac{Q_{C2}}{C_2}$: $\frac{Q_{C1}}{Q_{C2}} = \frac{C_1}{C_2}$. Aus $Q_C = U_{C1} C_1 = U_{C2} C_2$: $\frac{U_{C1}}{U_{C2}} = \frac{C_2}{C_1}$

Abb. 129 a. Parallelschaltung

Abb. 129 b. Reihenschaltung

Beachte die erwarteten Analogien zur Zusammenschaltung von Leitwerten. Durch Parallelschaltung wird die Kapazität stets vergrößert, durch Reihenschaltung verkleinert.

e) Technische Ausführungen

Man unterscheidet Festkondensatoren (C = konst.) und veränderbare Kondensatoren (C = variabel) und hierbei wieder verschiedene Arten je nach dem Dielektrikum.

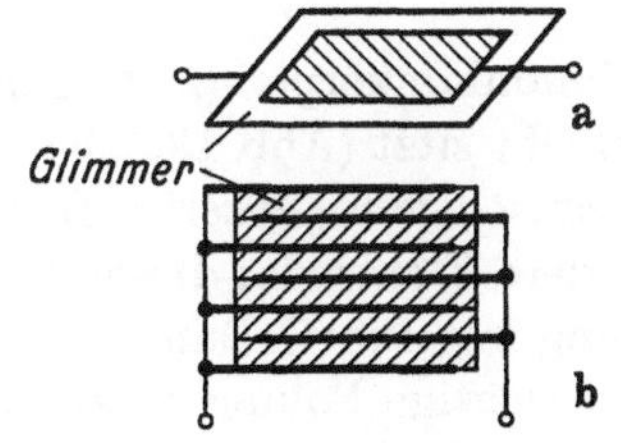

Abb. 130 a u. b. Glimmerkondensator

Festkondensatoren: Glimmerkondensatoren. Die Vorteile von Glimmer liegen in der Spaltbarkeit in dünne Platten (d klein), in der hohen Konstanz (Normalkondensatoren), dem geringen Leitvermögen, vor allem aber in der großen Durchschlagfestigkeit. Leitende Beläge als Elektroden werden auf die Glimmerplatten aufgepreßt oder z. B. aufgedampft (Abb. 130 a). Für größere Kapazitätswerte werden mehrere Kondensatoren übereinander geschichtet und parallelgeschaltet (Abb. 130 b).

Keramikkondensatoren besitzen als Dielektrikum keramische Sondermassen (Kondensa $\varepsilon_{rel} \approx 60$, Frequenta $\varepsilon_{rel} \approx 6$, u. a.) mit meist aufgebrannten Elektroden. Häufig haben sie die Form von Zylinderkondensatoren (Belag auf Außen- und Innenseite, Abb. 131). Verwendung wegen kleiner Kapazitätswerte vor allem in der Schwachstromtechnik, $C \approx 1$ pF...1 nF.

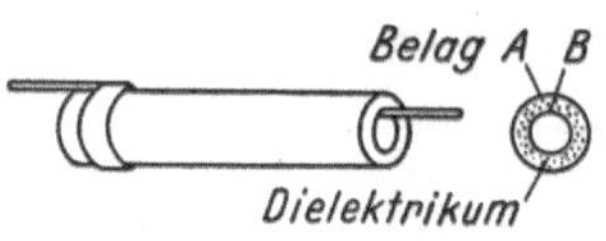

Abb. 131. Keramikkondensator

Papierkondensatoren haben als Dielektrikum besonders zubereitetes, ölgetränktes Papier, als Beläge dünne, z. B. 6 μ starke Aluminiumfolien oder aufgedampftes Metall. Für größere Dicken (höhere Spannungsfestigkeit) schichtet man meist mehrere Papierlagen von z. B. 10 μ Stärke übereinander, wodurch das Zusammentreffen von Fehlerstellen mit großer Wahrscheinlichkeit vermieden wird. Papier und Elektroden werden zu „Wickeln“ aufgerollt (Abb. 132) und nach Austreiben der Luft in Isolierrohre oder Becher bzw. Kästen eingebaut. Übliche Größen 100 pF bis etwa 10 μF.

Elektrolytkondensatoren verwenden als Dielektrikum eine sehr dünne, durch elektrolytische Abscheidung z. B. von Sauerstoff auf Aluminium gewonnene, isolierende Schicht. Der großflächig ausgebildete

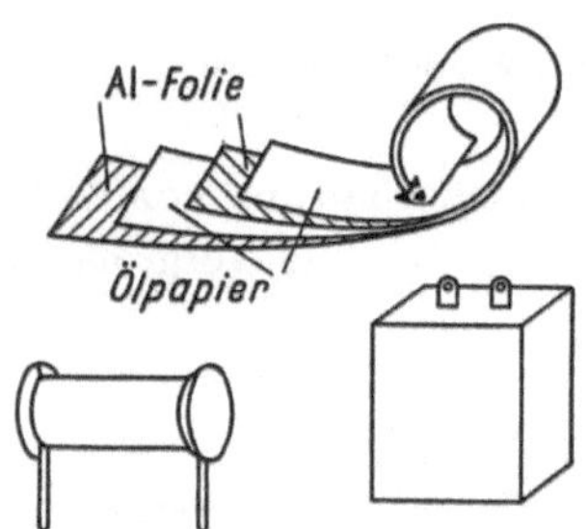

Abb. 132. Papierkondensator

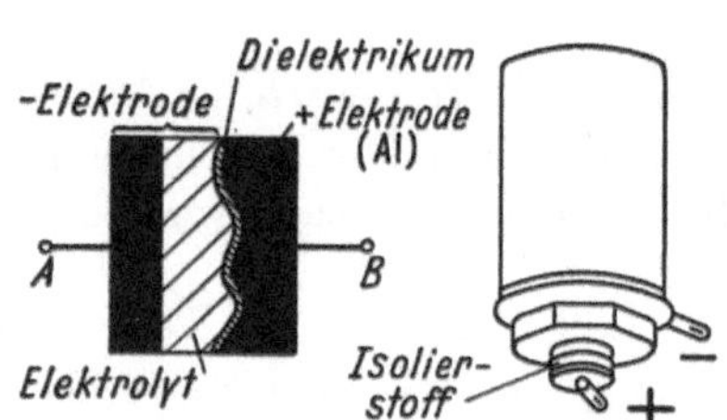

Abb. 133. Elektrolytkondensator

Aluminiumkörper (z. B. aufgerauhte Wickelfolie), auf dem die Isolierschicht sitzt (Abb. 133), ist die eine, der ihn umgebende Elektrolyt (z. B. Gemisch von Glyzerin, Borax, Wasser, häufig aufgesaugt in Papier) die andere Elektrode; dieser wird durch den umhüllenden Becher die Spannung zugeführt. Damit sich die dielektrische Schicht nicht abbaut, ist auf richtige Polung zu achten (Al zum Abscheiden von O_2 als Anode!); Aufbau in Becher- oder Wickelform. Kapazität meist vielfach höher als die gleich großer Papierkondensatoren (1000 μF keine Seltenheit), aber merklich größerer Leckstrom. Die Spannungsfestigkeit läßt sich nicht so hoch treiben.

Die Abmessungen der Kondensatoren werden wesentlich bestimmt vom Kapazitätswert und der Betriebsspannung. Je höher diese ist, um so dicker muß das Dielektrikum sein. Es gibt Kondensatoren mit Abmessungen von einigen Millimetern bis zu räumefüllenden Batterien.

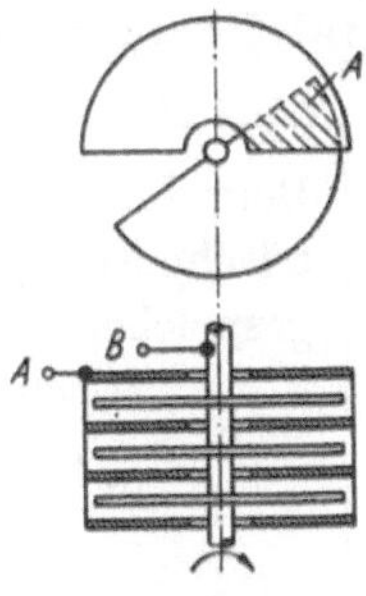

Abb. 134. Drehkondensator

Veränderbare Kondensatoren: Ihre häufigste Form ist der Drehkondensator mit Luft oder Öl oder Kunststoffen als Dielektrikum. In feststehende parallelgeschaltete Flächen der einen Elektrode dreht man die Platten der anderen ein (Abb. 134). Bei n dielektrischen Strecken ist $C = n\frac{\varepsilon A}{d}$. Da sich die gegenüberstehenden Flächen A zwischen 2 Platten mit dem Drehwinkel ändern, lassen sich durch besondere Formgebung der Platten (Halbkreis-, „Nieren"form usw.) bestimmte Verläufe der Kapazität über dem Drehwinkel erzielen. Übliche Größen der Maximalkapazität: Etwa 50 pF bis einige 1000 pF.

C. Energien und Kräfte im Nichtleiter

1. Energien

a) Grundsätzliches

Energiespeicherung: Beim Aufladen eines Kondensatorzweipols (s. z. B. Abb. 127) wird elektrische Energie (Stromstärke × Spannung × Zeit) an diesen abgegeben, denn während der Ladezeit fließt ein Strom im gleichen Sinne wie die zunehmende Spannung, beim Entladen hingegen gibt der Kondensator elektrische Energie ab, denn der Entladestrom fließt der jetzt abnehmenden Spannung U_C entgegen. Also während der Aufladung ist der Kondensator elektrischer Energieverbraucher, während der Entladung elektrischer Energielieferer. Die Größe der umgesetzten Energie bei Spannungsänderung von 0 auf U'_C berechnet sich (Spannung und Strom zeitlich nicht konstant!) zu:

$$W_{el} = \int_{t=0}^{t'} U_C I \, dt = \int U_C C \frac{dU_C}{dt} dt = C \int_{U_C=0}^{U'_C} U_C \, dU_C = \frac{C U'^2_C}{2}$$

Da sich für den Entladevorgang ($U'_C \to 0$) der gleiche Wert negativ ergibt, muß zwischen Ladung und Entladung diese Energie im Kondensator gespeichert worden sein: Kondensator = Energiespeicher.

$W = C\frac{U_C^2}{2} = \frac{Q_C U_C}{2} = \frac{Q_C^2}{2C}$	In einem Kondensator C gespeicherte Energie bei U_C bzw. Q_C[1]	(108)

[1] Der Faktor ½ erklärt sich dadurch, daß die Elektrizitätsmenge Q_C nicht bei konstanter Spannung U_C, sondern bei einer zwischen 0 und U_C sich ändernden Spannung (Mittelwert $U_C/2$) floß.

Die elektrische Energie hat sich also im Kondensator in eine speicherbare Form umgewandelt: Sie sitzt im Dielektrikum, das elektrische Feld ist mithin Träger von Energie. Wir bezeichnen diese Energieform als dielektrische Energie[1] oder elektrische Feldenergie.

> Beim Laden des Kondensators (= Feldaufbau) wandert elektrische Energie in das Feld, wird dort als dielektrische Energie gespeichert, beim Entladen = Feldabbau wird diese in elektrische Energie vollständig[2] zurückgewandelt.
>
> $$\mathrm{d}W_\mathrm{D} = U_\mathrm{C}\,\mathrm{d}Q;\ \text{allgemeiner: } \mathrm{d}W_\mathrm{D} = U_\mathrm{C}\,\mathrm{d}\Psi \qquad (109)$$
>
> Änderung dielektrischer Energie

Das Schaltelement C des Nichtleiters zeigt also im Vergleich zum Schaltelement R des Leiters nicht nur eine völlig andersartige Zuordnung von Stromstärke und Spannung [s. Gln. (106) und (13)], sondern auch – als notwendige Folge davon – ein völlig anderes Verhalten hinsichtlich der Energieumsätze ($\mathrm{d}W_\mathrm{D} = U\,\mathrm{d}\Psi$ und $\mathrm{d}W = U\,I\,\mathrm{d}t$). Der Widerstand setzt, wenn Strom fließt, elektrische Energie in Wärme um, unabhängig davon, ob seine Stärke konstant bleibt oder sich ändert. R ist Energie-Durchströmstelle vom Kreis in die Umgebung. In der Kapazität vollziehen sich Energieänderungen hingegen nur, wenn die Flußstärke sich ändert: Energieaufnahme bei Flußstärkeerhöhung, Energieabnahme bei Flußstärkeverminderung. Der ideale Kondensator erlaubt kein Energieabströmen vom Kreis in die Umgebung, er wirkt wie von einer energieundurchlässigen Hülle umgeben, er ist Energiespeicher.

Die speicherbaren Energien sind selbst bei größeren Werten für C und U_C außerordentlich gering (z.B. $C = 50\,\mu\mathrm{F}$; $U_\mathrm{C} = 2\,\mathrm{kV}$: $W = C\dfrac{U_\mathrm{C}^2}{2} = 5 \cdot 10^{-5}\,\dfrac{\mathrm{As}}{\mathrm{V}}\,\dfrac{4 \cdot 10^6\,\mathrm{V}^2}{2} = 100\,\mathrm{Ws}$) im Vergleich zu den in Akkumulatoren (z.B. $Q = 100\,\mathrm{Ah}$; $E = 2\,\mathrm{V}$; $W = 200\,\mathrm{Wh} = 7{,}2 \cdot 10^5\,\mathrm{Ws}$).

Im Volumen $V = A\,d$ des engen, geladenen Plattenkondensators sitzt die dielektrische Energie $W_\mathrm{D} = \dfrac{Q_\mathrm{C}\,U_\mathrm{C}}{2} = \dfrac{D\,A\,E\,d}{2}$, also ist

$$\frac{\mathrm{d}W_\mathrm{D}}{\mathrm{d}V} = \frac{E\,D}{2} = \frac{\varepsilon E^2}{2} \qquad (110)$$

Dichte der dielektrischen Energie im Feld mit D und E

Man beachte, daß maßgebende Spannungsgröße (E) und maßgebende Strömungsgröße (D) gleichberechtigt an der Energiedichte beteiligt sind.

[1] Die gebräuchliche Benennung ist ebenso elektrische Energie. Zwecks Klarstellung der Begriffe wollen wir aber elektrische Energie nur für $\int U\,I\,\mathrm{d}t$ verwenden.

[2] Beim idealen = verlustlosen Dielektrikum.

Umkehrbare Energieumformung: Da Energiespeicherung mit anschließender Rückverwandlung eine umkehrbare Energieumformung ist (elektrische Energie ⇄ dielektrische), müssen sich Lade- und Entladevorgang mit Hilfe der Begriffe Urspannung und Gegenurspannung verdeutlichen lassen: Der geladene Kondensator stellt eine Häufung von Ladungen $+Q_C$ auf der einen Elektrode, und $-Q_C$ auf der anderen Elektrode dar. Gemäß dem allgemeinen Naturbestreben, Konzentrationsunterschiede zu beseitigen, streben die angehäuften Elektrizitätsmengen, sich zu verringern, also in entgegengesetzter Richtung wie beim Aufladen wieder vom Kondensator abzufließen. Im geladenen Kondensator wirkt mithin eine Urspannung (E_C), deren Richtung entgegen der des Aufladestromes ist: Urspannung bei Gegenstrom, Umsatz elektrische → dielektrische Energie. Da keine Erwärmung im Kondensator bei Stromfluß stattfindet, sondern sich alle Energie in Feldenergie umsetzt, ist $R_i = 0$, mithin $U_C = E_C = Q_c/C$ (s. Abb. 135a).

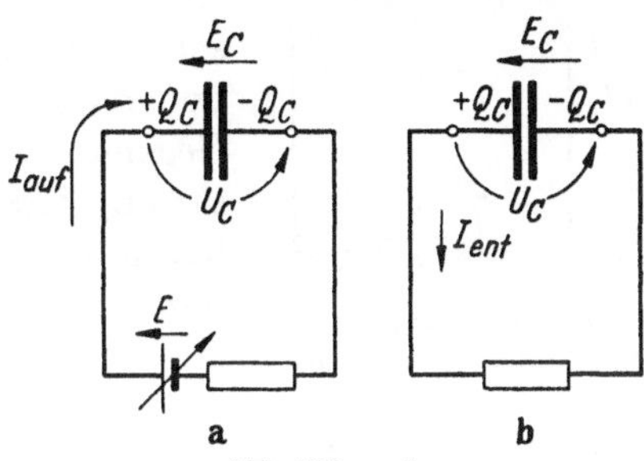

Abb. 135 a u. b.
Zur Urspannungsauffassung beim Kondensator

Wird der geladene Kondensator an einen Widerstand angeschlossen (Abb. 135b), so treibt E_C den Entladestrom in der von ihr erwünschten Richtung an: E_C ist Urspannungsstelle bei Mitstrom, Umsatz dielektrische → elektrische Energie. Insgesamt zeigt also ein Kondensator ein Verhalten wie ein Akkumulator, nur mit $R_i = 0$, nicht konstanter Urspannung und geringen Energien[1].

b) Schaltvorgänge am Kondensator

Die betrachteten Eigenheiten des Kondensators treten besonders klar hervor bei seiner Aufladung mit Gleichspannung (E) und seiner Entladung über einen Widerstand durch Betätigen eines Schalters: Schaltvorgänge (s. Abb. 136). Der Kreiswiderstand bei Aufladung (Schalterstellung „auf“) sei zu R_{auf}, bei Entladung (Stellung „ent“) zu R_{ent} zusammengefaßt. Sowohl aus der Strom-Spannungsbeziehung als auch aus energetischen Betrachtungen folgt:

Die Spannung U_C am Kondensator kann sich nicht sprunghaft, sondern nur stetig ändern	(111)

[1] Bei diesem Ersatzbild ist wohl zu bedenken, daß ganz in Abweichung zu unseren üblichen Spannungsquellen beim Kondensator trotz $R_i = 0$ wegen $Q_C = C E_C$ nicht ein beliebiger Strom fließen kann, sondern zusätzlich $I = C \frac{\mathrm{d} E_C}{\mathrm{d} t}$ erfüllt sein muß.

Denn würde sich U_C sprunghaft ändern, d. h. in unendlich kurzer Zeit von U_{C1} auf U_{C2} springen, so müßte gemäß $I = C\frac{\mathrm{d}U_C}{\mathrm{d}t}$ die Stromstärke unendlich werden, was nicht möglich ist, oder gemäß $W_D = \frac{C}{2}U_C^2$ müßte sich die Energie vom Kondensator ohne Zeitbedarf zu einer anderen Stelle des Kreises bewegen, was ebenso nicht möglich ist, da Energien sich allgemein wie träge Massen verhalten.

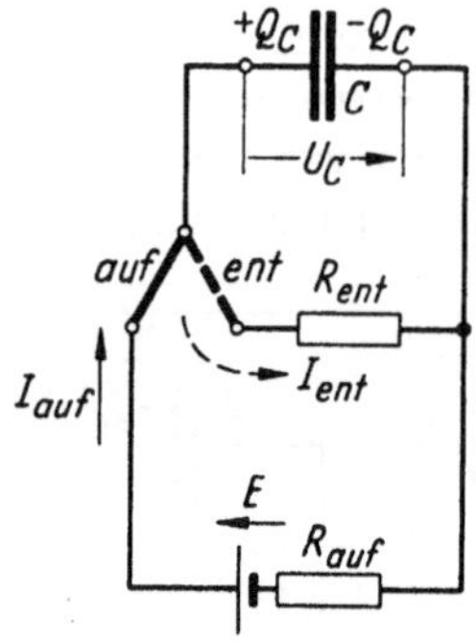

Abb. 136. Schaltvorgänge mit C; Schaltung

Aufladung: *Qualitatives:* Durch den von der Urspannung E als Energiequelle angetriebenen Aufladestrom I_{auf} wachsen auf dem Kondensator (Energieverbraucher) Ladungen Q_C an, und damit entsteht dort eine Q_C proportionale Gegenurspannung $E_{C\,gegen} = Q_C/C = U_C$. Der Strom, dessen Gesamtantrieb $E - E_{C\,gegen}$ ist, hat im Augenblick des Einschaltens ($E_{C\,gegen} = 0$) seinen Höchstwert; in dem Maße, wie durch ihn Q_C wächst, wird der Antrieb und damit I kleiner bis zum Wert 0. Die Kondensatorspannung steigt von $U_C = E_{C\,gegen} = 0$ bis zu E an, aber wegen des immer kleiner werdenden Stromes gemäß $C\frac{\mathrm{d}U_C}{\mathrm{d}t} = I$ immer langsamer, dann hört der Antrieb auf.

Quantitatives: Allgemein gilt $I_{auf} = \frac{E - E_{C\,gegen}}{R_{auf}} = \frac{E - U_C}{R_{auf}} = C\frac{\mathrm{d}U_C}{\mathrm{d}t}$

Anfang $\quad U_C = 0 \quad$ also $\quad I_{auf} = I_{max} = \frac{E}{R_{auf}}$

Ende $\quad I_{auf} = 0 \quad$ also $\quad U_C = E$

Für den gesamten Verlauf ergibt die Rechnung beim Einschalten z. Z. $t = 0$:

$$I_{auf} = \frac{E}{R_{auf}}\,e^{-\frac{t}{\tau_{auf}}}\,; \quad U_C = E\left(1 - e^{-\frac{t}{\tau_{auf}}}\right) \qquad \text{Kondensator-aufladung} \quad (111)$$

$$\text{wobei} \quad \tau_{auf} = C R_{auf} = \text{Aufladezeitkonstante} \quad (112)$$

I_{auf} und U_C ändern sich also nach einer e-Funktion (e Basis des natürlichen Logarithmus), Darstellung s. Abb. 137. Die „Zeitkonstante“ ist ein Maß für die Ablaufgeschwindigkeit des Vorganges: Nach der „Halbwertszeit“ $t_H = 0{,}693\,\tau_{auf} \approx 0{,}7\,\tau_{auf}$ haben, da $e^{-0{,}693} = 1/2$, Strom und Spannung die Hälfte ihrer Extremwerte erreicht; nach $t = 3\,\tau$ ist der Strom bis auf 5% seines Anfangswertes abgeklungen, die Spannung hat sich bis auf 5% ihrem Endwert E genähert.

Entladung: *Qualitatives:* Die Urspannung $E_C = U_C$ des Kondensators (Energiequelle) treibt den Entladestrom I_{ent} in ihrem Sinne durch den Entladewiderstand R_{ent}. Da sich durch den Strom die Ladungen Q_C verkleinern, nimmt der Antrieb E_C ab: Strom und Spannung streben dem Wert 0 zu, gemäß $-C\frac{\mathrm{d}U_C}{\mathrm{d}t}$[1] $= I_{ent}$ immer langsamer.

Quantitatives: Allgemein gilt $I_{ent} = \frac{E_C}{R_{ent}} = \frac{U_C}{R_{ent}} = -C\frac{\mathrm{d}U_C}{\mathrm{d}t}$

Anfang $U_C = E$ also $I_{ent} = I_{max} = \frac{E}{R_{ent}}$

Ende $I_{ent} = 0$ also $U_C = 0$

Für den gesamten Verlauf ergibt die Rechnung beim Schalten z.Z. $t = 0$:

$I_{ent} = \frac{E}{R_{ent}} e^{-\frac{t}{\tau_{ent}}}$; $U_C = E e^{-\frac{t}{\tau_{ent}}}$	Kondensatorentladung	(113)
wobei $\tau_{ent} = C R_{ent}$ = Entladezeitkonstante		(114)

I_{ent} und U_C klingen also nach einer e-Funktion ab (s. Abb. 137), für deren Änderungsgeschwindigkeit wieder die Halbwertszeit $t_H = 0{,}7\,\tau_{ent}$ ein Maß ist.

Anwendungen: *Messen großer Widerstände und kurzer Zeiten:* Durch einen Entladevorgang über den zu messenden Widerstand wird die Halbwertszeit $t_H = 0{,}7\; C R_{ent}$ z.B. durch Ablesen der Spannung an einem statischen Voltmeter und daraus R_{ent} bestimmt. Dieses Verfahren eignet sich nur für große Widerstandswerte, wie ein Zahlenbeispiel zeigt: $C = 1\,\mu\mathrm{F}$; $t_H = 10$ s; also $R_{ent} = \frac{t_H}{0{,}7\,C} = \frac{10\,\mathrm{s}}{0{,}7\cdot 10^{-6}\,\frac{\mathrm{As}}{\mathrm{V}}} = 14\,\mathrm{M\Omega}$. Da jeder Kondensator – wenn auch meist sehr hochohmige – Wege zum Ausgleich seiner Ladung besitzt, entlädt er sich von selbst. – Zum Messen kurzer Zeitintervalle läßt man während deren Dauer einen bekannten Kondensator sich über einen bekannten Widerstand etwas entladen und bestimmt aus der Spannungsänderung das Zeitintervall.

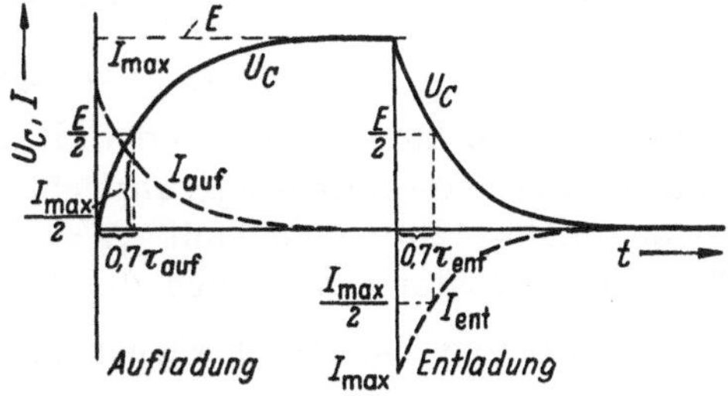

Abb. 137. Schaltvorgänge mit C; Zeitverlauf

Messen von Elektrizitätsmengen (ballistisches Galvanometer): Ein kurzzeitiger Auf- oder Entladestromstoß, geschickt durch einen emp-

[1] —-Zeichen, da I_{ent} dem U_C entgegengesetzt gerichtet ist.

findlichen Strommesser mit Mittelstellung und hoher Drehmasse (Drehspulgalvanometer Abb. 138), stößt das Drehsystem an, das danach auspendelt. Ist der Stromstoß so kurzdauernd (Δt), daß an dessen Ende das

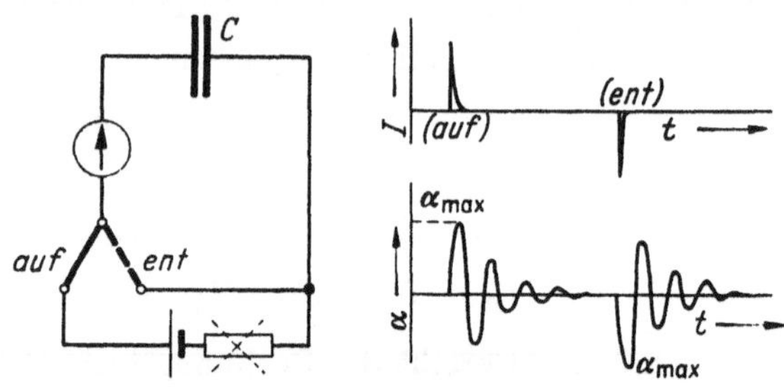

Abb. 138. Zum ballistischen Galvanometer

System sich praktisch noch in Null-Lage befindet, so ist nach bekannten Gesetzen der erste Maximalausschlag (α_{max}) proportional dem Drehimpuls $\int_{\Delta t} M \, dt$ (M = Drehmoment), und da M proportional I ist:

$$\alpha_{max} = \text{konst.} \int_{\Delta t} I \, dt = \text{konst.} \, Q_C$$

2. Kräfte

a) Grundlagen

Qualitatives: Zum Verstehen der Kraftwirkung zwischen spannungsführenden Teilen – eines der Kennzeichen der Spannung – Kondensatorversuch (Abb. 126): Beim mit Q_C = konst. geladenen, abgetrennten Plattenkondensator erhöht sich durch Auseinanderziehen der Platten dessen Spannung U_C. Damit wächst seine Energie $\frac{1}{2} Q_C U_C$. Also mußte beim Auseinanderziehen der Kondensatorplatten d.h. – ausgedrückt durch das Feldbild – beim Dehnen der Feldlinien Energie an den Kondensator abgegeben worden sein, mithin mußten Kräfte überwunden werden, die dem Auseinandergehen entgegenwirkten. Da jeder Kondensator aus einer Vielzahl von Plattenkondensatoren aufgebaut werden kann, folgt:

Die 𝔇- und 𝔈-Linien haben das Bestreben, sich zu verkürzen und rufen anziehende Kräfte zwischen den Flächen, zwischen denen sie verlaufen, hervor (Längszug, MAXWELL)[1]. Die Kräfte sind bestrebt, die Kapazität zu vergrößern.	(115)

[1] Diese Betrachtungen sind nicht allein auf metallische Elektroden, wofür wir sie anwenden werden, beschränkt, sondern gelten allgemeiner auch für Trennflächen zweier Nichtleiter.

Die Feldlinien besitzen auch einen Querdruck, durch den sie sich gegenseitig abstoßen. Ohne ihn würden sich alle Linien auf der kürzesten Bahn zusammendrängen. Längszug und Querdruck der $\mathfrak{D}$- und $\mathfrak{E}$-Linien gestalten also den Feldverlauf.

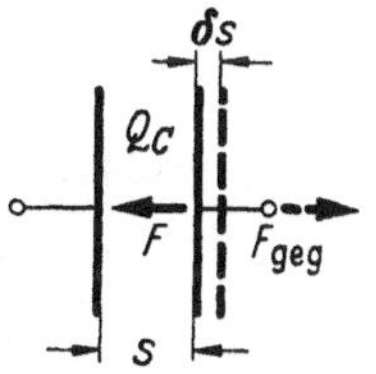

Quantitatives: Der gesuchten, zusammenziehenden Kraft F werde durch eine gleich große, äußere Kraft ($F_{\text{gegen}} = F$) das Gleichgewicht gehalten (Abb. 139). Wir wenden auf dieses System bei $Q_C =$ konst. (um keine weiteren Energieaustausche zu haben) das Prinzip der virtuellen Verrückung an, d. h. den Energiesatz für eine kleine, durch ein winziges Übergewicht von F_{gegen} (also $F_{\text{gegen}} = F + \mathrm{d}F$) hervorgerufene, gedachte Verschiebung δs der einen Elektrode aus der Gleichgewichtslage unter Berücksichtigung nur der für das Gleichgewicht maßgebenden Kräfte (keine Reibungs- und Trägheitskräfte).

Abb. 139. Zur Kraftberechnung

Energie im Kondensator bei Abstand s $$W = \frac{Q_C^2}{2C} = \frac{Q_C^2 s}{2\varepsilon A}$$

Energieerhöhung im Kondensator durch Auseinanderziehen um δs durch F_{gegen} $$\delta W = \frac{Q_C^2\,\delta s}{2\varepsilon A}$$

Energiesatz $$F_{\text{gegen}}\,\delta s = \frac{Q_C^2\,\delta s}{2\varepsilon A}$$

wobei für Gleichgewicht $$F_{\text{gegen}}\,\delta s = (F + \mathrm{d}F)\,\delta s \to F\,\delta s$$

Also

$$\boxed{F = \frac{Q_C^2}{2\varepsilon A} = \frac{2\varepsilon}{D^2} A = \frac{DE}{2} A = \frac{\varepsilon E^2}{2} A} \qquad (116)$$

Kraft auf Fläche A, vor der das Feld mit D und E wirkt

Beachte, wie bei der Energie $\left(W = \frac{DE}{2} V\right)$ sind die maßgebende Strom- und Spannungsgröße (D, E) gleichberechtigt beteiligt, nur tritt dort verständlicherweise das Volumen V, hier die Fläche A hinzu. Da die Kräfte proportional E^2 sind, kehrt sich beim Umpolen der Feldrichtung die Kraftrichtung nicht um (stets Verkürzung der Feldlinien). Beim nicht extrem engen Plattenkondensator wollen sich sowohl die inneren Feldlinien verkürzen (Zusammenziehen der Platten) als auch die dann bestehenden äußeren (Auseinanderziehen der Platten). Die Kräfte der äußeren unterliegen aber, da auf der Außenfläche $(D)_0 = \sigma$ und E stets kleiner sind als auf der Innenfläche.

Zur größenordnungsmäßigen Vorstellung sei die Zugspannung (Kraft/Fläche) berechnet, die bei der höchsten in Luft bei Normaldruck möglichen Feldstärke ($E \approx 30$ kV/cm) auftritt:

$$\frac{P}{A} = \frac{\varepsilon_0 E^2}{2} = \frac{0{,}0885}{2} 10^{-12} \frac{\mathrm{As}}{\mathrm{V\,cm}} \frac{9 \cdot 10^8\,\mathrm{V}^2}{\mathrm{cm}^2} \approx 0{,}4 \cdot 10^{-4} \frac{\mathrm{Ws}}{\mathrm{cm}} \frac{1}{\mathrm{cm}^2}$$

$$= 0{,}4 \cdot 10^{-4} \cdot 10{,}2 \frac{\mathrm{kp}}{\mathrm{cm}^2} = 0{,}4 \frac{\mathrm{p}}{\mathrm{cm}^2}$$

Die Kräfte sind bei üblichen Feldstärken im elektrischen Feld außerordentlich klein	(117)

b) Anwendungen

Die Anwendungen beschränken sich wegen der Kleinheit der Kräfte im wesentlichen auf die Meßtechnik zur stromlosen Spannungsmessung.

Elektroskop: Beim Goldblattelektroskop versuchen sich die Feldlinien zwischen Gehäuse und den Goldblättchen zu verkürzen, wodurch die Blättchen gespreizt werden (Abb. 140a).

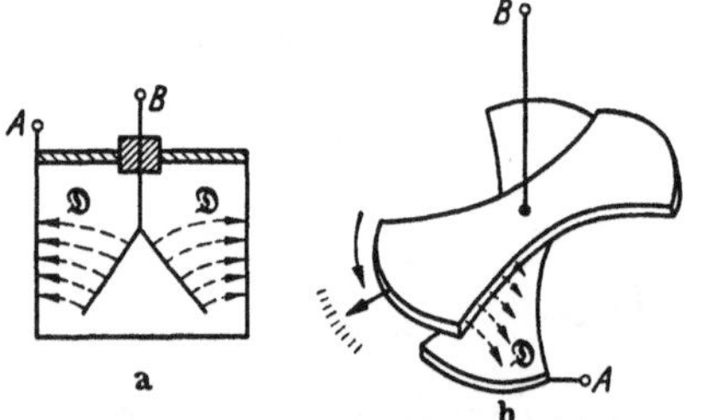

Abb. 140a u. b. a) Elektroskop; b) statisches Voltmeter

Statische Voltmeter (Abb. 140b): Die Voltmeter sind für nicht zu hohe Spannungen als Multizellularinstrumente ausgebildet, um Fläche die A groß zu machen, und gleichen damit einem mehrplattigen Drehkondensator, dessen drehbarer Plattensatz (mit besonderem Plattenschnitt wegen des erstrebten Skalenverlaufs) ein Richtmoment besitzt. Bei angelegter Spannung dreht sich der Rotor entsprechend der Tendenz, die Kapazität zu erhöhen, so weit in den Stator, als die rücktreibenden Richtkräfte zulassen. Übliche Bereiche: Vollausschlag 10 V bis 10000 V. Für höhere Spannungen (bis 500 kV) Sonderkonstruktionen.

c) Piezoelektrizität[1]

Qualitatives: Der piezoelektrische Effekt tritt bei Kristallen (z.B. Quarz, Turmalin, Seignettesalz) mit bestimmtem, schon makroskopisch erkennbarem, unsymmetrischem Wuchs auf, nämlich, wenn bei einer oder mehreren ihrer Achsen, sog. polaren Achsen, der Kristallbau um die eintretende Achsenhälfte verschieden von dem um die austretende ist (Abb. 141a, für Quarz, mit positiven Silizium- und negativen Sauerstoffionen).

Eine senkrecht zu einer solchen polaren Achsrichtung herausgeschnittene und mit Elektroden versehene Platte (Abb. 141b) zeigt infolge Ver-

[1] Entdeckt 1880 von den Gebrüdern P. und M. Curie, französische Physiker.

schiebung des Ionengitters beim Zusammendrücken in Achsrichtung ein Ladungspaar $\pm Q_C$ auf den Elektroden, beim Dehnen ein solches mit entgegengesetztem Vorzeichen (direkter longitudinaler piezoelektrischer Effekt). Zum direkten Effekt gehört, wie man als Folge des Energiesatzes herleiten kann, ein reziproker Effekt (reziproker Piezoeffekt): Beim Anlegen einer elektrischen Spannung an die Kristallelektroden entstehen im Kristall Kräfte, die ihn je nach der Richtung der Spannung zusammenziehen oder dehnen wollen.

Quantitatives: Laut Experiment ist – wie man vermutet – die Oberflächendichte σ proportional der relativen Dickenänderung $\Delta d/d$

$$\sigma = c\,\frac{\Delta d}{d}$$

$\Delta d/d$ ist nach dem Hookschen Gesetz verknüpft mit der auf die gedrückte Fläche A_D wirkenden statischen Druckkraft F

$$\frac{\Delta d}{d} = \frac{1}{E}\,\frac{F}{A_D}, \quad E = \text{Elastizitätsmodul}$$

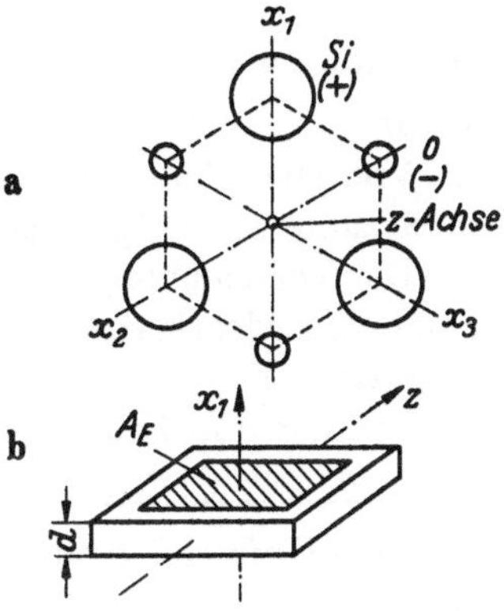

Abb. 141 a u. b. Zur Piezoelektrizität

Mithin folgt, wenn A_E die Elektrodenfläche bedeutet, für die Elektrodenladung $Q_E = \sigma A$

$$\boxed{Q_C = \delta\,\frac{A_E}{A_D}\,F}$$ Durch Druck erzeugte Ladung. Definitionsgleichung für $\delta\,(= c/E)$ piezoelektrischer Modul (118)

Zur Größenvorstellung: Für Quarz ist beim longitudinalen Effekt $\delta = 2{,}1 \cdot 10^{-11}$ As/kp.

Bei einer Kapazität C_K des Kristalles und C_S der angeschlossenen Schaltung von $C_K + C_S = 10$ pF entsteht bei 1 kp Druckkraft, wenn wie üblich die Elektrodenflächen als Druckflächen ausgebildet sind, eine Spannung

$$U_C = \frac{Q_C}{C_K + C_S} = \frac{\delta F}{C_K + C_S} = 2{,}1 \cdot 10^{-11}\,\frac{\text{As}}{\text{kp}}\,\frac{1\,\text{kp V}}{10^{-11}\,\text{As}} = 2{,}1\,\text{V}$$

Anwendungen: Der direkte Piezoeffekt wird zum Messen von Drucken, insbesondere an unzugängigen Stellen oder zum Aufzeichnen von Druckverläufen verwendet, z.B. bei Druckmessungen in Zylindern von Verbrennungsmaschinen. Ferner baut man piezoelektrische Tonabnehmer für Schallplatten und piezoelektrische Mikrofone (mit Seignettesalz wegen seines hohen piezoelektrischen Moduls).

Der reziproke Piezoeffekt wird ausgenutzt bei Schallsendern, vor allem solchen extrem hoher Frequenzen (Ultraschall) und in der Schwachstromtechnik zum Herstellen von Frequenznormalen außerordentlich hoher Konstanz (Quarzuhren, Schwingquarze). Man erregt hierbei den Quarzkristall in seiner aus Abmessung und Material sich ergebenden mechanischen, sehr scharf ausgeprägten Resonanzfrequenz.

D. Influenz

1. Wesen

Folgende 3 uns bekannte Verhalten bedingen die Erscheinung der Influenz:

1. Von einer Ladung geht ein Verschiebungsfluß aus, der auf gleich großen Ladungen entgegengesetzten Vorzeichens mündet.
2. Die Verschiebungslinien nehmen im Dielektrikum durch Längszug und Querdruck einen solchen Verlauf an, wie die Strömungslinien im Ersatzleiter.
3. Ladungen in Leitern sind verschiebbar.

Unter Influenz versteht man das Auftreten von Ladungen auf Leitern im Feld, die nicht zu den an die Spannungsquelle angeschlossenen Elektroden gehören.	(119)

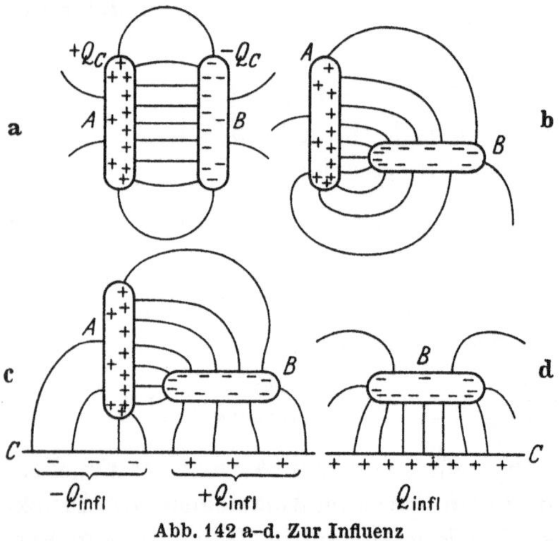

Abb. 142 a–d. Zur Influenz

Zum Veranschaulichen seien die beiden mit $\pm Q_C$ aufgeladenen Elektroden A, B eines Kondensators von der Spannungsquelle getrennt und beliebig gut isoliert (Abb. 142a). Ganz unabhängig von ihrer Lage im Dielektrikum muß, da Q_C = konst., von A ein bestimmter Verschiebungsfluß, d.h. bei ausgewählter Darstellung eine bestimmte Zahl von Verschiebungsröhren und damit Verschiebungslinien (in den Abb. sind es 11) ausgehen und auf B einmünden. Wird B gedreht (Abb. 142b, noch keine Influenz!), so gruppieren sich die Gesamtladungen auf A und B mit anderer Oberflächenverteilung, da die Verschiebungslinien sich so anordnen wie die Stromlinien im Ersatzleiter. Wird in die Nähe eine leitende Platte C (Abb. 142c) gebracht, so wählt ein Teil der Linien – wieder entsprechend dem zugehörigen Ersatzleiterfeld – den bequemeren Weg über C. Auf C werden am Ende der von A ausgehenden Linien negative Ladungen und am Anfang der nach B gehenden Linien positive Ladungen „influenziert" (Influenzladungen). Da beim Ersatzleiter die Stärke des Teilstromes, beim Dielektrikum die Stärke des Teilverschiebungsflusses von A nach C hin genau so groß sein muß, wie die von C weg zu B, müssen die influenzierten negativen Ladungen genau so groß sein wie die positiven. Wird schließlich die Elektrode B von A entfernt und an der Platte C entlanggeführt (Abb. 142 d), so laufen parallel mit B negative Influenzladungen auf C dahin. Diese sind bei hinreichend großer Entfernung zwischen B und A unabhängig von A und bilden für die Ladungen auf B die neue vollständige Gegenladung (Ladungspaar = Dipol ist die Gesamterscheinung)[1].

2. Teilkapazitäten

Man erfaßt die Erscheinung der Influenz, die nach Obigem dadurch entsteht, daß im einfachsten Fall von insgesamt 3 Leitern der gesamte Verschiebungsfluß nicht mehr direkt von A nach B seinen Weg nimmt, sondern z.T. über C fließt (Abb. 143 a), also aufgeteilt ist, durch Einführen der sog. Teilkapazitäten (MAXWELL): Der Körper C nimmt im

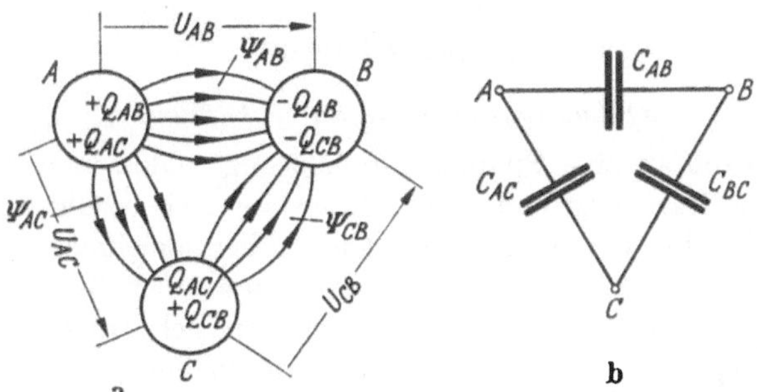

Abb. 143 a u. b. Zu Teilkapazitäten

Spannungsfeld zwischen AB eine ganz bestimmte Spannung (U_{AC}) an; als Teilkapazität z.B. zwischen AC definiert man analog Gl. (103) das Verhältnis des zwischen AC fließenden Verschiebungsflußteiles Ψ_{AC} – also des Ladungsteiles $\pm Q_{AC}$, der durch ihn verbunden ist, – zur zugehörigen Teilspannung U_{AC}:

$$\boxed{Q_{AC} = C_{AC} U_{AC}} \quad \text{Definitionsgleichung der Teilkapazität } C_{AC} \qquad (120)$$

[1] Die vom Verschiebungsfluß auf Probefolien hervorgerufenen Ladungen sind also Influenzladungen.

Es gibt somit so viele Teilkapazitäten, als es Teilflüsse gibt: C_{AB}, C_{AC}, C_{BC}. Die gesamte wirksame Kapazität C zwischen AB, die natürlich als Verhältnis von Gesamtladung Q zur Spannung U_{AB} definiert bleibt, berechnet sich dann aus den Teilkapazitäten zu:

$$C = \frac{Q}{U_{AB}}, \quad \text{wobei} \quad Q = Q_{AB} + Q_{AC} \qquad Q_{AC} = Q_{CB}$$

$$U_{AB} = U_{AC} + U_{CB} = \frac{Q_{AC}}{C_{AC}} + \frac{Q_{CB}}{C_{BC}} = Q_{AC}\left(\frac{1}{C_{AC}} + \frac{1}{C_{BC}}\right)$$

$$= (Q - Q_{AB})\left(\frac{1}{C_{AC}} + \frac{1}{C_{BC}}\right) = (U_{AB}C - U_{AB}C_{AB})\left(\frac{1}{C_{AC}} + \frac{1}{C_{BC}}\right)$$

Also:
$$C = C_{AB} + \frac{C_{AC}C_{BC}}{C_{AC} + C_{BC}} = C_{AB} \| (C_{AC} \cdots C_{BC})$$ [1]

C berechnet sich mithin so, wie man aus dem Schaltbild Abb. 143b direkt entnehmen würde (weshalb dieses Schaltbild berechtigt ist).

Da sich das Feld zwischen 2 der Leiter ändert, wenn ein dritter verschoben wird, folgt:

Die Teilkapazität zwischen zwei Leitern ist abhängig nicht nur von Gestalt und Lage dieser beiden Leiter selbst, sondern auch von der aller anderen des Systems.	(121)

3. Anwendungen

a) Ladungstrennung durch Influenz

Zwischen die an eine Spannungsquelle angeschlossenen Elektroden AB werden mit Isoliergriffen zwei ladungslose, sich berührende Metallplatten E, F (Abb. 144) eingeführt. Die vorher gleichmäßig auf beide Platten verteilten Ladungen ordnen sich auf der einen und anderen Seite. Trennt man E und F und führt sie dann, ohne A und B zu berühren, aus dem Feld, so sitzen auf E negative, auf F positive Ladungen: Ladungstrennung durch Influenz. Da es sich nur um eine Trennung der Ladungen auf den Platten E, F handelt, läßt sich der Vorgang beliebig oft wiederholen, ohne daß insgesamt Ladungen zu den Platten AB fließen. Auf diesem Prinzip, vereint mit einer „Rückkopplung", beruht die Influenzmaschine.

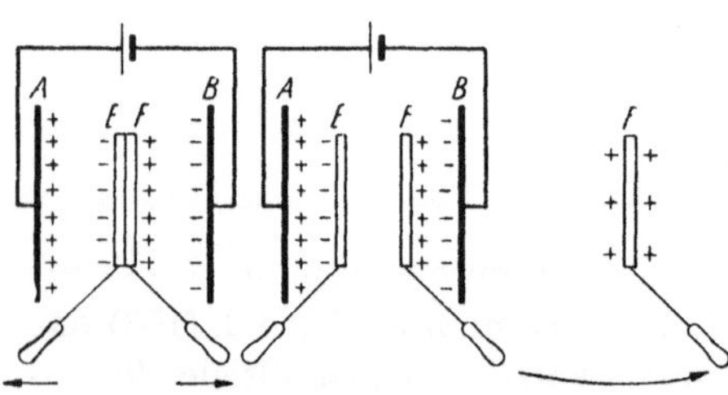

Abb. 144. Ladungstrennung durch Influenz

[1] Lies: C_{AB} parallel zur Reihenschaltung von C_{AC} und C_{BC}.

b) Wanderwellen durch Influenz

Eine Gewitterwolke mit z.B. Ladungen $+Q$ (Abb. 145) influenziert auf den Drähten einer isolierten Leitung Teilladungen $-\Delta Q$, der Restbetrag der Influenzladungen sitzt auf der Erde. Wird durch Blitzschlag zur Erde – nicht in der Leitung! – die Wolke entladen, so fliehen die nun nicht mehr gebundenen Influenzladungen $-\Delta Q$ auf der Leitung nach beiden Seiten auseinander und geben eine unerwünschte „Wanderwelle".

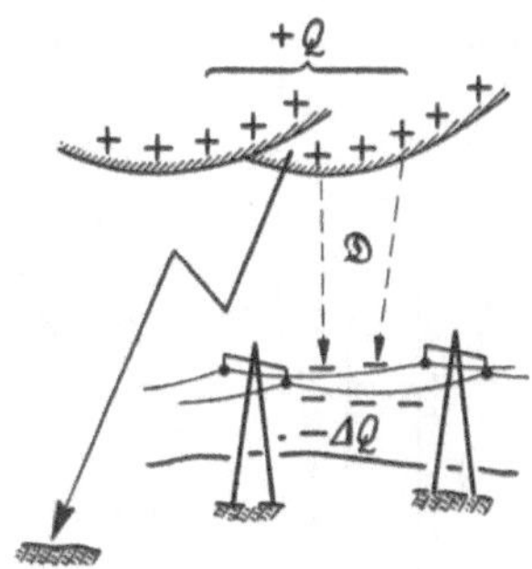

Abb. 145. Zur Wanderwelle

c) Elektrische Abschirmung

Im Inneren eines Hohlraumes, der von einem Leiter vollständig umschlossen ist, muß trotz eines bestehenden Außenfeldes die Feldstärke = 0 bleiben, da zwischen keinen Punkten der Innenwandung ein Spannungsunterschied besteht: Der Innenraum ist elektrisch „abgeschirmt" (Abb. 146). Man umgibt daher, um Meßpersonal oder Meßeinrichtungen vor Hochspannungsfeldern zu schützen oder um elektrische Störfelder von empfindlichen Anordnungen fernzuhalten, diese mit einem Metallschirm (FARADAY-Käfig, abgeschirmte Kabel).

Abb. 146. Elektrisches Abschirmen

d) Aufladung von Hohlkörpern, elektrostatische Höchstspannungserzeugung

Führt man eine Ladung $+Q$ mittels eines isolierten Transportkörpers z.B. aus Metall in das Innere eines hohlen, isolierten Metallkörpers mit hinreichend kleiner Öffnung ein (Abb. 147a), so werden auf der Innen-

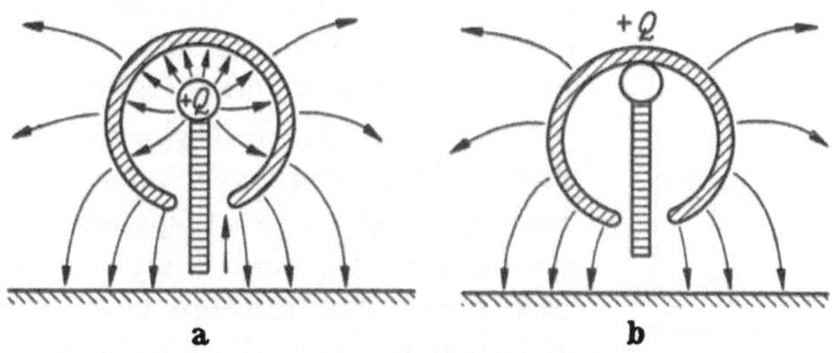

Abb. 147 a u. b. Aufladung von Hohlkörpern

fläche des Hohlkörpers Ladungen der Gesamthöhe $-Q$ gebunden (bei vernachlässigbarem „Durchgriff" der Feldlinien durch die enge Öffnung). Dadurch müssen auf seiner Außenfläche Ladungen der Gesamtgröße $+Q$

auftreten, deren Verschiebungslinien in Ladungen $-Q$ der Umgebung enden. Bei Berührung des Ladungstransporters mit dem Innenraum (Abb. 147b) gleichen sich dessen Ladungen mit den $-$-Ladungen des Innenraumes aus (der Transporter gibt also seine Ladung an den Hohlkörper ab), der Innenraum wird feldfrei, da keine Spannungsunterschiede zwischen den Leiterpunkten einschließlich des berührenden Transportkörpers möglich sind. Letzterer kann ladungslos ausgeführt und zum Einbringen neuer Ladungen verwendet werden. Die bestehende Ladung auf der Außenfläche wird mit jeder neu zugeführten Ladung Q um diesen Betrag erhöht. Bei n Ladungen der gleichen Größe Q nimmt der Hohlkörper gegen seine Umgebung eine Spannung $U = \mathrm{n}Q/C$ an (C = Kapazität zwischen Leiter und Umgebung).

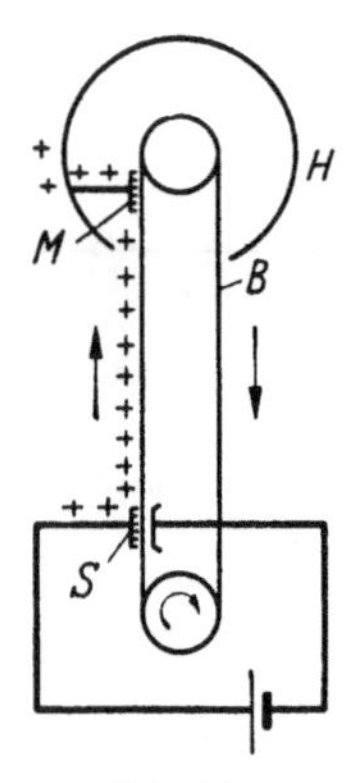

Abb. 148. VAN DE GRAAFFcher Generator

Dieses Prinzip benutzt der VAN DE GRAAFFsche Generator (Abb. 148) zum Erzeugen sehr hoher Spannungen. Als Ladungstransporter in den Hohlraumkörper H dient ein umlaufendes Isolierband B, auf das Ladungen bei S aufgesprüht werden und so auf dessen Oberfläche haften. Abnahme im Hohlraum mittels Metalldrahtbürsten M. Da die Entladung in die Umgebung die Spannungsgrenze bestimmt, baut man für Spannungen bis zu einigen Millionen Volt Hohlkörper in Luft mit Durchmessern bis zu einigen Metern (mit zunehmenden Abmaßen sinkt bei gleicher Spannung die Feldstärke) oder solche mit kleineren Abmessungen in Druckkammern (vgl. S. 171 „Entladungsformen“).

e) Ströme durch Influenz bei bewegten Ladungen

Eine in einem ungeladenen Plattenkondensator, dessen Elektroden A und B miteinander verbunden und geerdet seien (Abb. 149), eingebrachte Ladung $+Q$, die auf einer isolierten, den Platten gleich großen Leiterfläche S sitzt, influenziert auf A und B Ladungen $-Q_A$ bzw. $-Q_B$, wobei $|Q_A| + |Q_B| = Q$. Da $\mathfrak{D}$-Linien nun Ladungspaare verbinden, läßt sich die Ladung $+Q$ an S aufspalten in die Teilladungen $+Q_A$ und $+Q_B$, die auf der A bzw. B zugewandten Seite von S sitzen. A und B haben gegen S die gleiche Spannung U, also müssen sich gemäß $U = \frac{Q_A}{C_{AS}} = \frac{Q_B}{C_{BS}}$ [1]

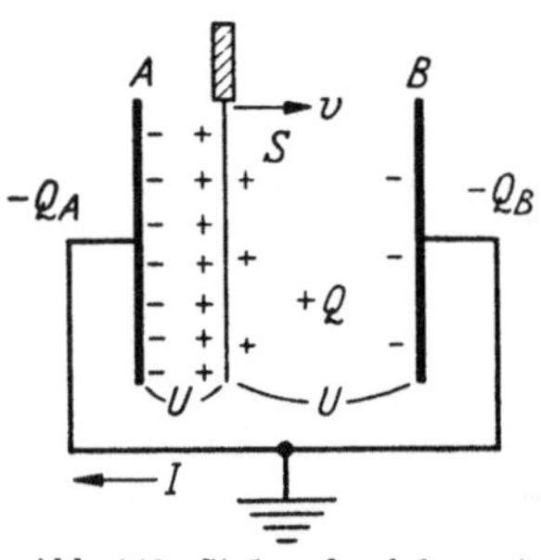

Abb. 149. Ströme durch bewegte Ladungen

[1] Q_A bzw. Q_B bezeichnen nach Gl. (91a) jeweils den positiven Partner jedes Ladungspaares, also genauer $Q_A \equiv (Q_A)_S$ und $Q_B \equiv (Q_B)_S$.

die Influenzladungen wie die Kapazitäten, d.h. umgekehrt wie die Abstände d_{AS} bzw. d_{BS} (wobei $d_{AS} + d_{BS} = d$) verhalten

$$\frac{|Q_A|}{|Q_B|} = \frac{d_{BS}}{d_{AS}}; \quad \text{mithin} \quad |Q_A| = Q\frac{d_{BS}}{d}; \quad |Q_B| = Q\frac{d_{AS}}{d}.$$

Beim Bewegen der Ladung $+Q$ von A nach B mit der Geschwindigkeit $\frac{d(d_{AS})}{dt} = v$ nimmt auf B die negative Ladung um soviel zu, als die von A abnimmt. In der Verbindungsleitung fließt somit ein Leitungsstrom von B nach A, ohne daß S eine der Elektroden berührt. Da im Kondensator die Zahl der von S nach A gerichteten Verschiebungslinien ab- und die der von S nach B gerichteten zunimmt, fließt dort ein dielektrischer Strom von A nach B: Beim Bewegen von Ladungen Q (die also am Ort ihres Durchganges einen Strom darstellen würden) besteht, ohne daß diese die Platten berühren, allein durch Influenzwirkungen ein Strom als in sich geschlossenes Band überall gleicher Stärke $I = \frac{dQ_B}{dt} = Q\frac{v}{d}$. Solche Ströme spielen beim Erzeugen von Schwingungen höchster Frequenzen eine wichtige Rolle.

E. Freie Ladungen

1. Grundlagen

a) Definition, Daten freier Ladungen

Elektronen und Ionen lassen sich frei von umgebender Materie erstellen: „Freie Ladungen". Die kennzeichnenden Daten sind:

$$\left.\begin{array}{lll} \textit{Elektron:} & \text{Ladung } Q = -e & \text{Masse } m = 9{,}108 \cdot 10^{-28}\,\text{g} \\ \textit{Ion:} & \text{Ladung } Q = \pm we & \text{Masse } m = A \cdot 1{,}66 \cdot 10^{-24}\,\text{g} \\ \multicolumn{3}{l}{\text{wobei: } e = \text{elektrisches Elementarquantum} = 1{,}602 \cdot 10^{-19}\,\text{As}} \\ \multicolumn{3}{l}{\qquad\quad A = \text{Atomgewicht } (= \text{Zahl});\ w = \text{Wertigkeit}} \end{array}\right\} \tag{122}$$

Für die in diesem Abschnitt häufig vorkommenden Rechnungen mit Massen merke man sich die aus Gl. (7) in Anhang I, A. 4 folgende Beziehung:

$$\boxed{1\,\text{g} = 10^{-7}\,\frac{\text{Ws}^3}{\text{cm}^2}} \quad \text{Umrechnung für Gramm (Masse)} \tag{123}$$

b) Erzeugung freier Ladungen

Elektronen: Glühemission; häufigste Art. Durch Erhitzen von Metallen treten aus deren Oberfläche ähnlich dem Verdampfungsprozeß von Flüssigkeiten Elektronen aus. Die Zahl der Elektronen, bezogen auf die emittierende Oberfläche und die Zeit, also die Flächendichte des Elektronenstromes, hängt ab vom Metall, insbesondere dessen Oberflächenschicht (eine dünne Oxydschicht auf Barium und Cäsium begünstigt den Austritt) und steigt rapid mit der Temperatur.

Fotoemission: Äußerer lichtelektrischer Effekt, Auslösen von Elektronen aus Metall durch Lichtquantenbeschluß (s. 1. Kap. C 6c).

Sekundäremission: Auslösen von Elektronen aus Metallen durch Elektronenbeschuß. Wichtig für Verstärkerzwecke: Sekundärelektronenvervielfacher.

Feldemission: Herausreißen von Elektronen aus Metallen durch hohe Feldstärken ($E > 10^7$ V/cm); diese werden an scharfen Kanten schon bei mäßigen Spannungen erreicht; Feldemission begrenzt die Isolation im Vakuum.

Ionen: Wichtigste Erzeugungsart: Stoßionisation. Durch genügend heftigen Elektronenbeschuß (oder Beschuß mit kurzwelligen Lichtquanten) wird ein Gasatom bzw. Molekül in ein positives Ion und Elektron bzw. in Elektronen, die sich oft an neutrale Moleküle anlagern, gespalten, meist unter Auftreten von Lichterscheinungen (s. 1. Kap. C 6c). In Luft bestehen bei Normalbedingungen etwa 1000 positive und 1000 negative Ladungsträger je cm³.

c) Freie Ladungen im Spannungsfeld (Energie)

Grundbeziehung: Da im Spannungsfeld die Spannung unabhängig vom Weg ist[1], die Antriebsenergie also zur potentiellen Energie wird, besitzt gemäß der Definition der Spannung jede freie Ladung in jedem Punkt eine bestimmte potentielle Energie. Gemäß dem allgemeinen Naturbestreben, die potentielle Energie zu verringern, hat die Ladung $+Q$ den Drang, sich vom Punkt höherer Spannung zu Punkten niederer Spannung (die Ladung $-Q$ zu solchen noch höherer) zu bewegen, also im Spannungsgebirge hinabzufallen analog einer Masse im Höhengebirge. Beim Lauf von irgendeinem Punkt der Spannungsfläche U_1^* zu irgendeinem der niederen Spannungsfläche U_2^*, also beim Durchfallen der Spannung $U = U_1^* - U_2^*$ vermindert die Ladung $+Q$ gemäß Gl. (8) ihre potentielle Energie um

$$\boxed{W_{\text{pot}} = Q\,U} \tag{8}$$

wobei ein gleich großer Energiebetrag in anderer Form ersteht.

Anwendung: Ist die durchlaufene Strecke hindernisfrei, so setzt sich die potentielle Energie vollständig in kinetische um, die Ladung speichert also Energie und transportiert sie fort. Bei der Anfangsgeschwindigkeit Null wird die um U niedere Spannungsfläche – unabhängig vom

---

[1] Siehe Fußn. 2, S. 15.

zwischenliegenden Weg – mit einer Geschwindigkeit v erreicht:

$$Q\,U = m\frac{v^2}{2}, \quad v = \sqrt{\frac{2Q}{m}\,U}$$

v wächst also mit der Wurzel aus der Spannung. Insbesondere ist die Geschwindigleit der Elektronen ($Q = -e$) beim Durchlaufen einer Spannung $-U$

$$v = \sqrt{\frac{2e}{m}\,U} = \sqrt{\frac{2\cdot 1{,}6\cdot 10^{-19}\,\mathrm{As\,cm^2}}{9{,}11\cdot 10^{-35}\,\mathrm{Ws^3}}\,U}$$

$$= 5{,}93\cdot 10^7\sqrt{\frac{U}{\mathrm{Volt}}}\,\frac{\mathrm{cm}}{\mathrm{s}} \approx 600\sqrt{\frac{U}{\mathrm{V}}}\,\frac{\mathrm{km}}{\mathrm{s}}$$

$v = 600\sqrt{\frac{U}{\mathrm{V}}}\,\frac{\mathrm{km}}{\mathrm{s}}$	Elektronengeschwindigkeit nach freiem Durchlaufen der Spannung $-U$	(124)

Da sich Elektronen wegen ihrer sehr geringen Masse außerordentlich schnell bewegen lassen, verhalten sie sich praktisch trägheitsfrei, was technisch weitgehend ausgenützt wird. Bei Rundfunkröhren mit $U \approx 100$ V erlangen sie am Ende ihres Fluges etwa $v \approx 6000$ km/s, also $^1/_{50}$ Lichtgeschwindigkeit! Überlichtgeschwindigkeiten können grundsätzlich nicht erzielt werden, da gemäß dem Massengesetz der Relativitätstheorie $m = \frac{m_0}{\sqrt{1 - v^2/c^2}}$ (c = Lichtgeschwindigkeit, m_0 = „Ruhemasse" = Massenwert für einen ihr gegenüber ruhenden Beobachter) sich die Masse vergrößert.

d) Freie Ladungen im Feldstärkefeld (Kraft)

Grundbeziehung: Eine Ladung $= Q$ erhält im Spannungsfeld einen Bewegungsantrieb in Richtung größter Spannungsabnahme (s. Fußn. 2, S. 128), also in Richtung des Feldstärkevektors $\mathfrak{E}$. Die beim Lauf zum Nachbarpunkt in dieser Richtung mit der um dU geringeren Spannung verlorene potentielle Energie Q $(-\mathrm{d}U)$, s. Abb. 150a vermag längs dieses Weges dn die Arbeit Kraft × Weg $= F\,\mathrm{d}n$ zu leisten, also $-Q\,\mathrm{d}U = F\,\mathrm{d}n$; $F = -Q\,\frac{\mathrm{d}U}{\mathrm{d}n} = QE$. Oder unter Einbeziehung der Richtung:

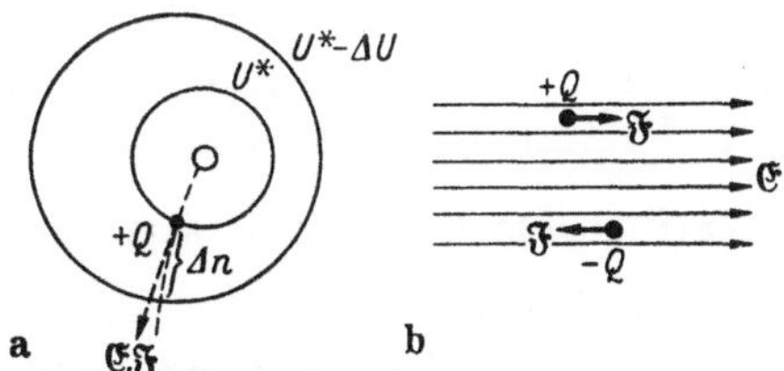

Abb. 150 a u. b. Zur Kraftwirkung im Feldstärkefeld

Ein Ladungsträger erfährt im elektrischen Feld eine eingeprägte Antriebskraft (= Urkraft),	$\mathfrak{F} = Q\mathfrak{E}$	(125)

Die Kraft wirkt bei positiver Ladung in Richtung der Feldstärke, bei negativer in entgegengesetzter (Abb. 150b). Diese Beziehung zur Kraft beinhaltet am anschaulichsten das Wesen der Feldstärke. Man beachte, daß in Gl. (125) gemäß ihrer Herleitung $\mathfrak{E}$ die am betreffenden Punkt herrschende Feldstärke bedeutet, wenn die Ladung entfernt wäre (also das $\mathfrak{E}$-Feld der Ladung ist nicht zu berücksichtigen!).

Anwendungen: Bei hindernisfreier Bahn erhält der Ladungsträger eine Beschleunigung b

$$F = m b$$

$$b = \frac{Q}{m} E \qquad \text{beim Elektron} \quad |b| = \frac{e E}{m} = 1{,}75 \cdot 10^{15} \frac{E}{\text{V/cm}} \frac{\text{cm}}{\text{s}^2}$$

Bei der geringen Feldstärke $E = 1$ V/cm ist b für ein Elektron also $1{,}75 \cdot 10^{15}$ cm/s², d.h. über billionenfach höher als die Erdbeschleunigung ($g = 981$ cm/s)!

Coulombsches Gesetz: 2 Ladungen Q_1, Q_2 in der gegenseitigen Entfernung r üben Kräfte aufeinander aus, da die eine sich im Feld der anderen befindet. Bei z.B. positiver Ladung Q_1 ist der Verschiebungsfluß und mithin auch die von Q_1 am Ort von Q_2 erzeugte Feldstärke von Q_1 fortgerichtet (Abb. 151); eine positive Ladung Q_2 wird somit abgestoßen, eine negative angezogen, allgemeiner: Gleichnamige Ladungen stoßen einander ab, ungleichnamige ziehen einander an. Zum Ermitteln des Kraftbetrages auf z.B. Q_2 denken wir uns gemäß Gl. (125) zunächst Q_2 entfernt und berechnen die dort von Q_1 erzeugte Feldstärke E_1. Da der von Q_1 radial ausgehende Verschiebungsfluß die Stärke Q_1 hat, ist seine Dichte D_1 in der Entfernung r vom Quellenzentrum $D_1 = \frac{Q_1}{4\pi r^2}$[1] also $E_1 = \frac{Q_1}{4\pi\varepsilon r^2}$. Die Kraft auf Q_2, die wegen actio = reactio so groß wie die auf Q_1 wirkende ist, beträgt $F = Q_2 E_1$, also:

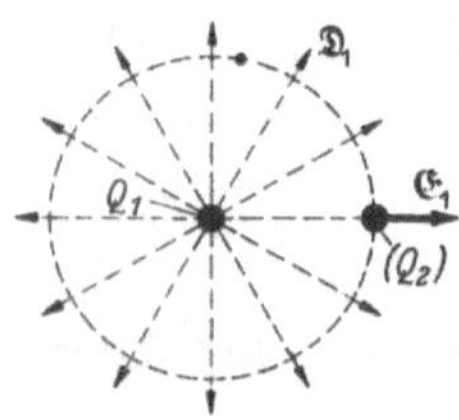

Abb. 151. Zum Coulombschen Gesetz

$$\boxed{F = \frac{Q_1 Q_2}{4\pi\varepsilon r^2}}$$ Kraft (anziehende, abstoßende) zwischen 2 Ladungen Q_1, Q_2 in Entfernung r im Medium mit ε; Coulombsches Gesetz (126)

Die Kräfte nehmen wie die Gravitationskräfte mit den Quadrat der Entfernung ab.

e) Ströme aus freien Ladungen = Konvektionsströme

Wesen: Sich bewegende freie Ladungen (s. Abb. 152) stellen gemäß der Stromdefinition einen Strom dar: „Konvektionsstrom". Ihm fehlt

[1] Hierzu Kugel mit Radius r um Quellpunkt, deren gesamte Oberfläche vom Fluß durchstoßen wird. Also Gesamtquerschnitt des Flusses $A = 4\pi r^2$; $D_1 = Q_1/A$.

im Gegensatz zum Leitungsstrom die neutralisierende Umgebung. Neben Leitungsstrom und dielektrischem Strom ist er die dritte (und letzte) Stromart.

Vorerst sei die räumliche Ladungsdichte ϱ (Analogon zur Oberflächendichte σ) definiert: Befinden sich im Volumen ΔV um den betrachteten Punkt herum Ladungsträger mit der Gesamtladung ΔQ[1], so ist

$$\boxed{\varrho = \frac{\mathrm{d}Q}{\mathrm{d}V}}$$ Räumliche Ladungsdichte (im betrachteten Punkt) Definitionsgleichung (127)

Bei N Ladungsträgern der Einzelladung Q', in 1 cm³ gleichmäßig verteilt, ist dort überall $\varrho = NQ'$ 1/cm³.

Stromstärke: Denken wir uns einen Konvektionsstrom auf gleichen Querschnitt q ausgeblendet (= Elektronenstrahl bzw. Ionenstrahl), so strömt durch eine herausgegriffene Stelle AA (s. Abb. 152) in der Beobachtungszeit Δt die Gesamtladung ΔQ, die im Zylinder der Grundfläche q und Länge $\Delta s = v\Delta t$ (denn die vordersten Teilchen legten von AA aus die Strecke $v\Delta t$ zurück) enthalten ist, also $\Delta Q = \varrho q v \Delta t$. Mithin:

$$I_{\mathrm{Konv}} = \frac{\mathrm{d}Q}{\mathrm{d}t} = \varrho v q \quad \text{Stromstärke}$$

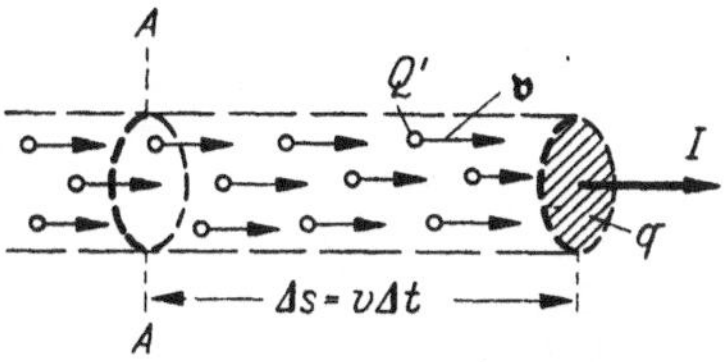

Abb. 152. Zum Konvektionsstrom

Stromdichte: $G_{\mathrm{Konv}} = \varrho v$, oder vektoriell geschrieben, da Stromdichte und Teilchengeschwindigkeit ($\mathfrak{v}$) gleiche Richtung haben

$$\boxed{\mathfrak{G}_{\mathrm{Konv}} = \varrho \mathfrak{v}}$$ Konvektionsstromdichte bei Raumladungsdichte ϱ und Teilchengeschwindigkeit $\mathfrak{v}$ (128)

2. Anwendungen

a) *Ströme im Hochvakuum (Elektronen)*

Aufbau: Die Ladungsträger sind meist Elektronen. Das Elektronenrohr besteht im einfachsten Fall (sog. Diode, s. Abb. 153 a) aus 2 spannungsführenden Elektroden (Kondensator), dessen eine – z. B. ausgebildet als mittels Strom erhitzter Metallfaden – Elektronen emittiert. Alles untergebracht in einem gut evakuierten Kolben (Druck möglichst $< 10^{-6}$ Torr). Die Elektronen (Ladung negativ!) können sich nur von der Glühelektrode fortbewegen, wenn die Feldstärke auf diese zu ge-

[1] Beachte: ϱ ist eine makroskopische Größe, die so definiert ist, als wäre die von den mikroskopischen Einzelladungen gebildete Gesamtladung räumlich kontinuierlich verteilt. ΔQ ist also viel größer als die Einzelladung Q'.

richtet ist, d.h. wenn die Glühelektrode negative Spannung gegenüber der Gegenelektrode führt. Die Glühelektrode heißt daher Katode, die Gegenelektrode Anode.

***U-I*-Kennlinie** (s. Abb. 153 b): Sie besteht aus 3 Gebieten mit verschiedenen physikalischen Gesetzen.

Sperrgebiet: Anodenspannung U negativ in bezug zur Katode. Da die ausgetretenen Elektronen zur Elektronenquelle zurückgetrieben werden, ist $I = 0$.

Sättigungsgebiet: Anodenspannung positiv und so groß ($U > U_s$ = Sättigungsspannung), daß alle von der Elektronenquelle angebotenen Elektronen zur Anode gelangen. Mehr Elektronen stehen nicht zur Verfügung, der Strom bleibt trotz Spannungserhöhung konstant: Sättigungsstrom.

Raumladungsgebiet: $U < U_s$. Die wegen der geringeren Spannung „länger“ vor der Katode befindlichen Elektronen stellen eine negative „Raumladung“ dar, die einen Teil der Elektronen am Austritt hindert. I wird spannungsabhängig.

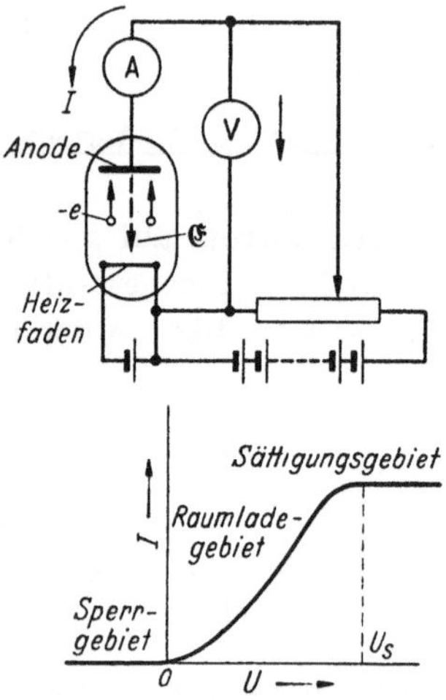

Abb. 153 a u. b. Zum Elektronenrohr

Die von üblichen Elektronenquellen nach den Emissionsgesetzen je Zeiteinheit zur Verfügung gestellten Elektronen liefern in der Regel Ströme der Größenordnung $I = 1 \ldots 100$ mA.

Die U-I-Kennlinie befolgt bei Konvektionsströmen im Hochvakuum nicht das Ohmsche Gesetz. Die Ströme sind bei merklichem Spannungsbedarf ($U = 100 \ldots 1000$ V) üblicherweise klein ($I = 1 \ldots 100$ mA).

Anwendungen

Elektronenröhren (meist mit 1 oder mehreren Metalldrahtgittern zwischen Katode und Anode) werden vornehmlich in der Schwachstromtechnik zur Verstärkung, Schwingungserzeugung und Gleichrichtung benutzt.

Braunsche Röhren, s. Abb. 155. Durch die mit einem Loch versehene Anode tritt ein Elektronenstrahl, der durch elektrische Querfelder abgelenkt werden kann. Er gibt beim Aufprall auf einen „Leuchtschirm“ einen Lichtfleck. Verwendet zum Oszillographieren und Fernsehen.

Röntgenröhren, Elektronenmikroskope, Bildwandler u.a.m.

b) Ströme in Gasen (Elektronen und Ionen)

Grundsätzliches: Man bezeichnet den Stromdurchgang durch Gase als Gasentladung, zugehörige Kondensatoranordnungen, bei denen das umgebende Gas durch ein Gefäß abgegrenzt ist, als Gasentladungsröhren. Der Stromdurchgang beruht auf Stoßionisation (Kernstück): Vorhandene oder zusätzlich künstlich eingebrachte Ladungsträger (im ersten Fall heißt die Entladung selbständige, im zweiten unselbständige) werden durch eine angelegte Spannung beschleunigt und spalten bei genügend hoher Aufprallenergie Gasmoleküle in positive Ionen und Elektronen; diese nun angetriebenen Teile schaffen, soweit sie sich nicht wieder vereinigen, weitere Ladungsträger usw. Die Ladungsträger bei den Gasentladungen sind also die nach der Anode laufenden Elektronen (und negativen Ionen) und die wegen ihrer größeren Masse und Abmaße viel langsamer nach der Katode laufenden positiven Ionen. Wegen der Stoßionisation sind die Gasentladungen in der Regel von Lichterscheinungen begleitet (vgl. ihre technische Anwendung zur Lichterzeugung). Die Gasentladungsformen sind außerordentlich mannigfaltig.

Entladungsformen: Zündung: Jede Gasentladungsstrecke ohne künstlich eingebrachte Träger führt unterhalb der sog. „Zündspannung U_z“ wegen dann seltener Stoßionisation[1] außerordentlich kleine Ströme (meist $< 10^{-12}$ A) ohne merkliche Lichterscheinung, um bei Überschreiten der Zündspannung in eine um sehr viele Größenordnungen stromstärkere Entladung (z.B. 1...1000 A) mit Lichterscheinung umzuschlagen. Die Zündspannung trennt praktisch das Verhalten des Gases als Nichtleiter und als „Leiter“.

Die Zündung entsteht durch so hohe Stoßionisation, daß im Mittel jedes die Katode verlassende Elektron so viele neue Ladungsträger bei seinem Lauf zur Anode schafft, daß die zur Katode zurückwandernden positiven Träger dort mindestens wieder ein Elektron erstehen lassen (sie spielen also die Rolle einer Rückkopplung, Aufschaukelprozeß durch Selbsterregung). Durchschlagfeldstärke in Luft von Normaldruck bei nicht zu kleinen Abständen $E \approx 23$ kV/cm.

Mittel, um die Durchschlagspannungen hinaufzusetzen, sind: Größere Elektrodenabstände, Vermeiden von Kanten und Spitzen an den Elektroden, Druckänderung (entweder außerordentlich gutes Vakuum oder Druckerhöhung, denn im letzten Fall stoßen die beschleunigten Elektronen infolge der größeren Gasdichte schon nach Durchlaufen einer kleineren Wegstrecke mit den Molekülen zusammen, prallen also mit geringerer Energie auf). Verwenden schwerer als Luft ionisierbarer Gase (Kohlenstoffchlorid, Freon).

---

[1] Stoßionisation noch vorhanden, da die Energie, mit der die einzelnen Elektronen aufprallen, statistisch schwankt.

Coronaentladung: Nimmt wie bei Hochspannungsleitungen die Feldstärke in Elektrodennähe mit der Entfernung stark ab, so beschränkt sich die Stoßionisation, erkenntlich durch Glimmsaum oder Sprüherscheinung, nur auf das elektrodennahe Gebiet.

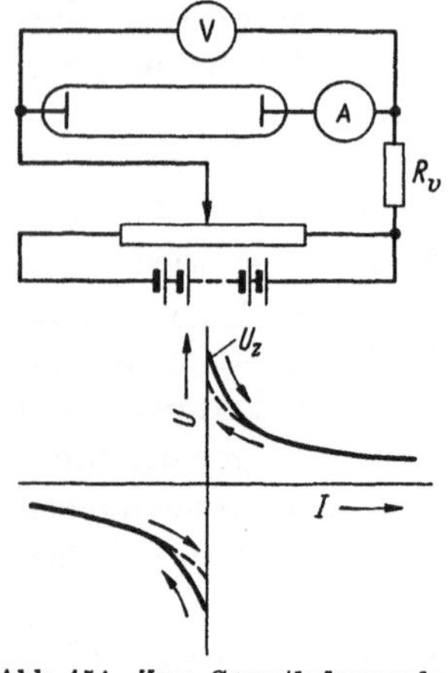

Abb. 154. Zum Gasentladungsrohr

Glimmentladung. Sie tritt ein, wenn I durch die Schaltung so begrenzt ist (auf etwa < 1 A), daß die Katode kalt bleibt.

Bogenentladung: I so groß (> 1 A, in Technik bis einige 10000 A), daß die Katode hohe Temperatur annimmt und viele Elektronen spendet, U meist < 50 V. Blitz: I bis 50000 A.

U-I-Kennlinie bei Glimm- und Bogenentladung (s. Abb. 154 für Bogen[1]). Für $U < U_Z$ sind die Ströme beim vorliegenden Maßstab undarstellbar klein. Nach erfolgter Zündung braucht die Gasstrecke mit zunehmendem Strom weniger Spannung: Fallende Kennlinie. Um gefährliches Stromanwachsen zu verhindern, ist ein Vorschaltwiderstand nötig. Für zunehmenden und abnehmenden Strom wird die Kennlinie wegen verschiedener Erwärmungsvorgeschichte verschieden. Insgesamt

> Bei Glimm- und Bogenentladung fallende Kennlinie. Vorwiderstand erforderlich. Der Lichtbogen ist die stromstärkste, spannungsschwächste Gasentladung.

Anwendungen außerordentlich vielseitig

Für $U < U_Z$ Stromverstärkung, z.B. bei gasgefüllten Fotozellen;

für $U > U_Z$ Glimmlampen, Glimmstabilisatoren = Spannungskonstanthalter (bei kurzer Entladungsstrecke ist, solange sich die Katode nicht völlig mit Glimmlicht bedeckt, bei sich änderndem Strom $U \approx$ konst).;

Gasentladungslampen, Lichtbogen für Beleuchtungszwecke, Lichtbogen zum Schweißen und Schmelzen ($I \approx 100 \ldots 1000$ A);

Quecksilberdampfgleichrichter. Sie besitzen im Prinzip eine heiße Elektrode = Brennfleck auf Quecksilber und eine kalte und sind daher stromdurchlässig, wenn die kalte Elektrode positiv ist und stromsperrend, wenn diese negativ wird ($I = 0$). Sie dienen daher zum Gleichrichten von Wechselströmen (s. 4. Kap.). Kennlinie entsprechend dem rechten Ast in Abb. 154, I bis < 10000 A, $U \approx 20$ V.

[1] Beachte: Im Gegensatz zu Abb. 153 ist hier U über I, dort I über U aufgetragen.

Aufgaben zum Zweiten Kapitel

23. Wie lang muß das Band eines Wickelkondensators für $C = 2\,\mu F$ sein bei 5 cm Bandbreite und 3 Papierlagen von je 10 μ Stärke übereinender, $\varepsilon_{rel} = 4$? Wie groß sind bei Aufladung auf 250 V Feldstärke, Ladung, Oberflächendichte, Verschiebungsfluß, Verschiebungsdichte und gespeicherte Energie?

24. Berechne und zeichne den Kapazitätsverlauf über dem Drehwinkel

a) für einen 180°-Drehkondensator mit kreisförmigem Plattenschnitt, bestehend aus 6 Stator- und 5 Rotorplatten, Durchmesser 8 cm, Plattenspalt 0,5 mm (Anfangskapazität sei vernachlässigt) für Luft, für Ölfüllung ($\varepsilon_{rel} = 2{,}3$),

b) bei zusätzlicher

α) Parallelschaltung,

β) Reihenschaltung eines Festkondensators $C_0 = 200$ pF zum Luftkondensator.

25. Zur Erzeugung hoher (Stoß)spannungen werden die Kondensatoren einer Kondensatorbatterie in Parallelschaltung aufgeladen und dann in Reihe geschaltet.

a) Zeichne das Schaltbild für eine Batterie mit 8 Kondensatoren zu je 6000 pF und einer Aufladespannung von 200 kV.

b) Welche Gesamtspannung entsteht bei Reihenschaltung?

c) Wie groß ist die gesamte Elektrizitätsmenge und Energie bei Aufladung, bei Entladung?

26. Ein Kondensator von 2 μF entlädt sich selbst in 80 s auf die halbe Spannung.

a) Wie groß ist sein wirksamer Ableitewiderstand? Zeichne maßstäblich unter Benutzung der Halbwertszeit Entladespannung und Entladestrom nach Aufladung auf 200 V.

b) Durch Parallelschalten eines Widerstandes R_x entlädt sich dieser Kondensator in 15 s auf die Hälfte, wie groß ist R_x?

c) Wie groß wären bei Kurzschluß über einen Draht ($R = 20\,\text{m}\Omega$) Anfangsstrom, Anfangsleistung und Halbwertszeit? Warum entsteht ein laut knallender Funke?

27. Berechne für ein Braunsches Rohr (Abb. 155) die Ablenkung s des Leuchtfleckes auf dem Schirm in Abhängigkeit von der Spannung U_p der Ablenkplatten

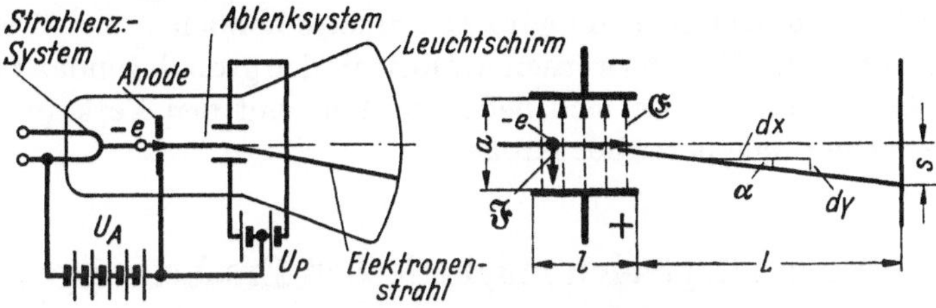

Abb. 155. Braunsches Rohr, zu Aufgabe 27

bei kleinen Ablenkwinkeln des Strahles. $U_p \ll U_A$ (Anodenspannung). Mit welcher Geschwindigkeit treffen die Elektronen auf den Schirm bei $U_A = 2{,}5$ kV? Wie fließt nach dem Auftreffen auf den Schirm der Strom weiter?

28. Für die Strom-Spannungskennlinie eines Lichtbogens wurden folgende Werte gemessen:

$I =$	1	2	3,5	5	7	10 A
$U_B =$	80	65	52	44	39	37 V

a) Wie groß muß der Vorwiderstand sein, damit der Bogen bei 110 V Netzspannung mit α) 3,5 A, β) 6 A brennt?

b) Welcher Strom fließt bei α) $R_v = 20\ \Omega$, β) $R_v = 11\ \Omega$?

Drittes Kapitel

Elektromagnetische Erscheinungen

Bisher wurden die elektrischen Erscheinungen in Leitern und die in Nichtleitern behandelt. Dieses letzte Kapitel der Grundlagen hat die elektrischen Erscheinungen, die im Zusammenhang mit den *magnetischen* auftreten, zum Ziel. Die Bindung zwischen elektrischen und magnetischen Vorgängen ist besonders eng, da eine zweifache Verkopplung besteht:

1. Elektrischer Strom ist begleitet vom Magnetfeld	(Durchflutungsgesetz)
2. Magnetflußänderungen sind begleitet von elektrischen Spannungen	(Induktionsgesetz)

Die 1. Verkopplung wurde bereits erwähnt bei den Stromkennzeichen, die 2. bei der Erzeugung von Urspannungen. Da die Verkopplungen stets bestehen, sind diese Erscheinungskomplexe sehr häufig und maßgebend, ihre technischen Anwendungen äußerst wichtig.

Die Behandlung des Elektromagnetismus ist schwieriger als das Bisherige. Grund: Wirbel (elektrische und magnetische) bilden den Hauptkern. Diese aber sind uns meist ungewohnt, zudem verbinden wir mit ihnen landläufig, herrührend vom Wasserwirbel, den Begriff der Unordnung, während es sich hier um ganz Geordnetes handelt.

Stoffeinteilung: Vorerst werden wir uns mit den grundlegenden magnetischen Erscheinungen an sich befassen, dann mit den Verkopplungen elektrischer und magnetischer Größen.

I. Die grundlegenden magnetischen Erscheinungen

Magnetismus ist der Ausdruck eines besonderen Zustandes des Raumes, der sich z. B. in Kraftwirkungen auf die Magnetnadel oder auf Eisenfeilspäne äußert. Sehr zum Vorteil einer Vereinheitlichung der Darstellung sind die magnetischen Erscheinungen durch die gleiche Begriffswelt wie die elektrischen beschreibbar[1]: Durch den Strombegriff im übertragenen Sinn (Magnetfluß), als Ausdruck einer in sich geschlossenen Erscheinung von in jedem Querschnitt gleicher Gesamtstärke, und durch

[1] Das ist begründet in der ganz analogen Form der beiden Verkopplungen und in allgemeinen Eigenschaften der Wirbel.

den Spannungsbegriff[1] im übertragenen Sinn (magnetische Spannung), wobei die Urspannung den Strom veranlaßt und der Spannungsabfall die auf eine Strecke des Stromkreises entfallende Teilwirkung des Antriebs kennzeichnet. Wir werden wegen dieser Verwandtschaft die magnetischen Größen durch Analogiebetrachtungen zu den entsprechenden elektrischen einführen und die Stoffbehandlung wie dort in eine linienhafter und eine räumlicher magnetischer Leiter gliedern.

A. Linienhafte magnetische Leiter

Unter einem linienhaften Leiter verstehen wir den idealisierten Grenzfall, bei dem magnetische Erscheinungen nur auf eine linienhafte Leiterbahn beschränkt seien. Da es im Gegensatz zum elektrischen Fall keine magnetischen Nichtleiter gibt[2], sondern alle Stoffe magnetisch durchlässig sind, ist dieser Idealfall nur mehr oder weniger gut anzunähern durch magnetisch sehr gute Leiter (Weicheisenstab) in schlecht leitender Umgebung (Luft). Eine geschlossene Bahn linienhafter Leiter heißt „magnetischer Kreis".

1. Analogien

Elektrischer Fall		*Magnetischer Fall*	
a) Die 3 Grundgrößen:			
Stromstärke	I	Stärke des Magnetflusses	Φ
Spannung: Urspannung	E	magnetische Spannung: Urspannung	Θ
Spannung: Spannungsabfall	U	magnetische Spannung: Spannungsabfall	V
Widerstand	$R = \frac{U}{I}$	magnetischer Widerstand	$R = \frac{V}{\Phi}$

b) Einfachster Stromkreis:

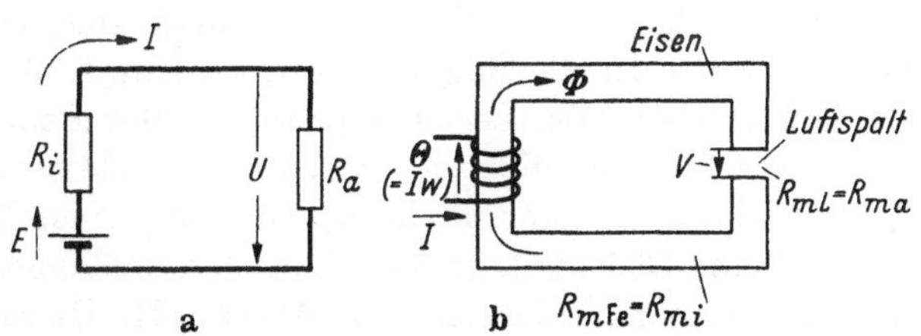

Abb. 156 a u. b. a) Elektrischer Grundstromkreis; b) Magnetischer Grundstromkreis

[1] Siehe Fußn. 1, S. 122.
[2] Vgl. jedoch die Bemerkung am Ende des Abschnittes S. 189.

c) Grundgesetze:

E treibt Strom an	Θ treibt Fluß an
Strom = geschlossenes Band überall gleicher Stärke I	Fluß = geschlossenes Band überall gleicher Stärke Φ
$R = \varrho \frac{l}{q} = \frac{l}{\varkappa q}$	$R_\mathrm{m} = \frac{l}{\mu q}$
Im unverzweigten Kreis $I = \frac{E}{R_\mathrm{ges}}$	Im unverzweigten Kreis $\Phi = \frac{\Theta}{R_\mathrm{m\,ges}}$
Allgemein:	Allgemein:
Bei Knoten $\sum I_\nu = 0$	Bei Knoten $\sum \Phi_\nu = 0$
Bei Maschen $\sum_{\circlearrowleft} E_\nu = \sum_{\circlearrowleft} U_\nu$	Bei Maschen $\sum_{\circlearrowleft} \Theta_\nu = \sum_{\circlearrowleft} V_\nu$

2. Einzelbetrachtungen

a) *Magnetischer Fluß*

Wesen:

> Der magnetische Fluß ist die magnetische Erscheinung, die (beim Wirken einer magnetischen Urspannung) sich im magnetischen Kreis mit gleicher Stärke in jedem Gesamtquerschnitt ausbildet, also Stromcharakter im tieferen Sinn besitzt.

Beachte besonders: Tatsächlich *strömt* beim magnetischen Fluß ebensowenig etwas wie beim dielektrischen Strom- und Verschiebungsfluß.

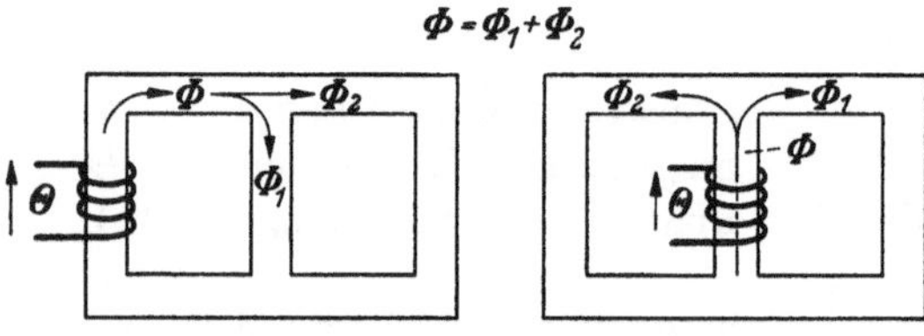

Abb. 157. Zum Stromcharakter des Magnetflusses

Bei Stromverzweigungen gilt entsprechend dem Stromcharakter der Knotenpunktsatz, siehe Abb. 157.

Magnetflußstärke Φ: *Zur Definition:* Da das magnetische Gebiet ein arteigenes ist, läßt sich 1 magnetische Größe nicht ableiten (Grundgröße). Als diese wählen wir die Magnetflußstärke. Ihre Einheit nennen wir 1 Weber, Kurzzeichen Wb. Leider wird sie – unter Benutzung des Induktionsgesetzes als Verkopplungsgesetz zu einer elektrischen Größe (Spannung) – mit dieser in ganz analoger, inkonsequenter Weise verknüpft, wie dies beim Dielektrikum zwischen Verschiebungsflußstärke und Folienladung geschah. Behandlung s. Abschn. II. Hieraus erklärt sich, daß Dimension und damit Einheit von Φ bei jetziger Gepflogenheit elektrischer Art wird:

1 Weber (Wb) = 1 Voltsekunde (Vs)	Flußstärkeeinheit (129)

In der Elektrotechnik sehr verbreitet ist die kleinere Einheit

$$1\,\text{Maxwell} = 10^{-8}\,\text{Vs} \tag{129a}$$

vgl. Anhang I, A. 4 und C.

Vorzeichen von Φ: Als Richtung des Magnetflusses definierte man diejenige, in die das blaue Ende einer Magnetnadel weist. Also verläuft, da im Norden der Erde ein magnetischer Südpol liegt, der Fluß außerhalb einer magnetischen Spannungsquelle vom Nordpol zum Südpol. Φ wird positiv gezählt, wenn die Richtung des Magnetflusses mit der Richtung der positiven Koordinatenachse des gewählten Bezugssystems übereinstimmt.

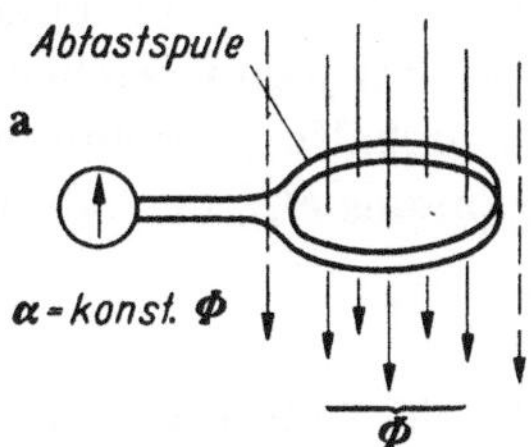

Meßinstrument: Flußmesser = Fluxmeter. Es mißt den Fluß mit Hilfe der Verkopplung zur elektrischen Spannung und besteht aus einer Abtastspule, die um den zu messenden Fluß gelegt wird, angeschlossen an ein „Kriechgalvanometer"[1] (s. Abb. 158a).

Instrumentenausschlag α = konst. Φ.

(Φ = von Spule umfaßter Fluß bzw. Flußteil.)

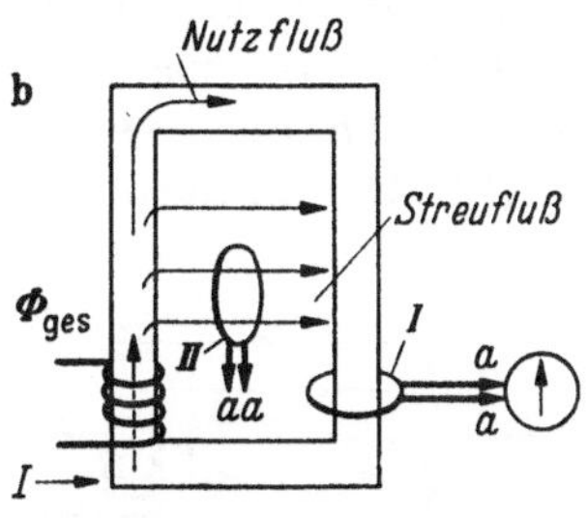

Abb. 158 a u. b. Flußmesser und Flußmessung

Experiment zur Veranschaulichung (Abb. 158b): Bei Stromfluß (= Erzeugen der magnetischen Urspannung) zeigt das Instrument bei Lage I der Abtastspule einen Ausschlag. Er bleibt grob, aber nicht exakt, beim Abfahren entlang des Eisenkreises konstant. Grund: Ein Teil des Flusses geht, wie Spule in Lage II verdeutlicht (Instrument mißt den dort umfaßten Flußteil!), außerhalb des Eisenweges durch Luft als Nebenschluß: Streufluß. Eine tatsächliche Eisenstrecke ist kein vollkommener linienhafter Leiter.

b) *Magnetische Spannung*

Wesen: Es gibt eine Erscheinung, die den magnetischen Fluß antreibt. Kein Fluß existiert ohne diesen Antrieb.

> Die magnetische Spannung ist die Größe, die den Flußantrieb durch Bezugnahme auf die Energie charakterisiert. Sie tritt auf in den beiden Formen: Urspannung Θ und Spannungsabfall V.

Urspannung = magnetische Spannung, die erzeugt wird (Spannungsursache). Wir kennen zwei Erzeugungsarten:

[1] Richtkraft gegenüber der bei Bewegung auftretenden elektrischen Bremskraft (s. Abschn. III) vernachlässigbar, Zeitkonstante klein gegen Meßzeit. Empfindliche Galvanometer können so eingerichtet werden.

1. Durch Dauermagnete,

2. durch den elektrischen Strom unter Benutzung des 1. Verkopplungsgesetzes (Durchflutungsgesetz). Die stromdurchflossene Spule (s. z. B. Abb. 156b) ist eine häufige Form der magnetischen Spannungsquelle. Bei allen magnetischen Urspannungen bereitet anfänglich der Umstand Schwierigkeit, daß sie ihren Sitz nicht wie bisher die kennengelernten Urspannungen eng lokalisiert in einer Trennfläche haben; z. B. bringt eine stromdurchflossene Spule als Ganzes einen bestimmten Antrieb für den von ihr umfaßten Fluß hervor.

Wie für jede Ursachengröße gilt für Θ das Überlagerungsgesetz: Bei Reihenschaltung mehrerer Einzelurspannungen Θ_ν ist die Gesamturspannung Θ_{ges} (s. Abb. 159)

$$\Theta_{ges} = \sum \Theta_\nu$$

Nach Abb. 156b, an welcher die Analogiebetrachtung über den magnetischen Kreis angeknüpft hat, ist $\Theta = wI$, wobei w die Windungszahl, I die Stromstärke der Spule ist. Die elektrische Größe $\Theta = \sum I$ nennt man die „elektrische Durchflutung", vgl. Durchflutungsgesetz S. 191. Darum hätten wir für die magnetische Urspannung eigentlich

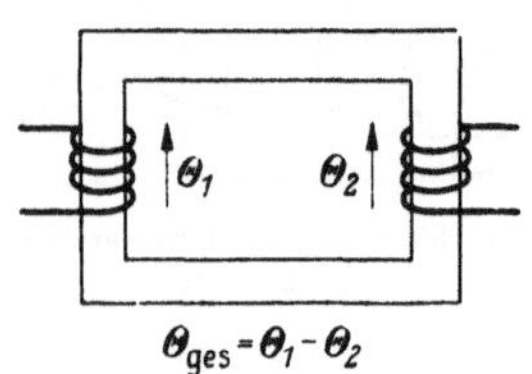

Abb. 159. Zum Überlagerungsgesetz magnetischer Urspannungen

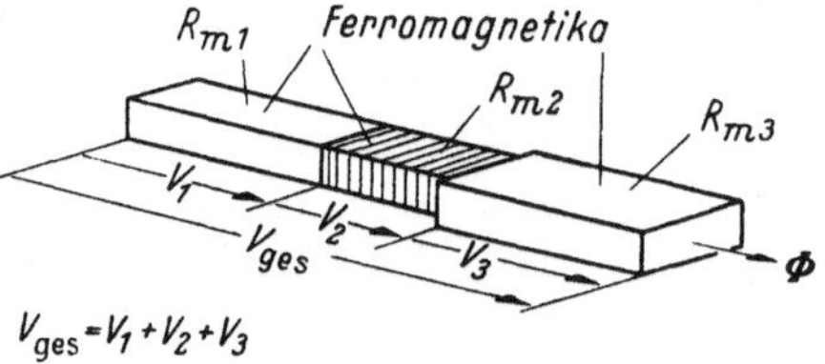

Abb. 160. Zum Spannungsabfall

setzen müssen $V_{Ur} = \text{konst.}\ \Theta$ und hinsichtlich der Konstanten in dieser Gleichung bedenken müssen, daß V_{Ur} eine magnetische, aber Θ eine elektrische Größe ist. Wir haben also hier die Konstante als reine Zahl 1 vorausgesetzt. Daher konnten wir Θ unmittelbar als magnetische Urspannung bezeichnen; bei dieser Auffassung wollen wir auch im folgenden bleiben. Die Verfügung über die Konstante erscheint an dieser Stelle der Darlegungen als eine Willkür, über die noch gesprochen werden wird (S. 180 und 193). Wir nehmen sie hin, sie entspricht der allgemeinen Übung.

Spannungsabfall = magnetische Spannung, die als Wirkung der Urspannung längs einer Strecke A–B entsteht, d. h. Spannung, die zum Durchtreiben des Flusses durch eine Strecke notwendig ist. Analog dem elektrischen Partner ist der Spannungsabfall zwischen zwei Punkten gleich der Summe der Spannungsabfälle auf irgendeinem Weg zwischen diesen beiden Punkten[1] (s. Abb. 160).

$$V_{\text{ges}} = \sum V_\nu$$

Durchsetzt der gleiche Fluß die Widerstände R_{m1}, R_{m2}, R_{m3}, so ist

$$V_1 : V_2 : V_3 = R_{m1} : R_{m2} : R_{m3} \tag{130}$$

Synthese beider Spannungsbegriffe im magnetischen Kreis: Die Urspannung ist gleich der Summe aller Spannungsabfälle beim Umlauf im Kreis (Spezialfall des Maschensatzes bei Wirkung von einer Urspannung)

$$\Theta = \sum V_\nu = \Phi R_{\text{m ges}} \tag{131}$$

Definition: Die elektrische Spannung wurde mit Hilfe der Energie definiert. Also definieren wir die magnetische Spannung ebenso mittels der magnetischen Energie. Wie im elektrischen Fall wird in der Urspannungsstelle andere Energie (elektrische) in magnetische umgesetzt und diese auf den Kreis verteilt. Laut Experiment geschehen aber im magnetischen Kreis Energieänderungen nur, wenn die Magnetflußstärke sich ändert, also im Unterschied zum Fall des Leiters keine Energieumsätze bei konstanter Flußstärke. Wir erkennen, die magnetischen Größen sind so definiert, daß sich schaltungsmäßig, d.h. hinsichtlich des örtlichen Verhaltens, völlige Analogien zum elektrischen Fall ergeben; dann bestehen aber nicht völlige Analogien im energetischen Verhalten. Die von einem passiven Zweipol bei Erhöhung der Flußstärke um $\mathrm{d}\Phi$ aufgenommene Energie $\mathrm{d}W$ erweist sich als proportional zu $\mathrm{d}\Phi$. Ferner hängt sie nur vom Antrieb ab. Da über der halben Länge eines homogenen linienhaften Leiters gleichen Querschnittes, über der also entsprechend den örtlichen Analogien die halbe Spannung liegt, die Energieänderung nur halb so groß ist, ist $\mathrm{d}W$ proportional der Spannung. Mithin ist, da $\mathrm{d}W$ nur noch $\mathrm{d}\Phi$ proportional ist, $\mathrm{d}W/\mathrm{d}\Phi$ ein eindeutiges Maß für die Spannung. Man definiert deshalb

$$\boxed{V = \frac{\mathrm{d}W}{\mathrm{d}\Phi}; \quad \text{mithin} \quad \mathrm{d}W = V\,\mathrm{d}\Phi} \quad \text{Definition der magnetischen Spannung}^2 \tag{132}$$

Als Richtung der Spannung legte man die Antriebsrichtung des Flusses fest. Bei einem magnetischen Widerstand haben daher Spannungsabfall und Flußstärke gleiches Vorzeichen.

[1] Die Unabhängigkeit vom Weg hat wie im elektrischen Fall eine Ausnahme: Von den verschiedenen magnetischen Wegen dürfen keine elektrischen Ströme umfaßt werden.

[2] Vgl. die analoge Gleichung für das Dielektrikum $\mathrm{d}W = U\,\mathrm{d}Q = U\,\mathrm{d}\Psi$.

Aus Gln. (132) und (131) folgen Dimension und Einheit für die Spannung. Wegen oben angeführter Inkonsequenz sind sie bei jetziger Gepflogenheit elektrischer Art. Spannungseinheit = 1 Ws/1 Vs = 1 A

1 Ampere = 1 A	Einheit der magnetischen Spannung[1]	(132a)

Als Dimension der magnetischen Spannung ergibt sich somit die der elektrischen Stromstärke, obwohl beide Dinge einander völlig wesensfremd sind.

Meßinstrument: Magnetischer Spannungsmesser = ROGOWSKI-Spule[2] mit Kriechgalvanometer. Ähnlich einem elektrischen stromverbrauchenden Spannungsmesser wird bei ihm die magnetische Spannungsmessung auf eine Flußstärkemessung zurückgeführt. Die Drahtspule (Abb. 161a) ist auf einen flexiblen, nicht ferromagnetischen Körper als Träger aufgewickelt: R_m = konst. Denkt man sich vorerst die Spule entlang einer Flußfeldlinie gelegt, so mißt das Kriechgalvanometer den durch die Spule getriebenen Flußteil Φ', der ein Maß ist für die Spannung zwischen ihren Enden ($V_{AB} = \Phi' R_m$). Da die Spannung unabhängig vom Weg ist, kann der Spulenträger bei festgehaltenen Enden $A\,B$ beliebig gelegt werden.

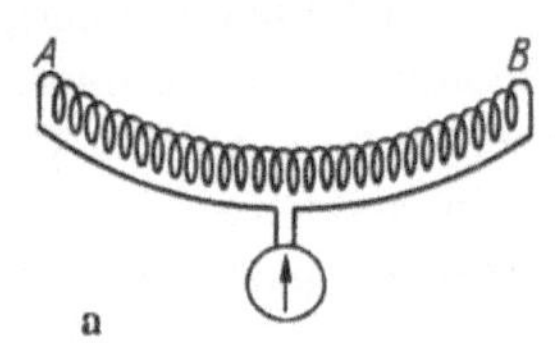

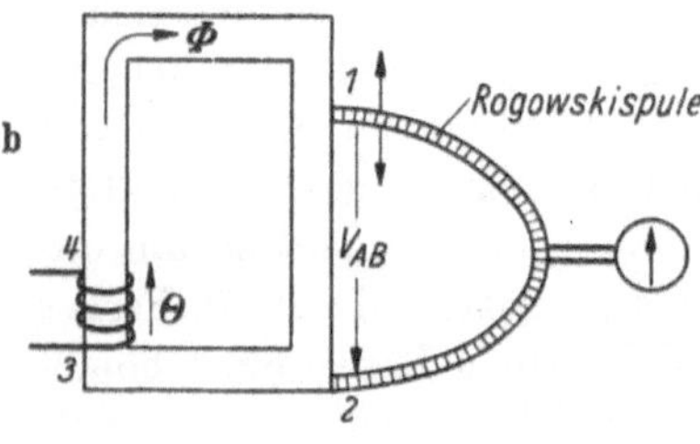

Abb. 161 a u. b. Spannungsmesser und Spannungsmessung

Instrumentenausschlag α = konst. V_{AB}

Experiment zur Veranschaulichung: Abb. 161b zeigt die Spannungsmessung zwischen den Punkten 1, 2. Fährt man bei festgehaltenem Ende 2 mit dem Ende 1 entlang dem Eisenweg nach 2 zu, so zeigt sich ein linearer Spannungsabfall über diesem Leiterteil analog dem über einen

[1] Mit der gleichen Inkonsequenz, mit der man Verschiebungsflußstärke und Folienladung im Dielektrikum verknüpfte, verbindet man bisher auch die magnetische Spannung mit einer elektrischen Größe (Strom) unter Benutzung des Durchflutungsgesetzes als Verkopplungsgesetz (wobei man so verfährt, daß sich indirekt Gl. (132) ergibt, Behandlung s. Abschn. II). Hieraus ist zu erklären, daß man als Einheit der magnetischen Spannung auch die Angabe findet:

1 Amperewindung = 1 Aw (= 1 A) Einheit der magnetischen Spannung.

Da die Windungszahl der die magnetische Urspannung erzeugenden Spule eine reine Zahl ist, geht die Einheit der Spannung in die Rechnung mit 1 A ein, und das „w" schreibt man meist nicht.

[2] WALTER ROGOWSKI, 1881–1947, Professor an der TH Aachen.

stromdurchflossenen Draht. Die Abtastspule an 3 und 4 gehalten, mißt die Urspannung vermindert um den inneren Spannungsabfall längs des Eisenweges von 3–4: $V_{34} = \Theta - \Phi R_{34\,\mathrm{m}}$.

c) *Magnetischer Widerstand*

Wesen: Jeder Körper hat die Eigenschaft, sich dem Flußdurchgang zu widersetzen. Der magnetische Widerstand ist die Größe, die sein Widersetzen gegen Flußdurchgang charakterisiert.

Definition: Analog dem elektrischen Fall:

$$R_{\mathrm{m}} = \frac{V}{\Phi}$$ Magnetischer Widerstand, Definition (133)

Hieraus folgt zusammen mit Gln. (129 u. 132a) die Dimension und somit die Einheit:

$$1\,\frac{\mathrm{A}}{\mathrm{Vs}} = \frac{1}{\Omega\,\mathrm{s}} = \frac{1}{\mathrm{H}}$$ Einheit des magnetischen Widerstandes

$$1\,\mathrm{H} = 1\,\mathrm{Henry} = 1\,\frac{\mathrm{Vs}}{\mathrm{A}}$$ Definition des Henry[1] (134)

Bemessungsgleichung: Der magnetische Widerstand ist abhängig von den geometrischen Abmaßen des Leiters und vom Material. Für linienhafte Leiter mit Länge l und Querschnitt q gilt analog dem elektrischen Fall ($R = l/\varkappa q$):

$$R_{\mathrm{m}} = \frac{l}{\mu q}$$ Bemessungsgleichung linienhafter Widerstände, Definitionsgleichung der Permeabilität μ (133a)

Permeabilität: Die magnetische Materialkenngröße, die Permeabilität[2] μ, entspricht somit der Leitfähigkeit $\varkappa$ und charakterisiert die magnetische „Durchlässigkeit". Analog der Dielektrizitätskonstanten ε (= Charakteristikum für die dielektrische „Durchlässigkeit") bezieht man μ auf den Wert vom Vakuum (μ_0):

$$\mu_0 = 4\pi \cdot 10^{-7}\,\frac{H}{\mathrm{cm}} = 1{,}2566\ldots \cdot 10^{-6}\,\frac{H}{\mathrm{cm}}{}^{3}$$

$$\mu = \mu_0\,\mu_{\mathrm{rel}}$$ (135)

μ_0 = Permeabilität für Vakuum, auch Induktionskonstante
μ = absolute Permeabilität
μ_{rel} = Permeabilitätszahl, relative Permeabilität

Nach dem Experiment gibt es mit der für den Elektrotechniker hinreichenden Genauigkeit zwei Stoffarten:

---

[1] J. Henry, amerikanischer Physiker, 1797–1878.

[2] Lateinisch: permeare = hindurchgehen.

[3] Wie dieser Wert zustande kommt, ist in Anhang I, A 1. und 2. gezeigt.

1. *Nichtferromagnetika* = alle Stoffe außer den Ferromagnetiken, z. B. Vakuum, Luft, Wasser, Kupfer, Holz usw.

μ_{rel} = konst. = 1 (Abweichungen üblicherweise hinter der 3. Dezimale). Bei solchen Stoffen ist R_m nach Gln. (133), (133a) eine Konstante, die Fluß-Spannungs-Kennlinie (Φ über V) ist eine Gerade (s. Abb. 162).

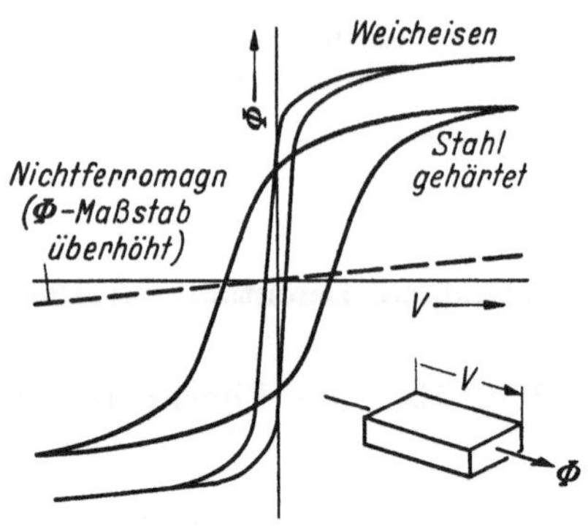

Abb. 162. Magnetische Strom-Spannungskennlinien. (Bei Weicheisen V-Maßstab vergrößert)

2. *Ferromagnetika* = Eisen, Nikkel, Kobalt und bestimmte Legierungen μ_{rel} = konst. > 1

Bei diesen Stoffen ist die Fluß-Spannungs-Kennlinie eine **Hysteresekurve** (s. Abb. 162, Genaueres im folgenden Abschnitt B). R_m ist im Vergleich zu nichtferromagnetischen Strecken gleicher Abmessungen viel kleiner, aber fluß- bzw. spannungsabhängig. In der großen magnetischen Durchlässigkeit des Eisens gegenüber Nichtferromagnetiken ist die hohe Bedeutung des Eisens für die Elektrotechnik begründet.

Schaltung: Die Grundtypen der Zusammenschaltung magnetischer Widerstände sind:

Reihenschaltung *Parallelschaltung*

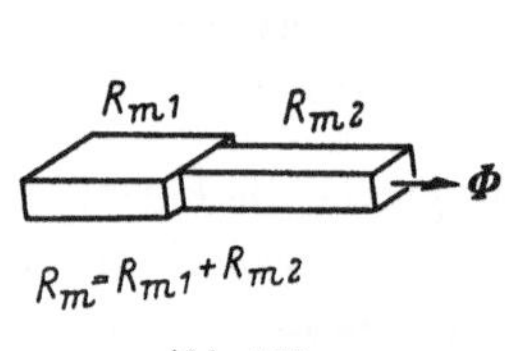

Abb. 163a

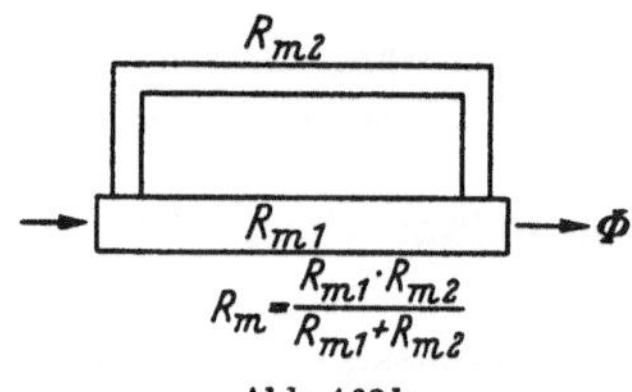

Abb. 163b

allgemein: $R_m = \sum R_{m\nu}$ allgemein: $\frac{1}{R_m} = \sum \frac{1}{R_{m\nu}}$

Beispiel: Eisenkreis von Abb. 156b: Gesamtwiderstand

$$R_{m\,ges} = R_{m\,Fe} + R_{m\,Luft} = \frac{l_{Fe}}{\mu_{Fe}\,q} + \frac{l_L}{\mu_L\,q} = \frac{1}{\mu_0\,q}\left(\frac{l_{Fe}}{\mu_{rel\,Fe}} + l_L\right)$$

$\frac{l_{Fe}}{\mu_{rel\,Fe}}$ = „äquivalenter Luftweg“

Für $\mu_{rel\,Fe} = 1000$ wirkt also 1 m Eisenweg wie 1 mm Luftweg; also schon kleine Luftspalte vergrößern den magnetischen Widerstand außerordentlich.

B. Räumliche Leiter

Die magnetischen Erscheinungen in räumlich ausgedehnten Leitern (z. B. im Luftraum um permanente Magnete) werden in üblicher Weise durch Felder beschrieben. Auch hier müssen, da ein Strömungsfeld aus einer Vielzahl von Stromröhren = linienhaften Leitern aufgebaut werden kann, völlige Analogien zum elektrischen Fall hinsichtlich des örtlichen (nicht energetischen) Verhaltens bestehen.

1. Analogien

Elektrisches Feld im Leiter	*magnetisches Feld*
a) Grundgrößen (Vektoren):	
Maßgebende Strömungsgröße } Stromdichte G ($\mathfrak{G}$)	Flußdichte = Induktion B ($\mathfrak{B}$)
Maßgebende Strömungsgröße } elektr. Feldstärke E ($\mathfrak{E}$)	magn. Feldstärke H ($\mathfrak{H}$)
b) Grundbeziehung zwischen beiden: $\mathfrak{G} = \varkappa \mathfrak{E}$	$\mathfrak{B} = \mu \mathfrak{H}$

2. Einzelbetrachtungen

a) Flußdichte = magnetische Induktion

Definition: Die Flußdichte B ist die das magnetische Feld kennzeichnende Strömungsgröße. Sie ist einem jeden Feldpunkt zugeordnet und hat Vektoreigenschaft. Analog dem elektrischen Fall gilt:

Richtung: Richtung des dortigen Teilflusses dΦ Betrag[1]: $B = \frac{d\Phi}{dq}$; $dq \perp$ Flußrichtung	Definition des Vektors der Flußdichte = Induktion $\mathfrak{B}$ (136)

Den Teilfluß $\Delta\Phi$ in einem Punkt kann man nach Richtung und Betrag mit einer kleinen Flußmesserspule bestimmen.

Aus der Definition zusammen mit Gl. (129) folgt als Einheit für B:

$$1\,\frac{\mathrm{Wb}}{\mathrm{m}^2} = 1\,\mathrm{Tesla} = 1\,\mathrm{T} = 1\,\frac{\mathrm{Vs}}{\mathrm{m}^2} = 10^{-4}\,\frac{\mathrm{Vs}}{\mathrm{cm}^2} \quad \text{Flußdichteeinheiten} \tag{137}$$

In der Technik sehr verbreitet ist die Flußdichteeinheit[2]

$$1\,\mathrm{Gauß} = 1\,\mathrm{G} = 10^{-8}\,\frac{\mathrm{Vs}}{\mathrm{cm}^2} = 1\,\frac{\mathrm{M}}{\mathrm{cm}^2} = 10^{-4}\,\frac{\mathrm{Vs}}{\mathrm{m}^2} \tag{137a}$$

[1] Siehe Fußn. 2, S. 119.

[2] Carl Friedrich Gauss, 1777–1855.

vgl. Anhang I, C. Zur Größenvorstellung: In den Luftspalten elektrischer Maschinen ist $B = 10000$ bis 20000 G, die Horizontalkomponente des Erdfeldes beträgt in unseren Breiten 0,2 G.

Darstellung: Analog dem elektrischen Fall dienen zur Darstellung des Strömumgsfeldes die Stromdichtelinien = Induktionslinien: 𝔅-Richtung = Tangentenrichtung der zugehörigen 𝔅-Linie; in ausgewählter Darstellung ist die Liniendichte proportional dem dort herrschenden

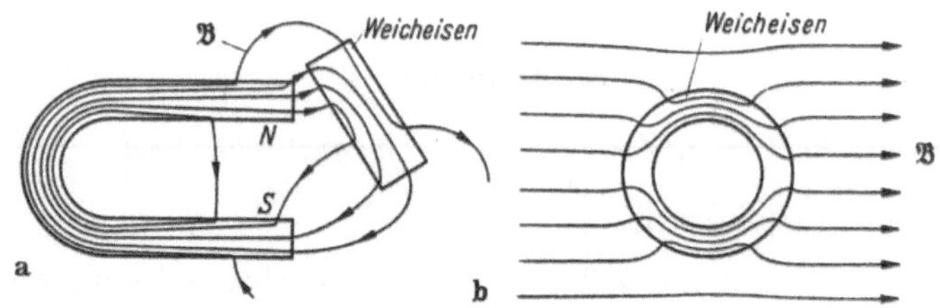

Abb. 164 a u. b. Magnetische Flußdichtelinien

𝔅-Betrag. Das Bild läßt sich durch Eisenfeilspäne, da diese sich in 𝔅-Richtung einstellen, in bekannter Weise veranschaulichen.

Eigenschaften: Die Induktionslinien sind stets in sich geschlossen ohne Anfang und Ende (Flußcharakter!, Abb. 164a). Außerhalb der magnetischen Spannungsquelle verlaufen sie vom N-Pol zum S-Pol. Sie bevorzugen (geregelt durch das Zusammenspiel von Längszug und Querdruck) den Weg kleinsten Widerstandes. Somit läßt sich ein von einer dickeren Eisenhülle umgebener Raum magnetisch abschirmen (Abb. 164b). An der Grenze zwischen guten Leitern (Weicheisen)[1] und schlechten Leitern (Luft)[1] verlaufen die Linien nahezu senkrecht zur Grenzfläche. Da es keine magnetischen Nichtleiter[1] gibt, bildet sich im linienhaften Leiter stets ein mehr oder weniger schwaches „Streufeld" aus (s. Abb. 158b).

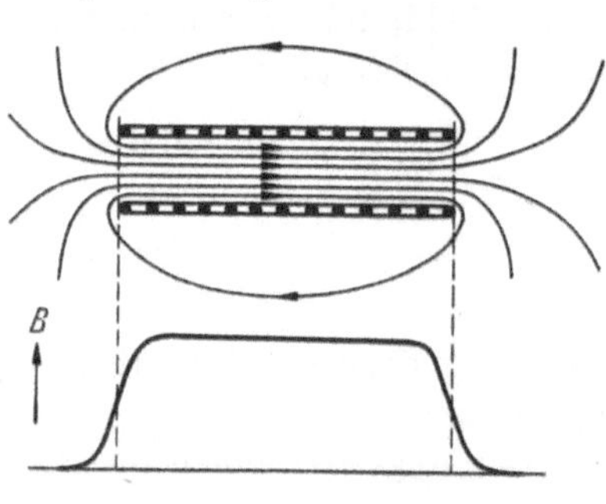

Abb. 165. B-Feld einer Spule

Feld-Grundtyp: Das Feld einer langen, engen stromdurchflossenen Spule hat laut Experiment den Verlauf von Abb. 165. Fast der gesamte Fluß (Φ) durchsetzt den Spuleninnenraum vom Querschnitt q; die Feldlinien drängen sich im Innenraum bei dort parallelem Lauf außerordentlich dicht: In der Spule herrscht eine hohe, etwa konstante, gleichgerich-

---

[1] Vgl. Bemerkung am Schluß des Abschnittes S. 189.

tete Flußdichte $B = \Phi/q$ (homogenes, lineares Feld). Der Innenraum verhält sich wie ein linienhafter magnetischer Leiter.

b) *Magnetische Feldstärke*

Definition: Die magnetische Feldstärke H ist die das magnetische Feld kennzeichnende Spannungsgröße (= Fluß-Antriebsgröße). Analog dem elektrischen Fall ist sie definiert als magnetisches Spannungsgefälle in Richtung größter Spannungsabnahme (Δn). Sie hat Vektoreigenschaft.

Richtung:	Richtung größter Abnahme der magnetischen Spannung mit dem Ort	Definition des Vektors der magnetischen Feldstärke $\mathfrak{H}$	(138)
Betrag[1]:	$H = -\dfrac{\mathrm{d}V}{\mathrm{d}n}$ $\quad$ dn = Linienelement in Richtung größter örtlicher Spannungsänderung		

Also im linienhaften Leiter der Länge l mit konstantem Querschnitt, durchsetzt vom Fluß Φ ($\mathfrak{B}$-Linien parallel und von gleicher Dichte), herrscht bei der über ihm liegenden Spannung V_{AB} entsprechend dem linearen Spannungsgefälle (Abb. 166) in jedem Punkt die gleiche Feldstärke $H = V_{\mathrm{AB}}/l$ (homogenes lineares Feld). Aus Gln. (138) und (132a) folgt als Einheit für H:

Abb. 166. Feldstärke im Leiter mit konstantem Querschnitt

$$1\,\frac{\mathrm{A}}{\mathrm{m}} = 10^{-2}\,\frac{\mathrm{A}}{\mathrm{cm}} \qquad \text{Feldstärkeeinheiten} \qquad (139)$$

In der Literatur findet man häufig die Feldstärkeeinheit

$$1\ \text{Oersted} = 1\ \text{Oe} = \frac{10}{4\pi}\,\frac{\mathrm{A}}{\mathrm{cm}} = 0{,}79577\ldots\frac{\mathrm{A}}{\mathrm{cm}} \qquad (139\,\mathrm{a})$$

die Einheiten Oe und A/cm haben also einander ähnliche Größen. Vgl. Anhang I, C.

Darstellung: Hierzu dienen analog dem elektrischen Fall **Feldstärkelinien**; sie laufen in Richtung der Feldstärke, bei ausgewählten Linien ist die Darstellungsdichte proportional $|\mathfrak{H}|$.

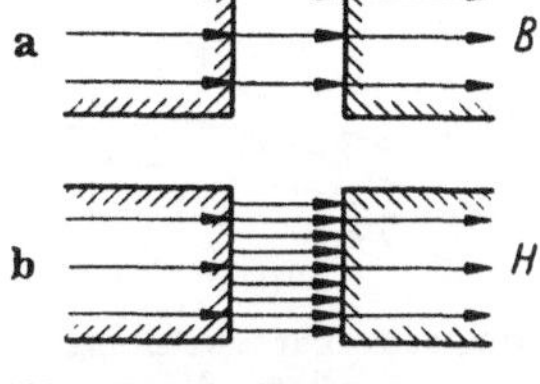

Abb. 167a u. b. B- u. H-Linien beim Luftspalt

Im gleichbleibenden Medium gibt es weder Quellen noch Senken für die $\mathfrak{H}$-Linien (wegen der im nächsten Abschnitt zu behandelnden Proportionalität zwischen $\mathfrak{B}$ und $\mathfrak{H}$), sie verhalten sich also dort wie die $\mathfrak{B}$-Linien; anders an der Grenze verschiedener Leiter, z. B. beim Luftspalt im Eisenkreis: Die $\mathfrak{B}$-Linien laufen in gleicher Zahl weiter (Abb. 167a),

[1] Siehe Fußn. 2, S. 119.

während sich die Zahl der $\mathfrak{B}$-Linien, entsprechend dem größeren Spannungsgefälle im Luftraum verdichten (Abb. 167b).

Spannung: Analog den Gln. (84 a, b) ist:

$$V_{\mathrm{AB}} = \int_A^B H \,\mathrm{d}n; \quad \text{bei } H = \text{konst.:} \quad V_{\mathrm{AB}} = H n_{\mathrm{AB}}$$

A, B Punkte der gleichen Feldstärkelinie

$$V_{\mathrm{AB}} = \int_A^B H \cos\alpha \,\mathrm{d}s = \int_A^B \mathfrak{H} \,\mathrm{d}\mathfrak{s}$$

A, B beliebige Punkte (Wegelement $\mathrm{d}\mathfrak{s}$)

magnetische Spannung bei vorgegebener Feldstärke (140)

Die magnetische Spannung ist gleich dem Linienintegral der magnetischen Feldstärke.

c) *Verknüpfung beider Feldgrößen*

Grundgleichung: Wie im elektrischen Fall haben (außer im anisotropen Medium) $\mathfrak{B}$ und $\mathfrak{H}$ gleiche Richtung. Für die Betragsbeziehung schneiden wir aus dem Strömungsfeld eine enge Flußröhre heraus (Abb. 168) und wenden auf einen kleinen Ausschnitt von Länge $\mathrm{d}n$ und Querschnitt $\mathrm{d}q$ die Widerstandsbemessungsgleichung an:

$$\mathrm{d}\Phi = \frac{-\mathrm{d}V}{\mathrm{d}R_{\mathrm{m}}} = \frac{-\mathrm{d}V}{\mathrm{d}n/\mu\,\mathrm{d}q}; \quad \frac{\mathrm{d}\Phi}{\mathrm{d}q} = B = \mu \frac{-\mathrm{d}V}{\mathrm{d}n} = \mu H .$$

Zusammengefaßt mit der Richtungsbeziehung:

$$\mathfrak{B} = \mu \mathfrak{H}$$ Induktion und Feldstärke (141)

Die maßgebende Strömungsgröße $\mathfrak{B}$ und die maßgebende Spannungsgröße $\mathfrak{H}$ sind nur durch eine Materialgröße, die Permeabilität μ, miteinander verknüpft. Bei konstantem μ ist B proportional H.

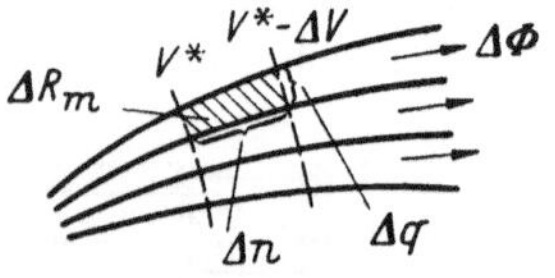

Abb. 168. Zur Herleitung von $B = \mu H$

Um Gl. (141) umzuschreiben als Größengleichung, zugeschnitten auf die Einheiten, in der die darin vorkommenden Größen üblicherweise gemessen werden, dividiert man die Größen durch die betr. Einheiten (wir schreiben dies mit Bruchstrich und lesen „gemessen in“), multipliziert sie wieder damit und faßt die so entstehenden Ausdrücke zusammen:

$$B = \mu_0 \,\mu_{\mathrm{rel}} H; \quad \frac{B}{\mathrm{G}} \cdot 10^{-8} \frac{\mathrm{Vs}}{\mathrm{cm}^2} = 1{,}257 \cdot 10^{-8} \frac{\mathrm{Vs}}{\mathrm{A\,cm}} \,\mu_{\mathrm{rel}} \frac{H}{\mathrm{A/cm}} \frac{\mathrm{A}}{\mathrm{cm}}; \quad \text{also}$$

$$\frac{B}{\mathrm{G}} = 1{,}257 \,\mu_{\mathrm{rel}} \frac{H}{\mathrm{A/cm}}$$ Induktion und Feldstärke bei zugeschnittener Größengleichung (141 a)

Herrscht in einer Luftspule die Feldstärke $H = 50$ Aw/cm (= 63 Oe), so ist also

$$\frac{B}{\mathrm{G}} = 1{,}257 \cdot 50 = 63; \quad B = 63\,\mathrm{G}$$

Anwendung von Gl. (141) auf die lange Stromspule in Luft: Die $\mathfrak{H}$-Linien verlaufen wie die $\mathfrak{B}$-Linien (Abb. 169), also im Spuleninneren hohe konstante Feldstärke H_i, im Außenraum Feldstärke H_a viel geringer. Im Spuleninneren lineares, steiles Spannungsgefälle mit Gesamtspannung $V_i = H_i\,l$, im Außenraum sehr flaches Gefälle. Die magnetischen Spannungsflächen $V = \text{konst.}$, die von den H-Linien senkrecht durchstoßen werden, sind – damit kommen wir zu einem auffallenden Unterschied zu bisher kennengelernten Feldern – nicht in sich geschlossen, sondern enden (ähnlich eingespannten Seifenblasenhäuten) auf den Spulenwandungen. Man stößt auf eine (für die hier zu behandelnden „Wirbelfelder" spezifische) Schwierigkeit beim Versuch, das Spannungsgebirge für das gesamte Feld (nicht für einen Ausschnitt) zu zeichnen: Von einem Punkt längs einer Feldlinie gehend nimmt die Spannung stets ab; man erreicht nach einem Umlauf wieder den Ausgangspunkt, nur mit kleinerer Spannung. Die Spannung ist somit, wenn man Umläufe zuläßt, nicht eindeutig. Von einer einem Punkt zugeordneten Spannung (V^*) kann man also nur für Feldausschnitte sprechen, d.h. wenn man Umläufe „verbietet". Der tiefere Grund dieses zunächst sonderbar anmutenden Verhaltens liegt darin, daß definitionsgemäß das H mit dem V verknüpft ist und somit nur die Verhältnisse des Spannungsabfalles, d.h. der Änderung der magnetischen Energie in den Strecken bei Flußänderung dargestellt werden. Zusätzlich wirkt aber längs der Feldlinien, räumlich nicht konzentriert[1], eine magnetische Urspannung, die nicht in H und somit nicht in der Darstellung zum Ausdruck kommt.

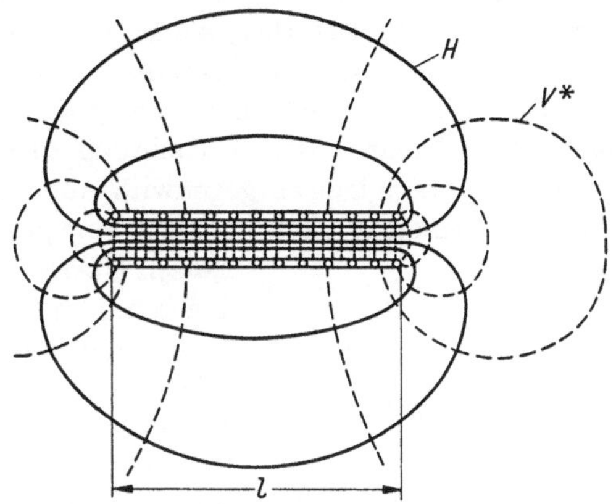

Abb. 169. Spule; Feldstärke und Spannungsfeld

Magnetisierungskurve: Die Darstellung B über H heißt Magnetisierungskurve. Sie ist ähnlich der Fluß-Spannungs-Kennlienie Φ über V (für linienhafte Leiter $\Phi = Bq$; $V = Hl$), enthält aber nicht wie jene

[1] Siehe die Bemerkung bei magnetischen Urspannungen in I A 2.

die Leiterabmessungen, sondern nur die magnetische Materialeigenschaft (μ). Für Nichtferromagnetika ist sie eine Gerade mit $\operatorname{tg}\varphi \mathrel{\widehat{=}} B/H = \mu_0$ (Abb. 170), für Ferromagnetika eine Hysteresekurve.

Ferromagnetismus: Er ist durch 3 Dinge bedingt:

1. Atombau. Die betr. Atomsorten bilden atomare Magnete (infolge eines unabgesättigten „Elektronenspins").

2. Kristallbau. Die atomaren Magnete beeinflussen sich stark, so daß sie sich innerhalb von Bezirken der Materie gegenseitig so weit parallel ausrichten, als es die entrichtende Temperaturbewegung zuläßt. Diese Ausrichtung ist viel stärker, als sie durch äußere Felder bei sich nicht beeinflussenden atomaren Magneten möglich wäre.

3. Die resultierenden „Bezirksmagnete" als Ganzes sind durch ein äußeres Feld leicht in dessen Richtung zu bringen. Die dabei vom Bau der Materie abhängigen entgegenwirkenden Hemmkräfte gestatten innerhalb eines kleinen Winkels zunächst eine gewisse reversible Drehung, bei dessen Überschreiten, z. B. beim Ummagnetisieren, klappen die Bezirksmagnete in die neue Richtung um („Barkhausen-Effekt": Die in einer umgebenden Spule beim Umklappen induzierten Spannungen werden verstärkt und als prasselndes Geräusch hörbar gemacht).

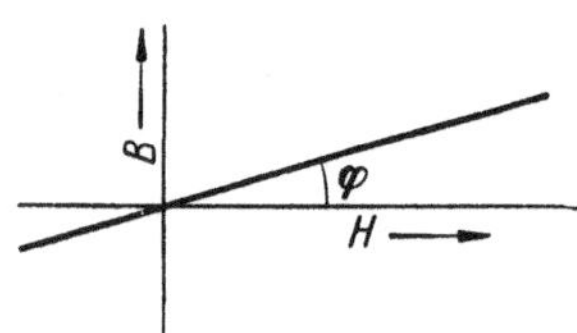

Abb. 170. Magnetisierungskurve von Nichtferromagnetiken

Die Flußdichte setzt sich zusammen aus der des Grundflusses ($B_0 = \mu_0 H$) und der Resultierenden der Eigenflüsse der mehr oder weniger ausgerichteten Bezirksmagnete (= magnetische Polarisation J)[1]

$$B = B_0 + J$$

Beim Ummagnetisieren hinkt das leichter oder schwerer erfolgende Umrichten der einzelnen Bezirksmagnete hinter dem H-Verlauf her. Oberhalb einer bestimmten Feldstärke sind alle Bezirksmagnete parallel gerichtet, J hat seinen Höchstwert, die (temperaturabhängige) „Sättigungsmagnetisierung" J_s, erreicht, und B nimmt nur noch zu wie $\mu_0 H$ (Abb. 171a). Insgesamt folgt so die Hysteresekurve. Ausgehend von völliger Unordnung der Bezirksmagnete ($J = 0$) bei $H = 0$ erhält man die „Neukurve". Beim Umkehren, ohne Sättigung erreicht zu haben, werden kleine Hysteresekurven beschrieben; beim Umkehren nach erreichter Sättigung ergibt sich die „Grenzkurve" mit „fallendem" und „steigendem" Ast, außerhalb der keine B-H-Punkte erreichbar sind. Es heißen:

B für $H = 0$: B_r = Remanenz
H für $B = 0$: H_c = Koerzitivfeldstärke

[1] Die Größe $J/\mu_0 = M$ wird Magnetisierungsstärke oder auch Magnetisierung genannt.

2 Hysteresekurventypen:	Schlanke Kurven:	Weicheisen, geeignet als magnetische Flußleiter
	Breite Kurven:	Zum Beispiel bei gehärtetem Stahl, geeignet als Permanentmagnete

Die B-Werte hängen somit ab vom H-Wert, von der Vorgeschichte (wie H erreicht) und vom Material. Die Angabe von $\mu = B/H$ (Urspannungsgerade zur Kurve) ist nur sinnvoll für einen B-H-Verlauf mit bestimmter Vorgeschichte, z.B. für die Neukurve (Abb. 171 b). Bei Sättigung strebt $\mu \to \mu_0$: Gesättigtes Eisen hat geringe Durchlässigkeit.

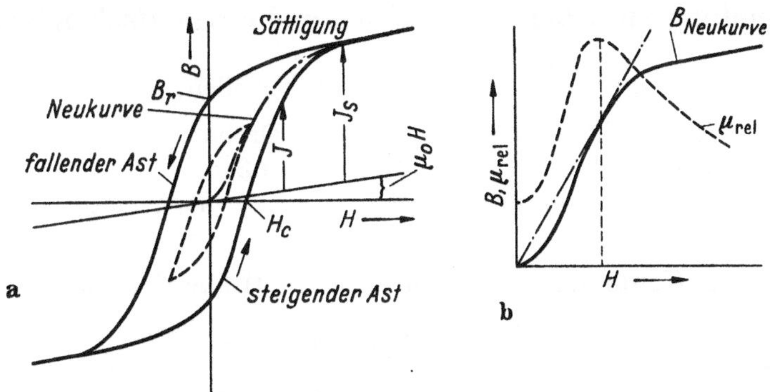

Abb. 171 a u. b. Magnetisierungskurve von einem Ferromagnetikum

Stoff	$B_{Sättigung}$ / G	B_r / G	H_c / A/cm	$\mu_{rel\,max}$
Permalloy	11000	6000	0,04	50000
Dynamostahl geglüht	21000	11000	0,4	15000
Gußeisen	16000	5000	5	600
Stahl hart	18000	7000	50	200
Fe-, Ni-, Al-Legierung	10–15000	5–10000	100–600	–
Platin-Kobalt-Legierung	–	–	5000	–

Bemerkung: Schon zum Begriff des magnetischen Flusses wurde S. 176 hervorgehoben, daß das Wort „Fluß" nicht zu der Vorstellung verleiten darf, daß in dem Stoff, in dem ein magnetischer Fluß besteht, etwas dahinströme, so wie in einem gleichstromdurchflossenen elektrischen Leiter Träger elektrischer Ladungen fortwährend in Richtung der elektrischen Feldstärke bewegt werden. Darum wird auch in einem „magnetischen Widerstand" (S. 181) bei Bestehen eines magnetischen Gleichflusses nicht etwa Energie in Wärme umgesetzt, wie dies bei einem stromdurchflossenen elektrischen Widerstand der Fall ist[1]. Bei den magnetischen Erscheinungen gibt es nichts, was den elektrischen Elementarquanten (Elektronen) entspräche. Faßt man das Wort „Leiter" so auf, daß damit ein Stoff gekennzeichnet werde, in dem bei Bestehen eines Feldes die Ladungen den Feldkräften fortwährend nachgeben, also nicht ortsgebunden sind, so muß man im Gegensatz zu S. 175 und 183 oben sagen: es gibt keine magnetischen Leiter, weil es keine freien magnetischen Ladungen gibt. Man muß also sorgfältig unterscheiden, ob man die Analogiebetrachtung mehr in formaler oder mehr in physikalischer Hinsicht vornimmt. Hier wurde auf S. 175 die formale Analogiebetrachtung an den Anfang gestellt.

II. Kopplung zwischen elektrischen und magnetischen Größen

Wir werden den Stoff in 3 Abschnitte unterteilen:

A. Kopplung elektrische →[2] magnetische Größen,
B. Kopplung magnetische → elektrische Größen,
C. Wechselseitige Verkopplung elektrische ⇄ magnetische Größen.

A. Kopplung elektrische → magnetische Größen[3]

1. Qualitatives

Befund

Jeder Strom (Leiterstrom, dielektrischer Strom, Konvektionsstrom) ist ausnahmslos von einem Magnetfeld begleitet. Die Gesamterscheinung ist elektrischer Strom + Magnetfeld. Beide Teile sind gleichberechtigte Partner.

Wirbelverkopplung: Um den Kern zu erkennen, betrachten wir das Magnetfeld für das einfachste Stromgebilde, den Stromfaden, an Hand

[1] Nur zusätzliche Erscheinungen, z. B. bei andauernder zyklischer Ummagnetisierung, bringen in einem Eisenkörper Energieumsetzungen hervor (Hystereseverluste, Wirbelstromverluste, vgl. S. 239, 216).

[2] Die benutzten Pfeile sollen nicht ein zeitliches Nacheinander andeuten, denn die beiden verkoppelten Teile bestehen stets gleichberechtigt nebeneinander. Die Pfeile deuten nur die Anordnungsfolge an: Das leicht Überblickbare, dessen Gebiet auf beliebig enge Wege beschränkt und klar erkennbar geformt werden kann (Wirbelseele), ist an erster Stelle genannt.

[3] Geschichte: Ausgangspunkt ist 1820 die durch einen Zufall gewonnene Entdeckung des Dänen OERSTED (1777–1851): Eine Magnetnadel wird vom elektrischen Strom beeinflußt. Weiterer Ausbau insbesondere durch die Franzosen AMPÈRE (1775–1836), BIOT (1774–1862), SAVART (1791–1841); theoretische Krönung durch den Engländer MAXWELL (1831–1879).

von Eisenfeilspänen (Abb. 172). Das Magnetfeld umläuft den Strom in geschlossenen Bahnen, in Stärke nach außen abnehmend. Die Gesamterscheinung ist also vom Typ des Wirbels. Dieser besteht aus zwei gleichberechtigten Partnern:

1. Wirbelfaden = Wirbelseele: Elektrischer Strom (der eine Verkopplungspartner).

2. Das die Seele Umwirbelnde: Magnetfeld (der andere Verkopplungspartner).

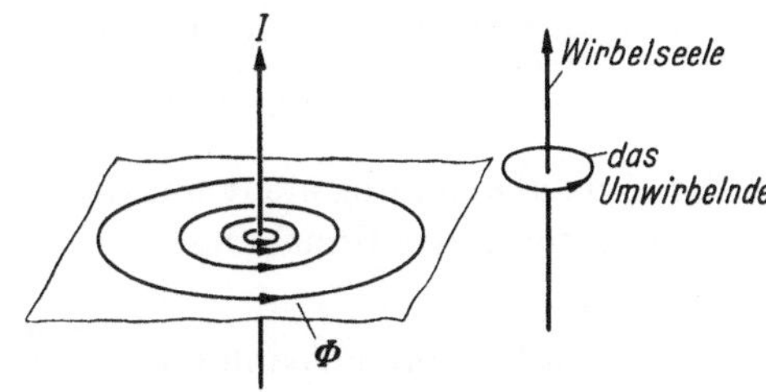

Abb. 172. Zur Wirbelverkopplung

2. Quantitatives

Zwei Gesetze beschreiben die Verkopplung elektrische → magnetische Größen: a) das Durchflutungsgesetz, b) das Gesetz von BIOT-SAVART. b) ist aus a) mathematisch herleitbar, wird – wegen der höheren mathematischen Anforderungen – hier aber als getrenntes Gesetz behandelt.

a) Durchflutungsgesetz ($I \to \Theta$)

Magnetische Urspannung und Umlaufspannungsabfall. Nach dem Experiment besteht kein direkter Zusammenhang zwischen dem elektrischen Strom (I) und dem umwirbelnden Magnetfluß (Φ) – wie das Benutzen von Medien mit verschiedenen μ sofort offenbart –, wohl aber zwischen I und der magnetischen Urspannung, die Φ veranlaßt. Das zunächst Ungewohnte ist, daß man keinen Sitz dieser Urspannung anzugeben vermag, andererseits verlangt das Vorhandensein eines Flusses ihre Existenz. Der Grund des Ungewohntseins liegt darin, daß – wie der umwirbelnde Fluß zeigt – der magnetische Antrieb überall um den elektrischen Strom herum wirkt, also räumlich ist: Magnetischer Urspannungsraum um den Strom[1]. Der Antrieb ist derart beschaffen, daß er den Fluß nicht auf irgendwelchen geschlossenen Bahnen anzutreiben sucht, sondern nur auf solchen, die den Strom umfassen.

Zur quantitativen Charakterisierung des Urspannungsraumes dient die Urspannung Θ längs irgendwelcher gewählter, geschlossener Wege[2].

[1] Für die räumlich wirkende Urspannung ist der Begriff „Feld" vermieden, da das Wort Feld die Bedingung in sich schließt, daß die betr. Größe in jedem Feldpunkt angebbar ist. Die Urspannung ist aber nur – s. Definitionsgl. (7) – längs geschlossener Wege bestimmt.

[2] Zunächst ist man nur geneigt, Θ längs eines Feldlinienweges als das Antreibende für den Flußteil, der sich um die betr. Feldlinie schmiegt, anzugeben. Man vergegenwärtige sich aber: Auch im Netzwerk rechnet man für eine Masche mit einem Gesamtantrieb E_{ges} (entspricht hier Θ), wobei gewählter Umlaufweg und tatsächliche Bahn eines Ladungsträgers in der Regel nur längs eines Maschenzweiges zusammenfallen, der Ladungsträger dann aber bei einem Knotenpunkt vom Umlaufweg abzweigt.

Sie wird gemäß der Urspannungsdefinition Gl. (7) gemessen jeweils an ihrer Wirkung, d.h. der längs des betreffenden Weges für einen Umlauf herrschenden magnetischen Spannung der „Umlaufspannung" $V_\bigcirc$:

$\Theta = V_\bigcirc$	Urspannung und Umlaufspannung zur Charakterisierung des strombegleitenden Urspannungsraumes	(142a)

Die Umlaufspannung steht mit der Feldstärke $\mathfrak{H}$ bei Anwendung der Gl. (140) in folgender Beziehung:

$V_\bigcirc = \oint H \mathrm{d}n$	Umlaufspannung und Feldstärke	bei Weg zusammenfallend mit einer Feldlinie (Wegelement d n)	(142b)
$V_\bigcirc = \oint \mathfrak{H} \mathrm{d}\mathfrak{s}$		bei beliebigem Weg (Wegelement d $\mathfrak{s}$)	

Dabei bedeutet der Kreis beim Integral (Umlaufintegral), daß der Integrationsweg, in dessen einzelnen Punkten die Feldstärke H (bzw. $\mathfrak{H}$) herrscht, ein geschlossener ist und daß über exakt einen Umlauf zu integrieren ist.

Experimentell bestimmt man $V_\bigcirc$ längs eines geschlossenen Weges und damit das zugehörige Θ mit Hilfe einer ROGOWSKI-Spule, die man als geschlossene Bahn, also Anfang und Ende zusammenstoßend, längs des Weges auslegt (sie muß dazu die passende Länge haben).

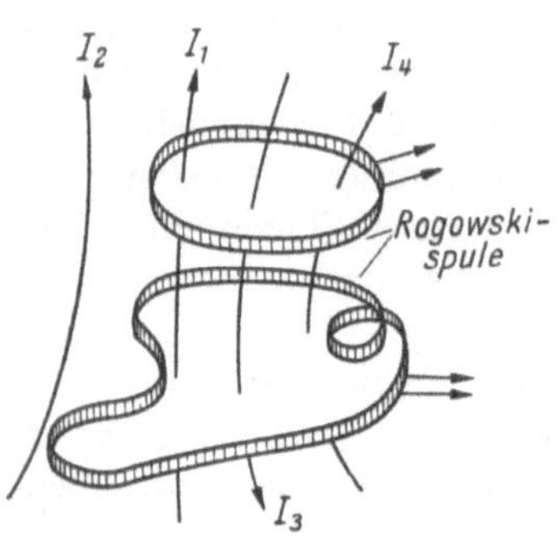

Abb. 173. Zum Durchflutungsgesetz

Durchflutungsgesetz: Das Experiment nach Abb. 173 besagt: Umfaßt die zu einer geschlossenen Bahn gebogene ROGOWSKI-Spule die Ströme I_1, I_3, I_4, so ist $V_\bigcirc$ auf allen, noch so verbogenen geschlossenen Wegen, wenn sie nur die 3 Ströme einmal in gleichbleibendem Richtungssinn umfassen und keine weiteren Ströme einschließen, gleich groß und gleichgerichtet. Der außerhalb des geschlossenen Weges fließende Strom I_2 hat keinerlei Einfluß auf $V_\bigcirc$, ob er ganz dicht oder weit entfernt, ob er mit kleiner oder großer Stärke vorbeiläuft. Es ergibt sich: Der *Betrag* von $V_\bigcirc$ ist streng proportional der umfaßten Stromsumme $|\sum I_\nu|$, in Abb. 173 also $|\sum I_\nu| = |I_1 - I_3 + I_4|$. Man nennt $\sum I_\nu$ die „Durchflutung", da die Stromsumme eine in die geschlossene Bahn eingespannt gedachte Fläche durchflutet. Also

$$|V_\bigcirc| = \text{konst.} |\sum I_\nu|$$

Man setzt nun in dieser Gleichung, die den elektrischen Strom mit der magnetischen Spannung gemäß dem zugrunde liegenden Naturgesetz verkoppelt, inkonsequenterweise[1] die Konstante = 1:

$$|V_{\bigcirc}| = |\sum I_\nu|$$

Damit mutet fälschlicherweise diese Gleichung wie eine Definitionsgleichung an, wenngleich bei einer solchen stets eine Größe durch mehrere andere ausgedrückt wird. Weiterhin erhält die magnetische Spannung die Dimension der Stromstärke, obwohl beide völlig wesensverschieden sind, und ihre Einheit wird 1 A [s. Gl. (132a)].

Das *Vorzeichen* wird wieder bestimmt durch die Richtungen der Größen (Richtungspfeile) und die Richtung ihrer Zählpfeile. Die Richtung von $V_{\bigcirc}$ ist der Richtung der Stromsumme $\sum I_\nu$ so zugeordnet, wie die Drehrichtung und die Achse einer Rechtsschraube, die in Stromrichtung vorwärts geschraubt wird (s. Abb. 172); die Pfeile sind Richtungspfeile: „Richtung gemäß Rechtsschraube". Die Zählpfeile beider wirbelverkoppelter Größen kann man beliebig wählen. Es ist aber üblich (s. Anhang III), den Zählpfeil für das Umwirbelnde gemäß der Rechtsschraube zu legen bezogen auf die Wirbelseele. Wählen wir so die Richtungspfeile, so haben also für $V_{\bigcirc}$ und $\sum I_\nu$ Richtungspfeile und Zählpfeile die gleiche Richtung. Mithin erhalten beide Größen das positive Zeichen $V_{\bigcirc} = \sum I_\nu$.

Insgesamt gilt für die Verkopplung zwischen Strom und begleitendem Magnetfeld:

Die elektrische Stromstärke ist direkt verkoppelt mit den magnetischen Urspannungen Θ des umwirbelnden Flusses, durch dessen Umlaufspannungsabfälle $V_{\bigcirc}$ sie gemessen werden. Die Urspannung längs eines betrachteten (geschlossenen) Weges ist gleich der Summe der Stärke der elektrischen Ströme ($\sum I_\nu$), die eine in diesen Weg eingespannt gedachte Fläche durchfluten. Richtungszuordnung von Strom und magnetischer Spannung nach Rechtschraube:

$$\boxed{\Theta = V_{\bigcirc} = \sum I_\nu} \quad \text{Durchflutungsgesetz (Naturgesetz)} = 1.\ \text{MAXWELLsches Gesetz} \tag{143}$$

Für den Umlauf längs eines linienhaften magnetischen Leiters (Weg = Feldlinienbahn) oder allgemein für den Weg entlang einer Feldlinie ist somit nach Gl. (142b):

$$\oint H \, \mathrm{d} n = \sum I_\nu \tag{143a}$$

---

[1] Konsequent wäre, zu schreiben bei nachfolgender Berücksichtigung des Vorzeichens: $V_{\bigcirc} = \xi \sum I_\nu$ und die Einheit der magnetischen Spannung [1 V] dadurch festzulegen, daß man dem Zahlenwert der dimensionsbehafteten Naturkonstanten ξ den Wert 1 gibt:

$$\frac{V_{\bigcirc}}{[1V]} = \xi \sum \frac{I_\nu}{\mathrm{A}} \frac{\mathrm{A}}{[1V]} = \frac{\xi}{[1V]/\mathrm{A}} \sum \frac{I_\nu}{\mathrm{A}}; \quad \frac{\xi}{[1V]/\mathrm{A}} = 1; \quad \text{also} \quad \xi = 1 \frac{[1V]}{\mathrm{A}}$$

Beachte: Im Durchflutungsgesetz ist die Stromstärkesumme nicht irgendeine, sondern nur die vom gewählten Umlaufweg umfaßte.

Folgerungen

1. Der Fluß für *linienhafte Leiter* (Widerstand $R_{\mathrm{m\,ges}}$) ergibt sich gemäß

$$I \xrightarrow{\text{Durchfl.-Ges.}} \Theta \xrightarrow{\Phi = \frac{\Theta}{R_{\mathrm{m\,ges}}}} \Phi$$

Beispiel s. Aufgabe Nr. 29.

2. Das Feld in *räumlichen* magnetischen *Leitern* bei vorgegebenem Stromgebilde ist mit Hilfe des Durchflutungsgesetzes [in Form der Gl. (143a)] nur unter zwei Voraussetzungen zu berechnen: Wenn

a) der Feldverlauf (durch Überlegung oder Experiment) und

b) die Feldstärkeverteilung längs der Feldlinien bekannt sind.

Beispiele s. alle Fälle des Abschn. 4 außer 4d.

Bei Nichtkenntnis obiger Voraussetzungen führt das Gesetz von Biot-Savart zum Ziel (umständlich).

3. Die den Magnetfluß veranlassende Urspannung hat keine Sättigungserscheinung wie etwa die chemischen Valenzen: Sie treibt so viel Teilflüsse an, als Stromröhren vorhanden sind (also unendlich viele; für weit entfernt liegende Teilflüsse wird die Feldstärke und somit Flußdichte nur immer schwächer). Wird eine Stromröhre aus Luft ersetzt durch eine gleichgeformte aus Eisen, so wird der zugehörige Teilfluß viel stärker, die Urspannungen für alle Feldlinienwege bleiben ungeändert.

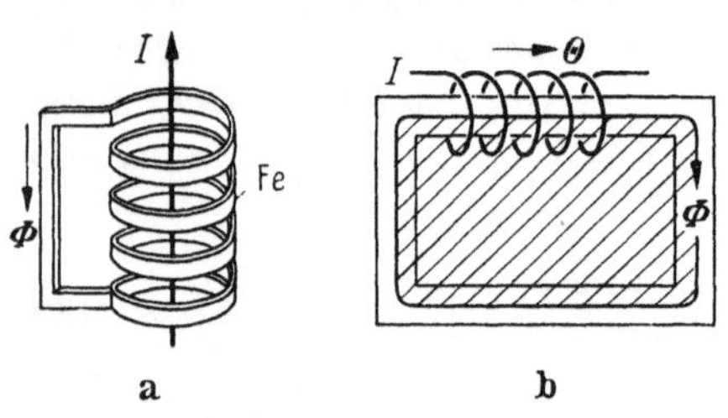

Abb. 174a u. b. Zu Anwendungen des Durchflutungsgesetzes

4. Läuft ein vorgegebener linienhafter magnetischer Leiter in *n Windungen um den Strom I* (s. Abb. 174a, *n* stets ganzzahlig), so wird in jeder Windung die Urspannung $\Theta = I$, in den n Windungen also die Gesamturspannung $\Theta_{\mathrm{ges}} = \sum \Theta_\nu = n I$ erzeugt.

5. Läuft der Strom in w Windungen (als Spule) *um den Flußweg* (s. Abb. 174b), so beträgt die Urspannung, da die umfaßte Stromsumme $w I$ ist: $\Theta = \sum I_\nu = I w$ (daher Bezeichnung „Amperewindungen").

b) Gesetz von Biot-Savart ($I\,d\mathfrak{s} \to d\mathfrak{H}$)

Das Gesetz gestattet, bei vorgegebenem Strom direkt die Feldstärke im räumlichen strombegleitenden Magnetfeld zu ermitteln. Die Rechnung ist meist kompliziert, eine (graphische) Bestimmung in einzelnen Feldpunkten ist stets möglich.

Stromfaden: Der Stromfaden ist das Bauelement jedes Stromes; bei ihm ist I auf beliebig dünnen Querschnitt zusammengedrängt. Den Stromfaden denken wir uns in Elemente der Länge ds (Vektor $d\mathfrak{s}$) zerlegt (Abb. 175a). Jedes „Stromelement" $I ds$[1] gibt im betrachteten Feldpunkt P (Entfernung r von $I ds$, α = Winkel zwischen $I ds$ und r) einen bestimmten Anteil $d\mathfrak{H}$ zur dortigen Feldstärke:

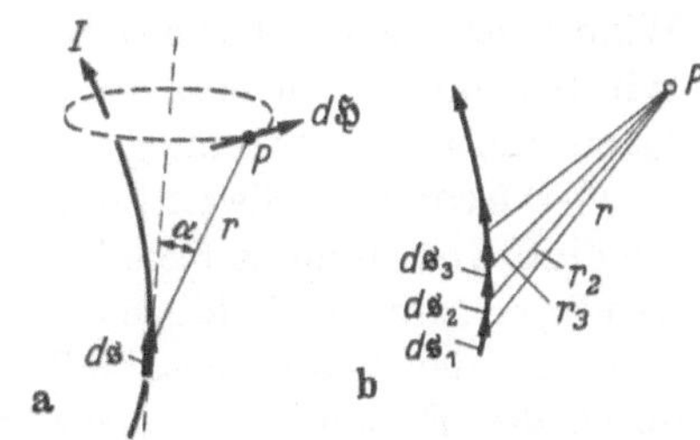

Abb. 175 a u. b. Zum Gesetz von Biot-Savart

Betrag: $\lvert d\mathfrak{H}\rvert = \dfrac{I\,ds \sin\alpha}{4\pi r^2}$ Richtung: $d\mathfrak{H}$ steht senkrecht auf Ebene durch $I\,ds$ und P, gerichtet nach Korkzieherregel	Biot-Savartsches Gesetz (144)

Mithin ist die Gesamtfeldstärke $\mathfrak{H}$ in P gleich der Vektorsumme aller Feldstärkeanteile (Abb. 175b)

$$\mathfrak{H} = d\mathfrak{H}_1 + d\mathfrak{H}_2 + d\mathfrak{H}_3 + \cdots$$ Beispiel s. 4d.

Stromgebilde: Dieses wird in eine Vielzahl von Stromfäden (Stromröhren) $I_1, I_2 \ldots$ zerlegt. Dann bestimmt man in P die Feldstärke herrührend von jedem einzelnen Stromfaden mit Hilfe von Gl. (144):

$$I_1 \to \mathfrak{H}_1 \text{ in } P$$
$$I_2 \to \mathfrak{H}_2 \text{ in } P$$
. . . . .

Die Vektorsumme dieser Stromfädenanteile ergibt die Gesamtfeldstärke $\mathfrak{H}$:

$$\mathfrak{H} = \mathfrak{H}_1 + \mathfrak{H}_2 + \mathfrak{H}_3 + \cdots$$

3. Elektrisch erregter Eisenkreis mit Luftspalt

Der elektrisch erregte Eisenkreis mit Luftspalt (s. Abb. 156b) ist das häufigste Bauelement des Elektromagnetismus (betrachte elektrische

[1] Rechengröße, höchstens bei Hochfrequenz durch Dipol verwirklichbar.

Maschinen, Transformatoren, Elektromagnete). Eisen wird verwendet, da bei gleicher Urspannung der Fluß viel höher wird, da er auf die vorgesehenen Bahnen zu konzentrieren ist und mit geringem Spannungsverlust zum Arbeitsluftspalt geführt werden kann. Die Spule (mit w Windungen) heißt „Erregerspule", ihr Strom (I) „Erregerstrom". Wir behandeln den einfachsten Fall, den Kreis mit überall gleichem Querschnitt ohne Streuung.

Φ-I-Kennlinie: Sie ist bis auf einen Maßstabsfaktor (I statt $Iw = \Theta$) die Fluß-Urspannungs-Kennlinie des magnetischen Kreises. Von den notwendigen Amperewindungen denkt man sich entsprechend den beiden zu deckenden Spannungsabfällen den einen Teil benutzt, um den Fluß durch den Eisenweg (V_{Fe}), den anderen Teil, um den Fluß durch den Luftspalt zu führen (V_L):

$$\Theta = Iw = V_{Fe} + V_L = (Iw)_{Fe} + (Iw)_L$$

Eisenweg: Die Kennlinie Φ - - $(Iw)_{Fe}$[1] $= \Phi$ - - V_{Fe} ist die Fluß-Spannungs-Charakteristik des Eisens, also eine Hysteresekurve (Abb. 176a). Sie folgt aus der Magnetisierungskurve B - - H.

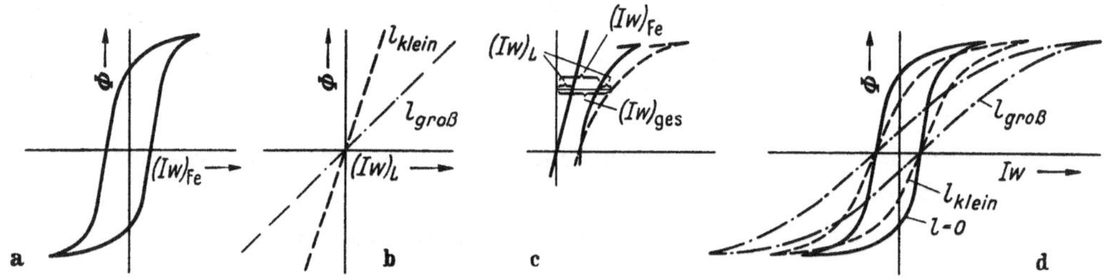

Abb. 176 a–d. Zur Konstruktion der Φ-I-Kennlinie durch Scherung

Luftweg: Die Kennlinie Φ - - $(Iw)_L = \Phi$ - - V_L ist die Fluß-Spannungs-Charakteristik des Luftspalts, also eine Gerade (Abb. 176b). Für doppelte Luftspaltlänge halbe Neigung.

Kreis: Die Kennlinie Φ - - Iw, also Φ - - $(Iw)_L + (Iw)_L$ ist die gesuchte Charakteristik des Kreises. Sie wird konstruiert, indem für jeden Φ-Wert die zugehörigen $(Iw)_{Fe}$ und $(Iw)_L$-Werte addiert werden: „Scherung" (Konstruktion für einen Punkt s. Abb. 176c, so gewonnene Kurvenverläufe s. Abb. 176d).

Die Kennlinie Φ - - Iw verläuft um so flacher und gerader (um so weniger Remanenz, die Koerzitivfeldstärke bleibt), d. h. die Eisenunregelmäßigkeiten gehen um so weniger ein, je größer der Luftspalt ist; um so mehr Amperewindungen sind aber für den gleichen Fluß nötig. Zweck-

---

[1] Lies Φ über $(Iw)_{Fe}$.

mäßig arbeitet man mit B-Werten bis zum Sättigungsknick (10000 bis 15000 G), da höhere Flußdichten große Stromerhöhung bei geringer Flußzunahme erfordern.

Erregerspule: Bei vorgegebenem Kreis sind zum Erreichen eines bestimmten Φ-Wertes bestimmte Amperewindungen notwendig, d.h. das Produkt $I\,w$ liegt fest. Die Größe der Faktoren I und w entnimmt man zweckmäßig elektrischen Leistungsbetrachtungen:

Die elektrische Leistung P_{el} ist zum Aufrechterhalten von Φ nicht grundsätzlich nötig (Supraleitung!), sondern nur, weil die Spule einen elektrischen Widerstand (R_{Sp}) hat. Bei vorgegebener Spule (A = Wickelfensterfläche, l_{m} = mittlere Wickellänge für einen Umlauf, s. Abb. 177) ist:

$$R_{\text{Sp}} = \varrho \frac{l_{\text{ges}}}{q} = w^2 \frac{\varrho\, l_{\text{m}}}{k A} \quad \text{wobei} \quad \begin{array}{ll} l_{\text{ges}} = w\, l_{\text{m}} & \text{gesamte Drahtlänge} \\ w q = k A & q = \text{Drahtquerschnitt} \\ & k = \text{Füllfaktor} \; (< 1) \end{array}$$

also:

$$\boxed{P_{\text{el}} = I^2 R_{\text{Sp}} = (I w)^2 \frac{\varrho\, l_{\text{m}}}{k A}} \quad \text{Elektrische Leistung für Erregerspule} \qquad (145)$$

d.h. bei vorgegebenem magnetischen Kreis und vorgegebener Spule (l_{m}, A) ist für einen bestimmten Φ-Wert, also für einen bestimmten $I w$-Wert, eine bestimmte elektrische Leistung P_{el} erforderlich, die praktisch (k ändert sich nur wenig mit w) unabhängig davon ist, ob die notwendigen Amperewindungen $I w$ mit kleinem I und großem w oder umgekehrt aufgebracht werden. Aus $P_{\text{el}} = U I$ folgt z.B. bei vorgegebenem U das gesuchte I.

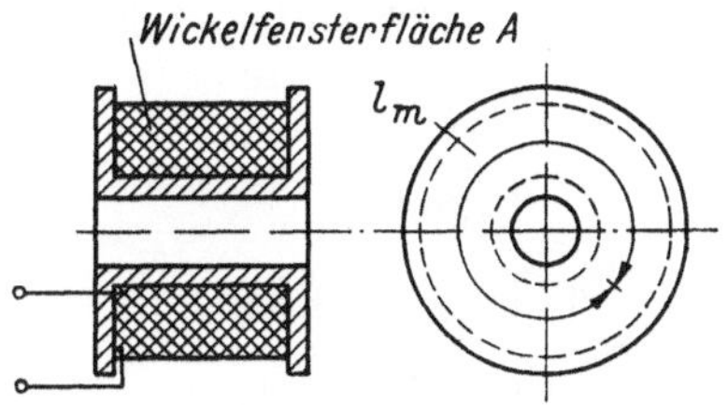

Abb. 177. Erregerspule

Anwendung: Zum Beispiel innere Meßbereichänderung der auf magnetischer Wirkung beruhenden Instrumente (s. 1. Kap. C 4). Bei vorgegebenem Meßwerk ist für den gleichen Ausschlag der gleiche Fluß, also die gleiche Amperewindungszahl notwendig. Der Leistungsbedarf ist daher etwa gleich für großes w und kleines I (Spannungsmesser) und für kleines w und großes I (Strommesser).

4. Magnetische Felder wichtiger Stromgebilde

a) Gerader, unendlich langer Runddraht

Abb. 178. Die Bahnen der Feldlinien müssen im homogenen Raum aus Symmetriegründen Kreise um die Drahtseele sein, der Feldstärkebetrag hat in allen Punkten eines Kreises den gleichen Wert; also ist

Gl. (143 a) für die H-Berechnung anwendbar. Zwei Gebiete sind zu unterscheiden:

Außerhalb Strom: $r > r_D$ (umfaßter Strom I)

$$\Theta_a = I = \oint H_a \, dn = H_a \, 2\pi r$$

$$H_a = \frac{I}{2\pi r}$$

Innerhalb Strom: $r < r_D$ (umfaßter Strom I', wobei $I' : I = r^2\pi : r_D^2\pi$)

$$\Theta_i = I' = I \frac{r^2}{r_D^2} = \oint H_i \, dn = H_i \, 2\pi r$$

$$H_i = \frac{I r}{2\pi r_D^2}$$

Insgesamt: In Strommitte $H = 0$, innerhalb des Stromes steigt H_i linear mit r an, an Stromoberfläche Höchstwert, außerhalb des Stromes fällt H_a hyperbolisch mit r ab.

Zahlenbeispiel: $I = 1$ A in Luft; $r = 10$ cm $> r_D$

$$H_a = \frac{1\,\text{A}}{2\pi\, 10\,\text{cm}} = 0{,}016 \frac{\text{A}}{\text{cm}};$$

$$\frac{B_a}{\text{G}} = 1{,}26 \cdot 0{,}016 = 0{,}02; \quad B_a = 0{,}02\,\text{G} \left(= \frac{1}{10} B_{\text{Erde, horiz. Komp.}} \right)$$

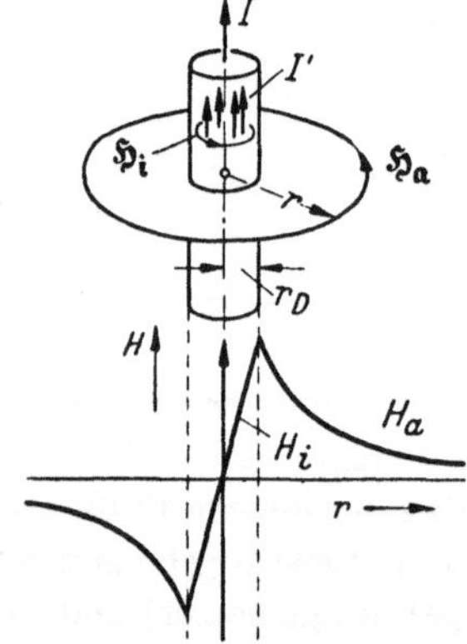

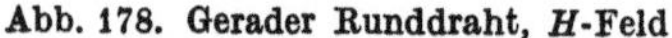

Abb. 178. Gerader Runddraht, H-Feld

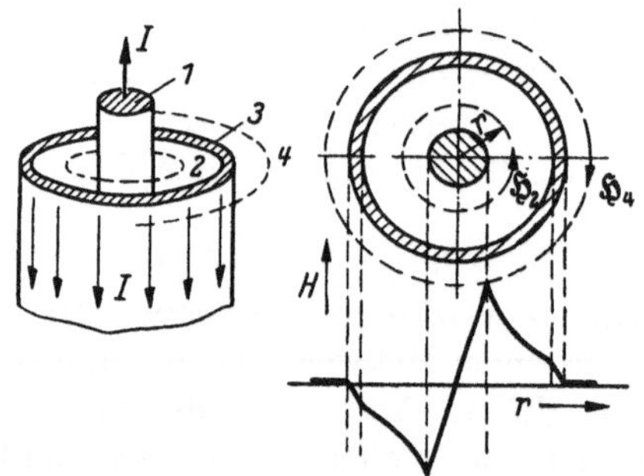

Abb. 179. Konzentrischer Leiter, H-Feld

b) Konzentrischer Leiter

(Innen I hin; außen I zurück, Abb. 179).

Für die Feldlinienbahnen und die Flußstärkeverteilung auf ihnen gilt das gleiche wie bei a), also ist Gl. (143 a) anwendbar. Vier Gebiete sind zu unterscheiden.

Im Raum 4 um den Außenleiter ist die umfaßte Stromsumme $\sum I_v = +I + (-I) = 0$, also $H_4 = 0$. Das Feld ist nach außen magnetisch „abgeschirmt". Im Rohrinnern (Raum 1 und 2) wird nur der Innenleiter von den Feldlinien umfaßt, also Feldverteilung wie bei a). Innerhalb des Außenleiters Feldabfall auf 0.

c) Paralleldrahtleitung mit Hin- und Rückleiter

Abb. 180. Die Feldstärke ist in jedem Punkt die Vektorsumme der gemäß a) berechneten Feldstärken vom Hin- und vom Rückstrom $\mathfrak{H} = \mathfrak{H}_{\text{hin}} + \mathfrak{H}_{\text{rück}}$. Im Raum zwischen beiden Leitern sind $\mathfrak{H}_{\text{hin}}$ und $\mathfrak{H}_{\text{rück}}$ gleichsinnig, also Feldverstärkung; im Raum außerhalb beider Leiter sind $\mathfrak{H}_{\text{hin}}$ und $\mathfrak{H}_{\text{rück}}$ gegensinnig, also Feldschwächung gegenüber nur einem Leiter. Die vektorielle Addition ergibt für die $\mathfrak{H}$-Linien exzentrische Kreise um die beiden Leiter, die so verlaufen wie für Quelle und Senke beim flächenhaften Leiter (Abb. 110, Apollonische Kreise).

Je dichter die Drähte beieinander liegen, um so mehr heben sich die beiden Einzelfelder im Außenraum auf: Man verdrillt Hin- und Rückleiter, um ein magnetisches Außenfeld (praktisch) zu vermeiden.

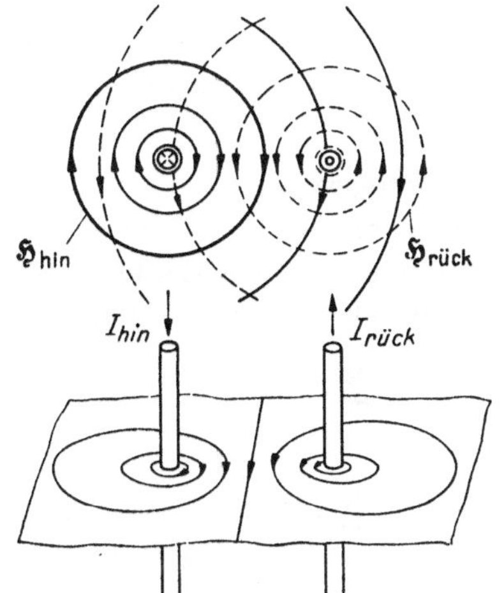

Abb. 180. Paralleldrahtleitung, H-Feld

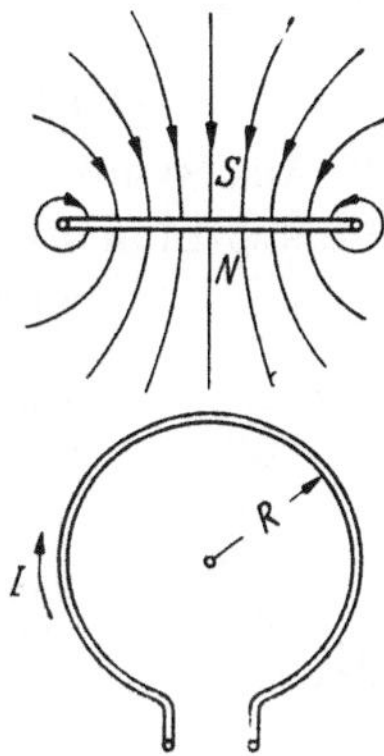

Abb. 181. Kreisschleife, H-Feld

d) Kreisschleife

Abb. 181. Nach dem Biot-Savartschen Gesetz haben, wenn man den Strom in Stromelemente zerlegt denkt, alle Teilfeldstärken innerhalb der Schleifenebene gleiche Richtung. Der Gesamtfluß durchströmt zusammengedrängt das Schleifeninnere und fließt verteilt über den Außenraum zurück: Eine Stromschleife wirkt wie eine magnetisierte Scheibe.

In der Kreisebene haben alle Teilfeldstärken gleiche Richtung, also geht für die $\mathfrak{H}$-Berechnung die vektorielle Addition in die algebraische über. Im Zentrum ist

$$H = \int_{\text{Kreis}} \mathrm{d}H = \oint \frac{I\,\mathrm{d}s \sin 90^\circ}{4\pi R^2} = \frac{I\,2\pi R}{4\pi R^2} = \frac{I}{2R}$$

e) Lange enge Spule mit w Windungen

Abb. 169. Der Feldverlauf wird verständlich durch Überlagerung der Felder der einzelnen Spulenschleifen: Im Mittelteil heben sich die Komponenten senkrecht zur Spulenwand, herrührend von je einem symmetrisch zur Mitte gelegenen Schleifenpaar, auf. Die Randgebiete der Spule fallen für das gesamte Feld um so weniger ins Gewicht, je länger und dünner diese ist. Praktisch gehen dann alle Feldlinien durch das Spuleninnere: Wirkung wie Stabmagnet. Da Feldlinienverlauf und Feldstärkeverteilung ($B_a \ll B_i$ also $H_a \ll H_i$) bekannt, ist Gl. (143a) anwendbar:

$$V_\circ = I w = \oint H\,\mathrm{d}n = \int_{\text{Innenraum}} H_i\,\mathrm{d}n + \int_{\text{Außenraum}} H_a\,\mathrm{d}n \approx \int_{\text{Innenraum}} H_i\,\mathrm{d}n = H_i l$$

$$H_i \approx \frac{I w}{l}$$

Im Vergleich zu einem Draht wesentliche Erhöhung der Feldstärke durch w Windungen. Daher ist die Spule das wichtigste elektromagnetische Bauelement.

f) Ringspule mit w Windungen

Abb. 182. Aus Symmetriegründen und gemäß dem Biot-Savartschen Gesetz sind die $\mathfrak{H}$-Linien konzentrische Kreise (abgesehen von unmittelbarster Nähe der einzelnen Leiterwindungen)

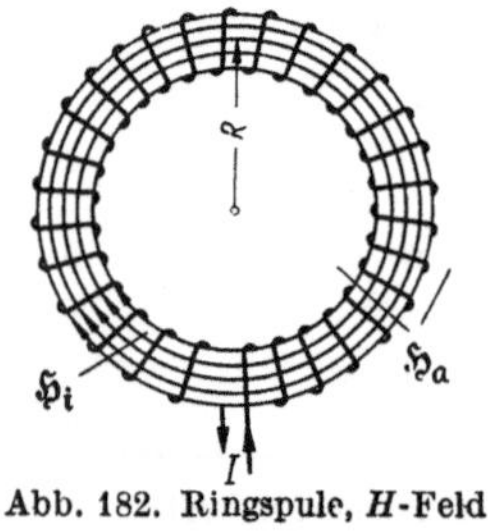

Abb. 182. Ringspule, H-Feld

Raum außerhalb der Spule: $\sum I_\nu = 0$

also: $H_a = 0$

Raum im Spulenschlauch: $\sum I_\nu = I w = \oint H_i\,\mathrm{d}n = H_i\,2\pi R$

also: $H_i = \dfrac{I w}{2\pi R}$

Die Ringspule läßt hohe Feldstärken praktisch ohne Streufluß erreichen.

Aufgaben zu I und II A

29. Gegeben eine Ringspule mit Kreisquerschnitt (2 cm Durchmesser) aus Eisenpulver mit $\mu_{rel} = 70$; mittlerer Ringradius 5 cm, Spulenwicklung 3000 Windungen.

a) Wie groß ist die Flußdichte bei $I = 20$ mA?

b) Welcher Fluß durchsetzt die Spule?

c) Welche Stromstärke wäre erforderlich, um nach Entfernen des Eisenringes in Luft $B = 10000$ G zu erzeugen?

30. Gegeben ein Eisenkreis vom Kerntyp, mittlere Höhe 30 cm, mittlere Breite 20 cm, Luftspalt 1 cm, Eisenquerschnitt $5 \times 5\ \mathrm{cm}^2$, gleiche Wickelkörper ($A = 120\ \mathrm{cm}^2$, $l_\mathrm{m} = 50$ cm, $k = 0{,}6$) auf den beiden vertikalen Schenkeln.

a) Welche Windungszahl erhält jede Erregerspule bei Reihenschaltung, bei Parallelschaltung, damit bei Anschluß an 120 V im Luftspalt 20000 G entstehen? Aus Magnetisierungskurve $H = 300$ A/cm für $B = 20000$ G. Welche Gesamtleistung ist erforderlich?

b) Wie ändern sich, um den gleichen Fluß zu erzeugen, die Daten bei Anschluß an 24 V?

c) Wie ändert sich die elektrische Leistung, wenn Kreis- und Spulenabmessungen verdoppelt werden ($B = 20000$ G bleibt)?

31. Die Spule eines Weicheisenstrommessers für 0,5 A soll für einen Meßbereich von 10 A umgewickelt werden. Spulendaten: Mittlerer Radius = 2 cm, Wickelraumhöhe = 1,5 cm, Breite = 1 cm, Windungszahl für 0,5 A 660 Windungen, der Füllfaktor sei zu $k = 0{,}6$ angenommen.

a) Wie groß muß die Windungszahl werden?

b) Wie groß sind Drahtlänge, Drahtdurchmesser, Leistungsbedarf in beiden Fällen?

32. Gegeben ein Hohlrohr (r_i, r_a) als Hinleiter für den Strom (I). Feldstärkeverteilung gesucht, entwickle Näherung bei dünner Wandung.

33. Gegeben ein gerader stromdurchflossener Draht (I) und eine rechteckige Fluxmeterspule von den Seiten a, b und dem Abstand c zwischen nahem Spulenschenkel (a) und Drahtmitte, mit dem Strom in einer Ebene liegend. Wie groß ist der umfaßte Flußteil.

Zahlenbeispiel: $I = 3000$ A, $a = 8$ cm, $b = 4$ cm, $c = 3$ cm.

B. Kopplung magnetische → elektrische Größen = Induktion[1]

1. Qualitatives

Die Kopplung magnetische → elektrische Größen = Induktion tritt in zwei Erscheinungsformen a) und b) auf.

Erscheinungsform a): Um einen zeitlich sich ändernden Magnetfluß – erzeugt z.B. bei Abb. 183 durch Bewegen eines Permanentmagneten (I) oder bei ruhendem Permanentmagneten durch Verändern des magnetischen Widerstandes $R_{\mathrm{m\,ges}}$ (II) – besteht:

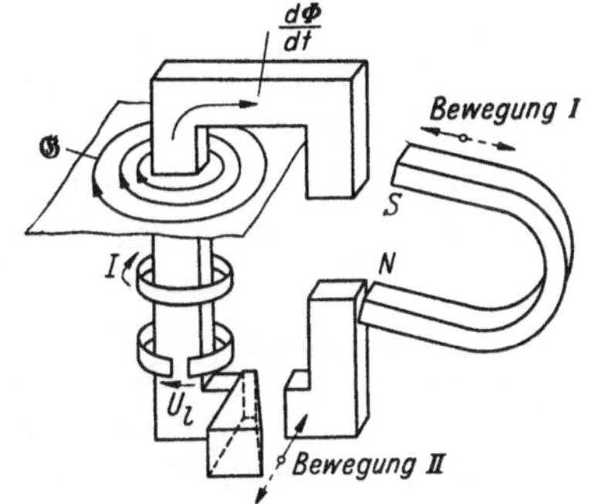

Abb. 183. Zur Induktion, Erscheinungsform a)

1. In einem räumlichen elektrischen Leiter ein den Fluß umwirbelnder elektrischer Strom mit nach außen abnehmender Dichte $\mathfrak{S}$.

2. In einem linienhaften geschlossenen Leiter, der ihn umfaßt, ein Strom (I); in einem, der ihn nicht umfaßt, kein Strom.

[1] Entdeckt 1831 von M. FARADAY.

3. Zwischen den Enden einer nahezu geschlossenen, den Fluß umfassenden Leiterschleife eine elektrische Leerlauf-Spannung U_l.

Also jeder zeitlich sich ändernde Magnetfluß ist von einem elektrischen Feld begleitet, die Gesamterscheinung ist „sich ändernder Fluß + elektrisches Feld". Vom Feld ist nach 3. das Primäre die elektrische, räumlich um den Fluß wirkende Urspannung: Urspannungsraum. Der elektrische Antrieb besitzt als Eigenart das Bestreben, den Strom um den veränderlichen Fluß zu führen. Der Raumcharakter tritt meist nicht so hervor wie beim analogen Fall des Durchflutungsgesetzes, da bei üblichen Anwendungen linienhafte elektrische Leiter den Fluß umfassen, und die elektrischen Erscheinungen in ihnen auffallender sind als bei den noch vorhandenen Nichtleitern. Die hier insgesamt vorliegende Verkopplung wird ebenso durch ein Wirbelbild beschrieben (Abb. 185), nur sind im Vergleich zu A. die Partnerrollen vertauscht:

a) Wirbelseele:	Der zeitlich sich ändernde Magnetfluß
b) Das die Seele Umwirbelnde:	Die elektrische Spannung (elektr. Strom)

Erscheinungsform b): s. Abb. 184.

Bei einer Relativbewegung eines Leiters gegenüber einem Magnetfeld derart, daß dabei vom Leiter Feldlinien geschnitten werden, wird im Leiter eine elektrische Urspannung „induziert".	Induktion durch Bewegung v, $B \to E$	(146a)

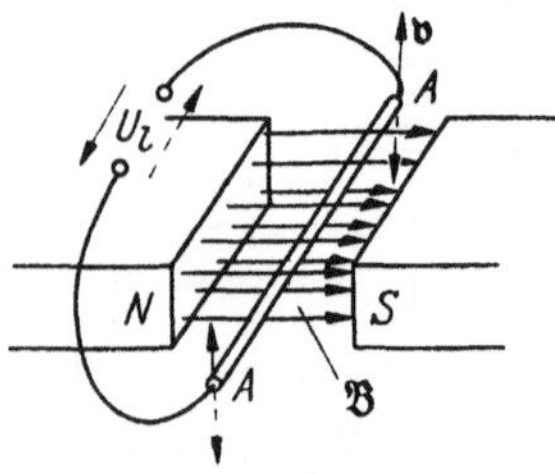

Abb. 184. Zur Induktion, Erscheinungsform b)

Bei Bewegung des Leiters in der Ebene der B-Linien entsteht in ihm also keine Urspannung.

Die gegebene Formulierung ist nicht die tiefgründigste: Beim Bewegen eines Nichtleiters im Magnetfeld beobachtet man eine „Polarisation" in ihm, d. h. eine (geringe) Verschiebung seiner Ladungen. Das Verschieben setzt eine Kraft und damit eine elektrische Feldstärke voraus. Also: Bei Relativbewegung eines Punktes gegenüber einem magnetischen Feld quer zu dessen Feldlinien wird im Punkt eine elektrische Urfeldstärke erzeugt.

Synthese von a) und b). Die Erscheinungsformen a) und b) lassen sich in einer gemeinsamen Formulierung, als deren beide extreme Spezialfälle sie dann erscheinen, zusammenfassen, wenn man das Augenmerk auf geschlossene Wege lenkt und längs dieser – analog der Verfahrensweise beim Durchflutungsgesetz – die elektrische Umlaufspannung betrachtet:

Bei zeitlicher Änderung der Magnetflußstärke durch eine Fläche, die von einem geschlossenen Weg umfaßt wird, tritt längs des Weges eine elektrische Umlaufspannung auf.	Induktionserscheinung in allgemeiner Form	(146b)

Die elektrische Umlaufspannung $U_{\circ}$ ist die stets direkt wahrnehmbare Größe, die eine umfaßte Flußänderung begleitet; ihre notwendige Ursache, die gleich große Urspannung E mit Umführungstendenz, also das eigentliche Kernstück, schließen wir erst aus ihr.

Die umfaßte Flußstärke kann auf zweierlei Weise geändert werden:

Erscheinungsform a): Leiterbahn und Fluß sind örtlich konstant, und der umfaßte Fluß ändert sich zeitlich.

Erscheinungsform b): Der Fluß bleibt zeitlich konstant, und Fluß und Leiterbahn werden relativ zueinander bewegt (in Abb. 184 ändert sich bei Bewegen des Stabes *AA* der die Leiterschleife durchsetzende Flußteil!).

2. Quantitatives

Zwei Formen des Induktionsgesetzes sind üblich: Die den allgemeinen Fall (Satz 146b) betreffende, und die auf den Spezialfall (Satz 146a) zugeschnittene.

a) Induktionsgesetz in allgemeiner Form ($\mathrm{d}\Phi/\mathrm{d}t \to E$)

Gesetz: Wir betrachten einen geschlossenen Weg ohne zusätzliche elektrische Urspannungsstellen, für den der von ihm umfaßte magnetische Fluß gemäß Erscheinungsform a) oder b) sich zeitlich ändere. Zwischen den dann auftretenden elektrischen Größen, der Umlaufspannung, der zugehörigen Urspannung und der Feldstärke in den Wegpunkten, besteht analog den Gln. (142a u. b) der Zusammenhang:

$$E = U_{\circ} = \oint \mathfrak{E}\,\mathrm{d}\mathfrak{s} \quad \text{für einen allgemeinen Weg,}$$

$$E = U_{\circ} = \oint E\,\mathrm{d}n \quad \text{für einen Feldlinienweg (Leiterweg)}$$

Das Experiment besagt:

Der *Betrag* von $U_{\circ}$ ist streng proportional der Änderungsgeschwindigkeit des umfaßten Flusses, also $|U_{\circ}| = \text{konst.}\ |\mathrm{d}\Phi/\mathrm{d}t|$. Man setzt nun in dieser Gleichung, die magnetischen Fluß und elektrische Spannung gemäß dem zugrunde liegenden Naturgesetz verkoppelt, inkonsequenterweise[1] die Konstante = 1:

$$|U_\circ| = \left|\frac{\mathrm{d}\Phi}{\mathrm{d}t}\right|$$

Dabei hat man allerdings berücksichtigt, daß die beim Durchflutungsgesetz begangene analoge Inkonsequenz diese weitere Inkonsequenz erzwingt; denn multipliziert man nun kreuzweise die Gleichungen dieser beiden Gesetze miteinander ($|U_\circ I|\,\mathrm{d}t = |\mathrm{d}\Phi V_\circ|$), so steht links eine Energie, dann muß auch rechts eine Energie stehen. Das hätte sich nicht ergeben, wenn man oben der Konstanten eine Dimension belassen hätte. Die so entstandene Gleichung für das Induktionsgesetz (Naturgesetz) mutet nun fälschlicherweise wie eine Definitionsgleichung an. Ferner erhält die magnetische Flußstärke die Dimension (elektrische Spannung × Zeit), obwohl elektrische und magnetische Größen völlig wesensverschieden sind, und ihre Einheit wird 1 Vs.

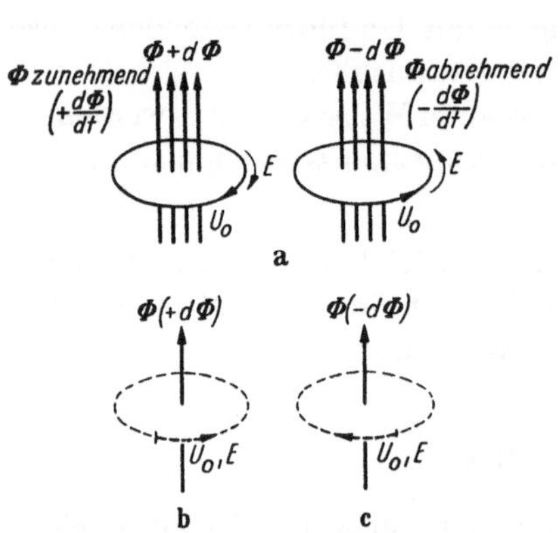

Abb. 185 a–c. Zur Induktion, Wirbelverkopplung bei a) Pfeile sind Richtungspfeile; bei b) und c) Pfeile sind Zählpfeile

Das *Vorzeichen* wird wieder bestimmt durch die Richtungen der Größen (Richtungspfeile) und die Richtungen ihrer Zählpfeile. Die Richtung von $U_\circ$ ist in bezug zur Flußrichtung entgegengesetzt der Rechtsschraube zugeordnet, wenn der Fluß sich vergrößert (Richtung entgegengesetzt der Rechtsschraube); gemäß der Rechtsschraube, wenn der Fluß sich verkleinert (Abb. 185 a). Wählen wir entsprechend der Gepflogenheit die Zählpfeile für $U_\circ$ und Φ gemäß der Rechtsschraube (s. Abb. 185 b, auch Anhang VII), so wird, da für $U_\circ$ Richtungspfeil und Zählpfeil entgegengesetzt verlaufen

$$U_\circ = -\frac{\mathrm{d}\Phi}{\mathrm{d}t}$$

Bei der nicht üblichen Zählpfeilrichtung von Abb. 185 c wird $U = +\frac{\mathrm{d}\Phi}{\mathrm{d}t}$. Wir legen im Kommenden die Zählpfeile nach Abb. 185 b zugrunde.

---

[1] Konsequent wäre bei nachfolgender Berücksichtigung des Vorzeichens: $E = -\eta\frac{\mathrm{d}\Phi}{\mathrm{d}t}$. Zusammen mit dem Durchflutungsgesetz $\Theta = \xi\Sigma I_\nu$ folgt nach kreuzweiser Multiplikation $E\Sigma I_\nu\,\mathrm{d}t = -\eta/\xi\,\Theta\,\mathrm{d}\Phi$. Da links eine Energie steht und $\Theta\,\mathrm{d}\Phi$ ebenso eine Energie ist, muß η/ξ dimensionslos ein. Wir geben dieser Zahl den Wert, 1 also $\eta = \xi$. Damit wird $E = -\xi\frac{\mathrm{d}\Phi}{\mathrm{d}t}$.

Insgesamt gilt für die Verkopplung:

Die magnetische Flußänderung ist direkt verkoppelt mit elektrischen Urspannungen E, die umwirbelnde Ströme anzutreiben suchen. Durch deren Umlaufspannungsabfälle $U_{\bigcirc}$ werden die E-Werte gemessen. Die Urspannung längs eines betrachteten geschlossenen Weges ist gleich der Änderungsgeschwindigkeit der umfaßten Flußstärke. Richtungszuordnung von Fluß und Spannung bei Flußzunahme entgegengesetzt der Korkzieherregel

$$\boxed{E = U_{\bigcirc} = -\frac{\mathrm{d}\Phi}{\mathrm{d}t}}$$ Induktionsgesetz Form I (allgemeine Form) = 2. MAXWELLsches Gesetz (147)

Für den hierbei meist zutreffenden Fall, daß der Umlaufweg mit einer Feldlinie zusammenfällt, wird

$$\oint E\,\mathrm{d}n = -\frac{\mathrm{d}\Phi}{\mathrm{d}t} \tag{147a}$$

Zur Veranschaulichung des Induktionsgesetzes dienen folgende zwei *Experimente:*

Erscheinungsform a): Abb. 186. Umfaßte Bahn und Fluß örtlich konstant, die Flußstärke wird zeitlich geändert. Die Flußrichtung bleibt stets die gleiche. Bei Flußzunahme elektrische Urspannung E in der

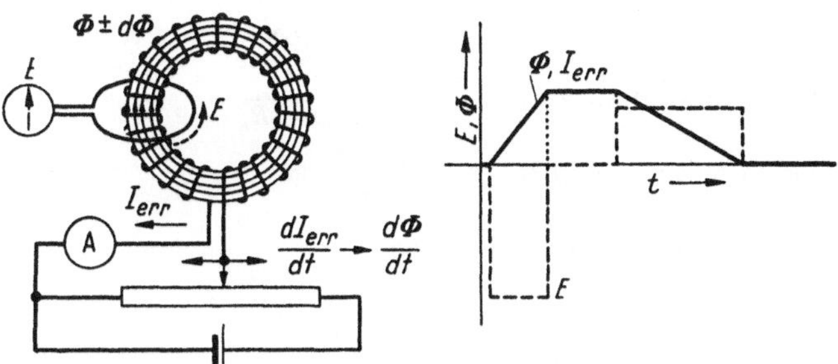

Abb. 186. Induktionsgesetz angewandt auf Erscheinungsform a); (Die Pfeile bei den Größen im Bild links sind Zählpfeile)

einen (negativ gezählten), bei Abnahme in der entgegengesetzten (positiv gezählten) Richtung. Bei zeitproportionaler Änderung wird E = konst. Je rascher die Flußänderung, um so höher (aber auch um so kürzer andauernd beim Arbeiten zwischen zwei bestimmten Flußwerten) ist E.

Erscheinungsform b): Die Leiterbahn wird im Feld von örtlich verschiedener, aber zeitlich konstanter Flußdichte bewegt (Abb. 187). Sowie die Schleife in das Feld einzutauchen beginnt, nimmt der umfaßte Fluß zu, eine (bei zeitproportionalem Flußanstieg konstante) Urspannung entsteht. Ein Bewegen der vollständig eingetauchten Schleife erzeugt keine

Urspannung, da sich die von ihr umfaßte Flußstärke nicht ändert. Beim Herausführen aus dem Feld Abnahme des umfaßten Flusses, also Urspannung im entgegengesetzten Sinn.

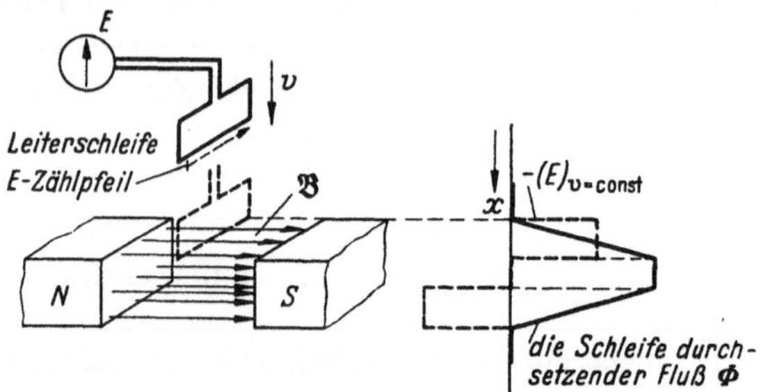

Abb. 187. Induktionsgesetz angewandt auf Erscheinungsform b)

Folgerungen

1. Der Strom I für *linienhafte Leiter* (R_{ges}) ergibt sich gemäß

$$\frac{\mathrm{d}\Phi}{\mathrm{d}t} \xrightarrow[\text{Indukt. Gesetz}]{} E \xrightarrow[I=\frac{E}{R_{ges}}]{} I$$

Leiterschleife (Widerstand R_{Schl}) in sich geschlossen: $I = \dfrac{-\dfrac{\mathrm{d}\Phi}{\mathrm{d}t}}{R_{Schl}}$

Leiterschleife + Widerstand R_a: $I = \dfrac{-\dfrac{\mathrm{d}\Phi}{\mathrm{d}t}}{R_{Schl} + R_a}$

Leiterschleife offen: An $A\,B$ $U_l = -\dfrac{\mathrm{d}\Phi}{\mathrm{d}t}$

(vgl. Abb. 188a, b, c mit Ersatzbild).

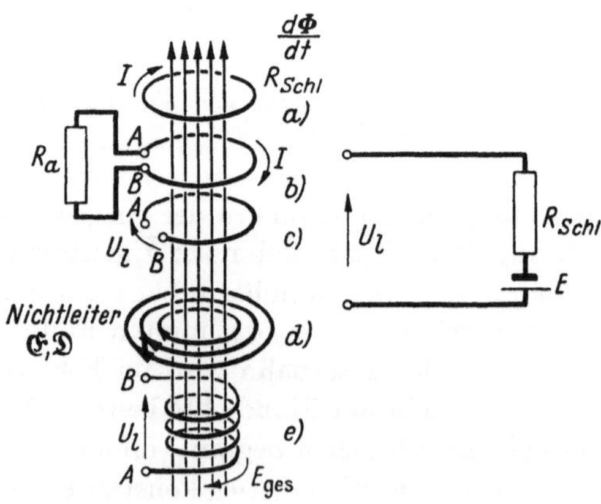

Abb. 188a–e. Zu Folgerungen aus Induktionsgesetz (Pfeile = Richtungspfeile)

2. Flußänderungen im *Nichtleiter* sind von einem Verschiebungsfluß begleitet (Abb. 188d); außer wenn sie zeitlinear erfolgen, entsteht ein dielektrischer Strom

$$\frac{\mathrm{d}\Phi}{\mathrm{d}t} \xrightarrow[\text{Indukt. Gesetz}]{} \oint E\,\mathrm{d}n \xrightarrow[D=\varepsilon E]{} \left(D \xrightarrow[G_{\mathrm{D}}=\frac{\mathrm{d}D}{\mathrm{d}t}]{} G_{\mathrm{D}}\right)$$

Die dielektrischen Ströme werden erst bei sehr raschen Änderungen (Hochfrequenz) merklich.

3. Bei *w Windungen* des Leiters um den sich ändernden Fluß (Spule, Abb. 188e) ist die induzierte Gesamturspannung infolge Überlagerung der Einzelurspannungen:

$$\boxed{E_{\text{ges}} = -w\frac{\mathrm{d}\Phi}{\mathrm{d}t}} \qquad \text{Von } \frac{\mathrm{d}\Phi}{\mathrm{d}t} \text{ in Spule mit } w \text{ Windungen induzierte Urspannung} \tag{147b}$$

Diese Erhöhung der Urspannung durch vielfache Windungszahlen (Spulen) ist technisch sehr wichtig.

4. *Fluxmeter:* Die Integration von Gl. (147b) ergibt:

$$\Phi_2 - \Phi_1 = \frac{1}{w}\int_{t_1}^{t_2}(-E)\,\mathrm{d}t$$

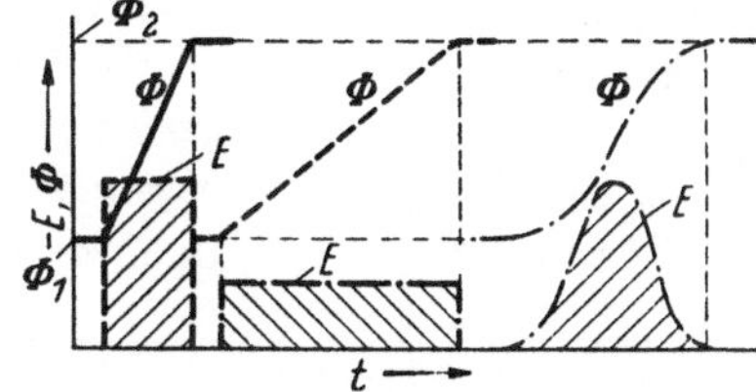

Abb. 189. Zum Fluxmeter

wobei Φ_1 = Fluß durch Spule z. Z. t_1, Φ_2 = Fluß z. Z. t_2: Das Zeitintegral der Spannung (Spannungszeitfläche) ist proportional der erfolgten Flußänderung; also sind in Abb. 189 die schraffierten Flächen ($\int E\,\mathrm{d}t$) gleich, da sie zur gleichen Änderung $\Phi_2 - \Phi_1$ gehören. Der Ausschlag α des Kriechgalvanometers ist – wie schon erwähnt – proportional $\int E\,\mathrm{d}t$. Mithin bei $\Phi_1 = 0$, $\Phi_2 = \Phi$

$$\alpha = \text{konst.}\,\Phi$$

b) Induktionsgesetz in spezieller Form für Relativbewegungen ($B, v_s \rightarrow E$)

Induzierte Urspannung: Zum Herleiten dieses Gesetzes aus der allgemeinen Form Gl. (147) dient die hierauf zugeschnittene Anordnung Abb. 190a: Homogenes Magnetfeld mit Flußdichte B. Das Leiterstück AA verläuft in Ausgangsstellung rechtwinklig zu den Feldlinien. Es wird parallel zu seiner Ausgangsstellung mit der „Schnittgeschwindigkeit" v_s (also $\perp \mathfrak{B}$) bewegt. Damit hierbei ein umfaßter Fluß geändert wird, gleitet der Leiter AA auf einer blanken, offenen Leiterschleife P_1, P_2, P_3, P_4, deren Ebene senkrecht von $\mathfrak{B}$ durchsetzt wird. Der von AP_2P_3A umfaßte Flußteil $\Phi = Blx$ (l = Abstand $P_2 - P_3$) ändert sich bei der Verschiebung $\mathrm{d}x$ des Leiters um $\mathrm{d}\Phi = Bl\,\mathrm{d}x$. Da $\mathrm{d}x/\mathrm{d}t = v_s$, folgt für die durch Bewegung induzierte Urspannung $|E| = \mathrm{d}\Phi/\mathrm{d}t|$ $= \left|Bl\frac{\mathrm{d}x}{\mathrm{d}t}\right| = |Blv_s|$. Die Richtungen von v_s, B und E stehen aufeinander senkrecht gemäß Abb. 190 b. Da es für diese Dreibein-Zuordnung keine Schreibweise gibt, die den Richtungssinn mit Hilfe der Vorzeichen mit beinhaltet, schreibt man in der Gleichung der Größen (nicht ihrer Beträge) das positive Vorzeichen: $E = v_s Bl$. Wir prägen uns aber, um die Richtungszuordnung gleich mit zu merken, die Gleichung in solcher Reihenfolge der Buchstaben ein, wie Daumen, Zeige- und Mittelfinger der rechten Hand (stets Rechtsdreibein gemäß mathematischer Gepflogenheit) als Dreibein aufeinander folgen. Insgesamt:

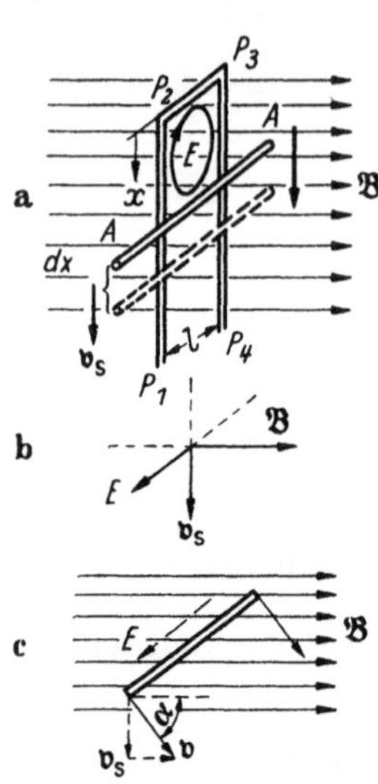

Abb. 190 a–c. Zum Induktionsgesetz, zugeschnitten auf Relativbewegungen

In einem Leiter der Länge l senkrecht zu B gerichtet, wird bei Relativbewegung des Leiters gegenüber dem Feld mit Schnittgeschwindigkeit v_s in ihm[1] *die Urspannung induziert:*

v_s	B	$l = E$	
Daumen	*Zeigefinger*	*Mittelfinger*	*der rechten Hand*

Induktionsgesetz Form II, Form für Relativbewegungen (148)

Bei Bewegung des Leiters (wieder sei er senkrecht zu $\mathfrak{B}$ angeordnet) schräg zum Magnetfeld unter Winkel α zur $\mathfrak{B}$-Richtung (s. Abb. 190 c, nicht wie bisher unter $\alpha = 90°$), ist $v_s = v \sin\alpha$, also $|vBl \sin\alpha| = |E|$.

Gl. (148) sei als zugeschnittene Größengleichung geschrieben:

$$\frac{v_s}{\mathrm{cm/s}}\,\frac{\mathrm{cm}}{\mathrm{s}}\,\frac{B}{\mathrm{G}}\,10^{-8}\,\frac{\mathrm{Vs}}{\mathrm{cm}^2}\,\frac{l}{\mathrm{cm}}\,\mathrm{cm} = \frac{E}{\mathrm{V}}\,\mathrm{V}; \quad \frac{E}{\mathrm{V}} = 10^{-8}\,\frac{v_s}{\mathrm{cm/s}}\,\frac{B}{\mathrm{G}}\,\frac{l}{\mathrm{cm}}$$

Zur Größenvorstellung:

$$l = 50\,\mathrm{cm}, \quad B = 10000\,\mathrm{G}, \quad v_s = 10\,\frac{\mathrm{m}}{\mathrm{s}}: \quad E = 10^{-8}\cdot 10^{3}\cdot 10^{4}\cdot 50\,\mathrm{V} = 5\,\mathrm{V}$$

Induzierte Urfeldstärke: Für eine sehr kleine Leiterlänge $l \to \mathrm{d}n$[2] wird die induzierte Urspannung $E \to \mathrm{d}E$: $vB\,\mathrm{d}n \sin\alpha = \mathrm{d}E$; wir nennen

---

[1] Da sich von der Schleife AP_2P_3A nichts außer dem Leiter änderte, kann die in der gesamten Schleife wirkende Urspannung E nur in ihm erzeugt worden sein.

[2] Die bei Bewegung entstehende Verschiebungstendenz von Ladungen ist, da l stets $\perp$ zu $\mathfrak{B}$ vorausgesetzt wurde, in Richtung l, die Feldlinien verlaufen also in dieser Richtung, daher wird das Linienelement mit $\mathrm{d}n$ bezeichnet.

$|\mathrm{d}E/\mathrm{d}n| = |E_{ur}| =$ Urfeldstärke; also $vB \sin\alpha = E_{ur}$, oder unter Einbeziehung der Richtungen als Vektorprodukt geschrieben:

$\mathfrak{E}_{ur} = \mathfrak{v} \times \mathfrak{B}$	Induktionsgesetz Form III, zugeschnitten auf Relativbewegungen	(148a)

3. Anwendungen der Induktionserscheinung

a) Elektrische Generatoren (Starkstromtechnik)

Die Generatoren dienen zur Umformung von mechanischer Leistung in elektrische. Sie benutzen hierzu das Induktionsgesetz. Der umfaßte Fluß wird durch Drehbewegungen geändert, denn dauernd fortschreitende Bewegungen sind konstruktiv nicht zu verwirklichen.

Spannungserzeugung durch Drehbewegung: *Homogenes paralleles Magnetfeld:*

Eine Leiterschleife mit konstanter Winkelgeschwindigkeit ω gedreht (Abb. 191 a), wobei die Drehachse $\perp \mathfrak{B}$ liege, liefert eine elektrische Ur-

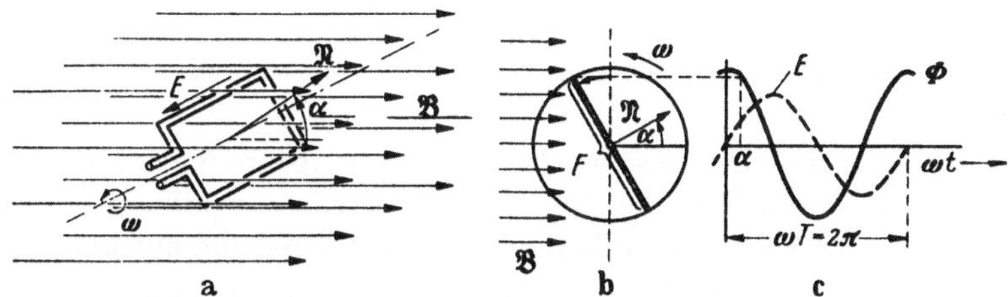

Abb. 191 a–c. Spannungserzeugung durch Drehbewegung im Parallelfeld

spannung, deren Augenblickswerte sich sinusförmig mit der Zeit ändern: Sinusspannung. Denn:

Konstante Drehbewegung $\alpha = \omega t$ (α = Winkel zwischen Flächennormalen $\mathfrak{N}$ und $\mathfrak{B}$)

Umfaßter Flußteil $\Phi = BA \cos\alpha$ (A = Schleifenfläche, s. Abb. 191 b)

Also:

$$E = -\frac{\mathrm{d}\Phi}{\mathrm{d}t} = BF\omega \sin\omega t \quad \text{(s. Abb. 191 c).}$$

Bei w Windungen:	$E = BFw\omega \sin\omega t = BA_w \omega \sin\omega t$	Sinusspannung	(149)

Bezeichnungen:

T = Periodendauer; $\omega T = 2\pi$, also $T = \dfrac{2\pi}{\omega}$

f = Frequenz = Zahl der Perioden/Zeit, also $f = \dfrac{1}{T} = \dfrac{\omega}{2\pi}$

Einheit: 1 Hertz[1] = 1 Hz = 1 s^{-1}

[1] Heinrich Hertz, 1857–1894.

n = Zahl der Umdrehungen/Zeit:

also $f = n$; als zugeschnittene Größengleichung $\frac{f}{\text{Hz}} = \frac{n/\text{min}^{-1}}{60}$

$A_w = wA$ = Windungsfläche

Wichtig: Die elektrische Frequenz ist gleich der (mechanischen) Umdrehungszahl.

Die Wechselspannungshöhe steigt proportional zur Drehzahl an. In der Schleifenstellung mit größtem umfaßten Fluß ist der Momentanwert der Urspannung = 0.

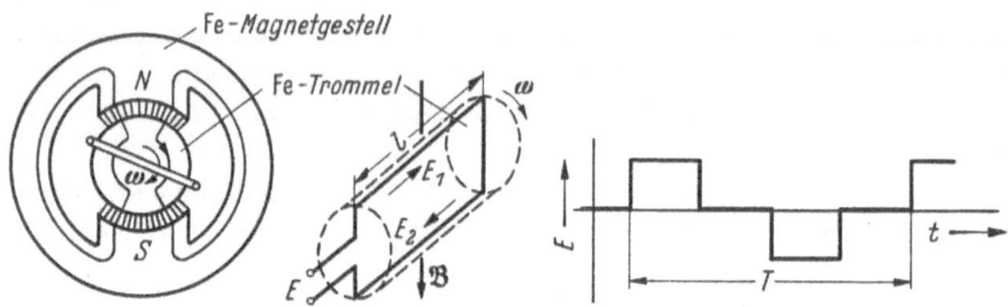

Abb. 192. Spannungserzeugung durch Drehbewegung im Radialfeld

Homogenes radiales[1] *Magnetfeld* (Abb. 192): Als radiales Magnetfeld sei ein solches bezeichnet, bei dem die magnetischen Feldlinien im Luftspalt in radialer Richtung verlaufen. Eine Leiterschleife, mit konstanter Winkelgeschwindigkeit gedreht, liefert eine elektrische Urspannung, die sich trapezförmig ändert. Trapezhöhe gemäß Gl. (148)

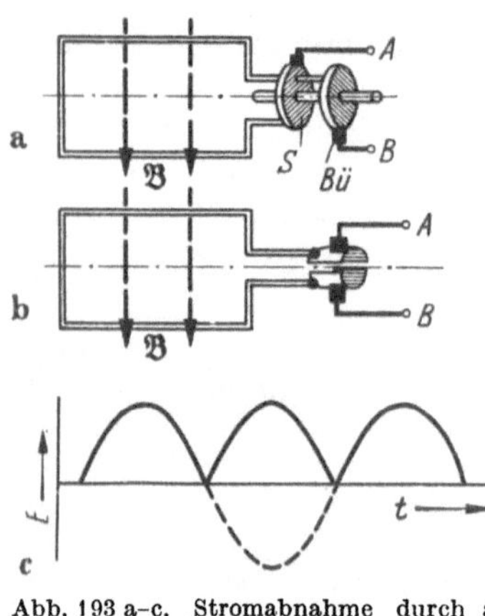

Abb. 193 a–c. Stromabnahme durch a) Schleifring; b) u. c) Kommutator

$$E = E_1 + E_2 = 2E_1 = 2v_s Bl = \\ = 2\omega r Bl = \omega BA$$

bei w Windungen: $E = \omega B A_w$.

Stromabnahme: Zwischen umlaufender Spule und fester äußerer Doppelleitung sind 2 Gleitkontakte nötig. 2 Möglichkeiten:

Schleifring + Bürsten: Der gleiche Spulenstab bleibt stets mit dem gleichen Außenleiter verbunden (Abb. 193 a): Bei Spulendrehung im homogenen Feld entsteht zwischen den Außenleitern eine Wechselspannung.

[1] Man beachte, daß trotz der Bezeichnung radial die Feldlinien in dem einen Luftspalt auf das Zentrum zu, im anderen von ihm weg gerichtet sind.

Kommutator = Stromwender. Stellt dar Gleitkontakt + Umpoler derart, daß jeweils der unter gleichem Magnetpol sich bewegende Spulenstab mit dem gleichen Außenleiter verbunden wird (Abb. **193** b): Bei Spulendrehung herrscht zwischen den Außenleitern eine pulsierende Gleichspannung (Abb. 193 c), keine Spannungsumkehr.

Aufbau von Maschinen: Man benutzt beide prinzipiellen Möglichkeiten der relativen Drehbewegung zwischen Fluß und Schleife:

Fluß ruht (Pole außerhalb der Schleife) und Schleife läuft um: Außenpolmaschinen, üblicher Aufbau der Gleichstrommaschinen.

Schleife ruht und Fluß läuft um (Pole innerhalb der Schleife): Innenpolmaschinen, üblicher Aufbau der Wechselstrommaschinen.

Konstruktiv bestehen beide Arten aus einem feststehenden, zylinderförmigen Magnetgestell aus Eisen zum Führen des Magnetflusses = Ständer oder Stator, und einem in diesem Magnetgestell umlaufenden Eisenkörper (meist Zylinder) = Läufer oder Rotor.

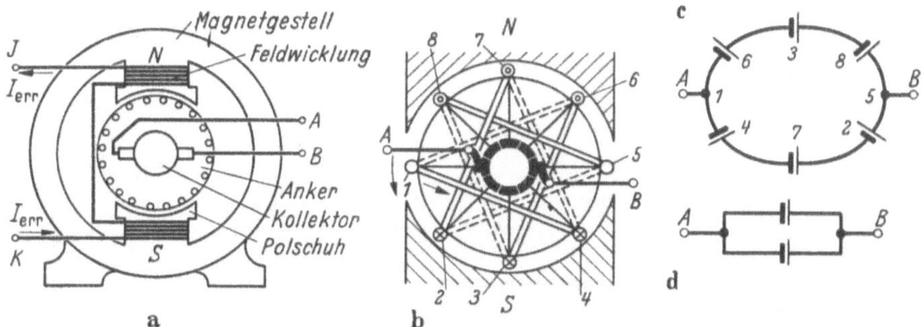

Abb. 194 a–d. Zum Gleichstrom-Generator

Die *Gleichstrommaschine* (Abb. **194** a) erzeugt den Fluß mit Hilfe des Erregerstromes I_{err} in „Feldspulen", die die „Pole" umschließen (häufig Maschinen mit mehreren Polpaaren[1]). Die Polschuhe sorgen für ein radiales Feld. Der Läufer trägt die Wicklung = Vielzahl von in bestimmter Weise geschalteter Leiterstäben (gute Raumausnutzung des Läufers = „Ankers"). Die häufigste Art ist die Trommelwicklung[2]. In Abb. **194** b besteht sie vereinfachend aus den parallel zur Achse verlaufenden Leiterstäben 1...8, die in folgender Weise zu einer in sich geschlossenen Leitung zusammengeschaltet sind: Geht man z.B. vom Stab 1 aus zum jeweils folgenden Stab (1 – 4 – 7...) und zeichnet, bezogen auf die Gehrichtung, die in jedem Stab induzierte Urspannung ein mit der auf die Gehrichtung bezogenen Polung (Abb. **194** c), so erhält man

[1] Die bei sehr kleinen Maschinen benutzten Konstruktionen mit Permanentmagneten sind aus den hier angeführten mit Elektromagneten leicht herzuleiten.

[2] v. Hefner-Alteneck, Chefkonstrukteur von W. v. Siemens.

2 parallelgeschaltete Wicklungshälften mit gleich großer Gesamturspannung. In der in sich geschlossenen Leitung kann also gemäß Ersatzschaltung (Abb. 194c unten) kein Ringstrom fließen. Vom mitumlaufenden „Kollektor“ wird über Bürsten die Spannung bei den beiden spannungslosen Stäben, zwischen denen die parallel geschalteten Urspannungszweige liegen, abgenommen. Also hier

$$E = \frac{1}{2} z v_s B l \quad (z = \text{Zahl der Stäbe unter Polen})$$

$$R_i = \frac{1}{4} R_{ges}, \text{ wobei } R_{ges} = \text{Widerstand des gesamten Leiterkreises}$$

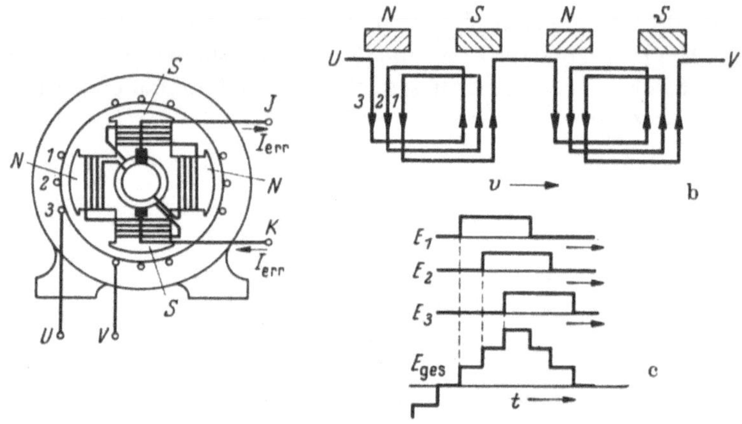

Abb. 195 a–c. Zum Wechselstrom-Generator

Bei *Wechselstrommaschinen* (Abb. 195a) wird der Erregerstrom über Schleifringe der Läuferwicklung zugeführt (Klemmen J, K). Das so erzeugte, innen umlaufende Feld induziert die Wechselspannung in der Wicklung des Ständers (Klemmen U, V); die Generatorwicklung ist also zum Vorteil dieser Maschinentype ruhend und enthält keine Gleitkontakte. Abb. 195b zeigt am abgerollten Schema von Magneten und Wicklung, wie die Stäbe z.B. zu verbinden sind, damit die induzierten einzelnen Urspannungen sich zu einer möglichst hohen addieren ($E = \sum E_\nu$, $R_i = R_{ges}$). In Abb. 195c ist der zeitliche Spannungsverlauf für die angenommene Wicklungsverteilung konstruiert aus dem Einzelverlauf für die 3 Stäbe 1, 2, 3 unter der Annahme eines konstanten Feldes ohne seitliche Streuung. Bei geeigneter Formgebung der Polschuhe und Verteilung der Wicklungen erhält man unter Mitberücksichtigung des Streuflusses eine Sinusspannung. Frequenz: Bei 1 Umlauf so viele Schwingungen, als Polpaare (p) vorhanden sind. Also

$$f = n p; \quad \frac{f}{\text{Hz}} = \frac{n/\text{min}^{-1}}{60} p$$

Allgemeine Eigenschaften der Maschinen: Da in jedem Stab eine Spannung gemäß $E_v = v_s B l$ induziert wird, wobei die Schnittgeschwindigkeit proportional der Umdrehungszahl n ist, gilt für die Spannungshöhe (bei Wechselspannungen z.B. für den Gipfelwert) jeder Maschine, wenn man die durch Schaltung und Konstruktion festliegenden Daten zusammenfaßt:

$E = \text{konst.}\; n\, B$
Also für $I_{err} = \text{konst.}$: $E = \text{konst.}_1\; n$ (Abb. 196a)
für $n = \text{konst.}$: $E = f_m(I_{err})$ (Abb. 196b)

Allgemeine Eigenschaften der Generatoren

Die „Magnetisierungsfunktion" $f_m(I_{err})$ gleicht bis auf einen Proportionalitätsfaktor dem Zusammenhang von Φ - - I_{err} (s. II A 3, denn der Flußweg stellt einen Eisenkreis mit Luftspalt dar), ist also vom Typ einer gescherten Hysteresekurve. Der streng proportionale Zusammenhang zwischen Urspannung und Drehzahl wird in der Meßtechnik häufig ausgenutzt (Drehzahlmessung, Drehzahlregulierung).

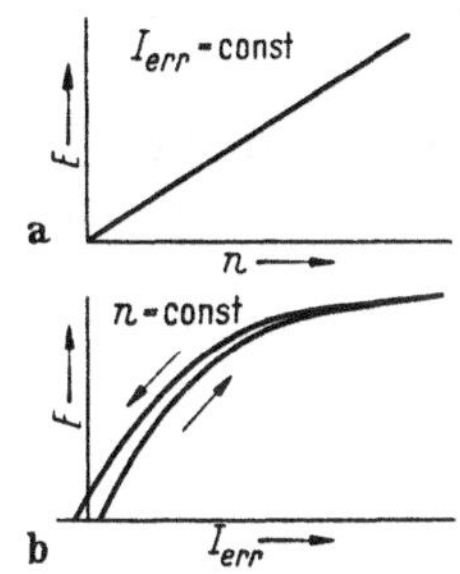

Abb. 196 a u. b. Allgemeine Eigenschaften der Generatoren

Dynamoelektrisches Prinzip: Das von W. v. SIEMENS 1867 angegebene dynamoelektrische Prinzip leitete die Ära der Starkstromtechnik ein, da es ermöglichte, große elektrische Leistungen zu erzeugen.

Dynamoelektrisches Prinzip: Mitverwenden der im Generator erzeugten Urspannung zum Speisen der Erregung des Generators.

Als Rückkopplung: Beim Anlaufen der Maschine erzeugt ein infolge von remanentem Magnetismus vorhandenes Feld eine Urspannung E, diese I_{err}, dadurch Felderhöhung, dadurch Urspannungserhöhung usw.: $E \to I_{err} \to B \to E \ldots$ Der Aufschaukelprozeß wird begrenzt durch die Nichtlinearitäten des Eisens und durch die wachsenden Antriebsleistungen infolge steigender Energieabgabe. Das Prinzip ist direkt nur anwendbar für Gleichstrommaschinen, da für I_{err} Gleichstrom nötig ist. Generatoren, gebaut nach dem dynamoelektrischen Prinzip, heißen eigenerregte Maschinen = Dynamomaschinen.

Es gibt 2 Schaltungsmöglichkeiten für die Rückkopplung:

Stromrückkopplung: Erregerwicklung liegt in Reihe mit der Generatorwicklung. Der Gesamtstrom dient als Erregerstrom, Haupt- = Reihenschlußgenerator (Abb. 197b).

Spannungsrückkopplung: Erregerwicklung parallel der Generatorwicklung. Die gesamte Klemmenspannung treibt I_{err} an. Nebenschlußgenerator (Abb. 197c).

Die *Strom-Spannungskennlinien* dieser aktiven Zweipole haben wegen der Rückkopplung einen anderen Verlauf als die bisher kennengelernte Kennlinie ohne Rückkopplung (Abb. 40 b, 197 a = fremderregte

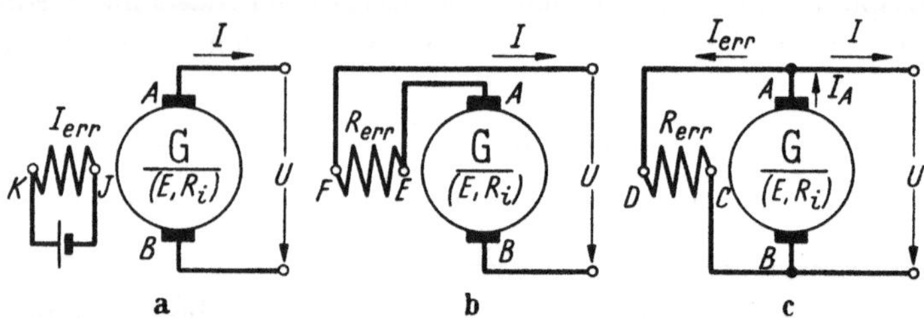

Abb. 197 a–c. a) Fremderregte Maschine, Prinzipschaltbild; b) Hauptschlußmaschine, Prinzipschaltbild; c) Nebenschlußmaschine, Prinzipschaltbild

Maschine); die U-I-Kennlinien seien für konstantbleibende Drehzahl $n =$ konst. verglichen:

Fremderregte Maschine	Eigenerregte Maschinen: Hauptschluß-maschine	Eigenerregte Maschinen: Nebenschluß-maschine
für		
n = konst.:	$I_{\text{err}} = I$	$I_{\text{err}} = \dfrac{U}{R_{\text{err}}}$
E = konst.		
$U = E = I\,R_{\text{i}}$	$U = E - I(R_{\text{i}} + R_{\text{err}})$	$I = I_{\text{A}} - I_{\text{err}} = \dfrac{E-U}{R_{\text{i}}} - \dfrac{U}{R_{\text{err}}}$
	$E = f_{\text{m}}(I)$	
	$U = f_{\text{m}}(I) - I(R_{\text{i}} + R_{\text{err}})$	$I = \dfrac{f_{\text{m}}\left(\dfrac{U}{R_{\text{err}}}\right)}{R_{\text{i}}} - U\left(\dfrac{1}{R_{\text{i}}} + \dfrac{1}{R_{\text{err}}}\right)$

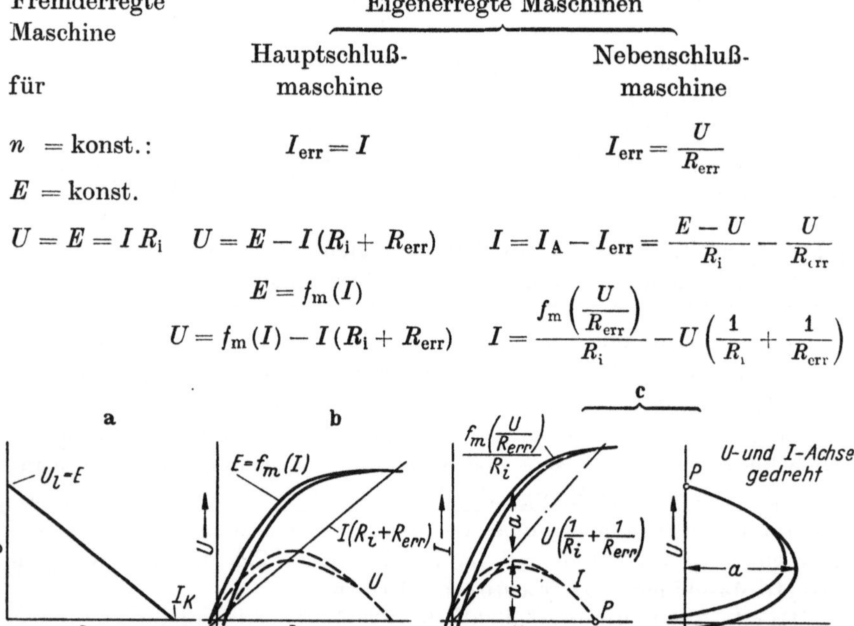

Abb. 198 a–c. a) Fremderregte Maschine, U-I-Kennlinie; b) Hauptschlußmaschine, U-I-Kennlinie; c) Nebenschlußmaschine, U-I-Kennlinie

Haupt- und Nebenschlußmaschinen entsprechen sich – wie zu erwarten – nach Vertauschen von Stromstärke und Spannung. Bei der unbelasteten Hauptschlußmaschine ($I = 0$) muß die Klemmenspannung

Grundbeziehung (s. Abb. 206): Der sich ändernde Strom $\mathrm{d}I/\mathrm{d}t$ ruft durch den sich ändernden Fluß $\mathrm{d}\Phi/\mathrm{d}t$ im Schaltelement eine Urspannung E_{ind} hervor. Bei Vorzeichen gemäß den üblichen Zählpfeilen (Abb. 206 c) gilt:

Nach Kopplung B: $E_{\text{ind}} = -w\,\dfrac{\mathrm{d}\Phi}{\mathrm{d}t}$

nach Kopplung A: $\Phi = \dfrac{I w}{R_{\text{m}}}$; also $\dfrac{\mathrm{d}\Phi}{\mathrm{d}t} = \dfrac{w}{R_{\text{m}}}\,\dfrac{\mathrm{d}I}{\mathrm{d}t}$

insgesamt: $E_{\text{ind}} = -\dfrac{w^2}{R_{\text{m}}}\,\dfrac{\mathrm{d}I}{\mathrm{d}t} = -L\,\dfrac{\mathrm{d}I}{\mathrm{d}t}$

$E_{\text{ind}} = -L\,\dfrac{\mathrm{d}I}{\mathrm{d}t}$	Induzierte Spannung durch Selbstinduktion; Definitionsgleichung für Induktivität L,	(150)
$L = \dfrac{w^2}{R_{\text{m}}}$	Bemessungsgleichung für L	

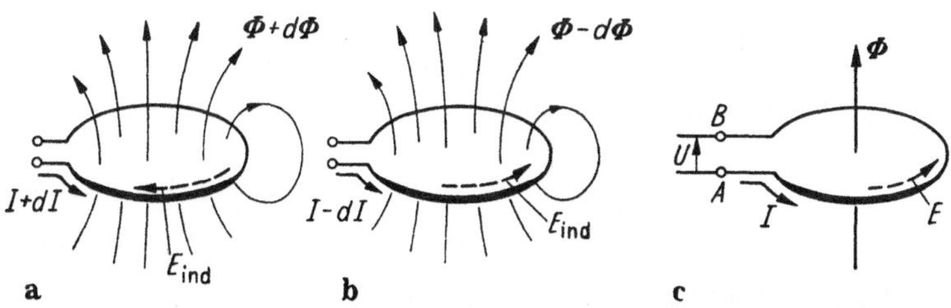

Abb. 206 a–c. Zur Selbstinduktion: $E_{\text{ind}} = -L\,\dfrac{\mathrm{d}I}{\mathrm{d}t}$

Die im Schaltelement durch den dortigen, strombegleitenden Magnetfluß induzierte Spannung ist proportional der Änderungsgeschwindigkeit des Stromes. Der Proportionalitätsfaktor heißt Induktivität (= Selbstinduktivität) des betr. Schaltelementes. Das Vorzeichen besagt in Übereinstimmung mit den Abb. 206, die die Richtungsbeziehungen als Folge des Durchflutungs- und Induktionsgesetzes veranschaulichen: E_{ind} ist stets so gerichtet, daß es der Ursache (Stromänderung) entgegenzuwirken sucht (sog. „LENZsche Regel" angewandt auf Selbstinduktion); bei Stromerhöhung (Abb. 206 a) ist E_{ind} also dem Strom entgegengerichtet und spielt somit die Rolle einer Gegenurspannung (elektrischer Energieverbraucher), bei Stromerniedrigung (Abb. 206 b) ist E_{ind} wie der Strom gerichtet und spielt somit die Rolle einer Urspannung (elektrischer Energielieferer).

Spannungsabfall: Um einen größer werdenden Strom $= \mathrm{d}I/\mathrm{d}t$ durch eine Induktivität L zu treiben, ist die gegenwirkende induzierte

Spannung (E_{ind} = Gegenurspannung) zu überwinden; also ist an L der Spannungsabfall

$$U_{\mathrm{L}} = L\frac{\mathrm{d}I}{\mathrm{d}t} \qquad U - I \text{ Zusammenhang bei der Induktivität } L^1 \qquad (151)$$

erforderlich. Die Gleichung gilt ebenso für Stromabnahme ($\mathrm{d}I/\mathrm{d}t$ negativ, U_{L} entgegen I gerichtet).

Bei einem wirklichen Schaltelement für L ist zusätzlich der Spannungsabfall über dem Ohmschen Widerstand dieses Stromweges $U_{\mathrm{R}} = IR$ auf zubringen, der sich zeitgleich mit I ändert; also muß über einer Spule (L, R), durch die ein sich ändernder Strom (Momentanwerte I, $\mathrm{d}I/\mathrm{d}t$) getrieben werden soll, die Summe der Spannungen $U_{\mathrm{L}} + U_{\mathrm{R}}$ liegen, weshalb das Ersatzbild 207 zutrifft.

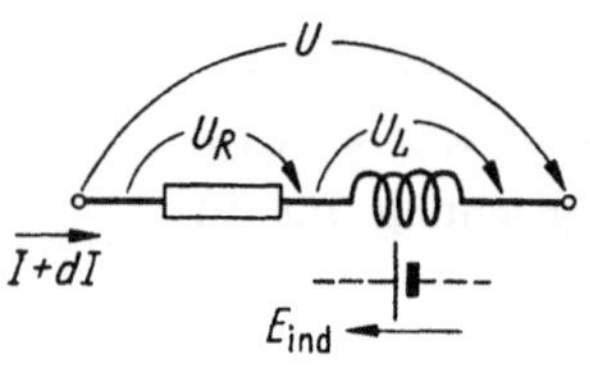

Abb. 207. Zur Herleitung von $U = IR + L\frac{\mathrm{d}I}{\mathrm{d}t}$

$$U = IR + L\frac{\mathrm{d}I}{\mathrm{d}t} \qquad \text{Spannungsabfall über einem Schaltelement mit Selbstinduktivität bei Stromänderung} \qquad (152)$$

Für eine Stromerhöhung ist somit eine um $L\frac{\mathrm{d}I}{\mathrm{d}t}$ höhere Spannung als für Gleichstrom vom jeweiligen Wert (IR) erforderlich, für Stromerniedrigung eine um $L\frac{\mathrm{d}I}{\mathrm{d}t}$ geringere; hierbei ist u. U., um bei gleichbleibender Stromrichtung eine Stromerniedrigung zu erzielen (s. Abb. 208 [2]), im Falle vorgegebener Spannung die Spannungsrichtung umzukehren.

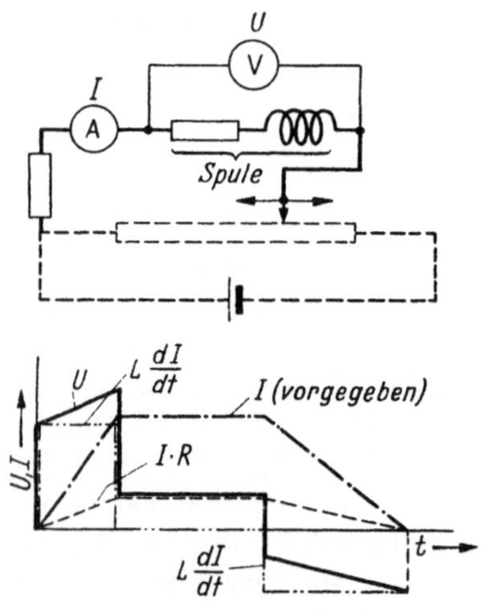

Abb. 208. Zur Veranschaulichung von $U = IR + L\frac{\mathrm{d}I}{\mathrm{d}t}$

[1] Man beachte die Systematik in den Variationen für die Zusammenhänge von U und I, die die Natur bietet:

Leiter: $U = IR$ Nichtleiter: $I = C\frac{\mathrm{d}U}{\mathrm{d}t}$ magn. Kopplung: $U = L\frac{\mathrm{d}I}{\mathrm{d}t}$.

[2] Hierbei wird durch einen hinreichend großen Vorwiderstand vor der Spule erreicht, daß der Stromverlauf etwa entsprechend der abgegriffenen Spannung vorgegeben wird.

b) *Induktivität*

Einheit: Aus der Definitionsgleichung (150) folgt als Einheit für L

$$|L| = \left|\frac{E_{\text{ind}}}{\frac{\mathrm{d}I}{\mathrm{d}t}}\right| \quad \text{Einheit von } L\text{: } 1\,\frac{\text{Vs}}{\text{A}} = 1\ \text{Henry} = 1\ \text{H}$$

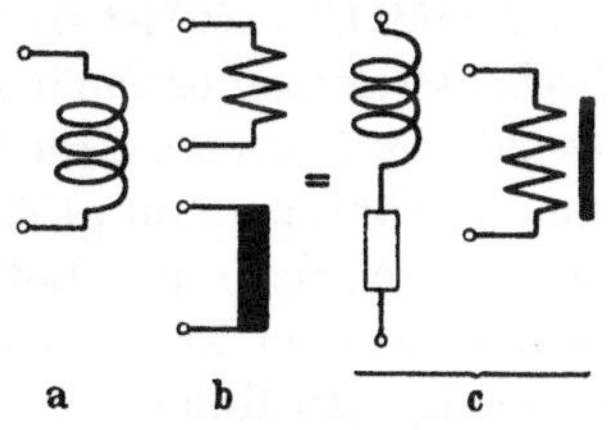

Abb. 209 a–c.
a) Ideale Induktivität (ohne R): b) Tatsächliche Induktivität (mit R): Schaltzeichen oben und unten wahlweise, rechts Ersatzschaltbild; c) Induktivität mit Eisen (betont)

Zur groben Größenvorstellung: In der Niederfrequenztechnik ist 10 bis 100 H eine große Induktivität. Die Hochfrequenzspulen der Rundfunkgeräte liegen im Größenbereich der mH.

Schaltzeichen s. Abb. 209 a–c.

Berechnung von Induktivitäten

Lange Zylinderspulen in Luft: $R_{\text{m}} \approx \dfrac{l}{\mu_0 q}$; $\quad L \approx \dfrac{w^2 \mu_0 q}{l}$

Ringspule mit Eisenkern: $R_{\text{m}} \approx \dfrac{2\pi R}{\mu q}$; $\quad L \approx \dfrac{w^2 \mu q}{2\pi R}$

Unverzweigter Eisenkern mit Luftspalt: $R_{\text{m}} = \dfrac{1}{\mu_0 q}\left(\dfrac{l_{\text{Fe}}}{\mu_{\text{rel}}} + l_{\text{L}}\right)$; $\quad L = \dfrac{w^2 \mu_0 q}{\dfrac{l_{\text{Fe}}}{\mu_{\text{rel}}} + l_{\text{L}}}$

Schaltung von Induktivitäten (bei vernachlässigbarem R)

Reihenschaltung (Abb. 210 a) *Parallelschaltung* (Abb. 210 b)

Abb. 210 a u. b

Reihenschaltung:

$$U = U_1 + U_2$$

$$= L_1 \frac{\mathrm{d}I}{\mathrm{d}t} + L_2 \frac{\mathrm{d}I}{\mathrm{d}t} = L_{\text{ers}} \frac{\mathrm{d}I}{\mathrm{d}t}$$

$$L_{\text{ers}} = L_1 + L_2$$

Parallelschaltung:

$$I = I_1 + I_2;$$

$$\frac{\mathrm{d}I}{\mathrm{d}t} = \frac{\mathrm{d}I_1}{\mathrm{d}t} + \frac{\mathrm{d}I_2}{\mathrm{d}t}$$

$$= \frac{U}{L_1} + \frac{U}{L_2} = \frac{U}{L_{\text{ers}}}$$

$$\frac{1}{L_{\text{ers}}} = \frac{1}{L_1} + \frac{1}{L_2}$$

Technische Formen: Schaltelemente für L heißen Drosselspulen (wegen Drosselung von Wechselstrom), oder Drosseln, oder Induktivitäten (doppelsinnig!).

Gemäß Gl. (150) ist L nur von den Wicklungs- und magnetischen Daten des Schaltelementes abhängig. L wächst quadratisch mit der Windungszahl, deshalb ist für großes L die Spulenform am geeignetsten. Da L wie $1/R_m$ abnimmt, wählt man für größeres L einen Eisenweg für den Fluß. Spulen mit Eisen haben gegenüber Luftspulen den Vorteil des viel größeren L bei gleichem w, aber den Nachteil der Unregelmäßigkeiten des Eisens (Hysterese, L abhängig vom Momentanwert und den vorangegangenen Werten von I). Eisenspulen mit mehr oder weniger großem Luftspalt sind ein Kompromiß.

Eisenlose Spulen (Hochfrequenz, Meßtechnik):

1. Flachspulen = Spulen, deren Länge kurz gegen den Durchmesser ist. Mit besonders konstantem Aufbau werden sie als „Induktivitätsnormale" benutzt.

2. Zylinderspulen = Spulen, deren Wicklung als Zylinderspirale freitragend oder auf einen Isolierkörper aufgebracht oder als Metallspirale auf einen Keramikzylinder eingebrannt ist.

3. Spulen mit besonderen Wicklungsarten, z. B. die „kapazitätsarmen Spulen" der HF-Technik.

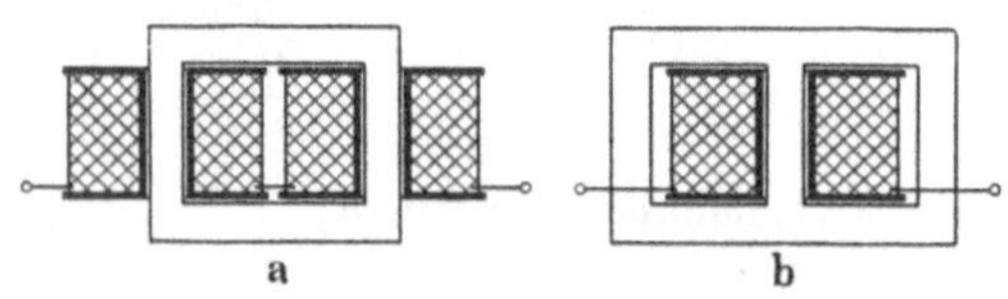

Abb. 211 a u. b. a) Kerntyp; b) Manteltyp

Eisenspulen: Eisenkreis mit oder ohne Luftspalt. Lamelliertes Eisen zum Vermeiden von Wirbelströmen. Aufbau wie Transformatoren: Kerntyp Abb. 211 a, Manteltyp Abb. 211 b; Abmaße in Größenordnung von Zentimeter bis Meter. Gewicht bis zu Tonnen betragend. In Hochfrequenztechnik statt lamellierter Eisenbleche Massekerne.

In Schwachstromtechnik noch Ringspulen: Spulen, deren Eisenkörper Ringform besitzt (s. Abb. 182).

c) *Stromverhalten im Kreis mit Induktivität*

Trägheitseigenschaft. Die Stromstärke I ist verkoppelt mit der Geschwindigkeit der dahinströmenden Ladungsträger, die Stromänderung $\mathrm{d}I/\mathrm{d}t$ somit mit ihrer Beschleunigung. Die Gleichung $E_{\text{ind}} = -L\,\frac{\mathrm{d}I}{\mathrm{d}t}$ besagt hiernach, daß die bei einer Stromänderung in einer Induktivität auftretende Spannung E_{ind} einer Beschleunigung der Ladungsträger entgegenwirkt. Da das Widersetzen gegen eine Beschleunigung das Kennzeichen der (Massen)trägkeit ist:

Eine Induktivität im Stromkreis verleiht dem Strom Trägheitseigenschaft.

Diese ist um so stärker ausgeprägt, je größer L ist. Merke: Die Stromstärke in einer Induktivität kann sich nicht sprunghaft ändern (E_{ind} würde ∞ werden!). Bei plötzlichen Spannungsänderungen (Schaltvorgang) in einem Kreis mit Induktivität zeigt die Stromstärke einen verschleifenden Verlauf: „Ausgleichsvorgang". Wir betrachten die scheinbaren Trägheitserscheinungen des Stromes an drei charakteristischen Beispielen:

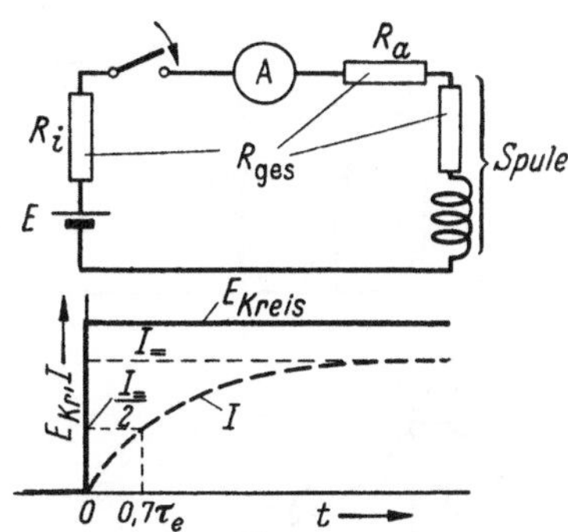

Abb. 212. Einschalten eines Kreises mit Induktivität

1. Beispiel: *Einschalten eines Stromkreises mit Induktivität* (Abb. 212). Ein Kreis, bestehend aus Gleichurspannung E, Induktivität L und Gesamtwiderstand R_{ges} ($= R_{Spule} + R_i + R_a$) werde z. Z. $t = 0$ geschlossen. Die bisher nur über dem offenen Schalter wirkende Urspannung wirkt nun sprunghaft auf alle anderen Schaltelemente des Kreises ein (E_{Kreis}). Der durch $E = I R_i + I R_a + I R_{sp} + L \frac{dI}{dt} = I R_{ges} + L \frac{dI}{dt}$ bestimmte Strom ändert sich nicht ebenso sprunghaft ($dI/dt \to \infty$ würde benötigen $U = \infty$), sondern träge: Am Anfang ($I = 0$) am schnellsten, mit wachsendem I immer langsamer, bis er konstant bleibt.

Grundgleichung $E = I R_{ges} + L \frac{dI}{dt}$

Anfang $I = 0; \quad \frac{dI}{dt} = \left(\frac{dI}{dt}\right)_{max} = \frac{E}{L} \left(= \frac{I_{max}}{\tau_e}\right)$

Ende $\frac{dI}{dt} = 0; \quad I = I_{max} = I_= = \frac{E}{R_{ges}}$

Für den gesamten Verlauf ergibt die Rechnung:

$$I = \frac{E}{R_{ges}}\left(1 - e^{-\frac{t}{\tau_e}}\right)$$

wobei $\tau_e = \frac{L}{R_{ges}}$ Einschaltzeitkonstante

Einschaltvorgang bei L, R (153)

Der Ausgleichsvorgang für den Strom verläuft analog der Kondensatoraufladung [Gln. (111, 112)] nach einer e-Funktion. Nach der Halbwertszeit $t_H = 0{,}693\,\tau_e \approx 0{,}7\,\tau_e$ ist $I = I/2$, nach $t = 3\,\tau_e$ hat I bis auf 5% seinen Endwert $I_=$ erreicht.

2. Beispiel: *Kurzschließen einer Spule* (Abb. 213). Eine vom Gleichstrom $I_=$ durchflossene Spule L werde z.Z. $t=0$ kurzgeschlossen (U springt auf 0), wobei R der Gesamtwiderstand im kurzgeschlossenen Kreis sei. Der durch $0 = IR + L\frac{dI}{dt}$ bestimmte Strom ändert sich nicht ebenso sprunghaft, sondern er fließt, obwohl keine Spannung mehr an der Spule liegt, träge weiter. Gemäß $-\frac{dI}{dt} = I\frac{R}{L}$ ist seine jeweilige Abnahmegeschwindigkeit ($-dI/dt$) proportional seinem Momentanwert (I), d.h. am Anfang nimmt er am schnellsten ab, dann immer langsamer, bis er sich dem Wert 0 nähert.

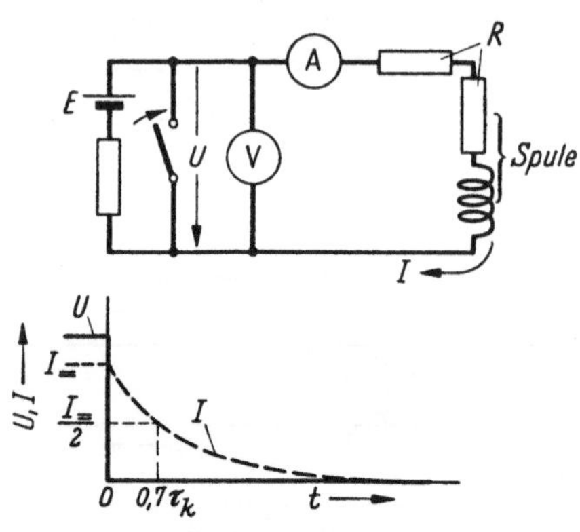

Abb. 213. Kurzschließen einer stromdurchflossenen Induktivität

Grundgleichung $\quad 0 = IR + L\frac{dI}{dt}; \quad -\frac{dI}{dt} = I\frac{R}{L}\left(=\frac{I}{\tau_k}\right)$

Anfang $\quad I = I_=; \quad -\frac{dI}{dt} = -\left(\frac{dI}{dt}\right)_{max} = I_=\frac{R}{L}$

Ende $\quad \frac{dI}{dt} = 0; \quad I = 0$

Für den gesamten Verlauf ergibt die Rechnung:

$$I = I_= e^{-\frac{t}{\tau_k}}$$

wobei $\tau_k = \frac{L}{R}$ Kurzschließzeitkonstante

Kurzschließen von L, R (154)

Der Strom klingt nach einer e-Funktion ab. Nach $0{,}7\,\tau_k$ hat er die Hälfte von $I_=$, nach $3\,\tau_k$ praktisch $I=0$ erreicht. Je größer L und je kleiner R ist, um so träger verhält er sich.

3. Beispiel: *Unterbrechen eines Kreises* mit L (Abb. 214). Bei den Beispielen 1 und 2 war der Spannungsverlauf vorgegeben, hier ist durch das Schalteröffnen – freilich nur in bedingtem Maße – der Stromverlauf vorgezeichnet. Der Strom durch die Spule kann trotz Abschaltens nicht sprunghaft zu 0 werden, da sonst gemäß $E_{ind} = -L\frac{dI}{dt}$ eine ∞ hohe Spannung in ihr entstünde. Er versucht also weiterzufließen bei stetiger Abnahme, d.h. ohne Sprung: Trägheitscharakter. Die in der Spule entstehende Urspannung $E_{ind} = -L\frac{dI}{dt}$ wird gerade so hoch (Vorsicht

Durchschlag!) und damit auch die am Schalter sich ausbildende ($E + E_{\text{ind}}$), daß durch mögliche Stromwege über Ableitwiderstände R_p, Schaltkapazitäten C_p parallel zur Spule, insbesondere aber durch Glimmlicht bzw.

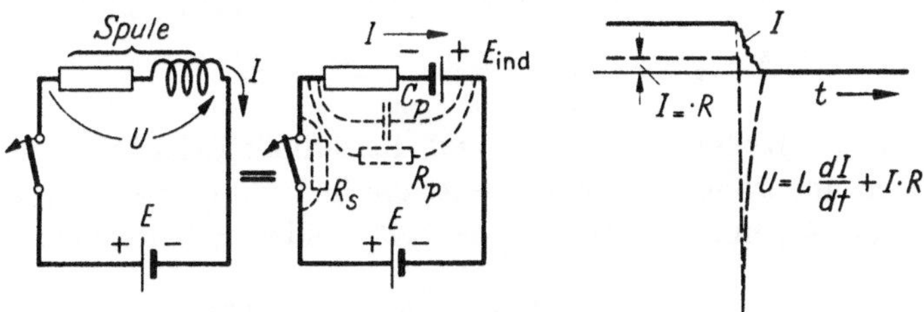

Abb. 214. Unterbrechen eines Stromkreises mit Induktivität

Lichtbogen über dem Schalter (R_L) die kontinuierliche Stromabnahme durch die Induktivität eintritt. Beim Unterbrechen einer mit 2 V gespeisten Spule können leicht 500 V als Spannungsspitze entstehen!

3. Gegeninduktion

a) Die induzierte Spannung

Vom gesamten Magnetfluß (Φ_1), der den Strom (I_1) im Schaltelement begleitet, durchsetzt nur (s. Abb. 215) der Teil

$$\Phi_{1,2} = k_1 \Phi_1 = \text{Koppelfluß}$$

das Schaltelement 2. Der **Streufluß** $\Phi_1 - \Phi_{1,2}$ geht vorbei. Durch Änderung des Stromes in 1 ändert sich der das Element 2 durchsetzende Koppelfluß und induziert in ihm die Spannung $E_{\text{ind}\,2}$. Diese ist am offenen Schaltelement 2 als Leerlaufspannung meßbar. Zur Vereinfachung be-

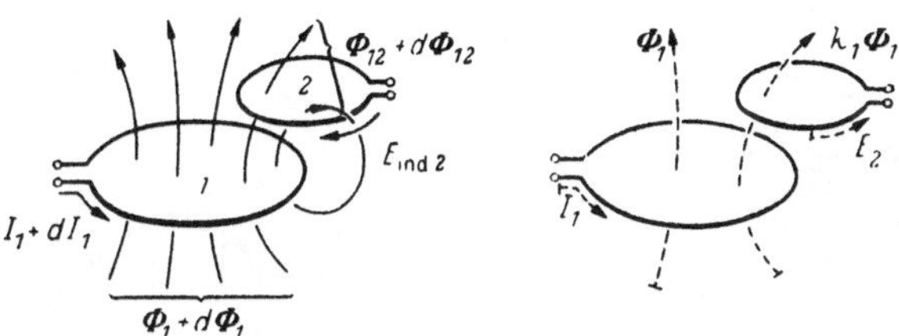

Abb. 215 a u. b. Zur Gegeninduktion

schränken wir uns auf solche Schaltelemente (z. B. flache Spulen), bei denen Φ_1 alle Windungen des Schaltelementes 1 und $\Phi_{1,2}$ alle des Elementes 2 durchsetzt, die Induktivitäten der Schaltelemente seien konstant angenommen.

Grundbeziehung (s. Abb. 215 b): Die induzierte Urspannung in 2 (Windungszahl w_2) bei sich änderndem Strom durch Spule 1 (Windungszahl w_1) ist:

$$E_{\text{ind}\,2} = -w_2 \frac{\mathrm{d}\Phi_{1,2}}{\mathrm{d}t}; \quad \Phi_{1,2} = k_1 \frac{I_1 w_1}{R_{\text{m}1}};$$

$$E_{\text{ind}\,2} = -\frac{k_1 w_1 w_2}{R_{\text{m}1}} \frac{\mathrm{d}I_1}{\mathrm{d}t} = -M_{1,2} \frac{\mathrm{d}I_1}{\mathrm{d}t}$$

Werden die Rollen vertauscht und durchfließt Schaltelement 2 ein zeitlich sich ändernder Strom I_2, so ist die in 1 induzierte Urspannung, da vom Fluß Φ_2 nur der Teil $\Phi_{2,1} = k_2 \Phi_2$ beiden Schaltelementen gemeinsam ist:

$$E_{\text{ind}\,1} = -w_1 \frac{\mathrm{d}\Phi_{2,1}}{\mathrm{d}t}; \quad \Phi_{2,1} = k_2 \frac{I_2 w_2}{R_{\text{m}2}};$$

$$E_{\text{ind}\,1} = -\frac{k_2 w_1 w_2}{R_{\text{m}2}} \frac{\mathrm{d}I_2}{\mathrm{d}t} = -M_{2,1} \frac{\mathrm{d}I_2}{\mathrm{d}t}$$

Mit Hilfe der Theorie läßt sich beweisen, daß für koppelnde Schaltelemente 1, 2 mit konstanten Selbstinduktionen gilt:

$M_{1,2} = M_{2,1} = M$, d.h. für 2 Schaltelemente gibt es nur eine „Gegeninduktivität".

$$E_{\text{ind}\,2} = -M \frac{\mathrm{d}I_1}{\mathrm{d}t}; \quad E_{\text{ind}\,1} = -M \frac{\mathrm{d}I_2}{\mathrm{d}t}$$

Induzierte Spannungen durch Gegeninduktion Definitionsgleichung der Gegeninduktivität M (155)

$$M = \frac{k_1 w_1 w_2}{R_{\text{m}1}} = \frac{k_2 w_1 w_2}{R_{\text{m}2}}$$

Bemessungsgleichungen für die Gegeninduktivität (156)

Die im Schaltelement 2 bei Stromänderung im Schaltelement 1 – mit Hilfe des Magnetfeldes als Zwischenträger, also ohne jede galvanische Verbindung – induzierte Urspannung ist proportional der Stromänderungs-

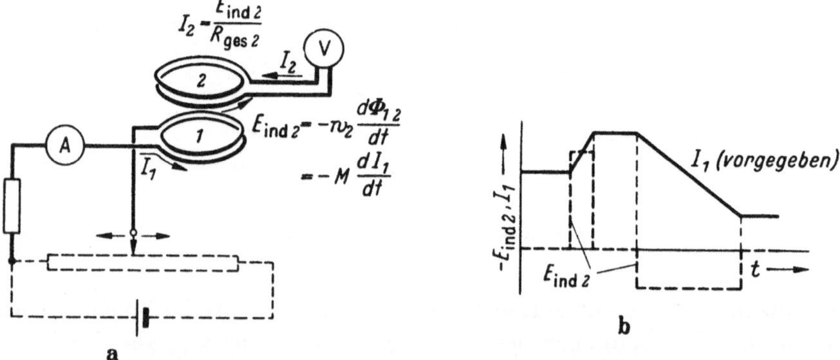

Abb. 216 a u. b. Gegeninduktion; zur Grundbeziehung $E_{\text{ind}\,2} = -M \frac{\mathrm{d}I_1}{\mathrm{d}t}$ a) Versuchsanordnung; b) Zeitlicher Verlauf von $E_{\text{ind}\,2}$ bei vorgegebenem I_1

geschwindigkeit $\mathrm{d}I_1/\mathrm{d}t$; *Entsprechendes gilt bei Vertauschen von 1 und 2. Der Proportionalitätsfaktor heißt Gegeninduktivität* M. Das Vorzeichen besagt in Übereinstimmung mit Abb. 215a, das die Richtungsbeziehung als Folge des Durchflutungs- und Induktionsgesetzes veranschaulicht: Die Spannung E_{ind} ist stets so gerichtet, daß sie einen Strom anzutreiben sucht, der mit seinem Magnetfeld der Ursache (= Stromänderung im anderen Schaltelement, also Feldänderung) entgegenarbeiten würde: Auswirkung der LENZschen Regel auf die Gegeninduktion. Zur Veranschaulichung von Gl. (155) diene Versuch Abb. 216, bei dem I_1 durch ein Pontentiometer geändert und $E_{\mathrm{ind}\,2}$ am Instrument beobachtet wird.

b) Gegeninduktivität

Einheit: Aus der Definitionsgleichung (155) folgt als Einheit für M: $1\,\mathrm{Vs/A} = 1\,\mathrm{H}$.

Schaltzeichen s. Abb. 217.

Kopplungsfaktor: M läßt sich für 2 vorgegebene Schaltelemente 1, 2 durch Ändern der magnetischen Kopplung theoretisch zwischen folgenden Grenzwerten variieren:

Völlige Entkopplung: $k_1 = k_2 = 0$; $M = M_{\min} = 0$.

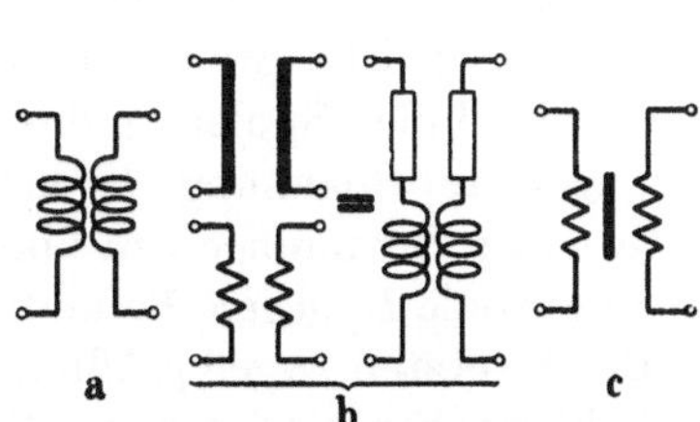

Abb. 217a–c. a) Ideale Gegeninduktivität (ohne R); b) Tatsächliche Gegeninduktion (mit R), links oben und unten wahlweise, rechts Ersatzschaltbild; c) Gegeninduktivität mit Eisen (betont)

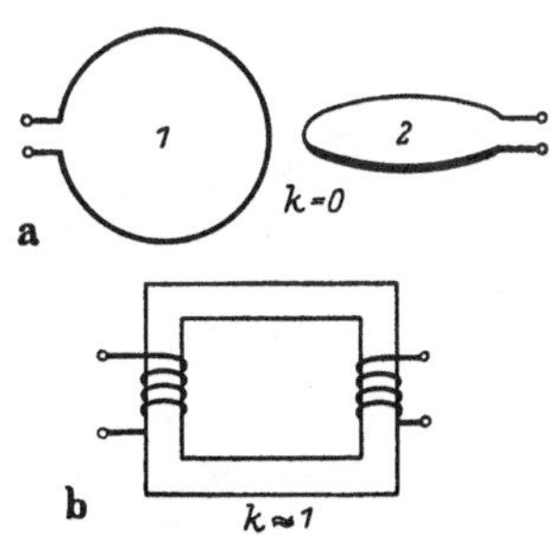

Abb. 218a u. b. Zu Extremwerten der Kopplung

Sie ist erreichbar durch weite Entfernung oder durch magnetische Abschirmung mittels einer ferromagnetischen Hülle um 1 oder (und) um 2, oder durch Legen der magnetischen Achsen von 1 und 2 in eine Ebene und senkrecht zueinander (Abb. 218a).

Völlige Kopplung: $k_1 = k_2 = 1$

d.h. der gesamte Fluß ist 1 und 2 gemeinsam, also $R_{\mathrm{m}1} = R_{\mathrm{m}2} = R_{\mathrm{m}}$ (Abb. 218b)

$$M = M_{\max} = \frac{w_1 w_2}{R_{\mathrm{m}}} = \sqrt{\frac{w_1^2}{R_{\mathrm{m}1}} \frac{w_2^2}{R_{\mathrm{m}2}}} = \sqrt{L_1 L_2}$$

Der Maximalwert von M ist also nicht unabhängig von den Einzelschaltelementen, sondern gleich dem geometrischen Mittel der Selbstinduktivitäten beider.

Der *allgemeine Fall* liegt zwischen beiden Grenzwerten.
Man schreibt:

$$\boxed{M = k M_{max} = k\sqrt{L_1 L_2}} \quad \text{Definitionsgleichung des Kopplungsfaktors } k \tag{157}$$

Der Kopplungsfaktor k berechnet sich aus den durch die Geometrie der Flüsse bestimmten Faktoren k_1 bzw. k_2, die keinen besonderen Namen führen, zu: [in Gl. (156) mittleres mit rechtem Glied multipliziert]

$$M = \sqrt{\frac{k_1 w_1 w_2}{R_{m1}} \frac{k_2 w_1 w_2}{R_{m2}}} = \sqrt{k_1 k_2}\sqrt{L_1 L_2}; \quad \text{also} \quad k = \sqrt{k_1 k_2}$$

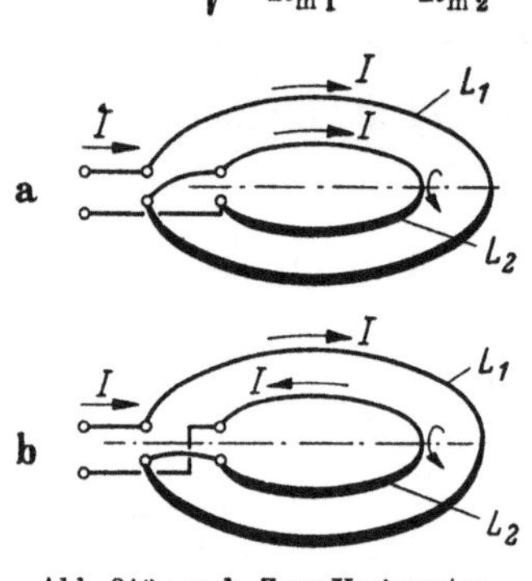

Abb. 219 a u. b. Zum Variometer

Technische Formen: Man unterscheidet

1. *Gegeninduktivitäten mit veränderbarer Kopplung:* Sie sind vornehmlich Schaltelemente der Schwachstromtechnik. Die magnetisch gekoppelten Spulen bildet man drehbar oder schwenkbar aus.

Eine Sonderform ist das Variometer: Der gleiche Strom durchsetzt beide koppelnde Spulen (Abb. 219). Die angelegte Spannung U hat die durch Selbst- und Gegeninduktion induzierten Spannungen zu überwinden. Für ein Variometer, bei dem die eine Spule L_2 gegen die andere L_1 gedreht wird, gilt für die beiden um 180° versetzten Lagen größten Koppelflusses (Abb. 219a u. b) bei vernachlässigbaren Ohmschen Widerständen:

$$\text{(a)} \quad U = L_1 \frac{dI}{dt} + M_{max}\frac{dI}{dt} + L_2 \frac{dI}{dt} + M_{max}\frac{dI}{dt}$$
$$= (L_1 + L_2 + 2M_{max})\frac{dI}{dt} = L_{max}\frac{dI}{dt}$$

$$\text{(b)} \quad U = L_1 \frac{dI}{dt} - M_{max}\frac{dI}{dt} + L_2 \frac{dI}{dt} - M_{max}\frac{dI}{dt}$$
$$= (L_1 + L_2 - 2M_{max})\frac{dI}{dt} = L_{min}\frac{dI}{dt}$$

Die Werte für alle anderen Lagen liegen zwischen diesen Grenzwerten; allgemein wirkt ein Variometer wie eine veränderbare Induktivität $L_{min} \ldots L_{max}$.

2. *Gegeninduktivität mit fester Kopplung* (meist über Eisenweg) = Transformator. Wegen seiner Wichtigkeit sei er im nachfolgenden Abschnitt gesondert behandelt.

c) *Transformator*

Der Transformator, in der Starkstromtechnik auch „Umspanner“, in der Schwachstromtechnik „Übertrager“, in der Meßtechnik „Wandler“ genannt, bestimmt maßgebend die großen Vorteile der Wechselströme. Er ist eines der wichtigsten Bauelemente der Elektrotechnik. Für seine Wirkungsweise hat man in Erweiterung des Bisherigen nicht nur die im Schaltelement 2 induzierte Leerlaufspannung $E_{\text{ind}\,2}$ zu beachten, sondern auch den im Stromkreis 2 von ihr angetriebenen Strom I_2, der über das koppelnde Magnetfeld auf den Kreis 1 zurückwirkt. Wir beschränken uns, um das Grundsätzliche zu erkennen, auf den Idealfall, den Transformator ohne Streufluß (= streuungsloser Transformator, Rückwirkung am stärksten), den man praktisch weitgehend verwirklichen kann.

α) Elektrische Eigenschaften

Grundgleichungen allgemein: Alle Größen seien entsprechend der wechselseitigen Verkopplung zeitlich sich ändernde. Die Richtungspfeile sind so festgelegt, wie sie sich für gleichsinnige Umfassung des Flusses durch beide Wicklungen bei Zunahme des „Primärstromes“ I_1 ergeben (s. Abb. 220a, hierfür ist das Beispiel des Trafos mit Mittelschenkel besonders übersichtlich).

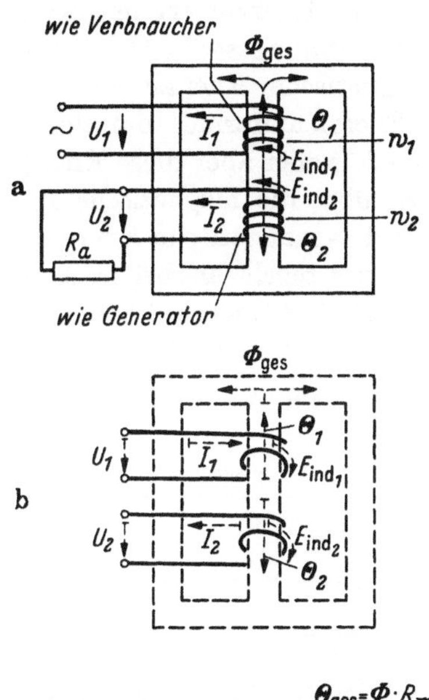

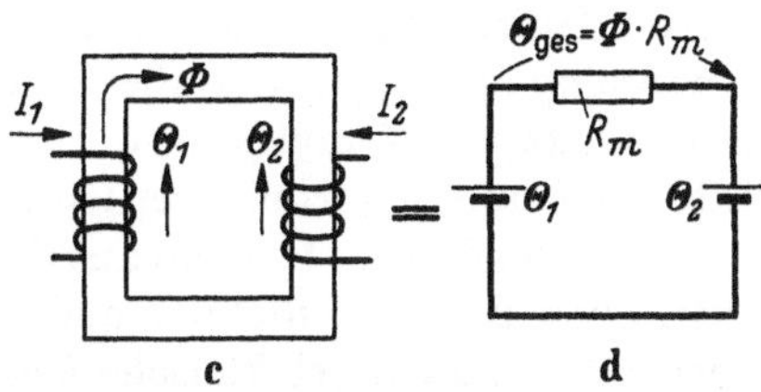

Abb. 220 a–d. Zum Transformator. a) Aufbau; b) Zählpfeilschema; c) magnetischer Kreis; d) sein Ersatzbild

Der bei Vergrößerung von I_1 wachsende Magnetfluß induziert in der „Sekundärwicklung“ 2 die Urspannung $E_{\text{ind}\,2}$, und zwar in dem Richtungssinn gemäß Durchflutungs- und Induktionsgesetz in Übereinstimmung mit der Lenzschen Regel, daß der von $E_{\text{ind}\,2}$ angetriebene Strom I_2 der Ursache (= Flußzunahme) entgegenzuwirken sucht. Für den Magnetkreis bestehen somit 2 magnetische Urspannungen, die vom Primärstrom hervorgerufene Urspannung $\Theta_1 = I_1 w_1$ und die vom Sekundärstrom erzeugte gegensinnige Urspannung = Gegenurspannung $\Theta_2 = I_2 w_2$ (s. Abb. 220 c, hierfür ist das Beispiel des Trafos mit zwei Schenkeln besonders übersichtlich). Man hat diesen Sachverhalt früher so ausgesprochen:

„Der Sekundärstrom erzeugt Gegenamperewindungen“.	(158)

Da bekannterweise in einer magnetischen Urspannungsstelle Θ_1 magnetische Energie erzeugt wird aus elektrischer und mithin in der Gegenurspannungsstelle Θ_2 sich der dazu umgekehrte Energieumsatz von magnetischer Energie in elektrische vollzieht, folgt: Der Trafo stellt einen Energieumformer dar von elektrischer Energie 1 in elektrische Energie 2, wobei aber diese Energieumformung nicht direkt geschieht, sondern über die magnetische Energie als Zwischenstufe: Elektrische Energie 1 → magnetische Energie → elektrische Energie 2. Der magnetische Kreis regelt hierbei (s. Abb. 220 d) das Zusammenspiel zwischen aus elektrischer Energie 1 erzeugter magnetischer Energie 1 und in elektrische Energie 2 rückgeformter, also abgegebener magnetischer Energie 2. Mithin Leistungsumsatz $\left(\Theta \frac{\mathrm{d}\Phi}{\mathrm{d}t} = \text{magnetische Leistung}\right)$:

magnetischer Kreis

$$U_1 I_1 \rightarrow \boxed{\Theta_1 \frac{\mathrm{d}\Phi}{\mathrm{d}t} \longrightarrow \Theta_2 \frac{\mathrm{d}\Phi}{\mathrm{d}t}} \rightarrow U_2 I_2 \qquad \text{Leistungsumsatz beim Trafo} \qquad (159)$$

Primärseite Sekundärseite

Das Transformieren ist dadurch möglich, daß für die magnetische Urspannung $\Theta_1 = I_1 w_1$ und die Gegenurspannung $\Theta_2 = I_2 w_2$ nur jeweils das Produkt von I und w festgelegt wird, daß es aber beliebig auf die Faktoren I und w verteilt werden kann. Da die im magnetischen Kreis erzeugte magnetische Energie aus der der Trafo-Primärseite zugeführten elektrischen Energie entstand und die abgegebene magnetische Energie in der Sekundärseite elektrische Energie hervorbringt, bedeutet für den elektrischen Stromkreis die Primärseite einen Verbraucher (U_1, I_1 gleichsinnig beim Blick zum Trafo), die Sekundärseite einen Generator (U_2, I_2 gegensinnig beim Blick zum Trafo). Die gesuchten Zusammenhänge der elektrischen Primär- und Sekundärgrößen ergeben sich vermittels des gemeinsamen magnetischen Kreises mit seinem Fluß Φ:

Für *Ströme:* Der Fluß wird vom Primär- und Sekundärstrom angetrieben. Gemäß Satz (158) ist in jedem Augenblick

$$\left.\begin{aligned} \Theta_{\text{ges}} &= \Theta_1 - \Theta_2 = I_1 w_1 - I_2 w_2 \\ \Phi &= \frac{\Theta_{\text{ges}}}{R_{\text{m}}} \end{aligned}\right\} \qquad (160)$$

Für *Urspannungen:* Die Flußänderung induziert in jedem Augenblick Urspannungen in beiden Wicklungen gemäß:

$$E_{\text{ind}\,1} = -w_1 \frac{\mathrm{d}\Phi}{\mathrm{d}t} \quad \text{Gegenurspannung für Kreis 1}$$

$$E_{\text{ind}\,2} = -w_2 \frac{\mathrm{d}\Phi}{\mathrm{d}t} \quad \text{Urspannung für Kreis 2}$$

Also gilt für die *Klemmenspannungen,* wenn R_1 bzw. R_2 die Widerstände der Wicklungen sind:

An 1 (= Verbraucherseite): $$U_1 = w_1 \frac{\mathrm{d}\Phi}{\mathrm{d}t} + I_1 R_1$$

An 2 (= Generatorseite): $$U_2 = w_2 \frac{\mathrm{d}\Phi}{\mathrm{d}t} - I_2 R_2$$

Transformatorgleichungen allgemein (für Augenblickswerte) (161)

Folgerungen. *Für Klemmenspannungen:* Man erstrebt $|IR| \ll \left|w \frac{\mathrm{d}\Phi}{\mathrm{d}t}\right|$, da die Wicklungswiderstände nur unnütze Stromwärme verursachen. Bei Vernachlässigung der Ohmschen Spannungsabfälle[1] (und der magnetischen Streuung) wird somit:

$$\frac{U_2}{U_1} \approx \frac{w_2}{w_1} \qquad \frac{U_2}{U_1} = \text{Spannungsübersetzung}$$

$$\frac{w_2}{w_1} = \ddot{u}_{2,1} \qquad \text{(Windungs)übersetzungsverhältnis} \qquad (162)$$

Beachte: Die Spannungsübersetzung ist – nicht näherungsweise, sondern exakt betrachtet – abhängig vom jeweiligen Betriebszustand, das Windungsverhältnis hingegen ist eine durch die Konstruktion festliegende Größe.

Primär- und Sekundärspannung (des idealen Trafos) verhalten sich in jedem Zeitpunkt wie die Windungszahlen, unabhängig von der sekundären Last. Eine sinusförmig zeitlich sich ändernde Spannung an der Primärseite gibt eine sinusförmig sich ändernde Spannung auf der Sekundärseite. Für eine sinusförmige Primärspannung ändert sich der Fluß etwa auch sinusförmig, wie man am schnellsten sieht, wenn man von der Behauptung, d.h. dem Fluß ausgeht:

$$\Phi = \Phi_{\mathrm{m}} \sin \omega t\,^{2}; \qquad U_1 \approx w_1 \frac{\mathrm{d}\Phi}{\mathrm{d}t} = w_1\, \omega\, \Phi_{\mathrm{m}} \cos \omega t = U_{1\,\mathrm{m}} \cos \omega t$$

Da $\cos \omega t$ das gleiche Zeitgesetz wie $\sin \omega t$ beschreibt, nur zeitverschoben, nennt man den Verlauf ebenso „sinusförmig". Merke: Die

[1] Also um so besser erfüllt, je mehr im Leerlauf gearbeitet wird.

[2] Vgl. Gl. (149), insbesondere das 4. Kapitel. Der Trafo ist ausführlicher Gegenstand der Lehre der Wechselströme. Man bezeichnet in der Wechselstromtechnik die Momentanwerte mit kleinen Buchstaben, wir belassen es hier bei großen.

Höhe der Klemmenspannung ($U_{1\,\mathrm{m}} \approx w_1 \omega \Phi_\mathrm{m}$) bestimmt im wesentlichen die Flußstärke.

Beispiel zu Gl. (162): Wechselgeneratoren der Kraftwerke liefern üblicherweise 6 kV (als Maß für die Höhe von Sinusgrößen gibt man den sog. „Effektivwert“ $= 1/\sqrt{2} \times$ Amplitude an, s. 4. Kap.), für die Hochspannungsleitung werden 200 kV gebraucht:

$$\frac{U_{2\,\mathrm{eff}}}{U_{1\,\mathrm{eff}}} = \frac{200\,\mathrm{kV}}{6\,\mathrm{kV}} = 33{,}3 \approx \frac{w_2}{w_1}$$

Für Ströme: Berücksichtigt man, daß im Eisenkreis die Urspannungsstellen $I_1 w_1$ und $I_2 w_2$ die des erwünschten Energieumsatzes sind, so erhellt, daß $\Theta_\mathrm{ges} = \Phi R_\mathrm{m}$ [Gl. (160)] die Bedeutung der unerwünschten Spannungsabfälle auf dem Leitungsweg zukommt. Man bemißt und betreibt daher üblicherweise den Trafo so, daß $I_1 w_1 \gg \Theta_\mathrm{ges}$, also auch $I_2 w_2 \gg \Theta_\mathrm{ges}$ ist. Dann wird nach Gl. (160) $I_1 w_1 \approx I_2 w_2$[1], also

$$\boxed{\frac{I_2}{I_1} \approx \frac{w_1}{w_2} = \frac{1}{\ddot{u}_{2,1}}} \qquad \text{Stromübersetzung} \qquad (163)$$

Primär- und Sekundärstrom verhalten sich in jedem Zeitpunkt etwa umgekehrt wie die Windungszahlen. Wird ein Trafo mit der gleichen, zeitlich sich ändernden Primärspannung betrieben und zuerst mit einem großen, dann mit einem kleinen Widerstand R_a auf der Sekundärseite belastet, so muß im zweiten Fall der Sekundärstrom, da die Sekundärspannung unverändert bleibt, größer werden gemäß $I_2 = U_2/R_\mathrm{a}$, nach Gl. (163) wird entsprechend der Primärstrom größer: Das Stromverhalten der Sekundärseite spiegelt sich auf der Primärseite wider.

Für Leistungen: Durch Produktbildung von Gln. (162) und (163) folgt: $U_2 I_2 \approx U_1 I_1$

also: $$\boxed{P_1 \approx P_2} \qquad \text{Leistungen} \qquad (164)$$

Die Leistungen ändern sich zeitlich, da die Ströme und Spannungen sich zeitlich ändern. In jedem Zeitpunkt sind die primär aufgenommene

[1] Genaueres zur Näherung: Nach Gl. (160) ist exakt $\dfrac{I_2}{I_1 - \dfrac{\Theta_\mathrm{ges}}{w_1}} = \dfrac{w_1}{w_2}$, wobei $\Theta_\mathrm{ges} = \Theta_1 - \Theta_2$ der bei I_1, I_2 herrschende magnetische Gesamtantrieb ist. Nach obigen Spannungsbetrachtungen ist bei einem Trafo die Flußstärke Φ und mithin auch Θ_ges für gleiche Spannung praktisch unabhängig von der Belastung. Also hat Θ_ges bei I_1, I_2 auch etwa dieselbe Größe wie bei gleicher Spannung im Leerlauf, d.h. bei $R_\mathrm{a} \to \infty$, $I_2 \to 0$, $I_1 \to I_{11}$ = primärem Leerlaufstrom: $\Theta_\mathrm{ges} \approx \Theta_\mathrm{ges\,l}$. Nach Gl. (160) wird aber $\Theta_\mathrm{ges\,l} = I_{1l} w_1$, also bessere Näherung: $\dfrac{I_2}{I_1 - I_{1l}} \approx \dfrac{w_1}{w_2}$.

Leistung $P_1 = U_1 I_1$ und die sekundär abgegebene Leistung $P_2 = U_2 I_2$ etwa gleich. Der Trafo überträgt also ohne mechanisch bewegte Teile elektrische Leistungen verschiedener Strom- und Spannungswerte auf Primär- und Sekundärseite nahezu ohne Verluste (Trafoerwärmung). Darin liegt sein überragender Wert für die Starkstromtechnik. Praktische Wirkungsgrade: $\eta = 95–98\%$. Mit der zu übertragenden Leistung wächst bei gleichbleibender Frequenz das Gewicht des Trafos (Kupfergewicht, Eisengewicht).

Für Widerstände: Durch Quotientenbildung von Gln. (162) und (163) folgt:

$$\boxed{\frac{U_2/I_2}{U_1/I_1} \approx \frac{w_2^2}{w_1^2} = \ddot{u}_{2,1}^2} \quad \text{Widerstände} \qquad (165)$$

Der sekundäre Belastungswiderstand $R_a = U_2/I_2$ scheint als bestimmtes Spannungs-Stromverhältnis auf die Primärseite durch, wo er wie ein Widerstand $R_{ers\,1} = U_1/I_1 \approx R_a/\ddot{u}_{2,1}^2$ wirkt. Der Trafo übersetzt also Widerstände im reziproken Quadrat des Übersetzungsverhältnisses. Darin liegt sein überragender Wert für die Schwachstromtechnik; denn wird er zwischen einen Generator (R_i) und einen Verbraucher (R_a) als „Anpassungstrafo" mit $\ddot{u}_{2,1} = \sqrt{R_a/R_i}$ geschaltet, so gibt der Generator an den Trafo, der als Zweipol mit dem Widerstand $R_{ers\,1} \approx R_i$ wirkt, maximale Leistung ab, die dieser an R_a weitervermittelt. Beispiel: $R_i = 100\,\Omega$; $R_a = 1\,\mathrm{k}\Omega$: $\ddot{u}_{2,1} = \sqrt{\frac{1000\,\Omega}{100\,\Omega}} = 3{,}15$.

Grundgleichungen für den Schwachstromtrafo: Die kleinen Spannungen rufen nur eine so geringe Flußstärke hervor, daß mit guter Näherung der magnetische Widerstand des Eisens als unabhängig von ihr angesehen werden kann, so daß sich nicht nur die Urspannungen Θ_1, Θ_2, sondern auch die zugehörigen Teilflüsse $\Phi_1 = \Theta_1/R_m$, $\Phi_2 = \Theta_2/R_m$ überlagern:

$$\Phi = \frac{\Theta_{ges}}{R_m} = \frac{I_1 w_1}{R_m} - \frac{I_2 w_2}{R_m} \quad \text{wobei} \quad R_m = \text{konst.}$$

mithin ergeben sich die Gl. (161) zu:

$$U_1 = \frac{w_1^2}{R_m}\frac{\mathrm{d}I_1}{\mathrm{d}t} - \frac{w_1 w_2}{R_m}\frac{\mathrm{d}I_2}{\mathrm{d}t} + I_1 R_1; \quad U_2 = \frac{w_2 w_1}{R_m}\frac{\mathrm{d}I_1}{\mathrm{d}t} - \frac{w_2^2}{R_m}\frac{\mathrm{d}I_2}{\mathrm{d}t} - I_2 R_2$$

also:

$$\boxed{\begin{aligned} U_1 &= L_1 \frac{\mathrm{d}I_1}{\mathrm{d}t} - M\frac{\mathrm{d}I_2}{\mathrm{d}t} + I_1 R_1 \\ U_2 &= M\frac{\mathrm{d}I_1}{\mathrm{d}t} - L\frac{\mathrm{d}I_2}{\mathrm{d}t} - I_2 R_2 \end{aligned}} \quad \begin{matrix}\text{Trafogleichungen für} \\ \text{Schwachstromtechnik}\end{matrix} \qquad (166)$$

β) Technische Anwendungen

Übliche Trafos: Es gibt 2 Typen, den Kerntrafo (Abb. 221 a) und den Manteltrafo (Abb. 221 b). Die die Wicklung tragenden Eisenteile heißen Schenkel, die Verbindungsteile Joche. Der Eisenkreis besteht zum Herabsetzen der Wirbelströme aus lamellierten Blechen bzw. Massekernpulver.

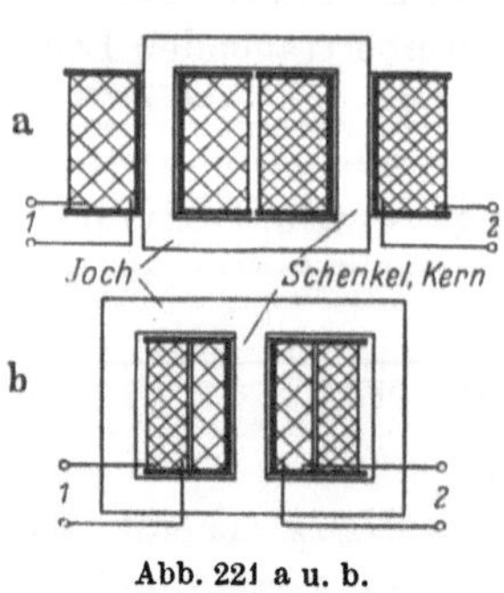

Abb. 221 a u. b.
a) Kerntrafo; b) Manteltrafo

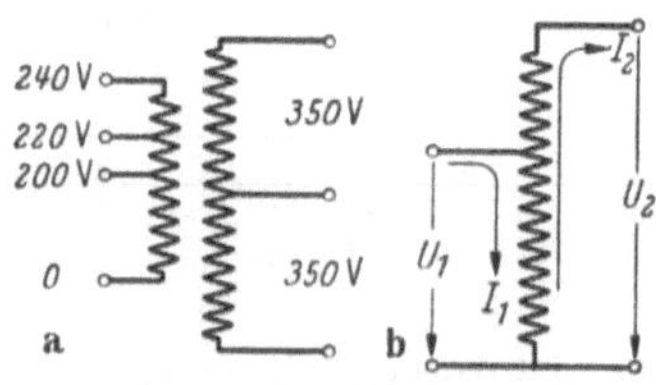

Abb. 222 a u. b.
a) Trafo mit Anzapfungen; b) Spartrafo

Wicklungen mit „Anzapfungen" dienen zum wahlweisen Anschluß an verschiedene Spannungen, z. B. bei Netztrafos (Abb. 222 a). Die Windungszahlen verhalten sich wie die entsprechenden Spannungen. Spartrafos sind Trafos, bei denen Primär- und Sekundärwicklung teilweise gemeinsam sind (Abb. 222 b). Der gemeinsame Wicklungsteil wird von $I_1 - I_2$, also von einem kleineren (!) Strom durchflossen, als es bei getrennten Wicklungen wäre. Man spart bei Verzicht auf galvanische Trennung Kupfer (wegen des gemeinsamen Wicklungsteiles und geringeren Stromes) und Eisen (wegen des kleineren benötigten Wickelraumes).

Schwachstromtrafos sind klein (von einigen cm³ ab), sie haben geringes Gewicht; für höhere Frequenzen verwendet man Massekerne. Starkstromtrafos nehmen Abmaße bis zu Metern an, sie übertragen Leistungen bis 200 MVA. Besondere konstruktive Maßnahmen werden vorgesehen wegen der hohen Spannungen (Isolierkörper, Öl) und der Wärmeabfuhr (Kühlrippen, Öl, Gebläse).

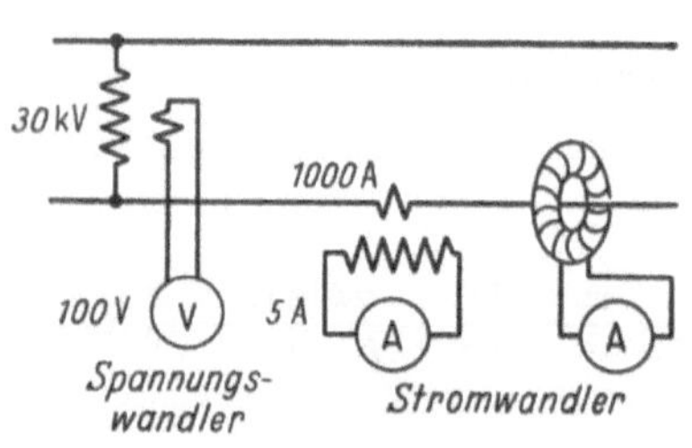

Abb. 223. Meßwandler

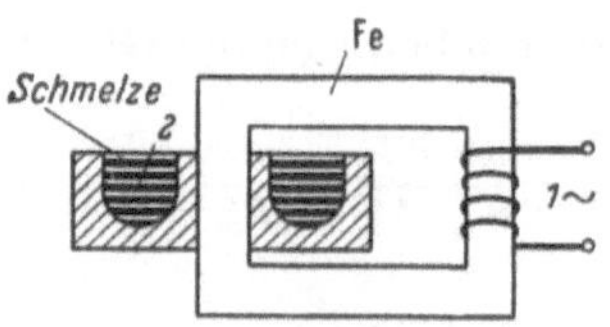

Abb. 224. Induktionsofen

Meßwandler (Abb. 223): Sie transformieren Wechselspannungen (Spannungswandler) und Ströme (Stromwandler) in genau angegebenem Verhältnis auf übliche Werte, insbesondere auf solche, die mit üblichen Instrumenten meßbar sind (100 V bzw. 5 A); sie stellen also eine nahezu ideale Art der Meßbereichänderung dar.

Induktionsöfen (Abb. 224): Die zweite Trafowicklung wird von dem leitenden Schmelzgut zusammen mit dem Schmelzsumpf gebildet, die eingebettet in eine isolierte, wärmebeständige Rinne den zweiten Schenkel des Trafos umgeben und so 1 Windung darstellen. Die Stromwärme $I_2^2 R$ der sehr hohen Ströme bewirkt das Schmelzen.

Funkeninduktor (Abb. 225): Man verwendet ihn, um mit einer niederen Gleichspannung (6 V) hohe stoßartige Spannungsspitzen (z.B. 100 kV) zu erzielen. Er stellt einen Trafo dar, der primärseitig von einem möglichst schroff, etwa periodisch unterbrochenen Strom – meist verwendet man einen Selbstunterbrecher – gespeist wird.

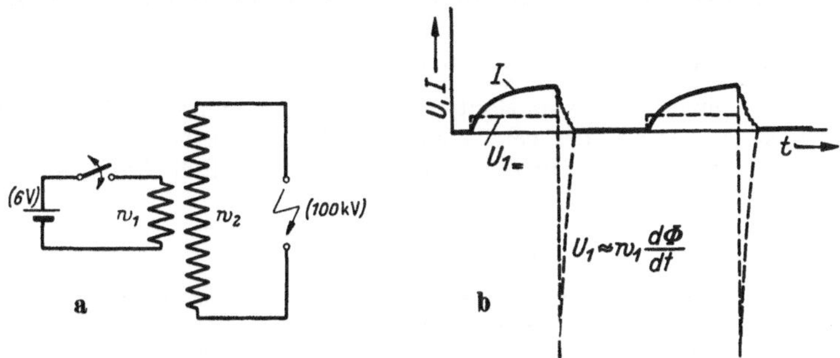

Abb. 225 a u. b. Funkeninduktor

Die beim Öffnen des Stromkreises des als Induktivität L_1 wirkenden Trafos (solange kein Funke, sekundär leerlaufend!) entstehenden hohen Spannungsspitzen werden durch die Sekundärwicklung hochtransformiert.

d) Elektromagnetische Wellen

Die elektromagnetischen Wellen (= elektrischen Wellen) beruhen ebenso auf der wechselseitigen Verkopplung von elektrischen $\rightleftarrows$ magnetischen Erscheinungen. Die elektrischen Ströme sind bei Wellen in Luft räumlich ausgedehnte dielektrische, die magnetischen Flüsse sind ebenso räumlich: Es besteht ein sog. elektromagnetisches Feld (s. Abb. 120, G_D- und H-Feld im Kondensator). Wegen des Eingehens der Zeit in das Induktionsgesetz und über Gl. (101) in das Durchflutungsgesetz hat es eine endliche, wenn auch sehr hohe Ausbreitungsgeschwindigkeit. Bei den bisherigen langsamen Änderungen trat die Ausbreitungszeit nicht hervor, sie wird aber maßgebend, wenn bei schnellen Änderungen (Hochfrequenz) die Periodendauer vergleichbar oder kürzer als sie wird. Dann lösen sich die elektromagnetischen Felder von den Leitungsschaltelementen (Abstrahlung).

Elektrische Wellen beruhen auf der gegenseitigen Verkopplung zeitlich sich ändernder elektrischer und magnetischer Felder unter Hervortreten der endlichen Ausbreitungsgeschwindigkeit.

Für diese Ausbreitungsgeschwindigkeit c_0 im Vakuum (Luft) liefert die Theorie von MAXWELL in Übereinstimmung mit dem Experiment:

$$c_0 = \frac{1}{\sqrt{\varepsilon_0 \mu_0}} \approx 3 \cdot 10^{10} \frac{\text{cm}}{\text{s}} \quad \text{Lichtgeschwindigkeit} \tag{167}$$

Die elektromagnetischen Wellen bilden das Kernstück der drahtlosen Nachrichtentechnik (Rundfunk, drahtlose Telegrafie und Telefonie, Fernsehen und Navigation) und sind somit von höchster Bedeutung.

Aufgaben zu C

37. Gegeben eine Drossel vom Manteltyp (Abb. 211 b); mittlere Länge der horizontalen Joche $b = 12$ cm, der vertikalen Joche 8 cm. Querschnitt q der Joche $1{,}5 \times 2$ cm². Querschnitt des Mittelschenkels so, daß überall die Flußdichte gleich ist. $w = 1800$ Windungen. $\mu_{\text{rel Fe}} = 400$ (für geringeres B).

a) Berechne und stelle dar die Induktivität in Abhängigkeit von der Luftspaltbreite l_L im Mittelschenkel.

b) Wieviel Windungen müssen im Fall ohne Luftspalt abgewickelt werden, um bei 3% höherem μ das gleiche L zu erhalten?

38. Gegeben 2 gleiche Spulen und 2 gleiche Eisenkörper vom Kerntrafotyp. 1 Spule über einen Schenkel gesteckt, gibt die Induktivität L_0. Wie groß ist die Gesamtinduktivität:

a) Wenn beide Spulen in getrennten Eisenkreisen sitzen, und zwar bei Reihenschaltung, bei Parallelschaltung?

b) Wenn beide Spulen im gleichen Eisenkreis sitzen bei Reihenschaltung, bei Parallelschaltung (Richtungssinn so, daß sich die Wirkungen nicht aufheben)?

39. Gegeben die Schaltung Abb. 216 mit L_1 (1,5 H, 130 Ω), L_2 (0,5 H, 40 Ω), Kopplungsfaktor 0,6, Anzeigeinstrument $R_I = 80$ Ω, 100 μA. Der Primärstrom läßt sich zwischen 0 und 0,2 A linear regeln. In welcher Zeit müssen die 0,2 A durchfahren werden, damit a) bei L_1, b) bei L_2 als Primärspule Vollausschlag entsteht?

40. Ein Variometer, dessen eine Spule in der anderen gedreht wird, besitzt die Extremwerte von 0,015 mH bzw. 0,113 mH. Wie groß ist der Kopplungsfaktor in beiden Extremstellungen?

III. Energien und Kräfte im magnetischen Feld

Ziel dieses Abschnittes ist, einerseits das behandelte Wechselspiel zwischen elektrischen und magnetischen Erscheinungen zu vertiefen, wobei die Energie als die allen Gebieten gemeinsame Größe das geeignete Verbindungsglied ist, andererseits in den Kräften, die stets für technische Anwendungen von besonderer Wichtigkeit sind, Neues kennenzulernen.

A. Energien

1. Mit Magnetfeld verknüpfte Energien und magnetische Größen

Magnetische Spannungsabfallstrecken: Die magnetische Spannung wurde mit Hilfe der magnetischen Energie definiert zu[1]

$$\mathrm{d}W_\mathrm{m} = V\,\mathrm{d}\Phi \tag{168}$$

Eine andere Definition hätte nicht zu den völligen Analogien zwischen den Größen, die den elektrischen bzw. magnetischen Kreis oder das elektrische bzw. magnetische Feld charakterisieren, geführt. Gl. (168) besagt: Ein Energiespiel ist beim passiven magnetischen Zweipol (V) nicht an Spannung und Fluß, sondern an die Flußänderung ($\mathrm{d}\Phi$) geknüpft. Wird bei anliegender Spannung die Flußstärke größer = Feldaufbau, so nimmt der Zweipol Energie auf ($+\,\mathrm{d}W_\mathrm{m}$), wird die Flußstärke kleiner = Feldabbau, so gibt er Energie ab ($-\,\mathrm{d}W_\mathrm{m}$).

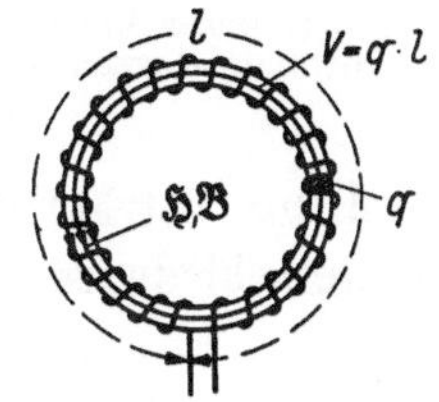

Abb. 226. Magnetisiertes Volumen ohne Streuung

Umschreibung der Grundgleichung (168) auf die Größen B und H, d.h. die Kenngrößen des magnetischen Feldes: Zur Einfachheit beschränken wir uns auf gleichmäßig magnetisierte Räume (B und H in allen Feldpunkten gleich), also auf linienhafte Leiter der Länge l von gleichbleibendem Querschnitt q. Bei Nichtferromagnetiken erhält man solche Räume in kurzen Luftspalten oder in engen Ringspulen (Abb. 226, kein Streufeld!).

Spannungsabfall	$V = V_{\mathrm{AB}} = Hl$
Flußstärke	$\Phi = Bq;\quad \mathrm{d}\Phi = \mathrm{d}B\,q$
Volumen[2]	$\mathsf{V} = ql$
Energieänderung	$\mathrm{d}W_\mathrm{m} = V\,\mathrm{d}\Phi = H\,\mathrm{d}B\,\mathsf{V}$

Also mithin:

$$\boxed{W_\mathrm{m} = \mathsf{V}\int_{B=0}^{B_1} H\,\mathrm{d}B} \tag{169}$$

An das Volumen V abzugebende Energie, um es in den magnetischen Zustand $B = 0 \rightarrow B_1$ zu versetzen[3].

Anwendung auf Nichtferromagnetika: Die Magnetisierungskurve ist gemäß $B = \mu_0 H$ eine Gerade. Die Energiedichte $= W_\mathrm{m}/\mathsf{V} = \int H\,\mathrm{d}B$ ist

[1] Wir wollen im Kommenden die an das Magnetfeld abgegebene bzw. die von ihm aufgenommene Energie mit dem Index m kennzeichnen.

[2] Beachte, durch Druck unterschieden: V = Spannungsabfall; V = Volumen.

[3] Für den allgemeineren Fall wählt man das Volumen V hinreichend klein: $\mathsf{V} \rightarrow \mathrm{d}\mathsf{V}$.

gleich dem schraffierten Flächeninhalt[1] von Abb. 227. Also:

$$\text{Aufmagnetisieren, } B = 0 \to B_1: \quad W_m = \mathsf{V}\int_0^{B_1} H\,\mathrm{d}B = \mathsf{V}\frac{B_1 H_1}{2}$$

$$\text{Entmagnetisieren, } B = B_1 \to 0: \quad W_m = \mathsf{V}\int_{B_1}^{0} H\,\mathrm{d}B = -\mathsf{V}\frac{B_1 H_1}{2}$$

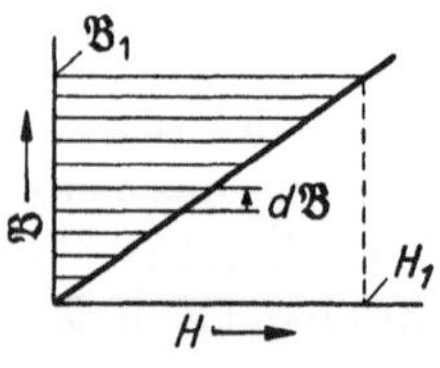

Abb. 227. Zur magnetischen Energie bei Nichtferromagnetika

Beim Entmagnetisieren wird die gleiche Energie aus dem Volumen V zurückgewonnen (−), die beim Aufmagnetisieren hineingesteckt wurde (+). In der Zwischenzeit sitzt sie im magnetischen Feld als magnetische Energie W_m. Das Magnetfeld ist also Energiespeicherstelle. Dabei ist, wenn überall in V die Werte B und H herrschen:

$$W_m = \frac{BH}{2}\mathsf{V} = \frac{B^2}{2\mu_0}\mathsf{V} = \frac{\mu_0 H^2}{2}\mathsf{V} = \frac{V\Phi}{2}$$

Mithin beträgt die Energiedichte, d.h. die auch für ein von Ort zu Ort verschiedenes Magnetfeld gültige Energiegröße:

$$\boxed{\frac{\mathrm{d}W_m}{\mathrm{d}\mathsf{V}} = \frac{BH}{2} = \frac{B^2}{2\mu_0} = \frac{\mu_0 H^2}{2}}$$ Dichte der im Nichtferromagnetikum gespeicherten magnetischen Energie bei B und H (170)

Man beachte, daß wie beim Dielektrikum [s. Gl. (110)] maßgebende Strömungsgröße (B) und maßgebende Spannungsgröße (H) gleichberechtigt an der Energiedichte beteiligt sind.

Anwendung auf Ferromagnetika: Die Magnetisierungskurve ist eine Hysteresekurve (Abb. 228). Beim Aufmagnetisieren ($B = 0 \to B_1$) entlang der Neukurve ist die an das Ferromagnetikum gelieferte Energie gemäß Abb. 228a (H und $\mathrm{d}B$ positiv, Querschraffur)

$$W_{m\,auf} = \mathsf{V} A_0$$

$A_0 =$ zu $\int H\,\mathrm{d}B$ gehörende Fläche im B - - H-Diagramm. Beim Entmagnetisieren ($B = B_1 \to 0$) entlang dem absteigenden Ast wird gemäß Abb. 228b die Energie $\mathsf{V}A_1$ entnommen ($\mathrm{d}B$ negativ, H positiv, Senkrechtschraffur) und die Energie $\mathsf{V}A_2$ zugeführt ($\mathrm{d}B$ und H negativ). Also beträgt die beim Entmagnetisieren insgesamt zurückgewonnene Energie

$$W_{m\,ent} = \mathsf{V}(A_1 - A_2)$$

Beim Entmagnetisieren wird weniger Energie zurückerhalten als hineingesteckt wurde. Der Differenzbetrag wird als „Hysteresearbeit" zum Umklappen der Bezirksmagnete verwendet und geht als Wärme verloren:

$$W_{Hyst} = |W_{m\,auf}| - |W_{m\,ent}|$$

[1] Beachte: $\int_{H=0}^{H_1} B\,\mathrm{d}H$ würde die Fläche zwischen der Geraden und der H-Achse bedeuten.

Von besonderem Interesse vor allem für die Wechselstromtechnik ist die Hysteresearbeit für 1 vollständigen Umlauf der Hysteresekurve (Abb. 228 c, $O \to +B_1 \to -B_1 \to O$, hineingesteckte und herausgenommene Energien verschieden schraffiert). Man erkennt: Als für den Unterschied zwischen hineingesteckter und herausgenommener Energie, d.h.

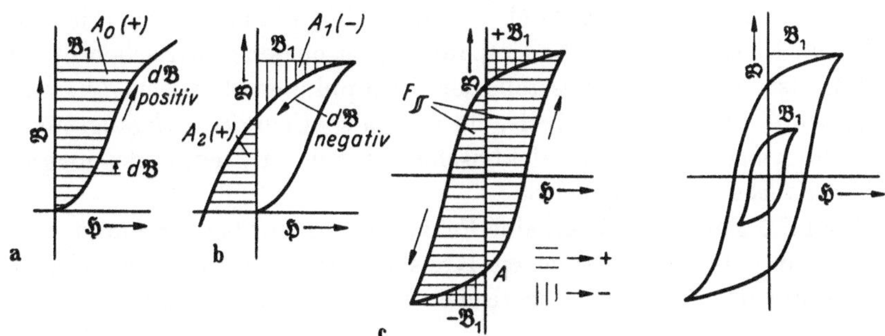

Abb. 228 a–c. Ferromagnetikum, Auf- und Entmagnetisieren

Abb. 229. Zu den Formeln für $W_{\text{Hyst}\,\mathcal{H}}$

als für die Hysteresearbeit maßgebende Fläche, verbleibt gerade die von der Hysteresekurve umgrenzte Fläche $A_{\mathcal{H}}$. Mithin

$$W_{\text{Hyst}\,\mathcal{H}} = V \oint_{\mathcal{H}} H \,\mathrm{d}B = V A_{\mathcal{H}} \qquad \text{Hysteresarbeit bei 1 Umlauf der Hysteresekurve} \qquad (171)$$

Die Hysteresearbeit bei 1 Umlauf ist somit gleich dem umzumagnetisierenden Volumen × Hysteresefläche (in B, H Maß!). Die Verlustleistung beim Ummagnetisieren mit der Frequenz $f = 1/T$ wird demnach:

$$N_{\text{Hyst}} = \frac{W_{\text{Hyst}\,\mathcal{H}}}{T} = f\, W_{\text{Hyst}\,\mathcal{H}} \qquad \text{Hystereseverluste bei Wechselfrequenz } f \qquad (172)$$

Für geringe Hystereseverluste muß man daher ferromagnetische Materialien mit möglichst schlanker Hysteresekurve, d.h. kleiner Koerzitivfeldstärke H_C, züchten.

Um das zeitraubende Ausmessen der Hystereseflächen zumindest für verschiedene Werte der jeweils angewandten Maximalinduktion B_1 (s. Abb. 229) zu ersparen, hat man empirisch nach Gesetzmäßigkeiten zwischen $W_{\text{Hyst}\,\mathcal{H}}$ und B_1 bei gleichbleibendem Material gesucht:

$W_{\text{Hyst}\,\mathcal{H}} = \varepsilon' m B_1^2$ — Neuere Formel, gültig für jetzige Ferromagnetika, m = Masse, ε' vom Material abhängig, etwa $\varepsilon' = (2\ldots5)\cdot 10^{-10}\,\frac{\text{Ws}}{\text{kg}\,\text{G}^2}$

$W_{\text{Hyst}\,\mathcal{H}} = \varepsilon'' V B_1^{1,6}$ — Alte Formel = Formel von Steinmetz, sie traf für früher verwendete Eisensorten zu.

Magnetische Urspannungsstellen: Gl. (168) angewandt auf Urspannungsstellen – die Urspannung ist als negativer Spannungsabfall zu rechnen – ergibt:

$$-\mathrm{d}\,W_{\mathrm{m}} = \Theta\,\mathrm{d}\Phi$$

d.h. bei Feldaufbau ($+\,\mathrm{d}\Phi$) gibt die Urspannungsstelle Energie an den magnetischen Kreis[1] ab, bei Feldabbau ($-\,\mathrm{d}\Phi$) nimmt sie Energie vom Kreis auf. Da die magnetische Urspannung durch den elektrischen Strom entsteht, ist die Urspannungsstelle der Verkopplungsort zwischen magnetischem und elektrischem Kreis, sie muß also Energiedurchgangsstelle, d.h. Umformstelle sein von elektrischer Energie in Energie des magnetischen Kreises und umgekehrt.

Gesamtes Energiespiel: Da eine Feldänderung nur bei Stromänderung eintritt, und da im elektrischen Kreis die Induktivität bzw. Gegeninduktivität der Sitz der magnetischen Urspannung ist, folgt:

Bei Stromerhöhung durch eine Induktivität[2] = Feldaufbau wird elektrische Energie an das Magnetfeld abgegeben, sie wird dort – außer dem Teil, der bei Stoffen mit Hysteresekennlinie in die Umgebung zerfließt – gespeichert und bei Stromerniedrigung = Feldabbau wieder in elektrische Energie in der Induktivität zurückverwandelt.	(173)

Beachte den Unterschied zwischen elektrischem und magnetischem Leiter: Der elektrische Leiter ist stets Umformstelle elektrischer Energie → andere, also eine Energiedurchgangsstelle, beim magnetischen Leiter kann die Energie – abgesehen bei solchen mit Hysteresekennlinie – nicht entweichen, sie wird also dort gestapelt und wieder abgebaut.

2. Mit Magnetfeld verknüpfte Energien und elektrische Größen

Grundbeziehung: Ermittelt werde die elektrische Energie, die an eine Induktivität bei Stromerhöhung zusätzlich zu deren Wärmeverlusten abgegeben werden muß ($\mathrm{d}\,W_{\mathrm{el,m}}$), um ihr Magnetfeld aufzubauen (Energieänderung $\mathrm{d}\,W_{\mathrm{m}} = V_{\mathrm{O}}\,\mathrm{d}\Phi$). Hierzu benutzen wir die Verkopplungen der beiden magnetischen Energiepartner (V_{O} und $\mathrm{d}\Phi$) mit elektrischen Größen. Betrachte z.B. Abb. 156b.

[1] Der Begriff Kreis sei hier nicht nur für linienhafte Leiter gebraucht, sondern im erweiterten Sinn für die jeweils betrachtete in sich geschlossene magnetische Erscheinung, z.B. auch für das Feld einer Spule.

[2] Für die Gegeninduktivität als magnetische Verkopplungsstelle zweier elektrischer Kreise gilt Analoges.

Energiesatz: $\mathrm{d}\,W_{\mathrm{el,m}} = \mathrm{d}\,W_{\mathrm{m}} = V_{\bigcirc}\,\mathrm{d}\Phi$

Durchflutungsgesetz: $V_{\bigcirc} = \sum I_\nu = I\,w$

Induktionsgesetz: $w\frac{\mathrm{d}\Phi}{\mathrm{d}t} = -E_{\mathrm{ind}} = U_{\mathrm{L}}$

Also $\mathrm{d}\,W_{\mathrm{el,m}} = I\,U_{\mathrm{L}}\,\mathrm{d}t$ [1] (174a)

Mithin, da $U_{\mathrm{L}} = L\frac{\mathrm{d}I}{\mathrm{d}t}$, wird $\mathrm{d}\,W_{\mathrm{el,m}} = I\,L\,\mathrm{d}I$, somit:

$$\boxed{W_{\mathrm{el,m}} = \int_{I_1}^{I_2} I\,L\,\mathrm{d}I}$$ Zusätzliche elektrische Energie bei Änderung des Stromes durch eine Induktivität L von I_1 auf I_2 (174b)

Insbesondere ist die zusätzliche elektrische Energie bei Schaltelementen mit konstantem L, also bei solchen mit nichtferromagnetischem Flußweg oder näherungsweise bei einem Eisenweg mit maßgebendem Luftspalt:

$$W_{\mathrm{el,m}} = L\,\frac{I^2}{2} \quad \text{für Feldaufbau, Strom} = 0 \to I$$

$$W_{\mathrm{el,m}} = -L\,\frac{I^2}{2} \quad \text{für Feldabbau, Strom} = I \to 0$$

Also: Für den Aufbau des Magnetfeldes eines Schaltelementes der (konstanten) Selbstinduktivität L, durchflossen vom Strom I, wird die elektrische Energie $L\frac{I^2}{2}$ verbraucht; beim Abbau wird diese gleiche Energie wiedergewonnen. Mithin steckt gemäß dem Energiesatz in der Zwischenzeit diese Energie $W_{\mathrm{el,m}}$ im Magnetfeld, gespeichert als magnetische Energie:

$$\boxed{W_{\mathrm{m}} = L\,\frac{I^2}{2}}$$ Gespeicherte magnetische Energie im Schaltelement L, durchflossen von I (175)

Zahlenbeispiel: $L = 10\,\mathrm{H}$, $I = 50\,\mathrm{A}$

$$W_{\mathrm{m}} = \frac{1}{2}\,10\,\frac{\mathrm{Vs}}{\mathrm{A}}\,2{,}5 \cdot 10^3\,\mathrm{A}^2 = 12500\,\mathrm{Ws}$$

Da somit im magnetischen Feld wesentlich höhere Energien als im dielektrischen Feld speicherbar sind, lassen sich mit magnetischen Feldern auch viel höhere Kraftwirkungen erreichen.

[1] Da nach dem Durchflutungsgesetz ein Strom stets von einem Magnetfeld begleitet ist, muß nach dieser Energiegleichung bei einer Magnetfeldänderung (also Stromänderung, I = Strommomentanwert) stets eine zusätzliche Spannung U_{L} vorhanden sein: Das Induktionsgesetz läßt sich somit als Folge des Energiesatzes und Durchflutungsgesetzes herleiten.

Das Verhalten der Induktivität, teils als Energieverbraucher, teils als Energielieferer zu wirken, ist in Übereinstimmung mit der früher aufgezeichneten Eigenschaft der induzierten Spannung E_{ind}, teils als Gegenurspannung, teils als Urspannung aufzutreten.

Schaltvorgänge: Die Trägheit des Stromes durch eine Induktivität bedeutet vom energetischen Standpunkt aus: Das Magnetfeld braucht zum Aufbau und Abbau seiner Energie eine gewisse Zeit; Energien können sich nicht sprunghaft ändern, d.h. ihren Ort nicht plötzlich wechseln[1]. Beim Einschalten bzw. Kurzschließen einer Induktivität muß deshalb, da die angelegte Spannung springt, der Strom allmählich zu- bzw. abnehmen (Abb. 230a). Ferner muß beim plötzlichen Unterbrechen des Stromes durch eine Induktivität die Spannungsspitze viel höher als die anliegende Gleichspannung im eingeschalteten Zustand werden (Abb. 230b), weil die Abbauzeit des Feldes viel kürzer als die Aufbauzeit wird, ferner der Strom in beiden Fällen sich zwischen den gleichen Grenzwerten ändert und Energie = Strom × Spannung × Zeit ist.

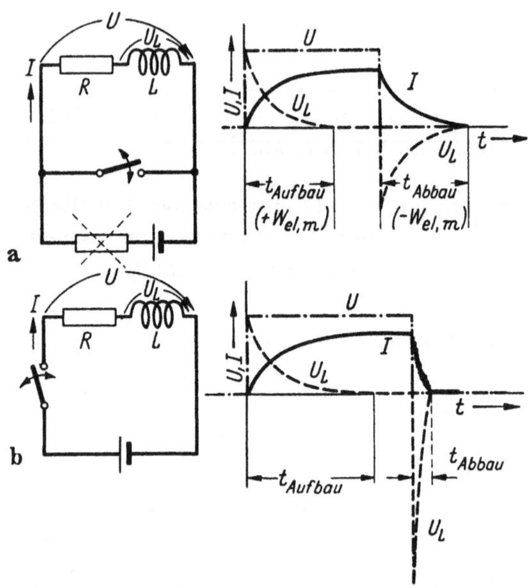

Abb. 230 a u. b. Zu Energiebetrachtungen bei Schaltvorgängen

B. Kräfte

Es gibt 3 verschiedene Arten des Auftretens von Kräften im Zusammenhang mit Magnetfeldern:

1. Kräfte wirkend auf Trennflächen von Stoffen mit verschiedenem μ, durchsetzt vom Magnetfluß. Von besonderer technischer Wichtigkeit sind die Kräfte an Trennflächen Ferromagnetika–Nichtferromagnetika (Eisen–Luft);

2. Kräfte auf elektrische Ströme im Magnetfeld;

---

[1] Die Relativitätstheorie lehrt, daß jede Energie äquivalent einer Masse ist, also wie jene Trägheit besitzt.

3. Kräftewirkungen zwischen 2 Strömen über das strombegleitende Magnetfeld.

Die 3 Arten seien nacheinander behandelt.

1. Kräfte im Magnetfeld an Trennflächen Ferromagnetika-Nichtferromagnetika

a) Grundlagen

Qualitatives: Die Erfahrung lehrt, daß ein Stück weiches Eisen im Luftraum von einem Permanentmagneten angezogen wird (Abb. 231). Gedeutet an Hand des Feldlinienbildes suchen sich also die Feldlinien zu verkürzen. Dieses Verkürzungs- (und Verbreiterungs)bestreben ist eine allen Feldliniensorten gemeinsame Eigenschaft, die den Linienverlauf im Leiter, wie im Nichtleiter, wie im magnetischen Fall regelt. Die Theorie zeigt genauer:

> Durch die Tendenz der magnetischen Feldlinien, sich zu verkürzen und zu verbreitern, entsteht an der Trennfläche zweier Medien mit verschiedenem μ eine Kraft, stets senkrecht wirkend zur Trennfläche und weisend zum Medium mit dem kleineren μ.

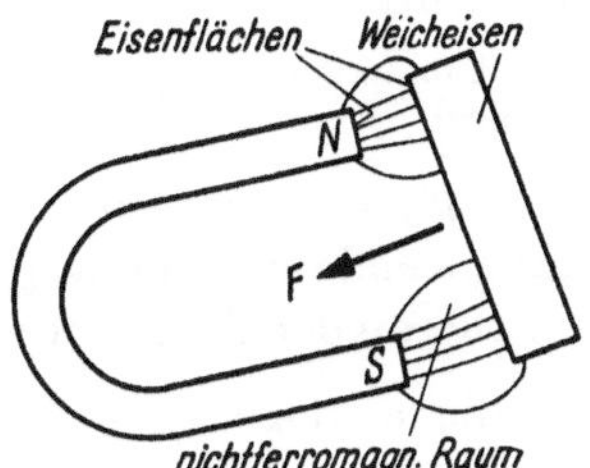

Abb. 231. Zu Kräften an Trennflächen

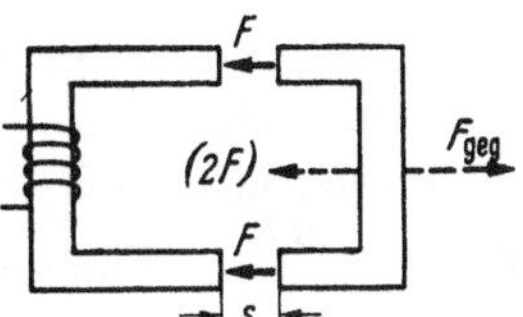

Abb. 232. Zur Herleitung der Kraftgleichung (176)

Quantitatives. *Homogenes Feld:* Wir beschränken uns auf den technisch wichtigsten und zugleich einfachsten Fall, die Kraftwirkung im Eisenkreis mit Luftspalt bei großem μ_{Fe}. Die Feldlinien sind dann ausschließlich auf den Eisenkreis konzentriert und verlaufen nur senkrecht zur Trennfläche Eisen–Luftspalt; für die Kraftwirkung kommt also allein das Verkürzungsbestreben zur Geltung, das die Grenzflächen zusammenzuziehen, den Luftspalt zu verringern sucht. (Qualitatives Beispiel für den Fall der Feldlinien nur parallel zur Trennfläche, wobei nur die Verbreiterungstendenz sich auswirkt, s. Rundspulmeßwerk Abb. 248b.)

Der Eisenkreis besitze 2 gleiche Luftspalte s (Abb. 232), wobei auf jede Eisenfläche q des Ankers die zu berechnende Kraft F wirke. Der Gesamtkraft 2 F werde durch eine äußere Kraft F_{gegen} das Gleichgewicht gehalten. Wir wenden auf dieses System das Prinzip der virtuellen Verrückung an (vgl. den dielektrischen Fall, Abb. 139), d.h. den Energiesatz bei Berücksichtigung nur der Gleichgewichtskräfte, indem wir uns durch ein infinitesimales Übergewicht von F_{gegen} $(= 2\,[F + \mathrm{d}F])$ eine Luftspaltvergrößerung um δs denken. Um nicht den weiteren Energieaustausch mit dem Erregerkreis $(W_{\text{el,m}})$ einbeziehen zu müssen, treffen wir die Anordnung so, daß $W_{\text{el,m}} = 0$ bleibt; dazu muß gemäß Gl. (174a) $U_{\text{L}} = 0$, also $\mathrm{d}\Phi/\mathrm{d}t = 0$, d.h. $\Phi =$ konst. sein; der Erregerstrom werde dementsprechend nachgeregelt. Durch $\Phi =$ konst., also $B =$ konst., bleibt auch die Energie im Eisenteil des Kreises konstant. Somit

an Magnetkreis gelieferte Energie	$F_{\text{gegen}}\,\delta s$
Energieerhöhung im Magnetkreis (= Aufmagnetisieren der 2 Zusatzvolumina $2\,\delta\,\mathsf{V}$	$\mathrm{d}W_{\text{m}} = \dfrac{B^2}{2\mu_0}\,2\,\delta\mathsf{V} = 2\,\dfrac{B^2}{2\mu^2}\,q\,\delta s$
Energiesatz	$F_{\text{gegen}}\,\delta s = \delta W_{\text{m}}$
wobei im Gleichgewicht	$F_{\text{gegen}}\,\delta s = 2\,(F + \mathrm{d}F)\,\delta s \to 2F\,\delta s$

$$\boxed{F = \frac{B^2}{2\mu_0}\,q = \frac{BH}{2}\,q = \frac{\mu_0 H^2}{2}\,q = \frac{\Phi^2}{2\mu_0 q}} \tag{176}$$

Kraft, mit der eine ferromagnetische Fläche zum Nichtferromagnetikum gezogen wird (176)

(B, H-Werte im nichtferromagnetischen Raum)

Beachte: Die Kraft ist proportional B^2 bzw. Φ^2, also unabhängig von der Flußrichtung stets eine anziehende. Maßgebende Strömungsgröße (B) und Spannungsgröße (H) sind gleichberechtigt an der Kraft beteiligt, merke: Kraft $= \dfrac{BH}{2}\,q$, Energie $= \dfrac{BH}{2}\,\mathsf{V}$. Vgl. die analoge Gl. (116) für das Dielektrikum.

Gl. (176): $F = \dfrac{B^2}{2\mu_0}\,q$ sei geschrieben als auf übliche Einheiten bezogene Größengleichung:

$$\frac{F}{\text{kp}} = \frac{1}{\text{kp}}\,\frac{1}{2\cdot 1{,}26\cdot 10^{-8}}\,\frac{\text{A cm}}{\text{Vs}}\left(\frac{B}{\text{G}}\right)^2\cdot 10^{-16}\,\frac{\text{V}^2\text{s}^2}{\text{cm}^4}\,\frac{q}{\text{cm}^2}\,\text{cm}^2$$

$$= \left(\frac{B}{\text{G}}\right)^2\frac{q}{\text{cm}^2}\,\frac{10{,}2}{2{,}52}\,\frac{1}{10^8} \qquad \text{denn} \quad 1\,\text{Ws} = 10{,}2\,\text{kp cm}$$

$$\boxed{\frac{F}{\text{kp}} \approx \left(\frac{B/\text{G}}{5000}\right)^2\frac{q}{\text{cm}^2}} \qquad \text{Gl. (176) als bezogene Größengleichung} \tag{176a}$$

Also bei $B = 5000$ G wirkt auf 1 cm² eine Zugkraft von 1 kp, d.h. ein Zug von 1 at. Die im Magnetfeld erzielbaren Kräfte sind mithin ganz erheblich.

Inhomogenes Feld: Am Beispiel eines Weicheisenstückes im Feld einer Flachspule (Abb. 233) ist ersichtlich, da die Teilkräfte auf dessen Oberflächenelemente um so größer sind gemäß Gl. (176), je größer dort B ist, daß die resultierende Kraft das Ferromagnetikum an die Stelle größter Felddichte zu ziehen sucht (Mitte des Eisenstabes in Spulenmitte, unabhängig von der Polung des Feldes). Bei dieser erstrebten Lage ist der magnetische Widerstand ein Minimum. Diese Tendenz trifft, wie die Theorie begründet, für alle Fälle (auch den des homogenen Feldes und des Feldes parallel der Grenzfläche) zu.

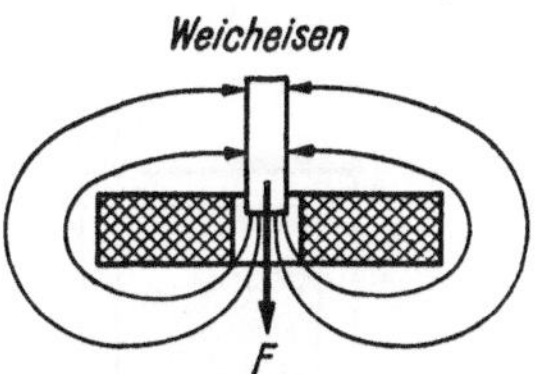

Abb. 233. Kräfte im inhomogenen Feld

Die Kräfte auf Grenzflächen im Magnetfeld erstreben eine Bewegung zum Zustand kleinsten magnetischen Widerstandes, d.h. bei elektrisch erregtem Feld gemäß $L = w^2/R_m$ eine Bewegung zum Zustand größter Induktivität der Erregerspule.	(177)

b) *Elektromagnet*

Beim Elektromagneten wird das Magnetfeld, das die Kräfte F auf ferromagnetischen Grenzflächen erzeugt, durch elektrischen Strom I (zutreffender Iw) erregt. Vorteile: Die großen Kräfte lassen sich in einfacher Weise und von ferner Stelle aus durch Beeinflussung von I steuern.

Der Grundtyp der Anordnungen ist der Eisenkreis mit Luftspalt (Abb. 234 a). Bezeichnungen:

Kern = Wicklung tragender Teil,
Joch = Verbindungsstücke im Eisenkreis ohne Wicklung,
Anker = bewegliches, ferromagnetisches Stück.

Für den interessierenden Zusammenhang $I \to F$, der über den Magnetfluß Φ vermittelt wird, folgt

$$I \xrightarrow[\text{Hyst.-Kurve}]{\text{(gescherte)}} \Phi \xrightarrow[F = \frac{\Phi^2}{2\mu_0 q}]{} F$$

> Beim Elektromagneten ist die Kurve F - - Iw eine kelchförmige Figur (Abb. 234 c), die gemäß $F \sim \Phi^2$ aus der (gescherten) Hysteresekurve Φ - - Iw (Abb. 234 b) durch Quadrieren der Ordinate erhalten wird.

Die Kräfte sind unabhängig von der Stromrichtung stets positive, d.h. anziehende. Soweit die Hysteresekurve etwa geradlinig verläuft, steigt die Kraftkurve etwa parabolisch mit I an. Je kleiner der Luftspalt, um so weniger Amperewindungen sind für ein bestimmtes F nötig, aber um so stärker gehen die Hystereseeigenschaften ein. Für kleinen Luftspalt wird auch der Hub = Weg des Ankers klein, und damit sinkt z. B. bei zu schaltenden Kontakten die Betätigungssicherheit; ein Kompro-

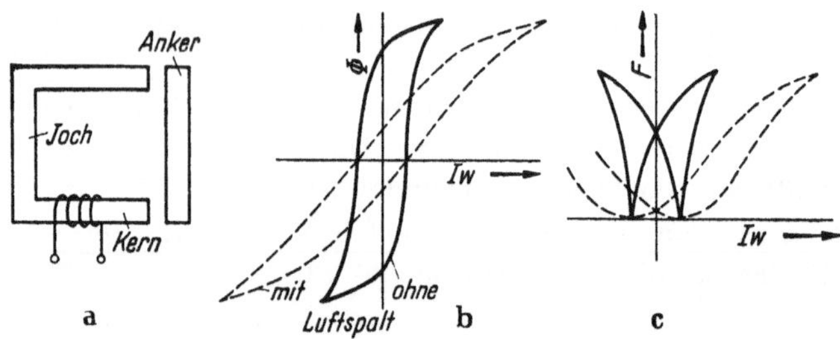

Abb. 234 a–c. Zum Elektromagneten

miß ist erforderlich. Für den gleichen Elektromagneten wird unabhängig von der Bewicklung der Erregerspule bei voll ausgenutztem Wickelraum für die gleiche Kraft (also den gleichen Fluß) gemäß Gl. (145) praktisch die gleiche Erregerleistung gebraucht.

c) Anwendungen

Von den zahlreichen Anwendungen seien charakteristische der Starkstromtechnik, der Schwachstromtechnik und der Meßtechnik angeführt.

Starkstromtechnik

1. Lasthubmagnet (Abb. 235). In einem glockenförmigen Gußstahlkörper mit Mittelkern sitzt eine ringförmige Erregerwicklung. Ein Magnet von 1,5 m Durchmesser vermag einen Eisenblock ebener Oberfläche von 20 t, Eisenmasseln (wegen der Luftspalte kleineres Φ) von etwa 1,2 t zu tragen.

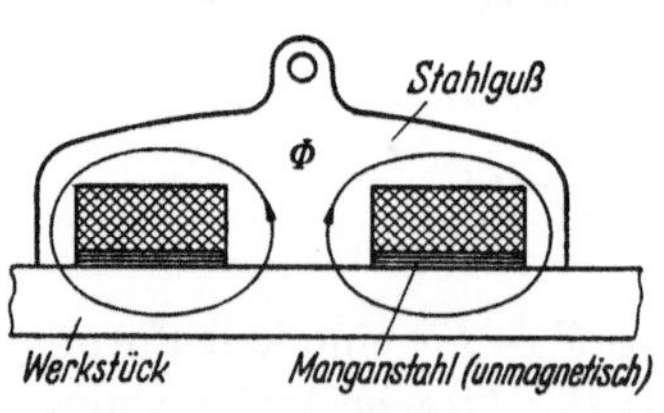

Abb. 235. Lasthubmagnet

Abb. 236. Aufspannfutter

2. Aufspannfutter (Abb. 236): Auf ihm lassen sich ferromagnetische Werkstücke, insbesondere solche komplizierter Form und empfindlicher Oberfläche, zur Bearbeitung schnell aufspannen und lösen. Ein Unterteilen der Oberfläche des Futters in eine Anzahl Segmente gegensinniger Polarität schafft über den vielen nichtferromagnetischen Zwischenräumen Teilflüsse, die sich zu verkürzen suchen.

3. Magnetische Kupplung (Abb. 237): In dem einen der sich gegenüberstehenden ferromagnetischen Radkränze der mitnehmenden und mit-

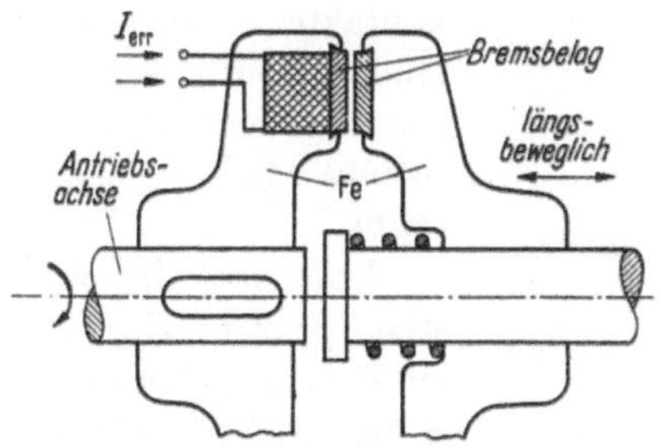

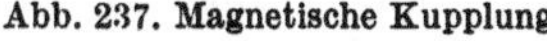

Abb. 237. Magnetische Kupplung

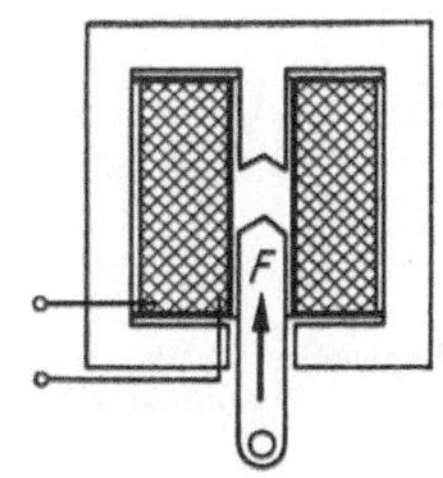

Abb. 238. Zugmagnet

genommenen Achse ist die über Schleifringe gespeiste Erregerwicklung eingebettet. Die Kupplungsstärke kann vorteilhafterweise von ferner Stelle durch den Strom stetig geregelt werden.

4. Zugmagnete (Abb. 238): Der Eisenkörper hat hier häufig die Form eines „Topfmagneten" (Zylinderform).

5. Schaltschütze, Automaten: Schaltschütze (Abb. 239 a) dienen als Relais der Starkstromtechnik zum Aus- und Einschalten eines leistungsstarken Stromkreises (= gesteuerter Kreis) von ferner Stelle aus durch einen schwachen Stromkreis (= steuernder Kreis). Bei Abb. 239 b vermittelt Quecksilber (kein Kontaktdruck, keine Abnutzung), dessen Lage von der Neigung des Ankers abhängt, die Kontaktgabe. Bei Automaten (= selbsttätigen Abschaltern bei Überstrom) durchfließt der abzuschaltende Strom die Erregerwicklung; ein Kniehebelwerk zwischen Anker und Kontakt sorgt für rasche Stromunterbrechung.

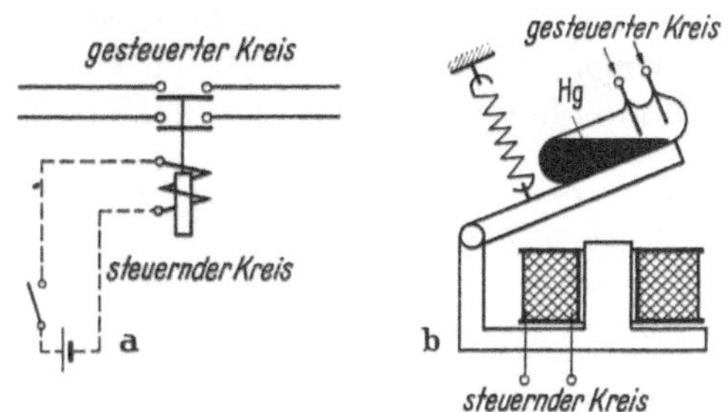

Abb. 239 a u. b. Schaltschütz. a) Schaltung; b) Ausführungsbeispiel

Schwachstromtechnik: Hier sind „ungepolte", d.h. von der Stromrichtung unabhängige, und „gepolte", d.h. von Stromrichtung abhängige Kraftwirkungen zu unterscheiden.

α) Ungepolte Kraftwirkungen

1. Relais (*ungepoltes*, Abb. 240): Verwendungszweck s. Schaltschütze; außerordentlich häufig in der Fernsprech- und Fernwirktechnik. Bei den vom Anker betätigten Kontakten im gesteuerten Kreis unterscheidet man: Ruhekontakte (Kontaktgabe ohne Strom), Arbeitskontakte (Kontaktgabe bei Strom) und Wechselkontakte.

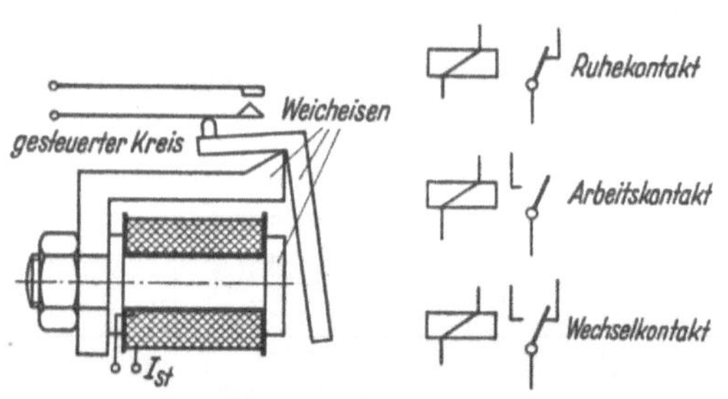

Abb. 240. Ungepoltes Relais; rechts Schaltzeichen und Kontaktarten

2. Telegraf: Die einfachsten Apparate schreiben die empfangenen Punkt-Strich-Schriftzeichen = Morsezeichen[1] mittels einer vom Anker betätigten Schreibeinrichtung auf (Abb. 241). Moderne Schreiber, z. B. der Siemens-Hell-Schreiber, die Fernschreibmaschine, geben die Zeichen direkt in Druckschrift wieder.

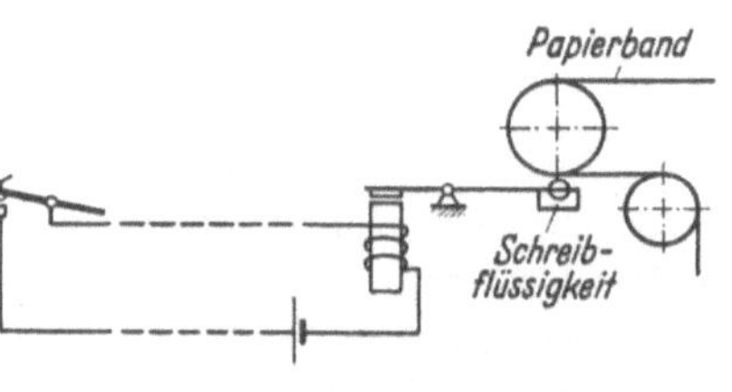

Abb. 241. Telegraf, Prinzip

3. Schrittschaltwerke (Abb. 242): Sie erzeugen Bewegungen von Kontaktarmen, die je Stromimpuls um 1 Schritt fortrücken. Wichtig in der Selbstanschlußtechnik als Drehwähler oder Hebdrehwähler.

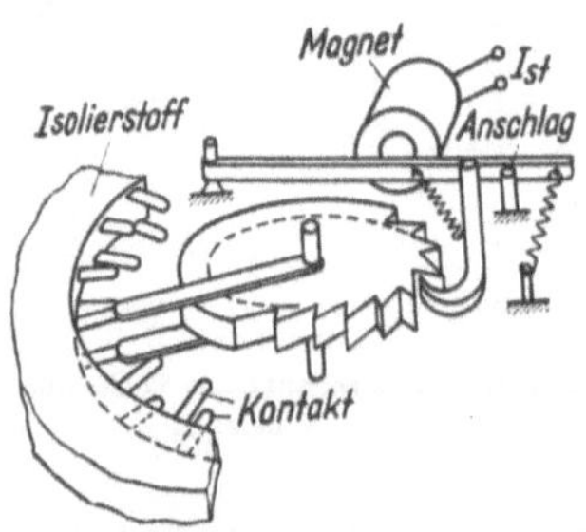

Abb. 242. Schrittschaltwerk

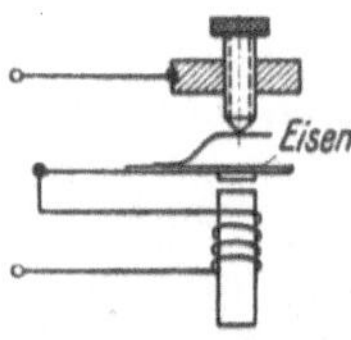

Abb. 243. Selbstunterbrecher

4. Selbstunterbrecher = WAGNERscher Hammer (Abb. 243): Die Bahn des Erregerstromes führt über den elastisch montierten Anker mit Kontakt. Bei Stromfluß wird der Anker angezogen, mithin der Strom unterbrochen; dadurch fällt der Anker ab, der Kontakt schließt sich wieder usw.

[1] Erfunden 1837 von S. MORSE, 1791–1872, Amerikaner.

β) Gepolte = polarisierte Kraftwirkungen

Sie sollen für positiven Steuerstrom ($+ I_{st}$) eine Hinbewegung, für negativen ($- I_{st}$) eine Rückbewegung geben. Hierzu überlagert man den kleinen Steuerfluß Φ_{st} einem größeren Gleichfluß $\Phi_{=}$, der entweder durch einen Permanentmagneten oder durch Gleichstrom ($I_{=}w$) erzeugt wird (Abb. 244). Dadurch verlagert man den „Arbeitspunkt“ A, um den der Strom schwankt, vom Boden der kelchförmigen F - - I-Kurve

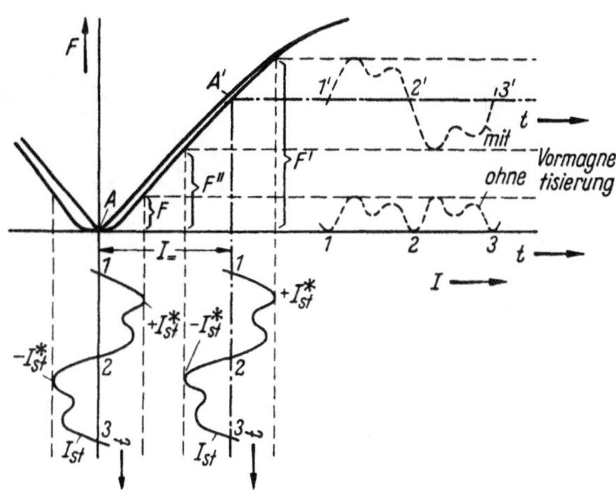

Abb. 244. Zu gepolten Kraftwirkungen

($\pm I^*_{st}$ gibt hier die gleiche Kraft $+ F$) auf den Rand A' ($\pm I^*_{st}$ gibt verschiedene Kräfte F', F''). Die so durch $I_{=} \pm I_{st}$ hervorgerufenen Kräfte sind zwar stets anziehende, aber sie sind bei $+ I_{st}$ größer, bei $- I_{st}$ kleiner als der durch $I_{=}$ hervorgerufene mittlere Wert. Mithin erfolgt eine Hin- und Herbewegung um diese zugehörige Mittellage. Merke:

Gepolte Kräfte durch „Vormagnetisierung“

Für einen (abweichend von Abb. 244) angenommenen Arbeitspunkt etwa im linearen Teil der Φ - - I-Kurve, also im quadratischen Teil der F - - I-Kurve gilt bei voraussetzungsgemäß $I_{st} < I_{=}$

$$F = \text{konst.}_1 \Phi^2 \approx \text{konst.}_2 (I_{=} + I_{st})^2 = \text{konst.}_2 (I_{=}^2 + 2 I_{=} I_{st} + I_{st}^2)$$

$\text{konst.}_2 I_{=}^2$ = konstante Kraft

$\text{konst.}_2 2 I_{=} I_{st}$ = erwünschte Kraft in richtigem Rhythmus und proportionaler Größe zu I_{st}

$\text{konst.}_2 I_{st}^2$ = unerwünschte Kraft, kein Abbild des Stromes (s. Abb. 244) sie würde ohne Vormagnetisierung allein auftreten.

$$\text{Kraftvergrößerung durch Vormagnetisierung} = \frac{\text{konst.}_2 \cdot 2 I_{=} I_{st}}{\text{konst.}_2 I_{st}^2} = 2 \frac{I_{=}}{I_{st}}$$

Beispiele:

1. Kopfhörer (Abb. 245). Der durch den Sprechstrom I_{st} hervorgerufene Wechselfluß überlagert sich dem Gleichfluß des Permanentmagneten und läßt die durch die Anziehungskräfte des letzteren etwas durchgebogene Membran um diese Ruhelage hin- und herschwingen. Ohne Vormagnetisierung verzerrte und leisere Sprachwiedergabe (Frequenzverdopplung bei Sinusströmen).

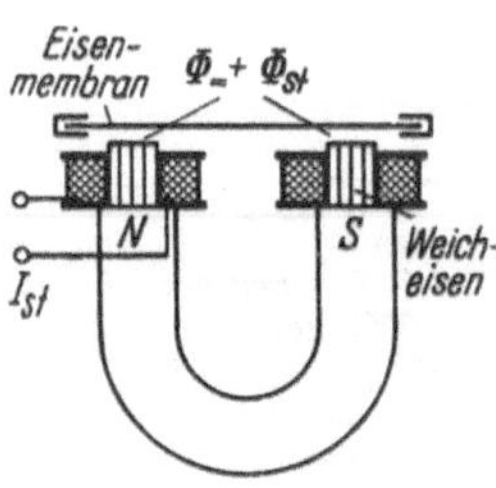

Abb. 245. Kopfhörer

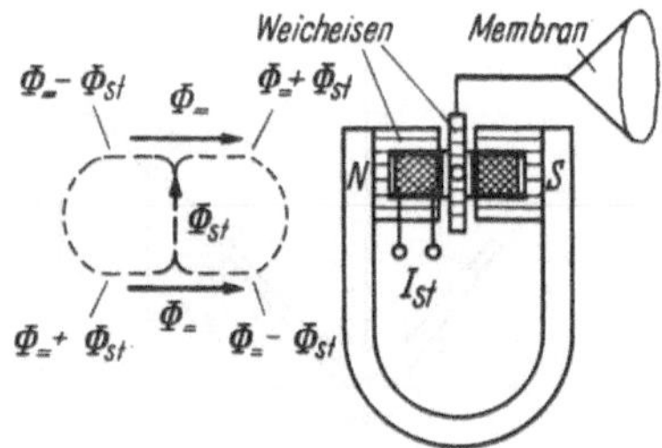

Abb. 246. Magnetischer Lautsprecher

2. Elektromagnetischer Lautsprecher (Abb. 246). Die dargestellte Ausführung zeigt, wie durch eine Art magnetischer Brückenschaltung die Gleichkräfte kompensiert werden können.

3. Polarisiertes Relais (Abb. 247): Aufbau z. B. analog Abb. 246, wobei der gesteuerte Strom der Zunge zugeführt wird und diese bei + - bzw. − -Strom an einem rechts bzw. links von ihr angebrachten Kontakt anliegt. Im Unterschied zum ungepolten Relais mit Wechselkontakt, bei dem die beiden Ankerstellungen durch Strom- und Stromlosigkeit bestimmt sind, sind sie hier an + - und − -Strom gebunden. Dadurch größere Zeichensicherheit. Wegen der Vormagnetisierung (Kraftvergrößerung) ist das polarisierte Relais viel empfindlicher als das unpolarisierte.

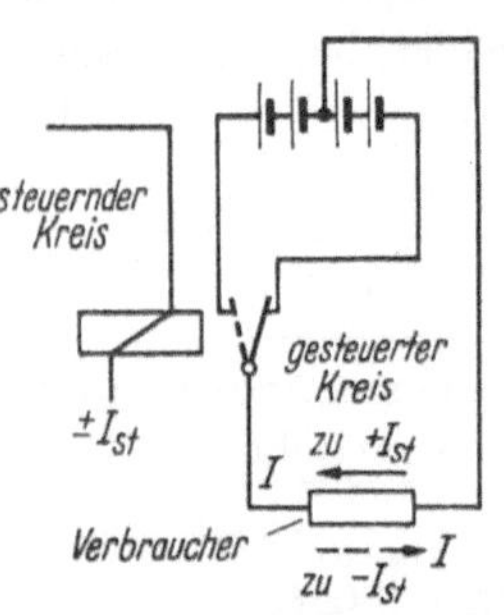

Abb. 247. Polarisiertes Relais

Meßtechnik: Die Grenzflächenkräfte werden beim Dreheisen-Meßwerk ausgenutzt. Seine beiden Hauptformen sind:

1. *Flachspulmeßwerk* (Abb. 248a): Eine Weicheisenscheibe wird durch die an ihrer Peripherie angreifenden Kräfte, die auf der der Spule zugewandten Seite wegen des dort stärkeren Feldes größer als auf der abgewandten sind, in die Spule hineingedreht (Bewegung zur Stelle größter Dichte, $R_m \to$ Min).

2. *Rundspulmeßwerk* (Abb. 248b): Zwei ferromagnetische Bleche A und B, von denen das eine (B) drehbar ist und den Zeiger trägt, werden in ihrer Längsrichtung vom Fluß durchsetzt. Die zum Mo-

ment beitragenden Kräfte F sind auf derjenigen Seite von B, die A abgewandt ist, wegen des dort stärkeren Feldes größer als die gegengerichteten auf der A zugewandten Seite. Also Abspreizen des Bleches B von A je größer der Magnetfluß, d.h. Iw ist. Oder qualitativ erklärt: Bei Stromfluß liegen die entstehenden N-Pole bzw. S-Pole beider Bleche nebeneinander und stoßen sich ab.

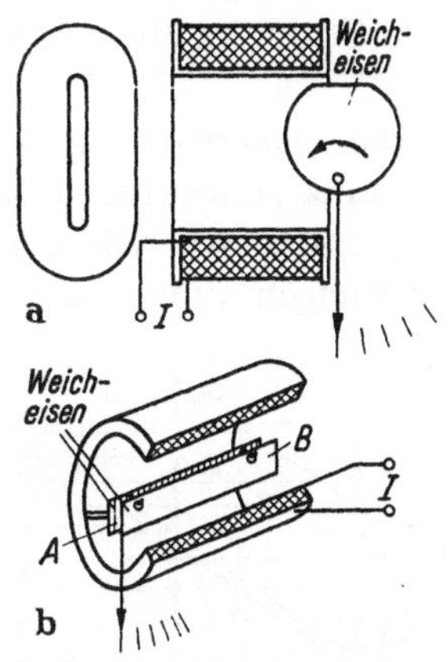

Abb. 248 a u. b. Dreheisenmeßwerke a) Flachspul-; b) Rundspultyp

Das Dreheisengerät ist mithin unabhängig von der Stromrichtung, daher ist es **das** Instrument für Wechselstrom. Auch für Gleichstrom brauchbar (aber keine $\pm$-Bewertung, größerer Leistungsbedarf als Drehspulinstrument). Vorteil Robustheit. Bei Geräten mit modernen Eisensorten ist auch höchste Genauigkeit erreichbar.

2. Kräfte auf Ströme im Magnetfeld (elektrodynamische Kraft)

a) Grundlagen

Qualitatives: Um das Grundsätzliche zu erkennen, sei die einfachste Anordnung angenommen, ein gerader Stromfaden der Stärke I in einem homogenen linearen Magnetfeld der Flußdichte $\mathfrak{B}$. Die Richtung von I wählen wir aus später zu ersehenden Gründen senkrecht zu $\mathfrak{B}$ verlaufend. Die so vorhandenen beiden magnetischen Einzelfelder, das homogene und das Wirbelfeld des Stromes (Abb. 249 a), überlagern sich gemäß der Vektoraddition zum gemeinsamen Feld (Abb. 249 b). Dieses ist beim gewählten Richtungssinn oberhalb von I stärker als das homogene, da beide Einzelfelder dort gleiche Richtung haben, unterhalb wegen der dort entgegengesetzten Richtung schwächer. Gemäß der allgemeinen Tendenz der Feldlinien, sich verbreitern zu wollen, und zwar um so kräftiger, je größer ihre Dichte ist, liest man aus dem Feldbild eine Kraft F zwischen Strom und Magnetfeld ab, die im Beispiel den Strom nach unten bewegen möchte: Elektrodynamische Kraft. Ferner folgt, da die Kraftwirkung auf dem Erzeugen von diametral zu I gelegenen Feldstellen verschiedener Dichte beruht: Keine Kraft, wenn $\mathfrak{B}$ parallel I; Kraft am größ-

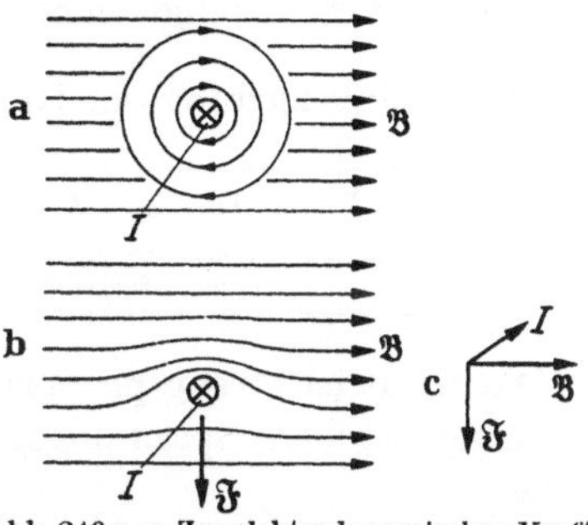

Abb. 249 a–c. Zur elektrodynamischen Kraft

ten, wenn $\mathfrak{B}$ senkrecht I; Kraft stets senkrecht auf Ebene $I - \mathfrak{B}$ stehend (Abb. 249 c).

Ein Strom im Magnetfeld erfährt – außer wenn $I \parallel \mathfrak{B}$ – eine Kraft.

Die „Querwirkung" der Kraft ist analog dem MAGNUS-Effekt der Mechanik (FLETTNER-Rotor).

Quantitatives: Diese Beziehung wird wieder aus energetischen Betrachtungen (virtuelle Verrückung) hergeleitet. Anordnung: Ein gerades, stromdurchflossenes Leiterstück durchsetze mit der Länge l ein homogenes lineares Magnetfeld der Dichte B senkrecht (Abb. 250). Der nach Obigem auftretenden elektrodynamischen Kraft F halte eine äußere Gegenkraft F_{geg} das Gleichgewicht. Denken wir uns auf Grund eines kleinen Übergewichtes eine virtuelle Verrückung des Drahtes um δs in Richtung von F_{geg}, so wird im Draht eine Urspannung $E = Bl\,\delta s/\mathrm{d}t$ in Stromrichtung induziert, wobei der Strom den Wert I annehmen mag.

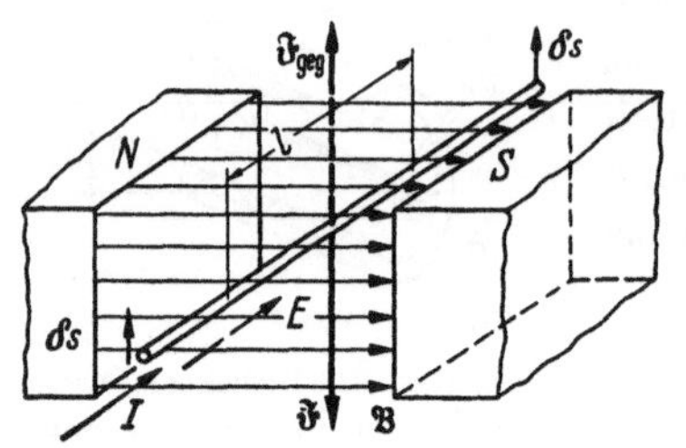

Abb. 250. Zum elektrodynamischen Kraftgesetz

Vom Drahtstück an den Kreis abgegebene Arbeit	$IE\,\mathrm{d}t = I\,\delta s\,Bl$
Von außen am Drahtstück geleistete Arbeit	$F_{\text{gegen}}\,\delta s = (F + \mathrm{d}F)\,\delta s$[1]
wobei im Gleichgewicht	$\mathrm{d}F \to 0$
Energiesatz für Gleichgewichtszustand	$F\,\delta s = IBl\,\delta s$

Unter Einbeziehung der Richtung analog Gl. (148):

I	B	$l = F$	
Daumen	Zeigefinger	Mittelfinger	der rechten Hand

Elektrodynamisches Kraftgesetz (178)

Die Kraft ist streng proportional der elektrischen Stromstärke (also der magnetischen Spannungsgröße) und der Flußdichte (Strömungsgröße).

Durchsetzt das Drahtstück das Magnetfeld nicht unter 90°, sondern unter einem beliebigen Winkel, so ist

$$E = \frac{\delta s}{\mathrm{d}t}\sin(I, B)\,Bl \quad \text{also:} \quad IBl\sin(I, B) = F$$

[1] $\mathrm{d}F$ = Zusatzkräfte, die im Gleichgewichtszustand wegfallen, also Trägheits-, Reibungskräfte.

Beachte: Gemäß der Einführung des B in Gl. (178) auf Grund des Induktionsgesetzes ist B die Flußdichte nur des äußeren Feldes (so als wäre $I = 0$), also nicht die dort tatsächlich herrschende bei Überlagerung des Stromfeldes.

Umschreiben der außerordentlich wichtigen Gl. (178) auf bezogene Größen:

$$\frac{F}{\mathrm{kp}} = \frac{1}{\mathrm{kp}}\,\frac{I}{\mathrm{A}}\,\mathrm{A}\,\frac{B}{\mathrm{G}} \cdot 10^{-8}\,\frac{\mathrm{Vs}}{\mathrm{cm}^2}\,\frac{l}{\mathrm{cm}}\,\mathrm{cm} = \frac{I}{\mathrm{A}}\,\frac{B}{\mathrm{G}}\,\frac{l}{\mathrm{cm}} \cdot 10^{-8}\,\frac{10{,}2\,\mathrm{kp\,cm}}{\mathrm{kp\,cm}}$$

$$\frac{F}{\mathrm{kp}} = 1{,}02 \cdot 10^{-7}\,\frac{I}{\mathrm{A}}\,\frac{B}{\mathrm{G}}\,\frac{l}{\mathrm{cm}}$$

Zahlenbeispiel:

$$I = 10\,\mathrm{A}: \quad B = 5000\,\mathrm{G}; \quad l = 20\,\mathrm{cm}:$$

$$\frac{F}{\mathrm{kp}} = 1{,}02 \cdot 10^{-7} \cdot 10 \cdot 5 \cdot 10^3 \cdot 20 = 0{,}102; \quad F = 102\,\mathrm{p}$$

Die elektrodynamischen Kräfte sind also, insbesondere wenn sie durch Windungszahlen entsprechend vervielfacht werden (s. unten), ganz erheblich und technisch daher von größter Bedeutung.

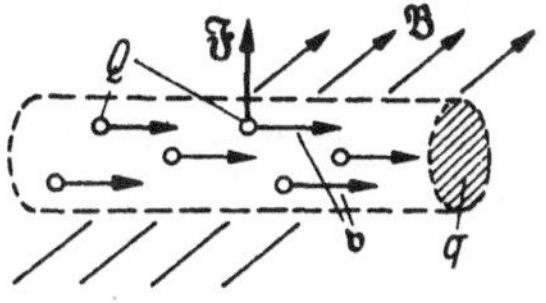

Abb. 251. Zur Kraft auf im Magnetfeld bewegte Ladungen

Kräfte auf Konvektionsstrom: Gemäß dem Feldlinienverlauf (Abb. 249b) wirkt die Kraft F auf jede Stromart, auf Leitungsstrom, dielektrischen Strom, Konvektionsstrom. Auf letzteren angewendet erfährt jede im Magnetfeld bewegte elektrische Ladung eine Kraft quer zu ihrer Geschwindigkeitsrichtung $(\mathfrak{v})$ und zu $\mathfrak{B}$. Die Querkraft verleiht der Ladung also eine Normalbeschleunigung (Bahnablenkung), niemals eine Änderung ihrer kinetischen Energie.

Umschreiben von Gl. (178) auf eine Einzelladung Q (Abb. 251):

Konvektionsstrom nach Gl. (128)	$I_{\mathrm{Konv}} = \varrho v q$
Raumladungsdichte bei N Trägern/Volumen	$\varrho = NQ$
Auf Länge l entfallen n Ladungsträger	$n = Nql$
Kraft auf n Ladungen	$F_{\mathrm{n}} = I_{\mathrm{konv}} B l = N Q v q B l$
Kraft auf 1 Träger	$F = \frac{F_{\mathrm{n}}}{n} = Q v B$

Unter Einbeziehung der Richtung

$$\boxed{\mathfrak{F} = Q(\mathfrak{v} \times \mathfrak{B})} \quad \text{Kraft auf mit } \mathfrak{v} \text{ bewegten Ladungsträger } Q \text{ im Feld } \mathfrak{B} \qquad (179)$$

Oder: Am jeweiligen Ort des mit $\mathfrak{v}$ im Feld $\mathfrak{B}$ bewegten Teilchens entsteht gemäß Gl. (148a) eine elektrische Feldstärke $\mathfrak{E} = \mathfrak{v} \times \mathfrak{B}$, also nach Gl. (125)

$$\mathfrak{F} = Q\,\mathfrak{E} = Q\,(\mathfrak{v} \times \mathfrak{B})$$

Anwendungen: Bei der magnetischen Ablenkung von Elektronenstrahlen im Braunschen Rohr (Abb. 252), bei den Magnetronröhren (wichtig zur Erzeugung kürzester elektrischer Wellen), bei den magnetischen Linsen (Elektronenmikroskop), bei Beschleunigungsgeräten zur Atomzertrümmerung (Betatron, Zyklotron).

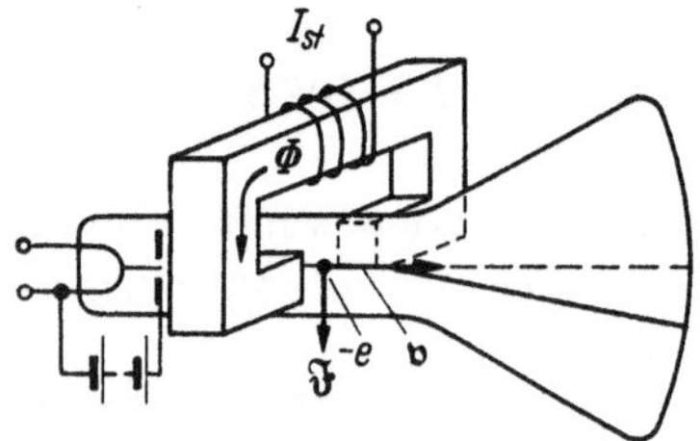

Abb. 252. Magnetische Ablenkung beim Braunschen Rohr

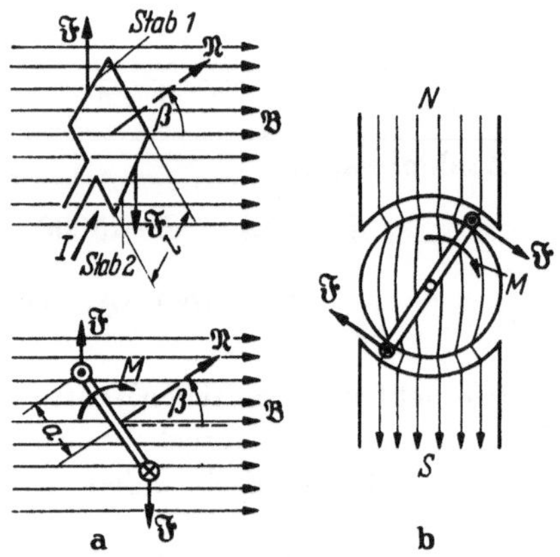

Abb. 253 a u. b. Drehmomente auf Stromschleifen im Magnetfeld

Drehmomente auf Stromschleifen: Wir behandeln die 2 technisch wichtigsten Fälle.

1. Homogenes paralleles Feld (Abb. 253 a):

$$\left.\begin{array}{ll}\text{Kraft auf Stab 1:} & F_1 = I\,B\,l\\ \text{Kraft auf Stab 2:} & F_2 = I\,B\,l\end{array}\right\}\ \text{Kräftepaar mit } F_1 = F_2 = F$$

Also Drehmoment: $M = 2F\,a \sin\beta = I\,B\,l\,2\,a \sin\beta = I\,B\,l\,A \sin\beta$

Bei w Windungen (Windungsfläche $A_w = w\,A$): $M = I\,B\,A_w \sin\beta$

Das winkelabhängige Drehmoment sucht die Stromschleife (sie ist äquivalent einer magnetischen Scheibe!) quer zum Feldverlauf zu richten.

2. Homogenes radiales Feld (Abb. 253 b): $\beta = 90°$, also

$$\boxed{M = I\,B\,A_w} \quad \text{Moment auf Stromschleife im radialen Feld} \qquad (180)$$

b) Anwendungen

Hier sind 2 Möglichkeiten zu unterscheiden: Antreibende Kräfte und bremsende Kräfte.

α) Antreibende Kräfte

Grundsätzliches: Das Pıimäre ist eine äußere Spannungsquelle (E), die einen Strom (I) antreibt, welcher im Magnetfeld Kraftwirkungen (F) erfahren soll. Kommt dadurch als das erwünschte Sekundäre eine Bewegung (v) zustande (Motorwirkung), so wird gemäß dem Induktionsgesetz im Strompfad eine Urspannung induziert (Generatorwirkung), die nach den Richtungsregeln – s. Abb. 254 a – der äußeren Urspannung stets entgegengerichtet ist: Gegenurspannung E_{geg}. Also R ü c k w i r k u n g d e r m e c h a n i s c h e n E i g e n s c h a f t e n des im Magnetfeld bewegten Teiles a u f sein e l e k t r i s c h e s V e r h a l t e n. Stets ist beim zu bewegenden Teil eine Motorwirkung mit einer Generatorwirkung verknüpft. Das Ersatzbild des Kreises zeigt

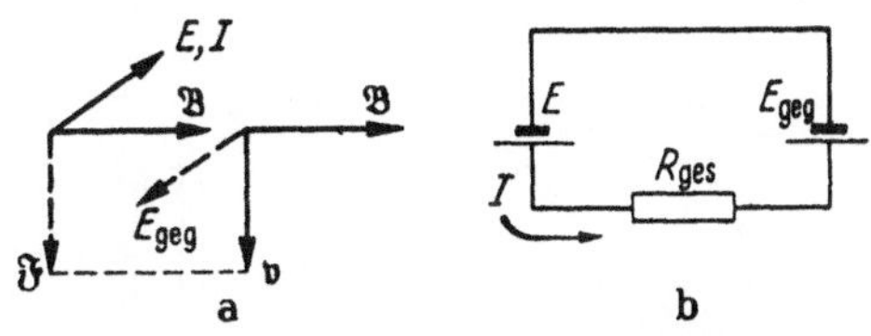

Abb. 254. Zu antreibenden Kräften im Magnetfeld

Rückwirkung

$$E \longrightarrow I \longrightarrow F \longrightarrow v \longrightarrow E_{geg}$$

$$I = \frac{E - E_{geg}}{R_{ges}} \qquad F = I B l \qquad \text{mech. Gesetze} \qquad E_{geg} = v B l$$

Schema für antreibende Kräfte (181)

Abb. 254 b. Ein in einem Magnetfeld fließender Strom, dessen Leiter auf Grund der elektromagnetischen Kraft bewegt wird, ändert seine Stärke je nach der Schnelligkeit der Bewegung.

Die zustande kommenden Bewegungen können fortschreitende oder Drehbewegungen sein.

Fortschreitende Bewegungen (Kraft als Antrieb)

1. *Blasmagnet* (Abb. 255): Der Lichtbogen, der zwischen den Elektroden als Konvektionsstrom der Elektronen und Ionen fließt, wird bei Einwirkung eines äußeren, quer zu ihm verlaufenden Magnetfeldes durch Kräfte F auf die Ladungsträger gewölbt, bis er schließlich abreißt. Bei Automaten „Ausblasen“ durch den eigenen Strom.

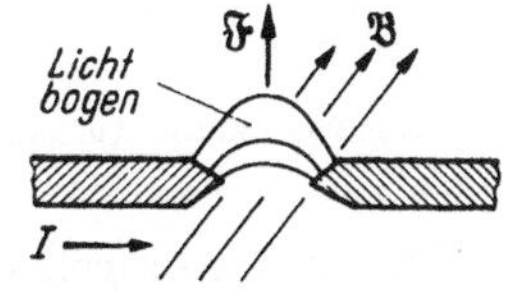

Abb. 255. Blasmagnet

2. *Hörnerableiter* (Abb. 256): Wegen der Spreizung der Drähte sind Stromdichte 𝔖 und strombegleitendes Magnetfeld (𝔅) am unteren Rand des Lichtbogens größer als am oberen. Mithin werden die Ablenkkräfte auf den Lichtbogenstrom durch das eigene Magnetfeld, die am unteren

Rand nach oben gerichtet sind, dort stärker als die entgegengesetzt gerichteten am oberen Rand. Unterstützt durch thermische Wirkungen klettert der Lichtbogen hoch bis er abreißt.

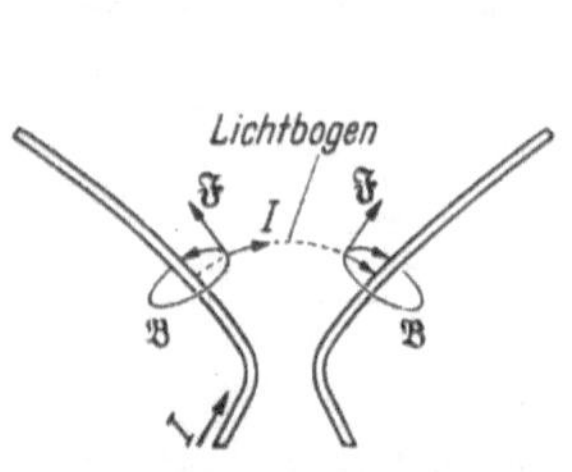

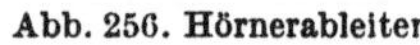
Abb. 256. Hörnerableiter

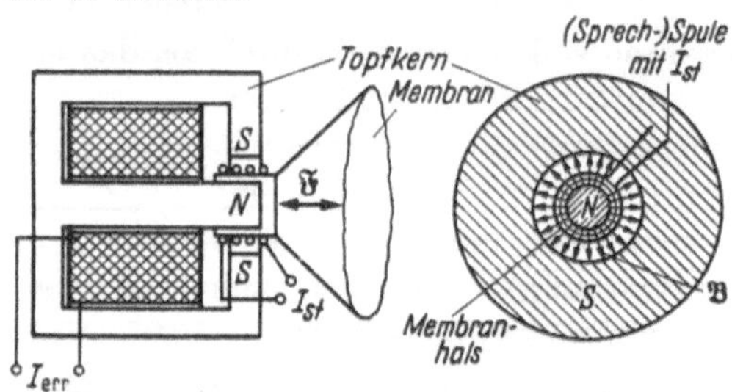

Abb. 257. Dynamischer Lautsprecher

3. Dynamischer Lautsprecher (Abb. 257): Im Luftspalt eines Topfmagneten wird mit Hilfe eines Erregerstromes oder eines eingebauten Permanentmagneten ein radiales Magnetfeld mit z. B. N-Pol auf dem Innenzapfen und S-Pol auf dem äußeren Rand erzeugt[1]. Dort befindet sich, aufgeklebt auf den Hals der Konusmembran, die vom Sprechstrom (Steuerstrom I_{st}) durchflossene feine Wicklung; also I_{st} überall senkrecht zu 𝔅. Sie erfährt somit eine die Membran im Rhythmus und in Stärke von I_{st} in Richtung der Topfmagnetachse hin- und hertreibende Kraft.

Drehbewegungen (Moment als Antrieb)

1. Motore (Starkstromtechnik): Sie dienen zum Erzeugen fortdauernder Drehbewegungen und verkörpern die wichtigste Anwendung des elektrodynamischen Kraftgesetzes. Wir beschränken uns hier auf den Gleichstrommotor.

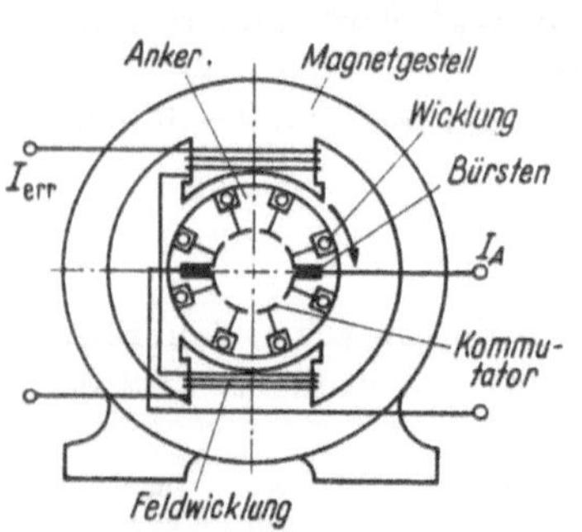

Abb. 258. Motor, Aufbau

Aufbau: Wegen der grundsätzlichen Verknüpfung von Motor und Generator Aufbau wie Gleichstromgenerator (Abb. 258): Der die Feldspulen durchsetzende Erregerstrom I_{err} veranlaßt den Magnetfluß Φ, der durch Polschuhe, Arbeitsluftspalte (Flußdichte B), Anker und zurück über das Magnetjoch fließt. Der Ankerstrom I_A wird dem Anker über einen Kommutator zugeführt und dadurch so auf die Wicklung verteilt, daß in allen Stäben unter dem gleichen Pol stets gleiche Stromrichtung herrscht. Die Wicklung (meist Trommelwicklung) ist zur besseren Wickelraumausnutzung

[1] Im Gegensatz zu den bisher angeführten radialen Feldern (z. B. Abb. 253 b), bei denen im oberen und unteren Luftspalt B gleiche Richtung hat.

aus einer Vielzahl teils in Reihe, teils parallel geschalteter Schleifen aufgebaut. Für jede Schleife oder jeden Stab gilt das Kraftgesetz Gl. (180) bzw. (178).

Gesetze:

a) Ankerstrom I_A (erzeugt Drehmoment M):

Für 1 Stab (Stromteil $= \alpha I_A$) $F = \alpha I_A B l$

Für 1 Schleife $M = \alpha I_A B A$

Für gesamte Wicklung $F = z \alpha I_A B l$ (z = Zahl der Stäbe unter Polen)

Bei Zusammenfassung der festen Gerätegrößen eines betrachteten Motors zur Konstanten c_1

$$\boxed{M = c_1 I_A B = c_1' I_A \Phi}$$ Drehmomentgleichung für Motor (1. Grundgleichung) (182)

Das Moment wächst also streng proportional mit dem Ankerstrom (s. Abb. 259 a) und dem Fluß[1]. In Abhängigkeit von I_{err} bei $I_A =$ konst. verläuft es also wie eine gescherte Hysteresekurve (Abb. 259 b).

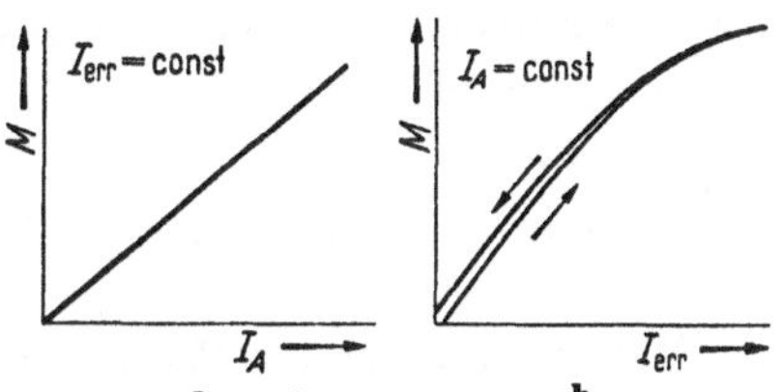

Abb. 259 a u. b. Motor, Abhängigkeit des Momentes

b) Ankerspannung U_A: Ausschlaggebend muß wegen des Wirkungsgrades die Gegenurspannung sein, nicht der Spannungsabfall über dem Ankerwiderstand R_A.

$$U_A = E_{geg} + I_A R_A$$

Für 1 Stab $E'_{geg} = v B l =$ konst. $n B$ n = Drehzahl

Für gesamte Wicklung $E_{geg} =$ konst$'$. $n B$

also
$$n = c_2 \frac{E_{geg}}{B} = c_2 \frac{U_A - I_A R_A}{B} \qquad (183\text{a})$$

Bei Normalbetrieb $I_A R_A \ll U_A$, d.h. $E_{geg} \approx U_A$, mithin

$$\boxed{n \approx c_2 \frac{U_A}{B} = c_2' \frac{U_A}{\Phi}}$$ Drehzahlgleichung für Motor (2. Grundgleichung) (183)

Beachte: Der Motor muß in 1. Näherung so schnell laufen, daß die induzierte Urspannung (E_{geg}) gleich der Ankerspannung ist; deshalb proportionale Zunahme von n mit der Ankerspannung (Abb. 260 a) und hyperbolische Abnahme (!) mit dem Fluß. Mit stärkerem Erregerstrom läuft der Motor langsamer! (s. Abb. 260 b). Je kleiner I_A ist, d.h. je mehr

[1] Die durch das Magnetfeld von I_A hervorgerufene „Ankerrückwirkung" ist nicht berücksichtigt.

der Motor mechanisch leer läuft, um so genauer gilt nach Gl. (183a) die Gl. (183).

Da im Augenblick des Einschaltens eines Motors infolge $n = 0$ auch $E_{geg} = 0$ ist, muß man alle größeren Motore durch einen Anlasser (z. B. einen Vorwiderstand) vor zu großer Stromaufnahme schützen.

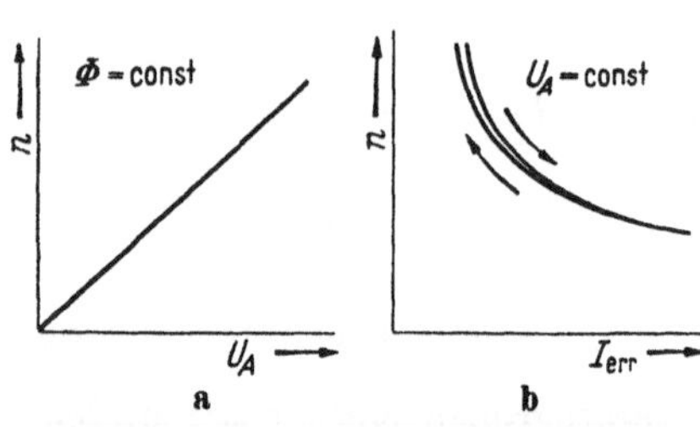

Abb. 260 a u. b. Motor, Abhängigkeit der Drehzahl

c) Ankerleistung P_A: Der Motor ist der Umformer von elektrischer Leistung → mechanische. $P_{mech} = F v = M \omega = M 2\pi n$ (ω = Winkelgeschwindigkeit)

$$P_A = U_A I_A = E_{geg} I_A + I_A^2 R_A = P_{mech} + P_{Wärme}$$

denn für 1 Stab $\quad E'_{geg} I'_A = v B l I'_A = v F' = P'_{mech}$

Bei Normalbetrieb $P_{mech} > P_{Wärme}$, also wird

$P_{mech} \approx P_A$ genauer: $P_{mech} = P_A \dfrac{E_{geg}}{U_A}$	Leistungsgleichung für Motor (3. Grundgleichung)	(184)

Man erstrebt hohen Wirkungsgrad, da sonst starke, nutzlose Motorerwärmung.

Ankeranteil am Wirkungsgrad $\quad \eta_A = \dfrac{P_{mech}}{P_A} = \dfrac{E_{geg}}{U_A}$

Gesamtwirkungsgrad $\quad \eta = \dfrac{P_{mech\,Nutz}}{P_A + P_{er}} = \dfrac{P_{mech\,Nutz}}{P_{el}}$

Richtwerte: für 1 kW-Motor $\eta \approx 75\%$

für 50 kW-Motor $\eta \approx 90\%$

Motortypen:

Nebenschlußmotor (Abb. 261 a) Hauptschluß = Reihenschlußmotor (Abb. 261 b)

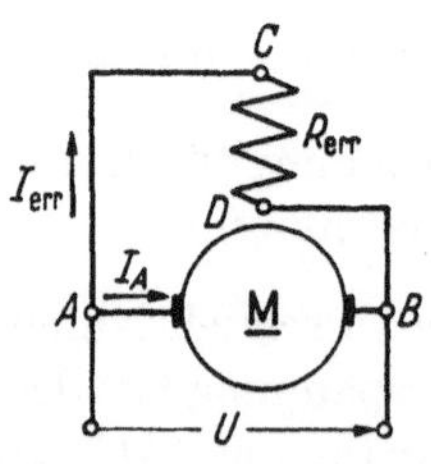

Abb. 261 a

Nach Schaltung $\left\{ \begin{array}{l} I_{err} = \dfrac{U}{R_{err}} \; (\rightarrow \Phi) \\ U_A = U \end{array} \right.$

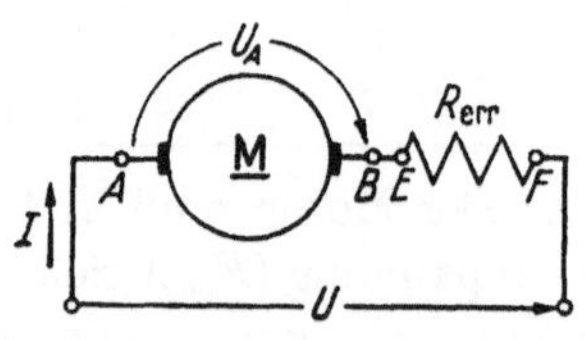

Abb. 261 b

Nach Schaltung $\left\{ \begin{array}{ll} I_{err} = I_A = I (\rightarrow \Phi) & \text{(I)} \\ U = U_A + I R_{err} & \text{(II)} \end{array} \right.$

Folge bei U = konst. $\left\{\begin{array}{l}\Phi = \text{konst.}\\ U_A = \text{konst.}\end{array}\right.$

Mithin nach (183) $n \approx$ konst.
und nach (182) I_A = konst. M

Die Drehzahl ist im wesentlichen starr; der Motor reagiert auf größere Last M, um die gleichbleibende Drehzahl zu erzwingen, durch entsprechend größere Leistungs-, d.h. Stromaufnahme (Abb. 262 a)[1], er nimmt keine Rücksicht auf die mechanische Beanspruchung.

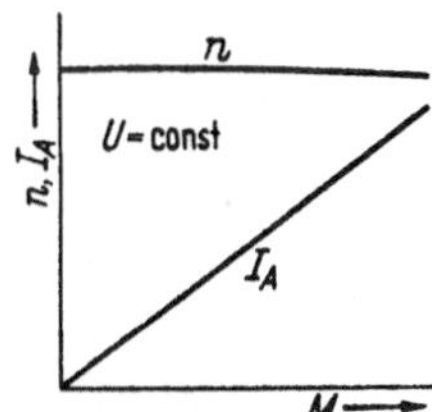

Abb. 262 a. Kennlinien des Nebenschlußmotors

Er wird verwendet, wo starre Drehzahl erwünscht ist: Bei fast allen Bearbeitungsmaschinen, insbesondere bei Werkzeugmaschinen.

Folge bei U = konst. für zunehmende Last M $\left\{\begin{array}{l}\text{nach Gl. (182) } \Phi I \text{ größer, nach (I) wird durch } I \text{ auch } \Phi \text{ größer}\\ \text{nach (II) wird durch } I\,U_A \text{ kleiner}\end{array}\right.$

Mithin nach (183) n wird wesentlich kleiner
und nach (182) I steigt langsamer als proportional mit M an, mithin ebenso $N_{el} = UI$

Die Drehzahl paßt sich der Last an, der Motor nimmt Rücksicht auf die mechanische Beanspruchung. Er ist bei schwankender Last gleichmäßiger in der elektrischen Leistungsaufnahme (Abb. 262 b). Achtung, für mechanischen Leerlauf strebt $n \to \infty$, der Motor „geht durch"!

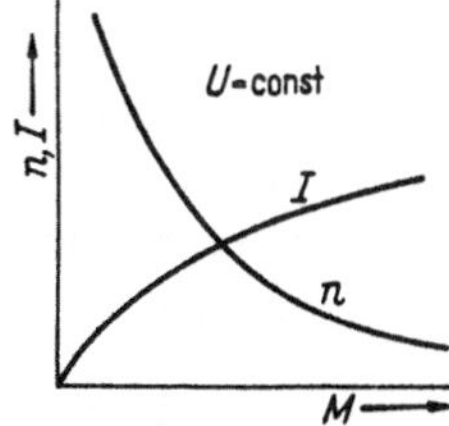

Abb. 262 b. Kennlinien des Hauptschlußmotors

Er wird verwendet, wo eine starre Drehzahl nicht erforderlich, mechanischer Leerlauf unmöglich ist und hohe Belastungsspitzen unerwünscht sind, insbesondere als Antrieb für Bahnen, Krane.

2. Meßinstrumente (Schwachstromtechnik): Die Drehbewegung überstreicht hier nur einen gewissen Winkelbereich.

Drehspulinstrument (Abb. 263): Die Drehspule dreht sich im homogenen, radialen Feld, erzeugt von einem Permanentmagneten. Sie wird über Federn, die zugleich das mechanische Rückstellmoment liefern, stromgespeist.

Vortreibendes Moment $M_v = IBA_w$

Rücktreibendes Moment $M_r = c\alpha$

(c = Federkonstante, α = Ausschlagwinkel)

Also Endausschlag $M_v = M_r; \quad \alpha = \dfrac{IBA_w}{c}$

[1] Siehe Fußn. 1, S. 257.

Für den üblichen Fall, daß B im Arbeitsteil des Luftspaltes für jede Spulenlage gleich ist:

$$\alpha = \text{konst.}\, I \quad \text{(lineare Skala)}$$

Das Instrument ist nur verwendbar für Gleichstrom, da das Moment sich mit der Stromrichtung umkehrt. Es ist das Instrument für Gleichstrom.

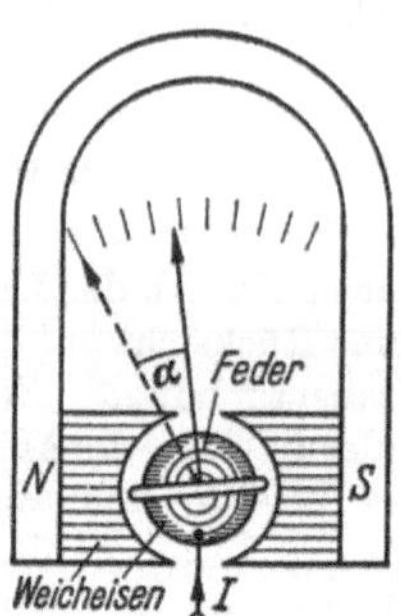

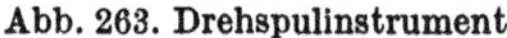
Abb. 263. Drehspulinstrument

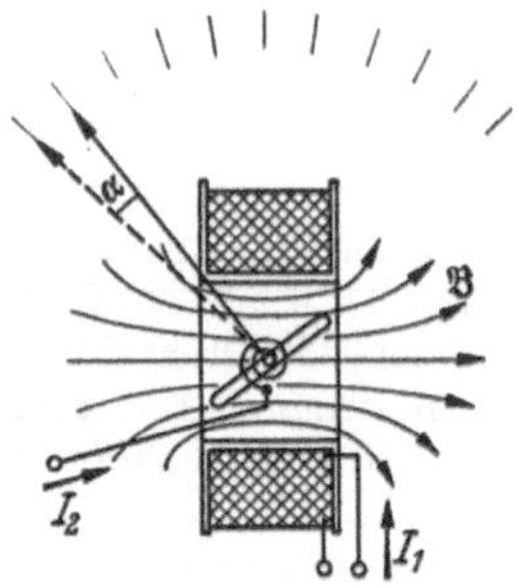

Abb. 264. Dynamometer

Dynamometer: Zum Erzeugen des Magnetfeldes (B_1) dient an Stelle des Permanentmagneten eine feste Spule, durchflossen vom Strom I_1, in ihr befindet sich die vom Strom I_2 durchflossene Drehspule, die wieder durch Federn ihr Richtmoment erhält (Abb. 264).

$B_1 = I_1 f(\alpha)$ Durch bestimmte Form der Feldspule ist im Arbeitsbereich $f(\alpha) = \text{konst.}$ zu erreichen.

$$\alpha = \frac{I_2 B A_w}{c} = \frac{I_1 I_2 A_w f(\alpha)}{c} = c' I_1 I_2 f(\alpha); \quad \text{aufgelöst:} \quad I_1 I_2 = g(\alpha).$$

Unabhängig von den Faktoren I_1, I_2 ist für den gleichen Winkel α nur das gleiche Produkt $I_1 \cdot I_2$ maßgebend (Produktbildung!). $g(\alpha)$ und mithin $f(\alpha)$ bestimmt den Skalenverlauf.

Schaltungsmöglichkeiten:

$I_1 = I_2 = I$ Spulen hintereinander geschaltet

$\alpha = c' I^2 f(\alpha)$

also $I^2 = g(\alpha)$ Gleich- und Wechselstromzeiger

$I_1 = I; \quad I_2 = \frac{U}{R_2}$

$\alpha = c'' U \cdot I f(\alpha) = c'' P f(\alpha)$

also $P = c'' g(\alpha)$ Wattmeter

Das Dynamometer ist das Instrument zur Leistungsmessung.

β) Bremsende Kräfte

Grundsätzliches: Das Primäre ist eine äußere mechanische Kraft F, die einen Leiter im Magnetfeld bewegt (v), wodurch in diesem eine Urspannung E induziert werden soll (Generatorwirkung). Kommt infolge eines geschlossenen Leiterkreises als das Sekundäre ein Strom (I) zustande, so erfährt dieser im Magnetfeld eine Kraft (Motorwirkung), die gemäß den Richtungsbeziehungen nach Abb. 265 der äußeren stets entgegengerichtet ist: Gegenkraft F_{geg}. Sie will die Relativgeschwindigkeit zwischen Leiter und Magnetfeld verringern. Also Rückwirkung der elektrischen Eigenschaften des im Magnetfeld bewegten Teiles auf sein mechanisches Verhalten:

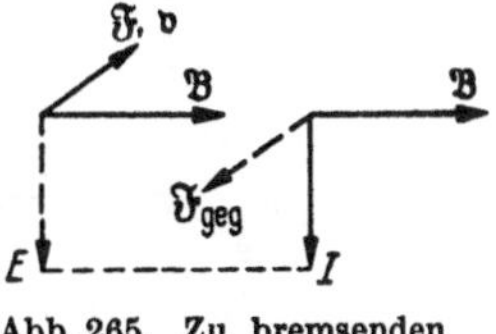

Abb. 265. Zu bremsenden Kräften im Magnetfeld

Rückwirkung

$$F \longrightarrow v \longrightarrow E \longrightarrow I \longrightarrow F_{geg} \qquad (185)$$

$$F - F_{geg} \rightarrow v \qquad E = vBl \qquad I = \frac{E}{R_{ges}} \qquad F_{geg} = IBl$$

Schema für bremsende Kräfte

Die Gegenkraft ist exakt proportional v, sie ist also eine ideale Bremskraft[1]

$$F_{geg} = IBl = v\frac{B^2 l^2}{R_{ges}} = \text{Bremskraft} \qquad (186)$$

Darüber hinaus entsteht als Vorteil gegenüber Bremsbacken keine Materialabnutzung. Die Bremskraft wächst mit B^2, und ist um so stärker, je kleiner der elektrische Kreiswiderstand wird. Also ein in einem Magnetfeld bewegter Leiter, der Teil eines geschlossenen Stromkreises ist, wird gebremst, als bewege er sich in einem zähen Medium. Er wird um so stärker gebremst, je größer I wird.

Beispiel: Ein von Hand angedrehter größerer Generator, der über einen äußeren Widerstand geschlossen ist, wirkt wie von Bremsbacken festgeklemmt, und zwar um so stärker, je kleiner der Kreiswiderstand wird.

Das bremsende Verhalten folgt auch aus dem Energiesatz: Die erzeugte elektrische Leistung EI verlangt eine äquivalente mechanisch aufzubringende Leistung.

Anwendungen

1. Widerstandsbremsung bei Motoren (Abb. 266): Der bei eingeschalteter Erregung vom speisenden Netz getrennte, auslaufende Neben-

[1] $m\frac{d^2 s}{dt^2}$ = Trägheitskraft; $r\frac{ds}{dt}$ = (ideale) Bremskraft; Ds = Richtkraft.

schlußmotor wird auf einen Widerstand R geschaltet. Er erfährt, so als Generator wirkend, eine um so stärkere Bremsung, je kleiner R ist.

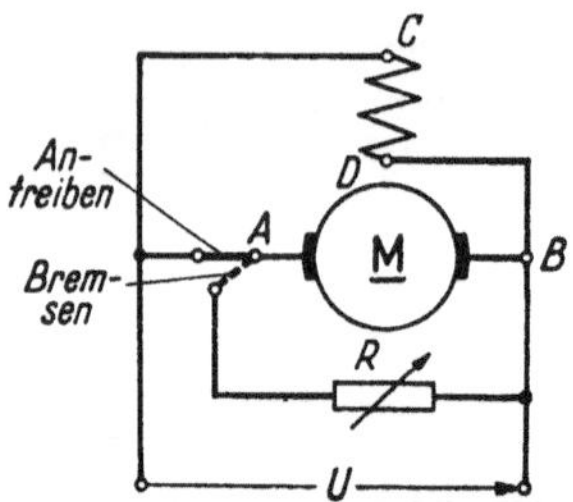

Abb. 266. Zur Widerstandsbremsung

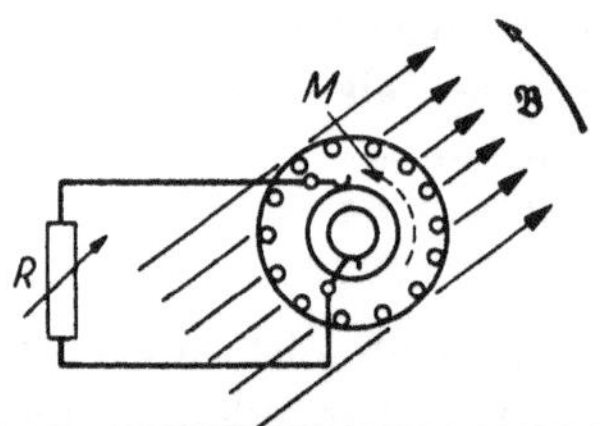

Abb. 267. Zum Asynchronmotor

2. Asynchronmotor: Mit Methoden der Wechselstromtechnik (s. 4. Kap. D) läßt sich mit örtlich ruhenden Stromschleifen ein rotierendes Magnetfeld erzeugen so, als würde ein mit Gleichstrom gespeistes Magnetgestell um den Anker rotieren (Abb. 267). Die in der Ankerwicklung induzierten Spannungen treiben den Ankerstrom an, der die Relativbewegung zwischen Anker und Feld zu mindern sucht: Der Anker wird mitgenommen: Motor. Seine Drehzahl ist nicht synchron (= asynchron, sonst würde $E = 0$!), sondern stets geringer als die des rotierenden Feldes („Schlupf").

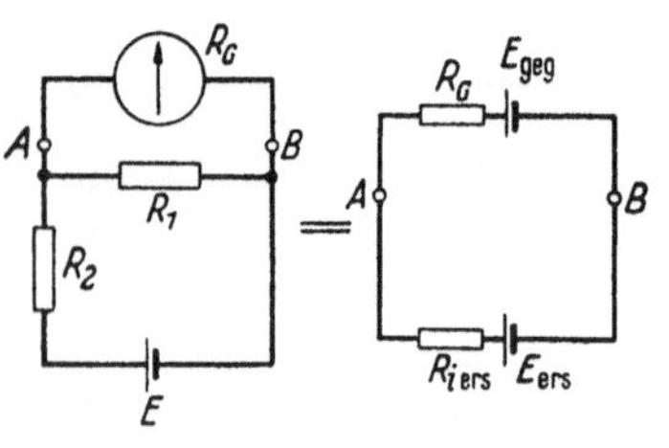

Abb. 268. Zum Kriechgalvanometer

3. Bremsung von Instrumenten, Kriechgalvanometer: Empfindliche Drehspulinstrumente (bei anderen kommen die Bremskräfte gegen die Trägheits- und Richtkräfte nicht genügend auf) werden beim Transport kurzgeschlossen, um ein Schlagen des Zeigers zu vermeiden. Wirkung so, als sei die Drehspule in zähe Flüssigkeit gebettet. Beim Kriechgalvanometer hat das Drehspulsystem eine vernachlässigbare Richtkraft und ein kleines Trägheitsmoment. Damit der die Bremskraft verursachende Strom möglichst groß wird, muß der vom Instrument aus in die Schaltung gesehene Widerstand $R_{i\,ers}$ (Abb. 268) klein werden, $R_{i\,ers} < R_G$. Da das vortreibende Moment wegen der kleinen Beschleunigungskräfte etwa gleich dem bremsenden ist, sind vortreibender Strom E_{ers}/R_{ges} und bremsender Strom E_{geg}/R_{ges} etwa gleich, also $E_{geg} \approx E_{ers}$, d.h. Drehgeschwindigkeit $d\alpha/dt \approx$ konst. E_{ers}, also $\alpha \approx$ konst. $\int_{t_1}^{t_2} E_{ers}\,dt$: Der Ausschlag ist proportional dem Zeitintegral der Ersatzurspannung.

4. Bremsscheiben: Eine Leiterscheibe, die teilweise von einem Magnetfeld durchsetzt wird, verhält sich beim Bewegen wie in ein zähes Medium gebettet, da die verursachten Wirbelströme Bremskräfte ausüben (Abb. 269). Verwendung zum Dämpfen von Instrumenten, insbesondere bei Zählern. Diese stellen einen eine Bremsscheibe (laufend in einem Permanentmagnetfeld) antreibenden Motor dar. Sein vortreibendes Moment wird proportional der zu messenden Leistung gemacht, also mit Gl. (182):

$$M_v = c' I \Phi \to c'' I I_{err} = c'' I \frac{U}{R_{err}} = c''' P.$$

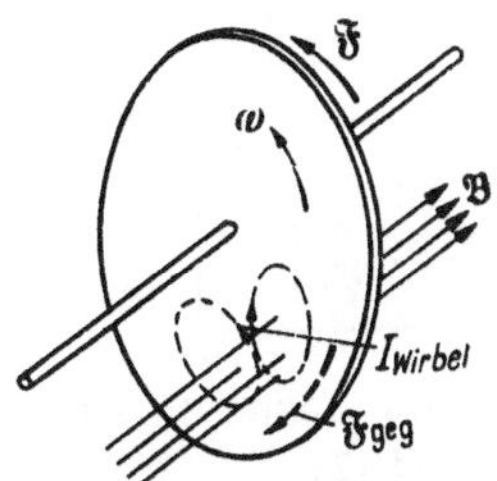

Abb. 269. Bremsscheibe

Dann ist im stationären Zustand das vortreibende gleich dem bremsenden Moment, also

$$c''' P = \text{konst}. v; \qquad P = \text{konst}.' \frac{d\alpha}{dt}; \qquad W = \int P \, dt = \text{konst}.' \alpha$$

Die elektrische Energie ist proportional dem Drehwinkel, also der Zahl der Umdrehungen.

3. Kraftwirkungen von Strömen aufeinander

Qualitatives: Um das Wesentliche herauszuschälen, beschränken wir uns auf zwei parallele Stromfäden. Aus dem resultierenden Magnetfeld Abb. 270 a für gegensinnige, Abb. 270 b für gleichsinnige Ströme liest man ab:

Gegensinnig fließende Ströme stoßen einander ab (aus Verbreiterungstendenz), gleichsinnige ziehen einander an (aus Verkürzungstendenz der Feldlinien).	(187)

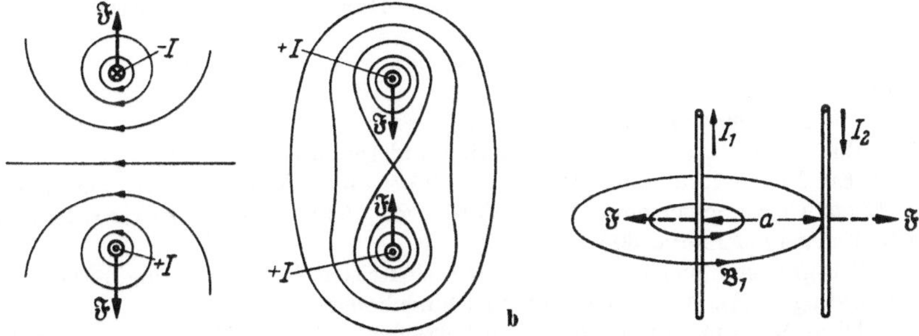

Abb. 270 a u. b. Zur Kraftwirkung von Strömen aufeinander   Abb. 271. Zum Kraftgesetz Gl. (188)

Quantitatives: Der eine Strom (I_2) wird als im Magnetfeld des anderen (I_1, s. Abb. 271) befindlich aufgefaßt und das elektrodynamische Kraftgesetz Gl. (178) angewandt. Beachte: B_1 ist darin die Flußdichte am Ort desStromes I_2 ohne dessen eigenes Feld.

I_1 erzeugt in Entfernung a das Feld $B_1 = \mu H_1 = \frac{\mu I_1}{2\pi a}$

I_2 im Feld B_1 erfährt die Kraft $F = I_2 B_1 l$

Also:

$F = \frac{\mu I_1 I_2 l}{2\pi a}$	Kraftwirkung zweier paralleler Ströme aufeinander im Abstand a für Länge l im Medium mit μ.	(188)

Der Richtungssinn von F ergibt sich in Übereinstimmung mit Aussage (187).

Zahlenbeispiel: $I_1 = I_2 = 10$ A; $l = 1$ m; $a = 1$ cm; Luft.

$$F = 0{,}4\pi \cdot 10^{-8} \frac{\text{Vs}}{\text{A cm}} \frac{100\,\text{A}^2 \cdot 100\,\text{cm}}{2\pi \cdot 1\,\text{cm}} = 2 \cdot 10^{-5} \frac{\text{Ws}}{\text{cm}} = 2 \cdot 10^{-5} \cdot 10{,}2\,\text{kp} \approx 0{,}2\,\text{p}$$

Die Kräfte sind also nur klein; sie spielen erst eine Rolle bei sehr großen Strömen, z.B. hohen Kurzschlußströmen ($I_A = 10000$ A): Zerstörung der Wickelköpfe in Maschinen.

Aufgaben zu III

41. Gegeben sind folgende Werte des aufsteigenden Astes einer Hysteresekurve

H	$-2{,}0$	$-1{,}0$	$-0{,}5$	0	$+0{,}5$	$+1{,}0$	$+1{,}2$	$+1{,}4$	$+2{,}0$ A/cm
B	-10100	-9600	-9000	-7300	-1900	$+5400$	$+7200$	$+8400$	$+10100$ G

Berechne die Verlustleistung eines Eisenkreises von 12 kg Masse durch Ummagnetisieren mit 50 Hz. Wie groß ist für diese Eisensorte ε' ($W_{\text{Hyst}}/f = m\,\varepsilon'\,B_1^2$, spez. Gewicht von Eisen 7,8 g/cm³).

42. Ein Lasthubmagnet von 1 m Außendurchmesser soll mit doppelter Sicherheit einen ebenen Eisenblock von 2 t tragen. Durchmesser des Mittelkerns des Magneten 30 cm.

a) Wie groß ist die Stärke der Außenwandung zu wählen, damit dort die Flußdichte die gleiche wie innen ist?

b) Wie groß muß die Flußdichte sein?

c) Wie ist die Tragkraft auf Außenring und Innenteil verteilt?

43. Ein Nebenschlußmotor für 220 V soll bei 1400 U/min an der Antriebscheibe von 15 cm Durchmesser eine Umfangskraft von 15 kp abgeben. Ankerwiderstand 5,3 Ω, Erregerwiderstand 300 Ω.

a) Wie groß sind mechanische Leistung, elektrische Gesamtleistung, Strom (Gesamtwirkungsgrad), Wärmeleistung, Maschinenkonstante E/n?

b) Diese Maschine sei als Generator betrieben. Wie schnell muß sie laufen, um bei 220 V 1,2 kW Leistung abzugeben; wie groß sind mechanische Antriebsleistung, Gesamtwirkungsgrad (Lager-, Luft-, Bürstenreibung vernachlässigt)?

Viertes Kapitel

Rückblick über die 3 Erscheinungsgebiete an Hand der Wechselströme

Die vorangegangenen 3 Kapitel haben das grundlegende Verhalten der elektrischen Welt aufgezeigt. Dieses 4. Kapitel ist angefügt, um das Behandelte im raschen Flug noch einmal zu überblicken und damit zu wiederholen. Um in der Anwendung sowohl der Theorie als auch der Praxis gleichzeitig Neues kennen zu lernen, wählen wir als Anwendungsgebiet das der Wechselströme im eingeschwungenen Zustand, da es technisch von besonderer Wichtigkeit ist. Wir sind so für ein Weiterstudium in der Spezialliteratur vorbereitet und gewinnen einen kurzen Überblick über dieses Gebiet, keinesfalls aber wollen wir es vollständig behandeln. Entsprechend dem Gesagten finden wir im Kommenden nicht neue Gesetze, sondern es gilt, das bisher über zeitlich sich ändernde Größen in allgemeiner Form Angeführte ($\mathrm{d}I/\mathrm{d}t$, $\mathrm{d}U/\mathrm{d}t$, $\mathrm{d}\Phi/\mathrm{d}t$) auf die spezielle Änderung nach einem Sinus-Zeitgesetz anwenden.

Die Sinus-Zeitfunktion ist von allen Zeitfunktionen die einfachste, sie spielt die Rolle eines Grundbausteines. Denn 1. mathematisch zeigt sich: Jede Zeitfunktion ist in eine Summe von Sinus-Zeitfunktionen zerlegbar (Fourier-Analyse), diese läßt sich aber nicht weiter zergliedern. 2. Physikalisch zeigt sich: Eine sinusförmige Schallschwingung wird als reiner Ton, eine sinusförmige elektromagnetische Lichtschwingung als reine Farbe empfunden, beide sind nicht weiter zerlegbar. 3. Eine Urspannung von sinusförmigem Verlauf erzeugt in einem noch so komplizierten Netz linearer passiver Zweipole überall Sinusströme und Sinusspannungen, für andere Verläufe bleibt die Kurvenform nicht erhalten.

In der Technik versteht man unter einer Wechselspannung schlechthin eine sinusförmige Wechselspannung.

A. Eigenschaften sinusförmiger Größen

1. Eine sinusförmige Schwingung

Bezeichnungen: Als Beispiel einer Sinusgröße sei eine Spannung gewählt; ihr Augenblickswert ändere sich mit der Zeit t nach einem Sinusgesetz (s. Abb. 272):

$$\boxed{u = U_{\mathrm{m}} \sin(\omega t + \varphi)} \quad \text{Sinusspannung} \qquad (189)$$

Die Spannung verläuft zeitlich also nicht irgendwie, sondern gemäß dem Wort sinusförmig in ganz bestimmter gesetzmäßiger Weise: Periodisch wechseln gleichgroße positive und negative Extremwerte in gleichen Zeitabständen, symmetrisch dazwischen liegt je ein Nulldurchgang; ferner ist z.B in halber Zeit zwischen Nulldurchgang und Extremwert der Augenblickswert – gemäß $\sin 45° = 0{,}707$ – das 0,707fache des Extremwertes usw. Man nennt:

u = Augenblickswert, Momentanwert im Zeitpunkt t (klein geschrieben)

U_m = Scheitelwert, Amplitude, Schwingungsweite, hierfür Schreibweise auch Û, û,

$\omega = \frac{2\pi}{T} = 2\pi f$ Kreisfrequenz

f = Frequenz = Zahl der Perioden/Zeit, $T = \frac{1}{f}$ = Periodendauer

φ = Nullphasenwinkel oder kurz Phasenwinkel

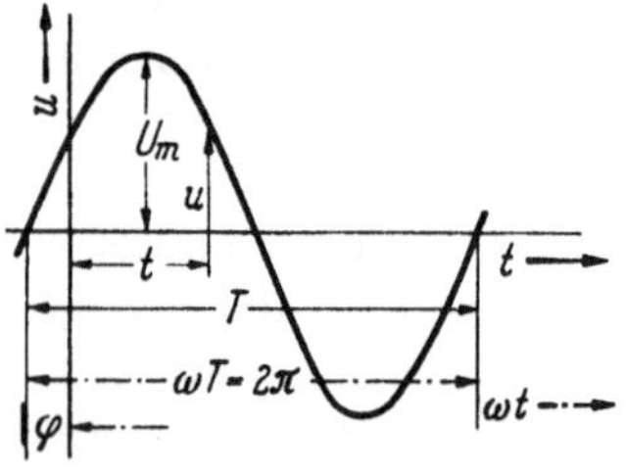

Abb. 272. Sinusförmig verlaufende Spannung

Bestimmungsstücke: Eine sinusförmige Wechselgröße ist, da durch das Beiwort sinusförmig ihr zeitlicher Verlauf schon generell gekennzeichnet wird, durch drei Angaben eindeutig festgelegt, so daß jeweils ihr Momentanwert angegeben werden kann, durch 1. Höhe, 2. Frequenz, 3. Nullphasenwinkel.

Als Maß für die Höhe verwendet man technisch, z.B. zur Angabe der Höhe einer Spannung auf Instrumentenskalen, nicht die Amplitude, sondern den Effektivwert (großer Buchstabe: U oder U_eff). Definition: Der Effektivwert einer Wechselgröße ist ihr zeitlicher quadratischer Mittelwert[1]:

$$U = \sqrt{\overline{u^2}} = \sqrt{U_\mathrm{m}^2 \overline{\sin^2(\omega t + \varphi)}} = U_\mathrm{m} \sqrt{\overline{\frac{1 - \cos 2(\omega t + \varphi)}{2}}} =$$

$$= U_\mathrm{m} \sqrt{\frac{1}{2}} = \frac{U_\mathrm{m}}{\sqrt{2}} = 0{,}707\, U_\mathrm{m}$$

denn der Mittelwert von $\cos 2(\omega t + \varphi)$ ist null, da ebensoviel Abweichungen zum Positiven als zum Negativen geschehen. Der Effektivwert wird gewählt wegen seiner engen Verknüpfung zur Leistung. Beispiel: Eine Wechselspannung vom Effektivwert $U = 220$ V, also vom Scheitelwert $\sqrt{2}\, U = 1{,}41 \ U = 311$ V, erzeugt im Ohmschen Widerstand R im Zeitmittel die Wärmeleistung $P_\mathrm{mittel} = \overline{u^2}/R = U^2/R$. Diese mittlere Leistung ist somit genau so groß wie die einer Gleichspannung von dem dem

[1] Mittelwerte werden durch Überstreichen ausgedrückt.

Effektivwert gleichen Wert $U_{=} = 220$ V. Also: Effektivwert = der für die mittlere wirksame Leistung in R maßgebende Wert. Da bei Hitzdrahtinstrumenten, Dreheiseninstrumenten und Dynamometern das Stromstärkequadrat für den Ausschlag maßgebend ist und die mechanische Trägheit dieser Instrumente das zeitliche Mittel bildet, zeigen diese Instrumente mit Wechselstrom betrieben dessen Effektivwert an.

Die 3 Bestimmungsstücke einer Sinusgröße sind:

Effektivwert	$U = \frac{U_m}{\sqrt{2}} = 0{,}707\ U_m$	als Maß für die Höhe
Frequenz	$f = \frac{\omega}{2\pi} = \frac{1}{T}$	als Maß für die Periodizität
Phasenwinkel	φ	als Maß für die Lage auf Zeitachse

(190)

Darstellungshilfen: Es gibt 2 Darstellungshilfen, die das Umgehen mit Sinusgrößen erleichtern, eine geometrische und eine ihr angepaßte mathematische. Sie haben zum Ziel, daß man sich nicht stets mit der gesamten Sinuskurve abmühen muß, sondern nur mit ihren 3 Bestimmungsstücken arbeitet. Die Vorzüge offenbaren sich erst deutlich im nächsten Abschnitt beim Zusammenwirken mehrerer Sinusgrößen. Wir werden uns auf die geometrische Darstellungshilfe beschränken, da sie das Wesentliche offenbart, die äquivalente mathematische Darstellung ist die „komplexe Rechnung mit Wechselgrößen".

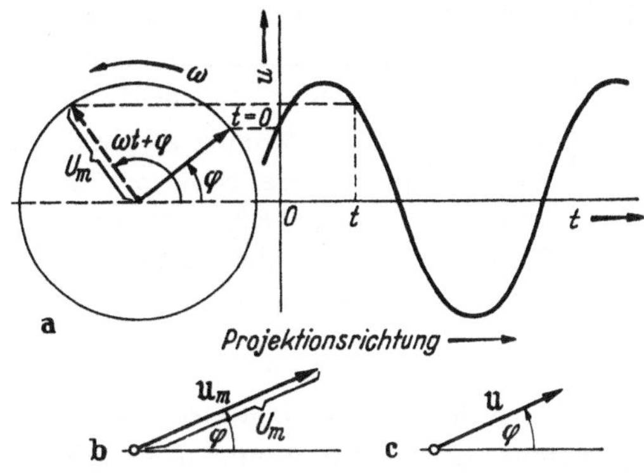

Abb. 273 a–c. Geometrische Darstellungshilfe für Sinusgrößen

Geometrisches Hilfsbild: Da man eine aufzuzeigende Sinuskurve $u = U_m \sin(\omega t + \varphi)$ dadurch konstruieren kann (Gedankenhilfsmittel!), daß man einen gleichförmig um seinen Anfangspunkt kreisenden Zeiger der Länge U_m in Richtung einer Bezugsachse parallelprojiziert (Abb. 273 a), hat man sich geeinigt, an Stelle der komplizierten Sinuskurve alle Angaben in dem einfacheren, eindeutig zugeordneten Bild des umlaufenden Zeigers zu machen. Die 3 Bestimmungsstücke Extremwert = Länge des Zeigers (und damit der Effektivwert), Kreisfrequenz = Winkelgeschwindigkeit des Zeigers und Phasenwinkel = Winkel des Zeigers z.Z. $t = 0$ gegen die Projektionsachse sind an dem Hilfsbild sofort ablesbar.

> Sinusgrößen werden vereinfachend durch einen umlaufenden Zeiger (U_m, ω, φ) dargestellt. Dieser gibt durch Parallelprojektion in Richtung der Bezugsachse den jeweiligen tatsächlichen Momentanwert der Sinusgröße. Für Fälle, wo die Frequenz nicht besonders zu berücksichtigen ist, genügt zur eindeutigen Charakterisierung die Zeigerdarstellung z.Z. $t = 0$ als Zeiger mit Länge U_m und Winkel φ oder als Zeiger mit Effektivwert U und φ (Abb. 273 b, c). Den gerichteten Zeiger als Ganzes beschriftet man wie Vektorgrößen mit großen deutschen Buchstaben ($\mathfrak{U}_m$, $\mathfrak{U}$). (192)

2. Addition von zwei Sinusgrößen

Problem: Gegeben sei z.B. zwischen AB eine Wechselspannung u_1 und zwischen BC eine Wechselspannung u_2. Gefragt ist nach der Gesamtspannung zwischen AC. Der Kern, nämlich wie vollzieht sich das Zusammenwirken mehrerer Wechselgrößen, und wie ist dieses zu charakterisieren, ist eine immer wiederkehrende Frage der Wechselstromtechnik. Hierzu muß man grundsätzlich erkennen:

> Das, was von einer Sinusgröße in jedem Augenblick sich auswirkt, ist ihr Momentanwert. Also sind beim Zusammenwirken mehrerer Sinusgrößen die allgemeinen Grundgesetze der Kap. 1–3 auf die Momentanwerte anzuwenden. Man sucht dann, welche Beziehungen hieraus sich zwischen den Bestimmungsstücken (Größe, Frequenz, Phase) der Partner und der Gesamterscheinung ergeben. (192)

Da nach den allgemeinen Grundgesetzen die Gesamtspannung gleich der Summe der Teilspannungen ist, gilt für die Momentanwerte beim obigen Beispiel

$$u_{ges} = u_1 + u_2$$

Wir beschränken uns auf den wichtigsten Fall, den gleicher Frequenzen $\omega_1 = \omega_2 = \omega$, also

$$\left.\begin{aligned} u_1 &= U_{m1} \sin(\omega t + \varphi_1) \\ u_2 &= U_{m2} \sin(\omega t + \varphi_2) \end{aligned}\right\} \quad u_{ges} = U_{m1} \sin(\omega t + \varphi_1) + U_{m2} \sin(\omega t + \varphi_2)$$

Lösung: Die aus den beiden Sinuskurven entsprechend der Summenbildung der Momentanwerte durchgeführte punktweise Konstruktion

(Abb. 274 a) ergibt ebenso wie die mathematische Umformung oder die Zeigerdarstellung (s. u.): Die Gesamtspannung ist wieder eine Sinusspannung der gleichen Frequenz. Ihre weiteren Bestimmungsstücke (Größe und Phase) lassen sich aus dem Zeigerbild – darin zeigt sich dessen Bedeutung als Darstellungshilfe – besonders einfach entnehmen. Dort ist bei vorgegebenen Einzelzeigern $\mathfrak{U}_1$, $\mathfrak{U}_2$ der Zeiger der Gesamtspannung

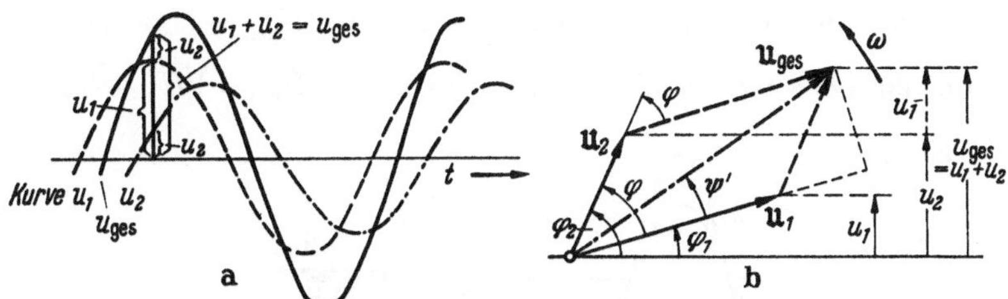

Abb. 274 a u. b. Zur Addition von 2 Sinusgrößen

$\mathfrak{U}_{ges}$ gesucht, d. h. derjenige, welcher in jedem Augenblick für seine Projektion $u_{ges} = u_1 + u_2$ erfüllt. Das leistet aber (s. Abb. 274 b) der aus den Zeigern $\mathfrak{U}_1$ und $\mathfrak{U}_2$ nach dem Parallelogramm der Kräfte konstruierte resultierende Zeiger, denn bei der vektoriellen Addition – Kräfte addieren sich bekanntlich vektoriell – addieren sich die Komponenten skalar (also hier die Momentanwerte u_1, u_2).

Also:

> Die Summe zweier Sinusgrößen gleicher Frequenz ergibt wieder eine Sinusgröße derselben Frequenz. Amplitude und Phase der Gesamtgröße konstruieren sich nach dem Parallelogramm der Kräfte aus denen der Einzelgrößen. „Sinusgrößen der gleichen Frequenz addieren sich vektoriell.“ (193)

Bestimmungsstücke	der Komponenten	der Gesamtspannung	
Effektivwert	U_1, U_2	$U_{ges} = \sqrt{U_1^2 + U_2^2 + 2\, U_1\, U_2 \cos\varphi}$ [1] wobei $\varphi = \varphi_2 - \varphi_1$	(194)
Frequenz	ω	ω	
Phasenwinkel	φ_1, φ_2	$\psi = \varphi_1 + \psi'$ wobei $\operatorname{tg}\psi' = \dfrac{U_2 \sin\varphi}{U_1 + U_2 \cos\varphi}$	

[1] Abb. 274 b, Cosinussatz: $U_{ges} = \sqrt{U_1^2 + U_2^2 - 2\, U_1\, U_2 \cos(180° - \varphi)}$.

Die Gesamtamplitude ist also nicht gleich der algebraischen Summe der Einzelamplituden, sondern hängt maßgebend von der Differenz der Phasenwinkel ab.

Sonderfälle:

1. $\mathfrak{U}_2$ in Phase mit $\mathfrak{U}_1$ (Abb. 275a) $U_{ges} = U_1 + U_2$

2. $\mathfrak{U}_2$ um 180° phasenverschoben zu $\mathfrak{U}_1$ (Abb. 275b) $U_{ges} = U_1 - U_2$

3. $\mathfrak{U}_2$ um 90° phasenverschoben zu $\mathfrak{U}_1$ (Abb. 275c) $U_{ges} = \sqrt{U_1^2 + U_2^2}$

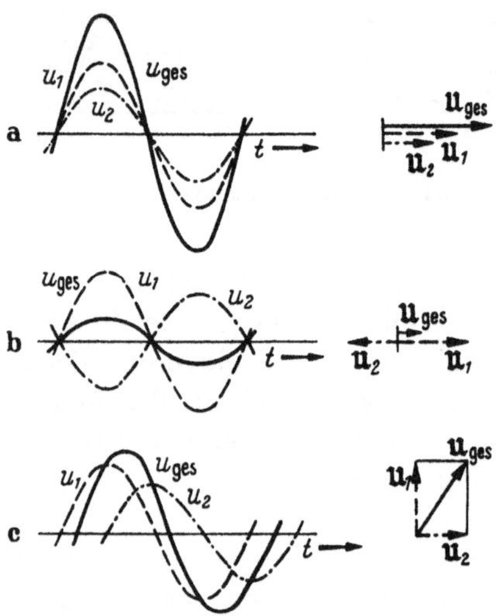

Abb. 275a–c. Zur Addition von Sinusgrößen, Abhängigkeit vom Phasenwinkel

Man sagt bei 3.: Die Spannungen setzen sich rechtwinklig zusammen. Mißt man dann z.B. über AB $U_1 = 100$ V (Effektivspannung!) und über BC ebenso $U_2 = 100$ V, so mißt man über AC $U_{ges} = 141$ V (nicht 200 V!). Aber in jedem Augenblick gilt für die Momentanwerte (nicht vom Instrument angezeigt!) $u_{ges} = u_1 + u_2$.

B. Strom, Spannung und Widerstand bei Wechselgrößen

1. Grundschaltelemente

Die in den 3 grundlegenden Kapiteln kennengelernten Zusammenhänge zwischen Strom und Spannung bei Zweipolen aus Leiter-, Nichtleitermaterial und bei Kopplung über das Magnetfeld gelten nach Erkenntnis (192) für die Momentanwerte. Da – wie sich zeigen wird – für die üblichen Zweipole (Strom-Spannungskennlinie linear) bei angelegter Sinusspannung auch der Strom sinusförmig ist, fragen wir nach den jeweiligen Beziehungen zwischen den 3 Bestimmungsstücken der Spannung und denen des Stromes.

Zweipol		Leiter	Nichtleiter	Kopplung über Magnetfeld
Schaltzeichen		a R	b C	c L

Abb. 276 a–c

		Leiter	Nichtleiter	Kopplung über Magnetfeld
allgem. Gesetz		$i = \frac{u}{R}$	$i = C\frac{\mathrm{d}u}{\mathrm{d}t}$	$u = L\frac{\mathrm{d}i}{\mathrm{d}t}$
vorgegeben sei		$u = U_{\mathrm{m}} \sin\omega t$	$u = U_{\mathrm{m}} \sin\omega t$	$i = I_{\mathrm{m}} \sin\omega t$
also		$i = \frac{U_{\mathrm{m}}}{R} \sin\omega t$ $= I_{\mathrm{m}} \sin\omega t$	$i = C\omega U_{\mathrm{m}} \cos\omega t$ $= I_{\mathrm{m}} \cos\omega t$	$u = L\omega I_{\mathrm{m}} \cos\omega t$ $= U_{\mathrm{m}} \cos\omega t$
Bestimmungsstücke	Höhe	$I_{\mathrm{m}} = \frac{U_{\mathrm{m}}}{R}$; $I = \frac{U}{R}$	$I_{\mathrm{m}} = \omega C U_{\mathrm{m}}$; $I = \omega C U$	$U_{\mathrm{m}} = \omega L I_{\mathrm{m}}$; $U = \omega L I$
	Frequenz	ω bleibt	ω bleibt	ω bleibt
	Phase	$\varphi_{\mathrm{i}} - \varphi_{\mathrm{u}} = 0$; $\varphi_{\mathrm{u}} - \varphi_{\mathrm{i}} = 0$	$\varphi_{\mathrm{i}} - \varphi_{\mathrm{u}} = 90°$; $\varphi_{\mathrm{u}} - \varphi_{\mathrm{i}} = -90°$	$\varphi_{\mathrm{u}} - \varphi_{\mathrm{i}} = 90°$; $\varphi_{\mathrm{i}} - \varphi_{\mathrm{u}} = -90°$

Darstellungen

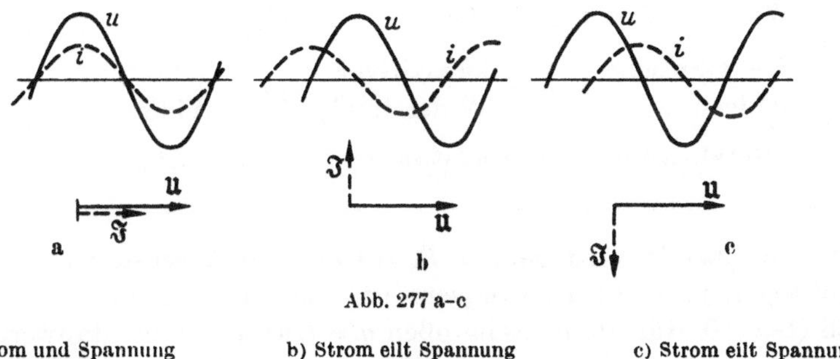

Abb. 277 a–c

a) Strom und Spannung in Phase

b) Strom eilt Spannung um 90° voraus[1]

c) Strom eilt Spannung um 90° nach

---

[1] Im Zeitdiagramm hat also der Strom zu einer kleineren Zeit, z. B. seinen Maximalwert als die Spannung: Die i-Kurve ist gegenüber der u-Kurve nach **links** verschoben.

Scheinwiderstand[1]

$$R_s = \frac{U}{I} \qquad R_s = R \qquad R_s = \frac{1}{\omega C} \qquad R_s = \omega L$$

Widerstandswinkel

$$\varphi_r = \varphi_u - \varphi_i \qquad \varphi_r = 0 \qquad \varphi_r = -90° \qquad \varphi_r = +90°$$

Frequenzabhängigkeit von R_s

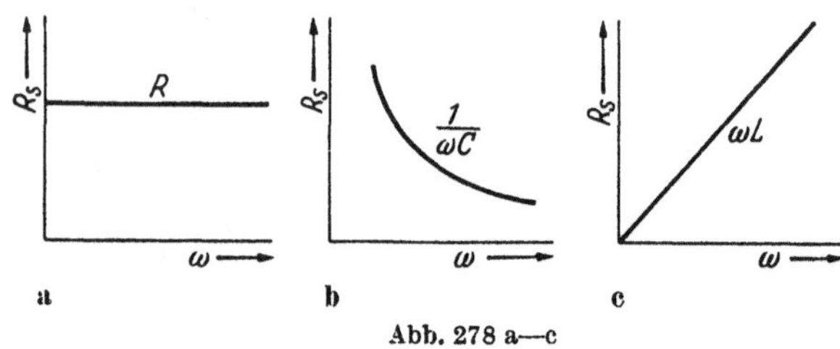

Abb. 278 a—c

Insgesamt: Bei Sinusspannungen an den (konstanten) Grundschaltelementen R, L, C sind die Ströme ebenso sinusförmig von der gleichen Frequenz. R, L, C vermitteln ein bestimmtes Verhältnis zwischen der Höhe von Spannung und Strom (R_s) und einen bestimmten Phasenwinkel zwischen ihnen (φ_r). Es heißt:

$$\frac{\text{Spannungsamplitude}}{\text{Stromamplitude}} = \frac{\text{Spannungseffektivwert}}{\text{Stromeffektivwert}} = \frac{U}{I} = R_s = \text{Scheinwiderstand}^1$$

$$\varphi_r = \varphi_u - \varphi_i = \sphericalangle(\mathfrak{U}, \mathfrak{J}) = \text{Winkel des Widerstandes}$$

Widerstand mit $\varphi_r = 0°$: Wirkwiderstand R_w (195)

Widerstand mit $\varphi_r = \pm 90°$: $\pm$ Blindwiderstand R_b[2]

R = Ohmscher Widerstand; (Wirkwiderstand) $\frac{1}{\omega C}$ = kapazitiver Widerstand; (— Blindwiderstand) ωL = induktiver Widerstand (+ Blindwiderstand)

Eine Kapazität wird gemäß $R_s = 1/\omega C$ für Wechselstrom um so durchlässiger, je höher die Frequenz ist. Das ist verständlich, denn da gemäß $Q = CU$ (für Momentangrößen $q = Cu$) die Momentanwerte der Spannung und Ladung einander proportional sind, ändert sich die Ladung auch sinusförmig, also muß sie bei gleicher Wechselspannungshöhe

[1] Der Scheinwiderstand U/I wird meist Z geschrieben.

[2] Der Blindwiderstand wird meist X geschrieben.

für die doppelte Frequenz in der halben Zeit auf die Kondensatorflächen gebracht bzw. von diesen abtransportiert werden; der Wechselstrom ist dann doppelt so groß. Durch einen Kondensator von 1 μF fließt bei einer Wechselspannung (Effektivwert) von 200 V und 50 Hz ein Wechselstrom vom Effektivwert

$$I = \omega C U = 2\pi f C U = \frac{314}{\mathrm{s}} 10^{-6} \frac{\mathrm{As}}{\mathrm{V}} 200\,\mathrm{V} = 62{,}8\,\mathrm{mA};$$

$$\text{bei} \quad f = 50\,\mathrm{kHz}: \quad I = 62{,}8\,\mathrm{A}$$

Im Ansteigen des induktiven Widerstandes (ωL) mit der Frequenz spiegelt sich die Trägheit des Stromes durch eine Induktivität wider, d. h. das sich stärkere Widersetzen, je rascher die Änderungen werden.

Beachte: Die Widerstandsgröße R_s ist nichts physikalisch Reales, denn sie ist jeweils der Quotient zweier Größen, die meist nicht zeitgleich auftreten. Sie ist eine Rechengröße, die geschaffen wurde mit der Tendenz, für Wechselstrom zu ähnlichen Rechenformeln zu gelangen, wie sie für Gleichstrom gelten.

2. Zusammenschaltungen von Grundschaltelementen

Wirk- und Blindwiderstand: Gezeigt am Beispiel der Reihenschaltung von R und C (Abb. 279). Gemäß der Stromeigenschaft ist der Momentanwert der Stromstärke in jedem Schaltelement gleichgroß:

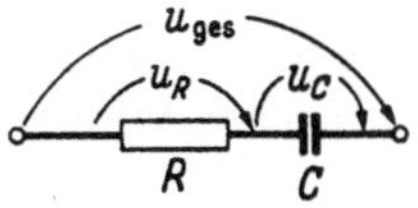

Abb. 279. Reihenschaltung R, C

Stromstärke: $i = I_m \sin \omega t; \quad \varphi_i = 0°$

Teilspannung über R: $U_R = I R; \quad \omega; \quad \varphi_u = 0°$

Teilspannung über C: $U_C = \frac{I}{\omega C}; \quad \omega; \quad \varphi_u = -90°$

Gesamtspannung Gl. (194): $U_{ges} = \sqrt{U_R^2 + U_C^2} = I \sqrt{R^2 + \left(\frac{1}{\omega C}\right)^2};$

Scheinwiderstand: $R_s = \frac{U_{ges}}{I} = \sqrt{R^2 + \left(\frac{1}{\omega C}\right)^2}; \quad \operatorname{tg} \varphi_r = -\frac{1}{\omega C R}$

Allgemein:
$$R_s = \sqrt{R_w^2 + R_b^2} \qquad \operatorname{tg} \varphi_r = \frac{R_b}{R_w}$$
Reihenschaltung von Blind- und Wirkwiderstand (196)

„Wirk- und Blindwiderstand setzen sich rechtwinklig zusammen." Der Scheinwiderstand ist stets größer als der größere Partner, aber kleiner als die algebraische Summe beider. Entsprechendes gilt bei Parallelschaltung für die Leitwerte (s. Aufgabe 45).

Zwei Blindwiderstände mit entgegengesetzten Winkeln: Gezeigt am Beispiel der Reihenschaltung von L und C (gedachter Idealfall, Abb. 280).

Stromstärke:	$i = I_m \sin \omega t;$	$\varphi_i = 0°$
Teilspannung über C:	$U_C = \frac{I}{\omega C};\quad \omega;$	$\varphi_u = 90°$
Teilspannung über L:	$U_L = \omega L I;\quad \omega;$	$\varphi_u = +90°$
Gesamtspannung	$U_{ges} = \lvert U_L - U_C \rvert = I \left\lvert \omega L - \frac{1}{\omega C} \right\rvert$	
Scheinwiderstand	$R_s = \left\lvert \omega L - \frac{1}{\omega C} \right\rvert$	Blindwiderstand

Der Scheinwiderstand ist stets kleiner (!) als der größere Partner. Schaltet man also zu einer Kapazität eine Induktivität in Reihe, so wird der Gesamtwiderstand kleiner, mithin bei gleicher Gesamtspannung die Stromstärke größer. Diese Erscheinung wird in ihrer Gesamtheit in der nachfolgenden Resonanz erfaßt.

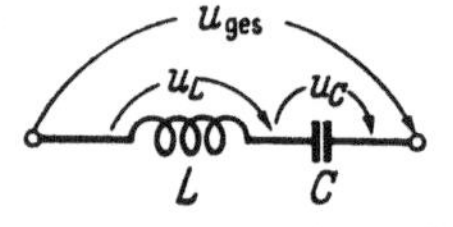

Abb. 280. Reihenschaltung L, C

Resonanz: Erforderlich sind wenigstens 2 Blindwiderstände mit entgegengesetzten Winkeln, physikalisch betrachtet 2 Energiespeicher, von denen der eine stromgebunden $L\,i^2/2$, der andere spannungsgebunden $C\,u^2/2$ ist. Da die tatsächlichen Schaltelemente stets Verluste besitzen, die sich im Ersatzschaltbild so verhalten wie ein (in bestimmter Weise eingefügter) Ohmscher Widerstand, betrachten wir die Zusammenschaltung von L, C, R = Resonanzkreis, und zwar in Abhängigkeit von der Frequenz der speisenden Spannung. Es gibt 2 Grundformen:

Abb. 281 a u. b. a) Reihenresonanzkreis; b) Parallelresonanzkreis

Behandelt sei das Beispiel des Reihenresonanzkreises.

Scheinwiderstandsverlauf: Die Resonanzerscheinung ist am schnellsten übersehbar an Hand der Frequenzabhängigkeit des Scheinwiderstandes R_s (Abb. 282 a), der sich aus dem resultierenden Blindwiderstand $\omega L - 1/\omega C$ und dem Wirkwiderstand R nach Gl. (196) zusammensetzt:

$$R_s = \sqrt{R_w^2 + R_b^2} = \sqrt{R^2 + \left(\omega L - \frac{1}{\omega C}\right)^2}$$

Der Scheinwiderstand ist stark frequenzabhängig und durchläuft, besonders wenn R im Verhältnis zu den Einzelblindwiderständen klein ist, ein scharfes Minimum bei derjenigen Frequenz ($\omega = \omega_r$), bei der sich die beiden Blindwiderstände gegenseitig aufheben: $\omega_r L = 1/\omega_r C$. Man nennt

$$\left.\begin{array}{l} \omega_r = \dfrac{1}{\sqrt{LC}}; \quad f_r = \dfrac{1}{2\pi\sqrt{LC}} \\ \text{bei} \quad \omega_r: \quad R_s = R_{s\,\min} = R \end{array}\right\} \quad (197)$$

Resonanzfrequenz

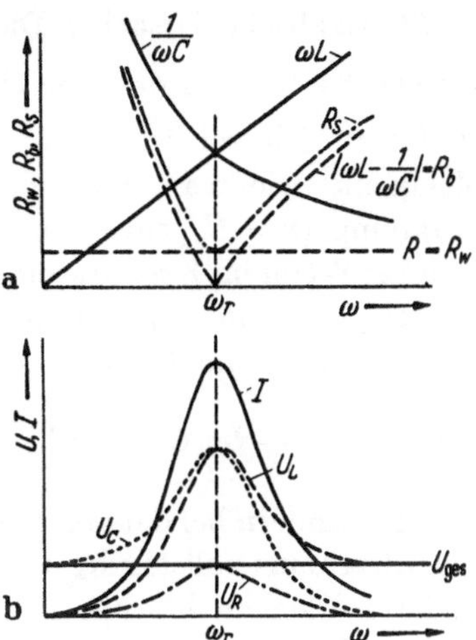

Abb. 282 a u. b. Zum Reihenresonanzkreis

Folgen: Sie sind am klarsten erkennbar, wenn der Kreis mit konstanter Spannung U_{ges} gespeist wird (Abb. 282 b):

Für Strom: Gemäß $I = U_{ges}/R_s$ zeigt I dann den zu R_s inversen Verlauf, also Aufsteigen bei ω_r zu hohem Strommaximum $I_{max} = U_{ges}/R$, so als wären die Blindwiderstände nicht vorhanden. Vorsicht, Stromüberlastung!

Für Spannungen: Gemäß $U_R = IR$; $U_L = I\omega L$; $U_C = I/\omega C$ zeigen U_R, U_L, U_C bei ω_r (bis auf kleine Korrekturen bei U_L und U_C) ebenso ein Maximum. Am wichtigsten ist die Höhe der Blindspannungen:

$$\begin{array}{ll} \text{bei } \omega_r: & U_L = \dfrac{U_{ges}}{R}\,\omega_r L = \varrho\, U_{ges} \\ & U_C = \dfrac{U_{ges}}{R}\,\dfrac{1}{\omega_r C} = \varrho\, U_{ges} \\ \text{wobei:} & \varrho = \dfrac{\omega_r L}{R} = \dfrac{1}{\omega_r C R} \end{array} \qquad \begin{array}{l} \text{Spannungsüberhöhung} \\ \text{über } L \text{ und } C \text{ bei Reihen-} \\ \text{resonanz,} \\ \varrho = \text{Resonanzschärfe} \end{array} \quad (198)$$

Bei ω_r steigen die über beiden Blindwiderständen gleichhohen Teilspannungen, die zusammen 0 ergeben, auf das ϱ-fache der Gesamtspannung an; das kann je nach den Daten der Schaltelemente das über 10 bis 100fache sein (bei $U_{ges} = 220$ V, z. B. $U_L = U_C = 20$ kV!). Vorsicht Spannungsüberlastung!

Anwendungen: Vor allem in Schwachstromtechnik zum Aussieben von Wechselspannungen einer bestimmten Frequenz (ω_r), z. B. die Abstimmung der Rundfunkempfänger. In Starkstromtechnik meist gefürchtet; Nutzanwendung z. B. beim Teslatransformator, um hohe Wechselspannungen zu erzeugen; oder als Parallelresonanzkreis (hier gilt das Entsprechende für die Leitwerte), indem man die meist induktiven Widerstände der Maschinen durch einen parallelgeschalteten „Phasenschieberkondensator“ kompensiert und so bei gleicher Maschinenspannung weniger Strom im Netz führen muß (s. nächsten Abschnitt).

Physikalische Ursache: Die in den Blindschaltelementen C und L speicherbaren Energien, die elektrische $C\,\frac{u^2}{2}$ und die magnetische $L\,\frac{i^2}{2}$ ergänzen sich zeitlich so wie kinetische und potentielle Energie der Mechanik, wie man aus dem Zusammenspiel zwischen Kondensatorspannung ($u = U_{\mathrm{m}} \sin \omega t$) und zugehörigem Strom ($i = \omega C U_{\mathrm{m}} \cos \omega t$) ersieht: Wenn im Kreis die eine am größten ist (Kondensator aufgeladen, $u = U_{\mathrm{m}}$), ist die andere null ($i = 0$) und umgekehrt. Diese maximalen Energien in C und L sind gerade bei ω_{r} gleichgroß:

$$\frac{1}{2}\,U_{\mathrm{m}}^2\,C = \frac{1}{2}\left(I_{\mathrm{m}}\,\frac{1}{\omega_{\mathrm{r}} C}\right)^2 C = \frac{1}{2}\,I_{\mathrm{m}}^2\,\frac{1}{\omega_{\mathrm{r}}^2 C} = \frac{1}{2}\,I_{\mathrm{m}}^2\,L$$

Sie wandern bei dem hier vorliegenden Fall des von außen aufgeprägten Rhythmus vollständig im Zeitabstand $T/4$ zwischen dem einen und anderen Element hin und her. Dieses Bestreben, zu pendeln, zeigen sie aber auch schon allein ohne äußere Spannungsquelle: Denn ein geladener Kondensator, der über eine Induktivität (kurz) geschlossen wird, baut durch seinen Entladestrom das Magnetfeld in L auf, das beim Zusammenbrechen wieder den Ladestrom für den Kondensator gibt usw.; diese „Eigenschwingungen“ vollziehen sich sinusförmig im Rhythmus von nahezu ω_{r}[1] wegen des dann vollständigen Energieaustausches. Bei einer aufgeprägten äußeren Spannung der Frequenz ω_{r} wird dieses Eigenspiel der Energien im richtigen Rhythmus unterstützt. Sie schaukeln sich in C und L bei Anliegen von U_{ges} zu so hohen Werten auf, daß der dabei infolge des Stromdurchganges durch R verzehrte Energieteil gerade nachgeliefert werden kann.

Beachte: Das Resonanzphänomen ist die markanteste Erscheinung bei Wechselgrößen.

C. Leistung bei Wechselströmen

Gemäß Erkenntnis (192) ist die Leistung in jedem Zeitpunkt (= Momentanleistung P_{t}) das Produkt der jeweiligen Momentanwerte von Strom und Spannung ($i\,u$). Haben im betrachteten Zeitpunkt u und i gleiche Richtung im betr. Schaltelement, so wird elektrische Leistung an dieses abgegeben, sind sie richtungsentgegengesetzt, so wird elektrische Leistung dem Schaltelement entnommen. Bei den raschen Wechseln technischer Wechselströme interessiert weniger die von Zeitpunkt zu

[1] Die Eigenfrequenz ist ein klein wenig niedriger als ω_{r} wegen der Wärmeverluste im Kreis, die hier von den Energien in L und C gedeckt werden müssen, dort von der äußeren Spannungsquelle geliefert werden.

Zeitpunkt sich ändernde Momentanleistung, als die im zeitlichen Mittel an das Schaltelement abgegebene Leistung = **Wirkleistung**. Sie ergibt sich, da Leistungen sich (genau wie Energien) vorzeichenbehaftet addieren, als arithmetischer zeitlicher Mittelwert der Momentanleistungen:

$P_t = u\,i$ Momentanwert der an ein Schaltelement abgegebenen Leistung

$P_w = \overline{P}_t$ an ein Schaltelement abgegebene Wirkleistung

Wir betrachten die 3 Fälle: Der Verbraucher ist ein Wirkwiderstand, ein Blindwiderstand, ein allgemeiner Widerstand:

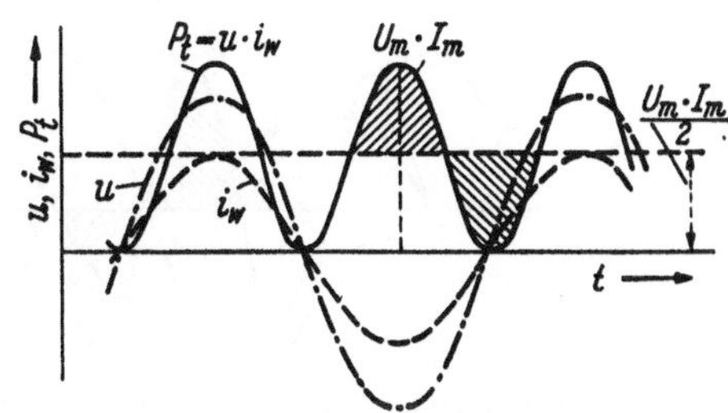

Abb. 283 a. Leistung beim Wirkwiderstand

Wirkwiderstand R_w: u und i sind in Phase und stets gleichgerichtet. Also wird in jedem Augenblick elektrische Leistung an R_w abgegeben, nur in wechselnder Höhe, schwankend mit der doppelten Frequenz (Abb. 283 a, Strom in Phase mit u heißt „Wirkstrom" i_w, s. u.)

$$\left.\begin{aligned} u &= U_m \sin \omega t \\ i &= I_m \sin \omega t \end{aligned}\right\} \quad \text{wobei} \quad \frac{U_m}{I_m} = \frac{U}{I} = R_w$$

also $P_t = U_m I_m \sin^2 \omega t$, und entsprechend der Berechnung des Effektivwertes ergibt sich für $P_w = \overline{P}_t$:

$$\boxed{P_w = \frac{1}{2} U_m I_m = U I = I^2 R_w = \frac{U^2}{R_w}} \qquad \text{Wirkleistung beim Wirkwiderstand} \quad (199)$$

u und i in Phase

Wirkleistungen mißt man – wie bisher kennengelernt – in Watt bzw. kW.

Blindwiderstand R_b: u und i sind um 90° phasenverschoben (s. Abb. 283 b, Strom 90° phasenverschoben zu u heißt **Blindstrom** i_b, s. u.), demzufolge haben sie im Zeitmittel während der einen Hälfte gleiche Richtung (Schaltelement ist elektrischer Energieverbraucher), während der anderen Hälfte entgegengesetzte (Energielieferer). Da jeweils eine positive und eine negative Momentanleistung in $T/4$ Abstand gleich sind, ist die Wirkleistung = 0:

$$\overline{u\,i} = U_m I_m \overline{\sin \omega t \cos \omega t} = \frac{U_m I_m}{2} \overline{\sin 2\omega t} = U I \overline{\sin 2 \omega t} = 0$$

Energie wird – also jeweils für die Zeitdauer einer Viertelperiode – in das Schaltelement hineingesteckt, dort währenddem als magnetische (in L) oder dielektrische (in C) Energie gespeichert und nach $T/4$ wieder entnommen usw. Eine solche hin- und herpendelnde Energie, die also keine Arbeit im Zeitmittel zu verrichten vermag, heißt Blindenergie. Als Maß für die Blindleistung wählt man analog der Wirkleistung

$$P_b = UI = I^2 R_b = \frac{U^2}{R_b} \quad \text{Blindleistung beim Blindwiderstand, } u \text{ und } i \text{ } 90^\circ \text{ verschoben} \tag{200}$$

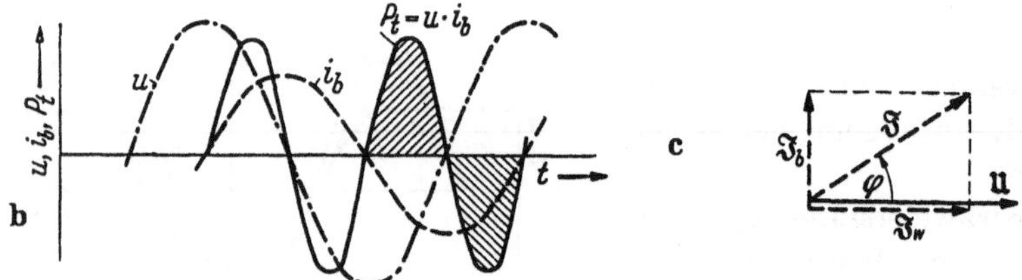

Abb. 283 b u. c. b) Leistung beim Blindwiderstand; c) Stromkomponenten

Allgemeiner Widerstand: Der Strom durch den Zweipol wird – in Umkehrung der in Abschn. A2 behandelten Zusammensetzung – in 2 Komponenten zerlegt (Abb. 283 c), φ = Phasenwinkel zwischen u und i.

Wirkstrom(komponente) $= I_w = I \cos\varphi$ in Phase mit U

Blindstrom(komponente) $= I_b = I \sin\varphi$ 90° phasenverschoben zu U

Also nach Gln. (199 u. 200):

$$\begin{array}{lll} P_w = UI\cos\varphi & \text{Wirkleistung} & \\ P_b = UI\sin\varphi & \text{Blindleistung} & \text{Leistungen}^1 \text{ beim} \\ UI = \sqrt{P_w^2 + P_b^2} = P_s & \text{Scheinleistung} & \text{allg. Zweipol} \\ \cos\varphi = \text{Leistungsfaktor} & & \end{array} \tag{201}$$

Folgerungen: Man erstrebt in der Starkstromtechnik bei Zweipolen, die Arbeit verrichten sollen, möglichst $\cos\varphi = 1$; denn sonst beaufschlagt man das Netz für die geforderte abzugebende mechanische Leistung – damit ist P_w vorgegeben gemäß $P_{mech} = \eta_V P_w$ – bei der festliegenden Netzspannung außer mit dem notwendigen Wirkstrom noch mit einem unnötigen, nur Leitungs- und Generatorverluste erhöhenden Blindstrom. Als Mittel zum „Phasenschieben" dienen Phasenschieberkondensatoren, die parallel zum betr. Zweipol geschaltet, den von diesem geforderten Blindstrom liefern (vgl. B 2 Resonanz).

[1] Die Einheit Watt (W) darf bei Angabe von Scheinleistungen mit VA und von Blindleistungen mit var bezeichnet werden.

Verlustwinkel: Bei allen wirklichen Blindwiderständen wird die hineingesteckte Energie nicht vollständig zurückgewonnen, sondern ein kleiner Restanteil (Wirkanteil) wird unerwünschterweise im Schaltelement in Wärme umgesetzt.

Ein Maß für die Güte eines Blindschaltelementes ist daher das Verhältnis $P_w/P_b = \operatorname{cotg} |\varphi| = \operatorname{tg}(90° - |\varphi|) = \operatorname{tg}\delta$

$\operatorname{tg}\delta = \frac{P_w}{P_b}$	Gütemaß eines tatsächlichen Blindschaltelementes Definition des Verlustwinkels $\delta = 90° - \lvert\varphi\rvert$	(202)

$\delta = 0{,}01$ bedeutet in der Regel eine hohe Güte.

D. Drehstrom (Hauptanwendungsform der Starkstromtechnik)

Ein Drehstrom, richtiger ein Drehstromsystem, ist eine bestimmte, Leitungen sparende Zusammenschaltung (= Verkettung) von 3 Wechselstromkreisen, deren 3 Generatoren (= 1 Drehstromgenerator) in bestimmten Beziehungen zueinander stehen, und deren 3 Verbraucher (= 1 Drehstromverbraucher) möglichst gleich sind.

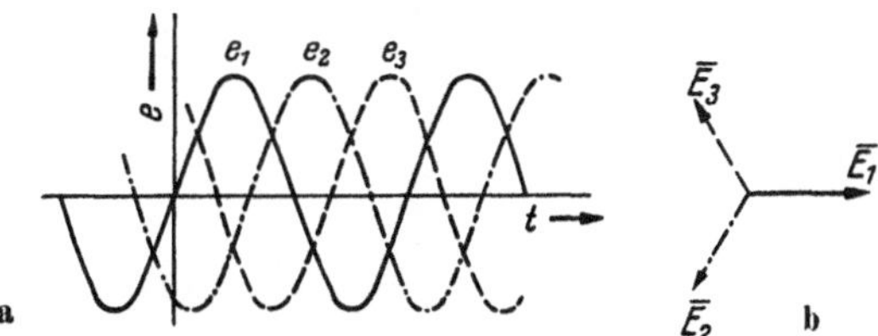

Abb. 284 a u. b. Die 3 Urspannungen eines Drehstromgenerators; a) Zeitverlauf; b) Zeigerbild

Generatorsystem: Die 3 Einzelgeneratoren haben gleiche Amplitude, gleiche Frequenz und sind in der Phase um je 120° gegeneinander versetzt:

$e_1 = E_m \sin \omega t$ $e_2 = E_m \sin(\omega t - 120°)$ $e_3 = E_m \sin(\omega t - 240°)$	Die 3 Einzelgeneratoren eines Drehstromgenerators (s. Abb. 284)[1]	(203)

Verbrauchersystem: Die 3 Einzelverbraucher haben möglichst gleichen Scheinwiderstand und gleichen Phasenwinkel.

$R_{s1} \approx R_{s2} \approx R_{s3} \approx R_s$ $\varphi_{r1} \approx \varphi_{r2} \approx \varphi_{r3} \approx \varphi_r$	Die 3 Einzelverbraucher eines Drehstromverbrauchers	(204)

[1] Zu $\overline{E}$: Zeigergrößen, deren deutsch geschriebenes Zeichen bereits belegt ist ($\mathfrak{E}$ = Feldstärke), schreiben wir hier mit einem Querstrich.

Verkettung: Es gibt 2 Verkettungsmöglichkeiten der 3 Stromkreise[1], die Reihenschaltung und die Parallelschaltung ihrer Generatoren und Verbraucher. Man muß unterscheiden: Ströme in bzw. Spannungen zwischen den Leitungen des Netzes, sie heißen Netzströme oder Außenleiterströme bzw. -spannungen (Index $_N$); Größen in den Einzelgeneratoren oder -verbrauchern, sie heißen Phasenströme bzw. -spannungen (Index $_P$).

a) Reihenschaltung = Dreieckschaltung

Von den 6 Leitungen zwischen den 3 Einzelgeneratoren und den 3 Einzelverbrauchern (s. Abb. 285 a) lassen sich bedenkenlos R_1 und R_2 zu R, S_1 und S_2 zu S zusammenschalten und so 2 Leitungen einsparen. Aber

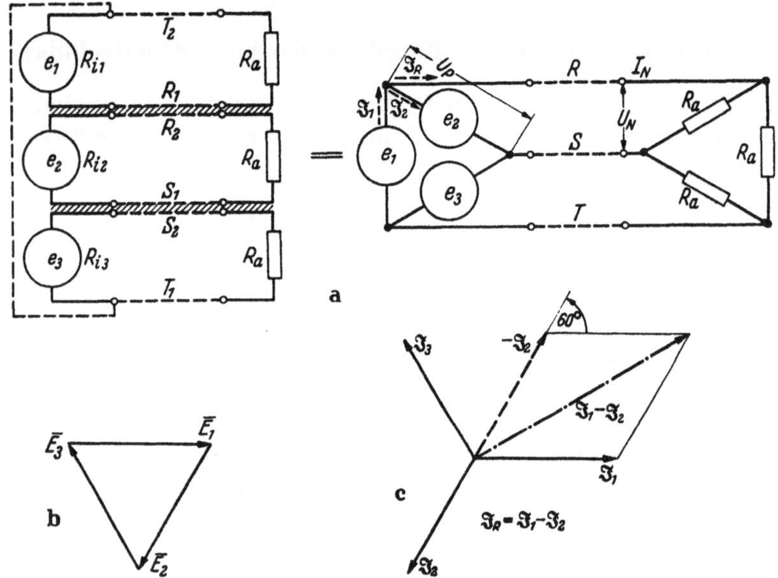

Abb. 285 a–c. Zur Dreieckschaltung

auch T_1 und T_2 lassen sich zu T vereinen, da die Spannung zwischen T_1 und T_2, wie die Zeigeraddition zeigt (s. Abb. 285 b), dank der Zuordnung der Einzelgeneratoren gemäß Gl. (203) in jedem Zeitpunkt 0 ist:

$$e_1 + e_2 + e_3 = 0\,, \quad \text{da} \quad \bar{E}_1 + \bar{E}_2 + \bar{E}_3 = 0$$

Es durchfließt also nicht – wie man denken könnte – ein Kurzschlußstrom die 3 Generatoren! Die 6 Netzleitungen werden insgesamt auf 3

[1] Es ist didaktisch übersichtlicher, die Verkettung der gesamten Stromkreise zu betrachten. Da sich aber die Verkettungsmöglichkeiten kombinieren lassen (s. u.), spricht man zweckmäßiger von einer Verkettung des Generators und einer solchen des Verbrauchers.

erniedrigt. Sie tragen die Benennungen R, S, T und werden vulgär als die 3 „Phasen" bezeichnet. Der Strom in jedem Netzleiter ist, da er sich mithin aus 2 Teilströmen der gleichen Frequenz zusammensetzt, ein reiner Sinusstrom, ebenso ist die Spannung zwischen 2 Netzleitern eine reine Sinusspannung. Die Amplituden sind wegen der grundsätzlichen Gleichberechtigung der 3 Netzleiter bei gleichen Einzelverbrauchern gleich ($I_R = I_S = I_T = I_{Netz}$; $U_{RS} = U_{ST} = U_{TR} = U_N$), ebenso gleich sind die 3 Phasenströme ($I_1 = I_2 = I_3 = I_P$) und die 3 Phasenspannungen.

Zwischen den Netzgrößen und den Phasengrößen bestehen nach Abb. 285 a u. c folgende Beziehungen bei gleichen Einzelverbrauchern:

z. B. $\mathfrak{I}_R = \mathfrak{I}_1 - \mathfrak{I}_2$;

$$I_R = \sqrt{I_1^2 + I_2^2 + 2 I_1 I_2 \cos 60^\circ} = I_P \sqrt{1+1+1} = I_P \sqrt{3}$$

$$\boxed{\begin{aligned} I_N &= \sqrt{3}\, I_P = 1{,}73\, I_P \\ U_N &= U_P \end{aligned}} \qquad \text{Netz- und Phasengrößen für Dreieckschaltung} \qquad (205)$$

b) Parallelschaltung = Sternschaltung

Die 3 Rückleiter der 3 Einzelkreise (s. Abb. 286 a) lassen sich bedenkenlos zu 1 Leiter = Null-Leiter vereinen. Aber dieser gemeinsame

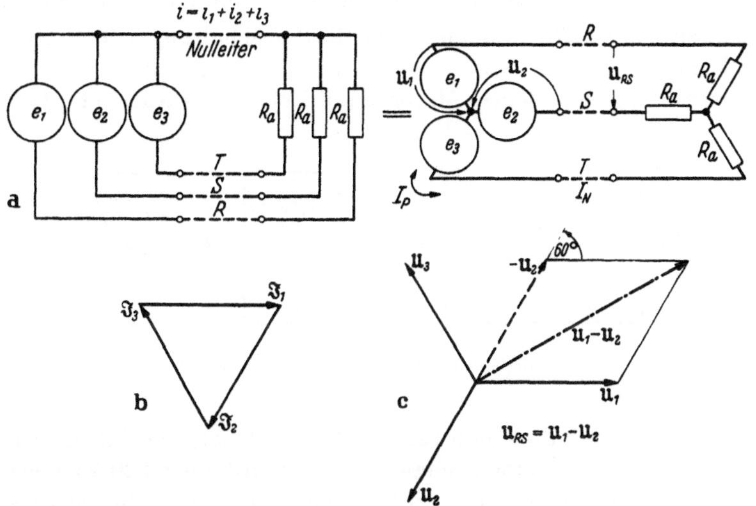

Abb. 286 a–c. Zur Sternschaltung

Leiter führt nicht – wie man denken könnte – einen besonders hohen Strom, sondern gemäß der Zeigeraddition der 3 Teilströme ist bei gleichen Einzelverbrauchern infolge Gl. (203), s. Abb. 286 b, der Gesamtstrom in jedem Zeitpunkt = 0:

$$i_1 + i_2 + i_3 = 0\,,\quad \text{da}\quad \mathfrak{I}_1 + \mathfrak{I}_2 + \mathfrak{I}_3 = 0$$

Auch hier erniedrigt sich die Zahl der 6 Leitungen auf 3. In der Regel führt man den Null-Leiter – freilich mit geringerem Querschnitt – aus mit Rücksicht auf eine mögliche ungleiche (= „unsymmetrische") Belastung durch die 3 Einzelverbraucher und um einen Spannungsbezugspunkt (meist Erde) zu erhalten.

Zwischen den Netzgrößen und den Phasengrößen bestehen nach Abb. 286 a u. c die Beziehungen:

$$\text{z. B.:}\quad \mathfrak{U}_{RS} = \mathfrak{U}_1 - \mathfrak{U}_2;\quad U_{RS} = \sqrt{U_1^2 + U_2^2 + 2\,U_1\,U_2\cos 60^\circ} = U_P\sqrt{3}$$

$I_N = I_P$ $U_N = \sqrt{3}\,U_P = 1{,}73\,U_P$	Netz- und Phasengrößen für Sternschaltung	(206)

c) *Kombination*

Wie erkenntlich, ist die Schaltungsmöglichkeit des Verbrauchers (Dreipol) unabhängig von der des Generators, s. Abb. 287 für das Beispiel des technischen Niederspannungsdrehstrom-Systems 380/220 V, 50 Hz ($380 = \sqrt{3}\cdot 220$). Man benutzt die Umschaltung von Stern- auf Dreieckschaltung beim Verbraucher, d. h. von geringerer auf höhere Phasenspannung, bei kleinen Motoren an Stelle eines Anlassers. Bei den

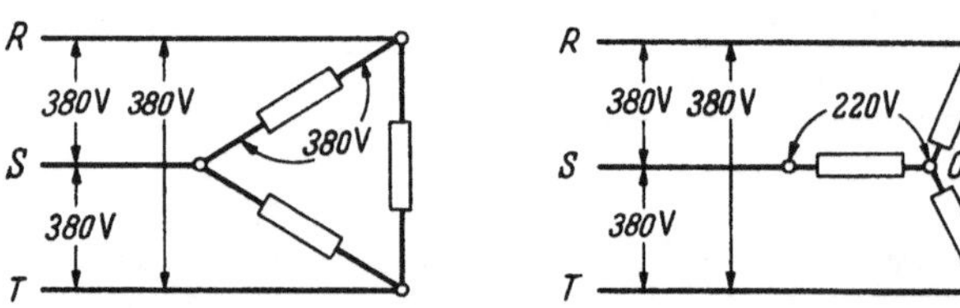

Abb. 287. Dreieck- und Sternschaltung für Verbraucher

Drehstromnetzen schaltet man kleinere Verbraucher, wie z. B. Haushaltanschlüsse, zwischen je einen Netzleiter und Null-Leiter (220 V), das eine Stockwerk an R–0, das andere an S–0 usw., größere Verbraucher, z. B. Drehstrommotore, an alle 3 Phasen.

Leistung: Die an einen Drehstromverbraucher abgegebene Gesamtleistung ist gleich der Summe der 3 abgegebenen Einzelwirkleistungen; man drückt sie durch die Netzgrößen aus, da diese einfach meßbar und für Isolation, Leitungsquerschnitt usw. maßgebend sind. Unabhängig von der Schaltung (Stern, Dreieck) wird bei symmetrischer Belastung nach Gl. (205) bzw. (206)

$$\begin{aligned} N_{\text{w ges}} &= 3\,U_{\text{P}}\,I_{\text{P}}\cos\varphi = \sqrt{3}\,U_{\text{N}}\,I_{\text{N}}\cos\varphi \\ &= 1{,}73\,U_{\text{N}}\,I_{\text{N}}\cos\varphi \\ \text{aber auch}\quad P_{\text{t ges}} &= P_{\text{w ges}} \end{aligned} \qquad \text{Leistung bei Drehstrom} \qquad (207)$$

denn die Momentanleistung $P_{\text{t ges}}$ bei symmetrischer Belastung ist

$$\begin{aligned} P_{\text{t ges}} &= U_{\text{mP}} I_{\text{mP}} [\sin\omega t \sin(\omega t + \varphi) + \sin(\omega t - 120^\circ)\sin(\omega t - 120^\circ + \varphi) \\ &\quad + \sin(\omega t - 240^\circ)\sin(\omega t - 240^\circ + \varphi)] = (\text{nach einigen Umformungen}) \\ &= \frac{U_{\text{mP}} I_{\text{mP}}}{2}\cos\varphi \cdot 3 = 3\,U_{\text{P}}\,I_{\text{P}}\cos\varphi = P_{\text{w ges}} \end{aligned}$$

Die Momentanleistung pulsiert also nicht, sondern ist konstant. Mithin Vorteil: Das Drehstromsystem liefert bei gleichzeitiger Ausnutzung der Vorteile des Wechselstromes (Transformierbarkeit) einen gleichmäßigen Energiefluß zum Verbraucher.

Drehfeld

3 um je 120° räumlich gegeneinander versetzte gleiche Stromschleifen, die von 3 um je 120° zeitlich versetzten Strömen gleicher Stärke und Frequenz (Drehstrom) gespeist werden (Abb. 288a), erzeugen in ihrer Mitte ein resultierendes Magnetfeld konstanter Stärke, das mit der Frequenz des Stromes umläuft = Drehfeld.

Beweis: Gesucht wird die resultierende Flußdichte $\mathfrak{B}$ der 3 Schleifenfelder nach Betrag und Raumwinkelrichtung. Hierzu machen wir die

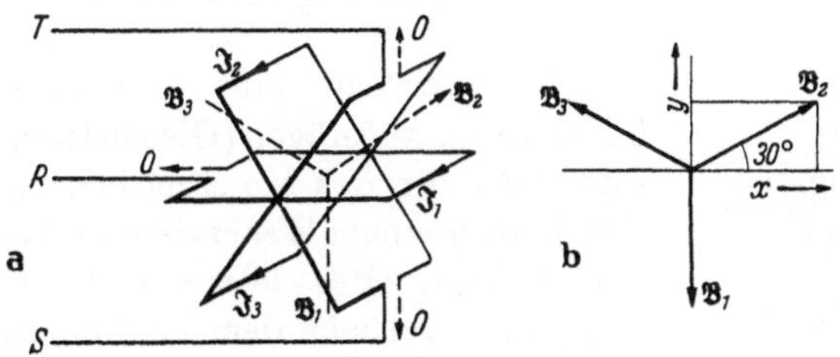

Abb. 288 a u. b. Zum Drehfeld

Ebene, in der die 3 Flußdichtevektoren $\mathfrak{B}_1, \mathfrak{B}_2, \mathfrak{B}_3$ liegen, zur $x-y$-Ebene, zerlegen jeden einzelnen Vektor in seine x- und y-Komponente, addieren die x- und y-Komponenten (gibt B_x, B_y) und bestimmen daraus $\mathfrak{B}$ nach

Betrag und Raumrichtung; φ = Winkel gegen x-Achse. Nach Abb. 288 b ist

	von B_1	von B_2	von B_3
x-Komponente	0	$+\frac{\sqrt{3}}{2} B_m \sin(\omega t - 120°)$;	$-\frac{\sqrt{3}}{2} B_m \sin(\omega t - 240°)$
y-Komponente	$-B_m \sin \omega t$;	$+\frac{B_m}{2} \sin(\omega t - 120°)$;	$+\frac{B_m}{2} \sin(\omega t - 240°)$

$$B_x = \sum B_{x\nu} = -B_m \frac{3}{2} \cos \omega t$$

$$B_y = \sum B_{y\nu} = -B_m \frac{3}{2} \sin \omega t$$

also:
$$B = \sqrt{B_x^2 + B_y^2} = \frac{3}{2} B_m; \quad \operatorname{tg} \varphi = \frac{B_y}{B_x} \operatorname{tg} \omega t: \quad \varphi = \omega t$$

d.h. der resultierende Flußdichtevektor hat die konstante Größe $3/2\, B_m$ und den Raumwinkel ωt, läuft also mit ω um.

Anwendung: Drehfelder ermöglichen den Bau sehr einfacher Motore (s. Asynchronmotor, 3. Kap. III B 2b). In diesem außerordentlich wichtigen Vorteil ist vor allem die hohe Bedeutung des Drehstromes begründet.

E. Modulation (Hauptanwendungsform der Schwachstromtechnik)

Die Hauptaufgabe der Schwachstromtechnik, Nachrichten im allgemeinsten Sinn gefaßt (Gedankenäußerung von Menschen, Zustandsäußerungen von Dingen, die abgefragt werden) mit elektrischen Mitteln zu übertragen, läßt sich nur durchführen durch Ändern von Strömen und Spannungen (wie wollte man sonst die Nachricht mitteilen!).

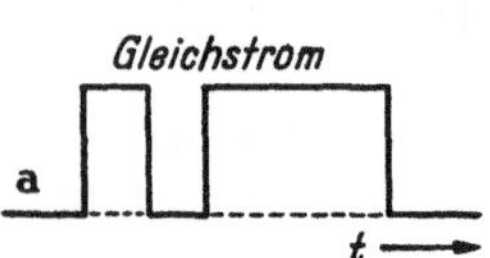

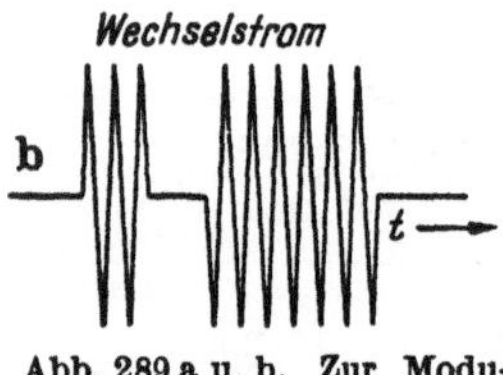

Abb. 289 a u. b. Zur Modulation

Das Aufprägen einer Nachricht auf Strom, Spannung heißt Modulieren.

Die Nachricht läßt sich entweder einem Gleichstrom aufprägen (Gleichstrommodulation, Bild 289 a für das Morsezeichen „a" = Punkt-Strich) oder einem Wechselstrom (Wechselstrommodulation). Bei letzterer kann man entweder entsprechend dem Zeichen die Amplitude (Abb. 289 b für das Zeichen „a") oder die Frequenz oder den Phasenwinkel ändern: Amplituden-, Frequenz-, Phasenwinkelmodulation.

Während es die Starkstromtechnik im wesentlichen mit zeitlich gleichbleibenden großen Strömen und Spannungen (Gleich- und Wechselgrößen) zu tun hat, arbeitet die Schwachstromtechnik vornehmlich mit zeitlich veränderlichen, kleinen Strömen und Spannungen.

Typ einer Schwachstromanordnung (s. Abb. 290): Der Teil im Sender, der dessen erzeugter zeitlich gleichbleibender Gleich- oder Wechselspannung die Nachricht aufprägt, heißt Modulator. Der Teil im Empfänger, der an dessen Ausgang die Nachricht – wenn nötig – wieder rückformt in den ursprünglichen Verlauf, heißt Demodulator. Anforderungen an eine Nachrichtenübertragung sind: Verständlichkeit, Wirtschaftlichkeit (Mehrfachausnutzung von Übertragungskanälen), Zeichentreue (Verzerrungsfreiheit), Sicherheit, Schnelligkeit u. a. m.

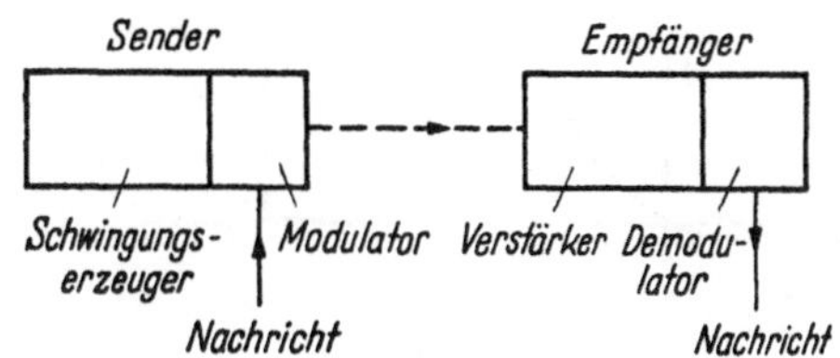

Abb. 290. Typ einer Schwachstromanordnung

F. Umformen einer Stromart in eine andere

1. Umformung Wechselstrom → Gleichstrom (Gleichrichtung)

Gleichrichtung = Umformung von Wechselstrom → Gleichstrom.

Das Schaltelement, das diese Umformung vermittelt, heißt Gleichrichter[1]; Schaltzeichen —▶|— .

Anwendungen: In der Starkstromtechnik braucht man Gleichrichter, um die starken Ströme für Elektrolyse aus dem Kraftnetz (Wechselstrom) entnehmen zu können, ferner zum Laden von Batterien aus dem Wechselnetz, neuerdings zum Fernleiten von Energien mit höchsten Spannungen (Corona-Verluste geringer als bei Wechselspannung); in der Schwachstromtechnik, um die zur Speisung von Anlagen nötigen Gleichspannungen aus dem Wechselnetz zu erzeugen (Netzgleichrichter), um Nachrichten, die Wechselströmen aufgeprägt sind, zu demodulieren; in der Meßtechnik, um Wechselströme und -spannungen mit den leistungsarmen Drehspulinstrumenten messen zu können.

Funktionsmäßige Betrachtung: Der Gleichrichter muß für die eine Stromrichtung (Durchlaßrichtung) möglichst gut durchlässig, für die andere (Sperrichtung) möglichst sperrend sein; seine Strom-Spannungskennlinie darf also keine Gerade darstellen (Abb. 291 a). Im Idealfall ist der Gleichrichter ein Schalter, der bei der einen Stromrichtung sich schließt, bei der entgegengesetzten sich öffnet (ideale Kennlinie

[1] Eine indirekte Methode ist, durch einen Wechselstrommotor einen Gleichstromgenerator anzutreiben (Umformeraggregat).

Abb. 291 b). Allgemein gilt: Umformung einer Stromart in eine andere vermitteln nur Leiter-Schaltelemente, die das Ohmsche Gesetz nicht erfüllen. In einem unverzweigten Wechselstromkreis mit einem Gleichrichter (Einweggleichrichtung, Abb. 291 c) fließt somit mehr Strom hin als zurück (im Idealfall keiner zurück): Es entsteht ein pulsierender Gleichstrom im Gleichrichterpfad. Bei der Doppelweggleichrichtung (Abb. 291 d) werden mit Hilfe von 2 Gleichrichtern beide Stromhalbwellen in gleicher Richtung durch den Verbraucher geleitet.

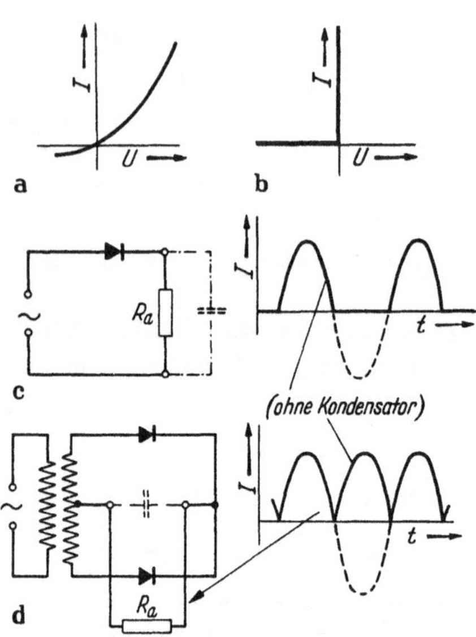

Abb. 291 a–d. Zum Prinzip der Gleichrichtung

Energetische Betrachtung: Da dem Gleichrichter Wechselleistung zuzugeführt wird, d.h. Leistung, deren Momentanwert schwankt, müssen, wenn reine, d.h. nicht pulsierende Gleichleistung abgegeben werden soll, zusätzlich Energiespeicherelemente (C, L, sog. Glättungsmittel, gestrichelt in Abb. 291 c, d) zugeschaltet werden. Nur das Drehstromsystem und verwandte Systeme, bei denen die Energiezufuhr gleichmäßig ist, brauchen nicht grundsätzlich solche Speicherelemente.

Gleichrichterarten

a) Mechanische Gleichrichter: Das sind synchron mit dem gleichzurichtenden Strom gesteuerte Schalter, verwirklicht z. B. durch synchron umlaufende Kontaktstifte oder synchron schwingende Kontakte (Schwingkontakt-Gleichrichter, Abb. 292).

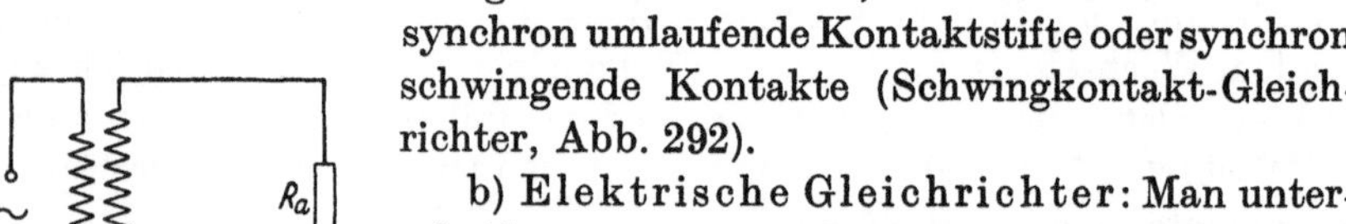

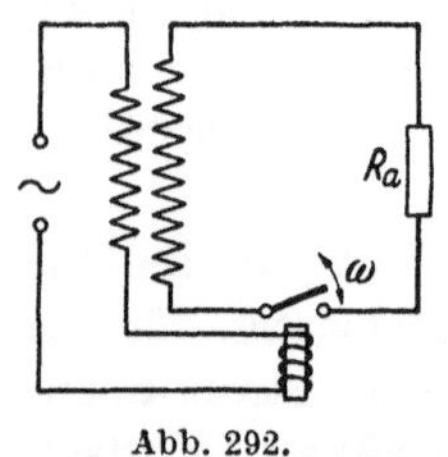

Abb. 292. Mechanischer Gleichrichter

b) Elektrische Gleichrichter: Man unterscheidet:

Halbleitergleichrichter: Grenzt ein Halbleiter (z. B. Germanium, Silizium, Kupferoxydul, Selen) an einen Leiter, so wird die Ladungsträgerdichte in der Grenzschicht des Halbleiters durch den Leiter beeinflußt, und als weitere Folge wird das Grenzgebiet für die beiden Stromrichtungen verschieden durchlässig. Bei den „Trockengleichrichtern" (Kupferoxydulgleichrichter, Selengleichrichter) ist die Grenze flächenhaft. Bei den „Kristallgleichrichtern"

(Weiterentwicklung der „Detektoren") sitzt eine Metallspitze auf dem Halbleiter auf (besonders eignen sich Germanium und Silizium). Gleichzurichtende Leistungen bei Halbleitergleichrichtern meist gering, da Wirkungsgrad nicht groß.

Gleichrichter mit Glühkatode: Sie nutzen aus, daß Elektronen aus der Glühkatode nur austreten können, wenn diese negativer als die Gegenelektrode ist.

1. Hochvakuumrohr (Abb. 153), Anwendung wegen der geringen Stromstärken besonders in der Schwachstromtechnik, außerdem infolge des hohen Spannungsabfalles über dem Rohr schlechter Wirkungsgrad. Wird bevorzugt auch bei stromschwachen Gleichrichteranlagen hoher Spannungen, z. B. zum Gleichrichten bei Röntgenanlagen.

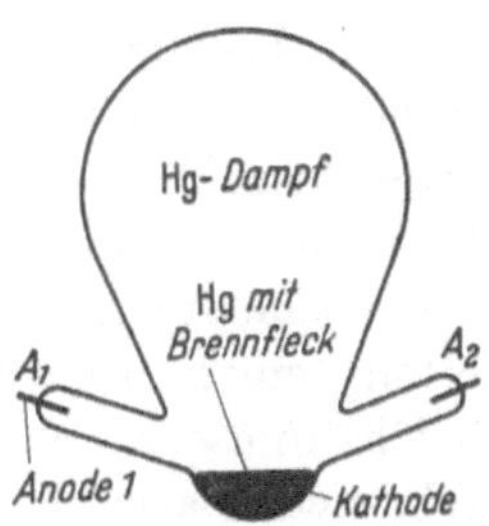

Abb. 293. Quecksilberdampfgleichrichter

2. Gasentladungsgefäße, am bekanntesten ist der Quecksilberdampfgleichrichter (Abb. 293). Anwendung besonders in der Starkstromtechnik, Ströme bis 50000 A, Sperrspannungen bis 50 kV, η bis 99%.

2. Umformung Gleichstrom → Wechselstrom

> Die Umformung Gleichstrom → Wechselstrom heißt in der Starkstromtechnik Wechselrichtung, in der Schwachstromtechnik Schwingungserzeugung (Selbsterregung)[1]

Anwendungen: Das Problem der Umformung von Gleichstrom → Wechselstrom ist grundlegend wichtig für die Schwachstromtechnik. Denn die drahtlose Nachrichtenübermittlung verlangt eine Speisung der Antenne mit Wechselstrom, da das Phänomen der Abstrahlung elektromagnetischer Wellen nur bei diesem, nicht aber bei Gleichstrom auftritt; dabei sind verhältnismäßig hohe Frequenzen erforderlich, weil dann erst die Abstrahlung bei technisch brauchbaren Antennenabmessungen merklich wird. Aber auch die leitungsgebundene Nachrichtenübermittlung wird kostensparender, wenn man die Nachricht einem Wechselstrom aufmoduliert. In der Starkstromtechnik wird der Wechselrichter in Zukunft bei der Rückwandlung höchstgespannter übertragener Gleichströme in Wechselströme am Ende der Übertragungsstrecke eine Rolle spielen.

---

[1] Der grundsätzlichere Unterschied ist: Bei Selbsterregung muß die Frequenz, bei Wechselrichtung kann sie mit geschaffen werden. Im letzterwähnten Fall kann sie als steuernde Frequenz von fernher zugeleitet werden.

Grundsätzliches

1. Um eine bestimmte Frequenz zu erzeugen, braucht man Blindwiderstände als Schaltelemente, da Wirkwiderstände für alle Frequenzen ein gleiches Verhalten zeigen, also keine Frequenz bevorzugen.

2. Da das Umformelement von der Wechselstromseite aus gesehen ein Wechselgenerator ist, der Leistung im Mittel abgeben soll (Wirkleistung), müssen beim Blick von der Wechselstromseite her zum Umformerelement Strom und Spannung einander entgegengesetzt gerichtet sein. Das Umformerelement muß also einen negativen Wirkwiderstand darstellen (mindestens einen negativen Wirkwiderstandsanteil enthalten). Von der Gleichstromseite aus in dieses hineingesehen erscheint es als Leistungsverbraucher, also als Ohmscher Widerstand.

3. Da dem Umformerelement Gleichleistung zugeführt, aber Wechselleistung entnommen wird, sind, weil letztere zeitlich schwankt, weitere Blindschaltelemente zur Energiespeicherung erforderlich, nur nicht bei Drehstrom mit seinem gleichmäßigen Energiefluß (Gl. 207).

Ausführung: In der Schwachstromtechnik verwendet man Elektronenröhren in sog. Rückkopplungsschaltungen, in der Starkstromtechnik Gasentladungsgefäße ebenso in besonderer Schaltung, wobei meist die erwünschte Frequenz mit schwacher Leistung schon vorhanden ist und benutzt wird, die Gleichleistung in Wechselleistung umzusteuern.

Aufgaben zum 4. Kapitel

44. Welche Beziehung besteht in 1. Näherung bei einem Trafo oder einer Drossel zwischen der Spannung je Windung und dem Maximalwert der Induktion? Beispiel: Trafo für 220/350 V, 50 Hz, $B_m = 12000$ G; Eisenquerschnitt 6 cm². Welche Phasenlage haben induzierte Spannung und Fluß zueinander, welche Fluß und Strom bei einer verlustfreien Drossel?

45. a) Bestimme Scheinwiderstand und Phasenwinkel für die Parallelschaltung von Widerstand und Kapazität.

b) Allgemein für die Parallelschaltung für Wirk- und Blindwiderstand.

c) Beispiel $R = 100\ \Omega$, $C = 2\,\mu$F, $f = 800$ Hz.

46. a) Welchen Ohmschen Widerstand,

b) welche Kapazität muß man einem Ohmschen Widerstand vorschalten, damit dieser halb soviel Leistung als bei direktem Anschluß an das Netz aufnimmt?

Welche Spannungen liegen über den Teilwiderständen, wie groß sind bei b) Wirkleistung, Blindleistung, Scheinleistung?

Beispiel: $U = 200$ V, $R = 50\ \Omega$, $f = 50$ Hz.

47. Ein Wechselstrommotor an 220 V, 50 Hz gibt 5 kW Leistung ab. Sein Wirkungsgrad beträgt 75%, $\cos\varphi = 0{,}7$. Welchen Strom nimmt er auf? Wie groß ist der Wirkstrom, der (induktive) Blindstrom? Welche Kapazität muß parallel geschaltet werden, um diesen zu kompensieren?

48. a) Wie ändern sich die Wirbelstromverluste mit der Frequenz, wie die Hystereseverluste?

b) Wie kann man beide Anteile experimentell aus den Gesamtverlusten ermitteln?

Anhang

I. Einheiten und Einheitensysteme[1]

A. Die heute geltenden Einheiten

Sie beruhen auf dem 1954 festgelegten „Internationalen Einheitensystem". Unter diesem Ausdruck ist die Festlegung der sechs voneinander unabhängigen Einheiten Meter, Kilogramm, Sekunde, Ampere, Grad Kelvin, Candela zu verstehen.

1. Ampere und Volt; Feldkonstanten

1.1. Die (absoluten) praktischen Einheiten: Seit 1. Januar 1948 gelten international die absoluten Einheiten Volt V und Ampere A. Sie sind definiert durch die beiden Festlegungen, daß die Beziehungen

$$1\,\mathrm{VAs} = 1\,\mathrm{Joule} = 1\,\mathrm{J} = 1\,\mathrm{Ws} = 1\,\mathrm{Nm} = 1\,\frac{\mathrm{kg\,m^2}}{\mathrm{s^2}}\,, \tag{1}$$

$$\mu_0 = \frac{4\pi}{10^7}\,\frac{\mathrm{Am}}{\mathrm{Vs}} \tag{2}$$

exakt gelten sollten. N ist die Krafteinheit Newton, W die Leistungseinheit Watt, kg die Masseneinheit Kilogramm, μ_0 die Induktionskonstante (magnetische Feldkonstante).

1.2. Feldkonstanten: Indem man (1) in (2) einsetzt, erhält man

$$\left.\begin{aligned}\mu_0 &= \frac{4\pi}{10^7}\,\frac{\mathrm{N}}{\mathrm{A^2}} = \frac{4\pi}{10^7}\,\frac{\mathrm{Vs}}{\mathrm{Am}} = 1{,}256637\ldots 10^{-6}\,\frac{\mathrm{Vs}}{\mathrm{Am}}\\ &= \frac{4\pi}{10^7}\,\frac{\mathrm{H}}{\mathrm{m}} = 1{,}256637\ldots 10^{-6}\,\frac{\mathrm{H}}{\mathrm{m}}\,.\end{aligned}\right\} \tag{3}$$

H ist die Einheit Henry der Induktivität.

Durch μ_0 nach (2) und durch den aus *Messungen* ermittelten Wert der Wellengeschwindigkeit im Vakuum

$$c_0 \approx 2{,}99792 \cdot 10^8\,\frac{\mathrm{m}}{\mathrm{s}} \tag{4}$$

[1] Von J. Fischer.

(Bestwert 1954) ist die Influenzkonstante (Verschiebungskonstante, elektrische Feldkonstante) ε_0 bestimmt zu

$$\varepsilon_0 = \frac{1}{\mu_0 c_0^2} \approx 0{,}88542 \cdot 10^{-11} \frac{\mathrm{As}}{\mathrm{Vm}} = 0{,}88542 \cdot 10^{-11} \frac{\mathrm{F}}{\mathrm{m}} \tag{5}$$

F ist die Einheit Farad der Kapazität.

2. Grundeinheiten

Als die vier voneinander unabhängigen Grundeinheiten gelten: Das Meter m für die Länge, das Kilogramm kg für die Masse, die Sekunde s für die Zeit, das Ampere A für die elektrische Stromstärke. Die drei erstgenannten Grundeinheiten sollen hier nicht erörtert werden. Für die vierte Grundeinheit besteht die folgende Definition, die die 9. Generalkonferenz für Maß und Gewicht 1948 angenommen hat (in sinngemäßer Übertragung der angenommenen Formulierung ins Deutsche):

„Zwei unendlich lange, parallele gerade Leiter von vernachlässigbarem Querschnitt, deren Substanz die Permeabilität des Vakuums hat, sind im Vakuum im Abstand von 1 m voneinander angeordnet; sie werden von einem Gleichstrom durchflossen. Dieser hat die Stromstärke 1 Ampere, wenn die elektrodynamisch verursachte Kraft zwischen beiden Leitern $2 \cdot 10^{-7}$ Newton für jeden Längenabschnitt der Anordnung beträgt, der aus einander gegenüberliegenden Leiterteilen von 1 m Länge besteht."

Ist I die Stromstärke in den beiden Leitern, a ihr Abstand, l die betrachtete Länge, so ist die elektrodynamisch verursachte Kraft[1]

$$F = \frac{\mu_0 I^2 l}{2\pi a}\,. \tag{6}$$

Setzt man die angegebenen Werte ein, so erhält man

$$2 \cdot 10^{-7}\,\mathrm{N} = \mu_0 \frac{\mathrm{A}^2}{2\pi}$$

und hieraus μ_0, wie in (3) angegeben.

3. Abgeleitete Einheiten

Aus den in 2. genannten vier Grundeinheiten werden die Einheiten der elektrischen und magnetischen Größen abgeleitet. Geschieht dies in der Weise, daß in den durch Gleichungen ausgedrückten Beziehungen der Einheiten untereinander nur die Zahl eins (exakt) vorkommt, so spricht man von *kohärenten* Einheiten.

---

[1] Gl. (188).

4. Praktische Darstellung der abgeleiteten Einheiten

4.1. Es ist nicht gebräuchlich, die Einheiten der elektrischen und magnetischen Größen mit Hilfe der Grundeinheit kg der Masse auszudrücken. Einerseits ist die Masse als Größe der Mechanik für die Beschreibung der elektrischen und magnetischen Vorgänge immer nur dort von Bedeutung, wo diese mit rein mechanischen Vorgängen in Zusammenhang treten, andererseits gehen alle praktischen Messungen der elektrischen und der magnetischen Größen zurück auf Messungen von elektrischen Stromstärken, Stromstößen (Ladungen), Spannungen, Spannungsstößen. Mit Rücksicht hierauf stellt man seit G. MIE (1910) die Einheiten dar nicht mit Hilfe der Masseneinheit kg, sondern der Einheit der elektrischen Spannung Volt (V), indem man gemäß (1) setzt

$$\mathrm{kg} = \frac{\mathrm{V\,As^3}}{\mathrm{m^2}}, \quad \mathrm{V} = \frac{\mathrm{kg\,m^2}}{\mathrm{As^3}} \tag{7}$$

Erst durch diese Darstellungsweise werden die Einheiten für den praktischen Gebrauch durchsichtig.

4.2. Die aus m, kg, s, A kohärent abgeleiteten elektrischen und magnetischen Einheiten sind nach dem Gesagten, vgl. (1), kohärent mit den mechanischen Einheiten, die kohärent aus m, kg, s abgeleitet sind[1]. Auch wenn man die Darstellung von Mie wählt, das heißt in den Einheiten und Einheitengleichungen mit (7) das kg durch das V ersetzt, spricht man von dem Giorgischen System oder MKSA-System.

4.3. Die Einheiten des Mieschen Systemes entstehen, indem man die Stromstärkeeinheit A und die Spannungseinheit V nach (1), (2), (7), die Zeiteinheit s und die Längeneinheit cm benutzt. Die Einheiten dieses Systemes sind nicht kohärent mit den aus m, kg, s kohärent abgeleiteten mechanischen Einheiten (die Krafteinheit ist 1 J/cm = 100 N, die Masseneinheit 10^4 kg). Dagegen ist dieses System in der Elektrotechnik verbreitet, weil die Einheiten dieses Systemes in vielen Fällen handliche Zahlenwerte ergeben.

Es wäre ein Irrtum anzunehmen, die abgeleiteten Einheiten dürften folgerichtig nur mit der Längeneinheit m gebildet werden, weil das Meter eine Einheit des sogenannten „Internationalen Einheitensystemes" ist, aber nicht das Zentimeter. Wollte man die Auffassung, daß nur die Einheiten dieses Systemes Grundeinheiten sein dürften, folgerichtig einhalten, so dürfte man die Einheiten auch nicht mit Hilfe der Einheit Volt schreiben, sondern müßte kg beibehalten.

---

[1] G. GIORGI 1901.

4.4. Namen und Zeichen praktischer Einheiten: für

die elektrische Stromstärke	I:	1 Ampere	= 1 A,	
die elektrische Spannung	U:	1 Volt	= 1 V,	
die Energie	W:	1 Joule	= 1 J	= 1 VAs,
die Leistung	P:	1 Watt	= 1 W	= 1 VA,
die Kraft	F:	1 Newton	= 1 N	= 1 J/m,
den elektrischen Widerstand	R:	1 Ohm	= 1 Ω	= 1 V/A,
den elektrischen Leitwert	$1/R$:	1 Siemens	= 1 S	= 1 A/V,
die elektrische Kapazität	C:	1 Farad	= 1 F	= 1 As/V = 1 s/Ω,
die Induktivität	L:	1 Henry	= 1 H	= 1 Vs/A = 1 s/Ω,
die elektrische Ladung	Q:	1 Coulomb	= 1 C	= 1 As,
den magnetischen Fluß	Φ:	1 Weber	= 1 Wb	= 1 Vs,
die magnetische Induktion	B:	1 Tesla	= 1 T	= 1 Wb/m^2.

B. Die (früheren) internationalen Einheiten

Es waren 1908 international vereinbart und festgelegt worden:

a) das Quecksilberfaden-Ohm Ω_{int},

b) das Silbervoltameter-Ampere A_{int}.

Die Benennung „internationale Einheiten“ ist bisher beibehalten worden, obwohl diese Einheiten international ersetzt worden sind durch die (absoluten) praktischen Einheiten. Einheiten, die A_{int} und Ω_{int} zu Grundeinheiten haben, werden kurz und unmißverständlich auch Ag-Hg-Einheiten genannt.

Es ist zweckmäßig, die (absoluten) praktischen Einheiten ohne Index, die internationalen mit dem Index int zu schreiben, wenn eine Unterscheidung erforderlich ist.

Vergleich der internationalen mit den (absoluten) praktischen Einheiten durch

$$\frac{\Omega_{\text{int}}}{\Omega} = p, \quad \frac{V_{\text{int}}}{V} = pq, \quad \frac{A_{\text{int}}}{A} = q, \quad \frac{V_{\text{int}} A_{\text{int}}\, s}{J} = pq^2 \tag{7}$$

Als Umrechnungsfaktoren hat das Internationale Komitee für Maß und Gewicht 1946 bekanntgegeben $p = 1{,}00049$ und $pq = 1{,}00034$, woraus folgt $q = 0{,}99985$ und $pq^2 = 1{,}00019$.

C. Einheiten magnetischer Größen mit besonderen Namen

für die magnetische Induktion B:

$$1\,\text{Gauss} = 1\,\text{G} = 10^{-8}\,\frac{\text{Vs}}{\text{cm}^2} = 10^{-4}\,\frac{\text{Vs}}{\text{m}^2},$$

für die magnetische Feldstärke H:

$$1\,\text{Oersted} = 1\,\text{Oe} = \frac{10}{4\pi}\,\frac{\text{A}}{\text{cm}} = \frac{10^3}{4\pi}\,\frac{\text{A}}{\text{m}},$$

für den magnetischen Fluß Φ:

$$1\,\text{Maxwell} = 1\,\text{M} = 1\,\text{G}\,\text{cm}^2 = 10^{-8}\,\text{Vs} = 10^{-8}\,\text{Wb},$$

für die magnetische Spannung V:

$$1\,\text{Gilbert} = 1\,\text{Gb} = 1\,\text{Oe}\,\text{cm} = \frac{10}{4\pi}\,\text{A}$$

Diese Einheiten sind also nicht kohärent mit den in 4.3 aufgeführten Einheiten: $10/4\pi = 0{,}79577\ldots$ Ihre Kenntnis ist unentbehrlich für das Verständnis und die Auswertung der elektrotechnischen Literatur.

D. Die CGS-Einheiten

Einheiten, die mit den drei mechanischen Grundeinheiten cm, g, s gebildet sind, nennt man CGS-Einheiten. Zum Beispiel sind die CGS-Einheiten der Energie

$$1\,\text{erg} = 1\,\text{cm}^2\,\text{g/s}^2 = 10^{-7}\,\text{Joule}$$

und der Kraft

$$1\,\text{dyn} = 1\,\text{cm}\,\text{g/s}^2 = 10^{-5}\,\text{Newton}.$$

Es gibt elektrostatische und elektromagnetische CGS-Einheiten der elektrischen und magnetischen Größen. Für die erste Art hatte man früher angenommen, daß die Dielektrizitätskonstante des leeren Raumes ε_0 gleich der reinen Zahl eins sei, für die zweite Art, daß die Permeabilität des leeren Raumes μ_0 gleich der reinen Zahl eins sei. Man hat also nach heutiger Auffassung in jedem Fall eine physikalische Größe zu einer reinen Zahl gemacht. Hält man ein solches Vorgehen für willkürlich und unzulässig, so erklärt man nach J. Wallot die elektrostatischen CGS-Einheiten als abgeleitet aus den Grundeinheiten cm, g, s, ε_0, und die elektromagnetischen CGS-Einheiten als abgeleitet aus den Grundeinheiten cm, g, s, μ_0. Auf dieser (umfassenden) Wallotschen Einheitentheorie gründet sich die Umrechnung der Zahlenwerte und Einheiten im folgenden Abschnitt E.

E. Tafel zur Umrechnung von Zahlenwerten und von Einheiten

	1		2	3	4	5
				Einheitenverhältnisse		
	Größe und Formelzeichen G		(Abs.) prakt. Einheit $[G]_p$	$\frac{[G]_m}{[G]_p}$	$\frac{[G]_e}{[G]_p}$	$\frac{[G]_m}{[G]_e}$
1	el. Stromstärke	I	A	10	$\frac{10}{\alpha}$	α
2	el. Stromdichte	G	$\frac{A}{cm^2} = 10^4 \frac{A}{m^2}$	10	$\frac{10}{\alpha}$	α
3	el. Ladung	Q	As	10	$\frac{10}{\alpha}$	α
4	el. Spannung	U	V	10^{-8}	$10^{-8}\alpha$	$\frac{1}{\alpha}$
5	el. Widerstand	R	$\frac{V}{A} = \Omega$	10^{-9}	$10^{-9}\alpha^2$	$\frac{1}{\alpha^2}$
6	spez. el. Widerstand	$\varrho = \frac{1}{\varkappa}$	$\frac{V\,cm}{A} = 10^{-2} \frac{Vm}{A}$	10^{-9}	$10^{-9}\alpha^2$	$\frac{1}{\alpha^2}$
7	el. Feldstärke	E	$\frac{V}{cm} = 10^2 \frac{V}{m}$	10^{-8}	$10^{-8}\alpha$	$\frac{1}{\alpha}$
8	Verschieb.dichte	D	$\frac{As}{cm^2} = 10^4 \frac{As}{m^2}$	$\frac{10}{4\pi}$	$\frac{10}{4\pi\alpha}$	α
9	Verschieb.fluß	Ψ	As	$\frac{10}{4\pi}$	$\frac{10}{4\pi\alpha}$	α
10	Dielektr. Konst.	ε	$\frac{As}{V\,cm} = 10^2 \frac{As}{Vm}$	$\frac{10^9}{4\pi}$	$\frac{10^9}{4\pi\alpha^2}$	α^2
11	Kapazität	C	$\frac{As}{V}$	10^9	$\frac{10^9}{\alpha^2}$	α^2
12	magn. Fluß	Φ	Vs	10^{-8}	$10^{-8}\alpha$	$\frac{1}{\alpha}$
13	magn. Induktion	B	$\frac{Vs}{cm^2} = 10^4 \frac{Vs}{m^2}$	10^{-8}	$10^{-8}\alpha$	$\frac{1}{\alpha}$
14	magn. Feldstärke	H	$\frac{A}{cm} = 10^2 \frac{A}{m}$	$\frac{10}{4\pi}$	$\frac{10}{4\pi\alpha}$	α
15	magn. Leitwert	$\Lambda = \frac{1}{R_m}$	$\frac{Vs}{A}$	$\frac{4\pi}{10^9}$	$\frac{4\pi\alpha^2}{10^9}$	$\frac{1}{\alpha^2}$
16	Permeabilität	μ	$\frac{Vs}{A\,cm} = 10^2 \frac{Vs}{Am}$	$\frac{4\pi}{10^9}$	$\frac{4\pi\alpha^2}{10^9}$	$\frac{1}{\alpha^2}$
17	Induktivität	L, M	$\frac{Vs}{A}$	10^{-9}	$10^{-9}\alpha^2$	$\frac{1}{\alpha^2}$
18	Energie, Arbeit	W	V As = J	10^{-7}	10^{-7}	1
19	Leistung	P	VA = W	10^{-7}	10^{-7}	1
20	Kraft	F	$\frac{V\,As}{cm} = 10^2 \frac{V\,As}{m}$	10^{-7}	10^{-7}	1

Zum Gebrauch der Tafel

Bedeutung der Zeichen: In der Tafel bedeutet $[G]_p$ die absolute rationale praktische Einheit der Größe G, deren Zeichen und Namen in der 1. Spalte angegeben ist. $[G]_p$ ist in der 2. Spalte nach G. Mie mit Hilfe von V, A, s, cm ausgedrückt. $[G]_m$ bedeutet die nicht rationale (ursprüngliche, gebräuchliche) elektromagnetische CGS-Einheit und $[G]_e$ die nicht rationale (ursprüngliche, gebräuchliche) elektrostatische CGS-Einheit. α ist der Zahlenwert der Vakuum-Wellengeschwindigkeit, gemessen in cm/s, also (Bestwert 1954):

$$\alpha \approx 2{,}99792 \cdot 10^{10}$$

Es ist $4\pi = 12{,}566371 \ldots$ und $1/4\pi = 0{,}079577 \ldots$

Umrechnung der Zahlenwerte und der Einheiten: Wird dieselbe Größe G in zwei verschiedenen Einheiten $[G]_1$ und $[G]_2$ gemessen, so verhalten sich die Zahlenwerte $\{G\}_1$ und $\{G\}_2$ umgekehrt zueinander, wie die zugehörigen Einheiten:

$$\frac{\{G\}_1}{\{G\}_2} = \frac{[G]_2}{[G]_1}$$

Umrechnung zwischen dem absoluten, rationalen, *praktischen System*, dem nicht rationalen *elektromagnetischen CGS-System* und dem nicht rationalen *elektrostatischen CGS-System:* durch Benutzung der Spalten 3, 4 und 5.

Beispiel: Nach Zeile 1 und 4 ist

$$1\,\mathrm{A} = \frac{1}{10}[\mathrm{I}]_m = \frac{\alpha}{10}[\mathrm{I}]_e, \quad 1\,\mathrm{V} = 10^8\,[\mathrm{U}]_m = \frac{10^8}{\alpha}[\mathrm{U}]_e$$

Umrechnung aus den internationalen Einheiten A_{int} und V_{int} und auf diese: Durch Benutzung der Beziehungen

$$\frac{A_{int}}{A} = q = 0{,}99985 \quad \text{und} \quad \frac{V_{int}}{V} = pq = 1{,}00034$$

für $[G]_p$ in Spalte 2. — Beispiel:

$$\frac{\Omega_{int}}{\Omega} = p = 1{,}00049, \quad \frac{J_{int}}{J} = pq^2 = 1{,}00019$$

Bezugnahme auf die Grundeinheiten m, kg, s und μ_0: in $[G]_p$ in Spalte 2 beibehalten m und s, einsetzen

$$1\,\mathrm{V} = 1\,\frac{\mathrm{m}}{\mathrm{s}^2}\sqrt{\frac{10^7}{4\pi}\mu_0\,\mathrm{kg\,m}}, \quad 1\,\mathrm{A} = 1\,\frac{1}{\mathrm{s}}\sqrt{\frac{4\pi}{10^7}\,\frac{\mathrm{kg\,m}}{\mu_0}}.$$

Bezugnahme auf die Grundeinheiten m, kg, s und A des MKSA-Systemes oder Giorgischen Systemes: In $[G]_p$ in Spalte 2 beibehalten m, s, A und einsetzen

$$1\,\mathrm{V} = 1\,\frac{\mathrm{m^2\,kg}}{\mathrm{A\,s^3}}$$

Umrechnung von Energie-Einheiten

	J	kW h	$kcal_{IT}$	kp m	PS h	e MV
1 J =	1	$2{,}7778 \cdot 10^{-7}$	$2{,}3885 \cdot 10^{-4}$	0,10197	$3{,}7767 \cdot 10^{-7}$	$0{,}62422 \cdot 10^{13}$
1 kW h =	$3{,}6 \cdot 10^{6}$	1	$0{,}85984 \cdot 10^{3}$	$3{,}6708 \cdot 10^{5}$	1,3596	$2{,}2472 \cdot 10^{19}$
1 $kcal_{IT}$ =	$4{,}1868 \cdot 10^{3}$	$1{,}1630 \cdot 10^{-3}$	1	$4{,}2694 \cdot 10^{2}$	$1{,}5812 \cdot 10^{-3}$	$2{,}6135 \cdot 10^{16}$
1 kp m =	9,80665	$2{,}7241 \cdot 10^{-6}$	$2{,}3423 \cdot 10^{-3}$	1	$3{,}7037 \cdot 10^{-6}$	$6{,}1215 \cdot 10^{13}$
1 PS h =	$2{,}6478 \cdot 10^{6}$	0,7355	$6{,}3241 \cdot 10^{2}$	$2{,}7 \cdot 10^{5}$	1	$1{,}6528 \cdot 10^{19}$
1 e MV =	$1{,}6020 \cdot 10^{-13}$	$0{,}4450 \cdot 10^{-19}$	$3{,}8263 \cdot 10^{-17}$	$1{,}6336 \cdot 10^{-14}$	$6{,}0503 \cdot 10^{-19}$	1

Ausführlichere Darstellungen einschließlich Schreibweisen der Größengleichungen und der Zahlenwertgleichungen: ATM-Blatt V 04–3 (1953), Taschenbuch für Elektrotechniker, Band I, 1952, S. 247–260, Hütte, Des Ingenieurs Taschenbuch, Band I, 28. Aufl. 1955, S. 238–263.

F. Energie-Einheiten

1 Joule siehe (1), 1 erg $= 10^{-7}$ Joule,

1 kp m = 1 kg m $\cdot g_n$;

kp ist die Krafteinheit Kilopond (≡ Kilogramm Kraft kg f),

g_n ist der Normwert der Fallbeschleunigung $g_n = 9{,}80665\ \mathrm{m/s^2} = \beta\ \mathrm{m/s^2}$. Die Zahl $\beta = 9{,}80665$ ist absolut genau, da durch Vereinbarung festgelegt. $1/\beta = 0{,}101972\ldots$ Es ist also

1 kp m $= \beta$ Joule.

Ferner:

$$1\ \mathrm{kW\,h} = 3{,}6 \cdot 10^{6}\ \mathrm{J},$$

$$1\ \mathrm{PS\,h} = 2{,}7 \cdot 10^{5}\ \mathrm{kp\,m},$$

$$1\ \mathrm{kcal_{IT}} = 4{,}1868 \cdot 10^{3}\ \mathrm{J},$$

$$1\ \mathrm{e\,MV} = 1{,}602 \cdot 10^{-13}\ \mathrm{J}.$$

G. Vorsätze zur Bezeichnung von Vielfachen und von Teilen von Einheiten

da	Deka	$= 10^{1}$	d	Dezi	$= 10^{-1}$
h	Hekto	$= 10^{2}$	c	Zenti	$= 10^{-2}$
k	Kilo	$= 10^{3}$	m	Milli	$= 10^{-3}$
M	Mega	$= 10^{6}$	μ	Mikro	$= 10^{-6}$
G	Giga	$= 10^{9}$	n	Nano	$= 10^{-9}$
T	Tera	$= 10^{12}$	p	Piko	$= 10^{-12}$

II. Einige wichtige Konstanten

Induktionskonstante (Permeabilität des Vakuums)

$$\mu_0 = \frac{4\pi}{10^7} \frac{\mathrm{Vs}}{\mathrm{Am}} = 1{,}256637\ldots 10^{-6} \frac{\mathrm{Vs}}{\mathrm{Am}}$$

Festsetzung.

Vakuum-Wellengeschwindigkeit

$$c_0 \approx 2{,}99792 \cdot 10^8 \frac{\mathrm{m}}{\mathrm{s}}$$

Meßwert (Bestwert 1954).

Influenzkonstante (Dielektrizitätskonstante des Vakuums)

$$\varepsilon_0 = \frac{1}{\mu_0 c_0^2} \approx 0{,}88542 \cdot 10^{-11} \frac{\mathrm{As}}{\mathrm{Vm}}$$

Vakuum-Wellenwiderstand

$$\Gamma_0 = \mu_0 c_0 \approx 376{,}73 \frac{\mathrm{V}}{\mathrm{A}}$$

Spannung des WESTON-Normalelementes bei 20 °C

$$U_{WN} = 1{,}01865\ \mathrm{V}$$

Betrag der elektrischen Elementarladung

$$e = 1{,}602 \cdot 10^{-19}\ \mathrm{As}$$

Äquivalentladung (Faraday-Konstante)

$$F = 9{,}6479 \cdot 10^4\ \mathrm{As}$$

BOLTZMANNsche Konstante

$$k = 1{,}380 \cdot 10^{-23} \frac{\mathrm{J}}{\mathrm{grd}}$$

PLANCKsches Wirkungsquant

$$h = 6{,}623 \cdot 10^{-34}\ \mathrm{Js}$$

III. Vorzeichen der Größen

Das Vorzeichen einer Größe wird durch zwei Richtungen bestimmt: Durch die Richtung der betreffenden Größe (ausgedrückt durch einen Richtungspfeil) und durch die Richtung eines Zählpfeiles. Man muß Richtungspfeil und Zählpfeil wohl unterscheiden.

Der Richtungspfeil einer Größe gibt (für den gerade betrachteten Zeitpunkt) deren Richtung an. Für die richtungsbehafteten Größen

(Strömungsgrößen und Spannungsgrößen) muß man daher wissen, wie ihre Richtung definiert wurde, z.B. bei der Stromstärke: Strömungsrichtung der positiven Ladungsträger. Bei Wechselstrom wechselt also der Richtungspfeil von Halbperiode zu Halbperiode.

Der **Zählpfeil** für eine Größe gibt an, daß die Größe, wenn sie diese Richtung besitzt, also wenn der Richtungspfeil die gleiche Richtung hat wie der Zählpfeil, das positive Vorzeichen erhalten soll. Ist die Größe entgegengesetzt gerichtet (der Richtungspfeil weist also dem Zählpfeil entgegen), so erhält sie folgerichtig das negative Zeichen. Der Zählpfeil wird vom Menschen gewählt, er kann bei der gleichen Schaltung grundsätzlich in der einen, aber auch in der entgegengesetzten Richtung zeigend gewählt werden. Bei Wechselstrom wechselt also der Zählpfeil nicht. Vom Vorzeichen einer Größe zu sprechen hat nur Sinn bei einer der Größe zugrunde gelegten Zählpfeilrichtung.

Beispiel: Stromdurchflossener Leiterzweipol AB (Abb. 294a–c). Die negativen Elektronen mögen in allen Fällen von B nach A (die positiv gedachten Ersatzladungsträger also von A nach B) strömen. Mithin I-Richtungspfeile von A nach

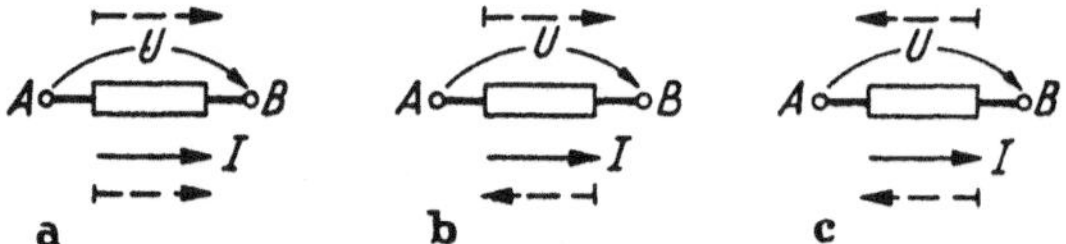

Abb. 294 a–c. Richtungspfeile ausgezogen, Zählpfeile gestrichelt

B. Die positiven Ersatzladungsträger verlieren elektrische Energie beim Lauf von A nach B, also U-Richtungspfeile von A nach B. Man muß die Zählpfeile für I und U wählen, z.B. wie in Abb. 294a oder b oder c. Dann ergeben sich folgende Vorzeichen:

	294a	294b	294c
Stromstärke	$+I$	$-I$	$-I$
Spannungsabfall	$+U$	$+U$	$-U$
Dann gilt[1]	$U = IR$	$U = -IR$	$U = IR$

Die Zählpfeile wählt man möglichst in Richtung der für den dargestellten Augenblick zutreffenden Richtungspfeile. Wir wollen die Zählpfeile dann abkürzend als „angepaßte" Zählpfeile bezeichnen. Bei angepaßten Zählpfeilen ergeben sich vorteilhafterweise nur positive Vorzeichen.

Eine gewisse Ausnahme spielen die wirbelverkoppelten Größen. Hier ist es üblich, die Zählpfeile von Wirbelseele und Umwirbelndem gemäß

[1] Der Widerstand war definiert als $R = U/I$ für „angepaßte" Zählpfeilrichtung (s. u.).

der Rechtsschraube zu wählen (Abb. 295 a). Dann ergibt sich im Induktionsgesetz das negative Zeichen $E = -\frac{d\Phi}{dt}$. Man kann grundsätzlich aber auch die Zählpfeilzuordnung entgegengesetzt der Rechtsschraube wählen (Abb. 295 b). Dann ergibt sich im Induktionsgesetz ein positives Vorzeichen $E = +\frac{d\Phi}{dt}$.

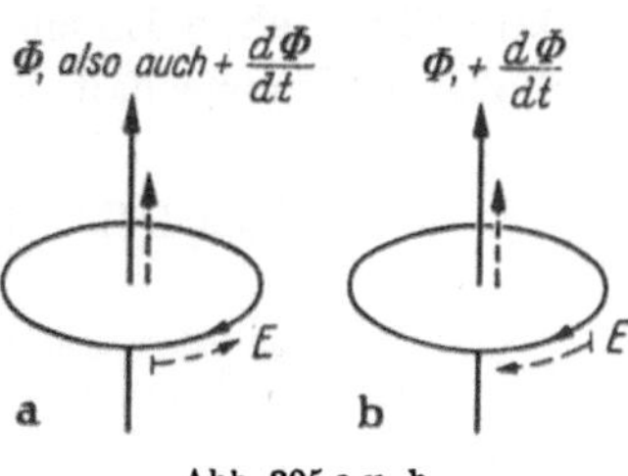

Abb. 295 a u. b.

Bei Gleichspannungen gilt als Besonderes: Das Urspannungsschaltzeichen enthält den (angepaßten) Zählpfeil mit, er verläuft von der kurzen dicken zur langen dünnen Platte. Sind +- und --Zeichen in Schaltungen eingezeichnet an Stelle eines Zählpfeiles, so ist der Zählpfeil bei Urspannungsstellen von − zu +, bei Spannungsabfallstrecken von + zu − verlaufend zu denken.

IV. Die wichtigsten Kurzzeichen auf Instrumenten

(Nach VDE 0410/X, Regeln für Meßgeräte)

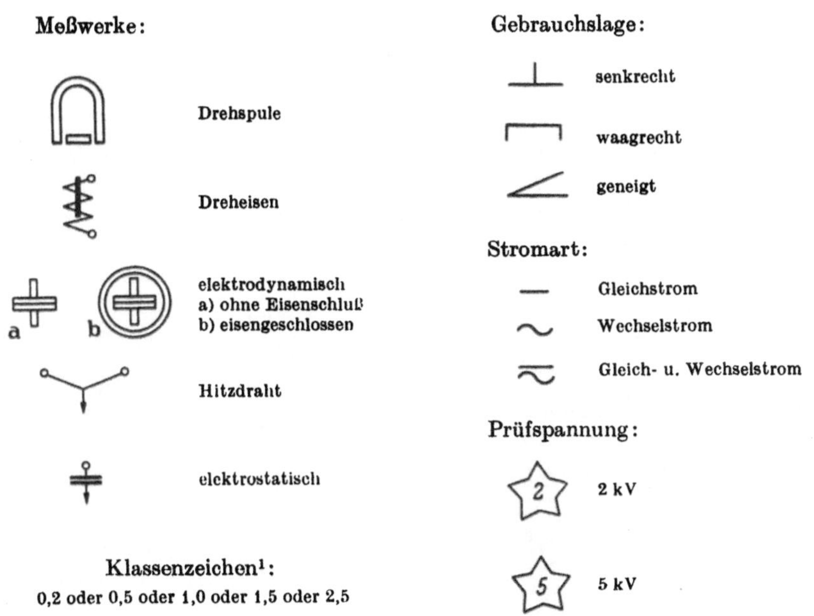

[1] Zulässiger Anzeigefehler ± 0,2; 0,5; 1,0; 1,5; 2,5% vom Skalenendwert bzw. der Skalenlänge bei $\vartheta = 20°$ und weiteren Bedingungen.

V. Die wichtigsten Schaltzeichen

Man unterscheidet bei komplizierten Geräten: Schaltkurzzeichen = Darstellung ohne Innenschaltung; Schaltzeichen = Darstellung mit symbolischer Innenschaltung.

(Nach DIN VDE 710···717 und DIN 40700)

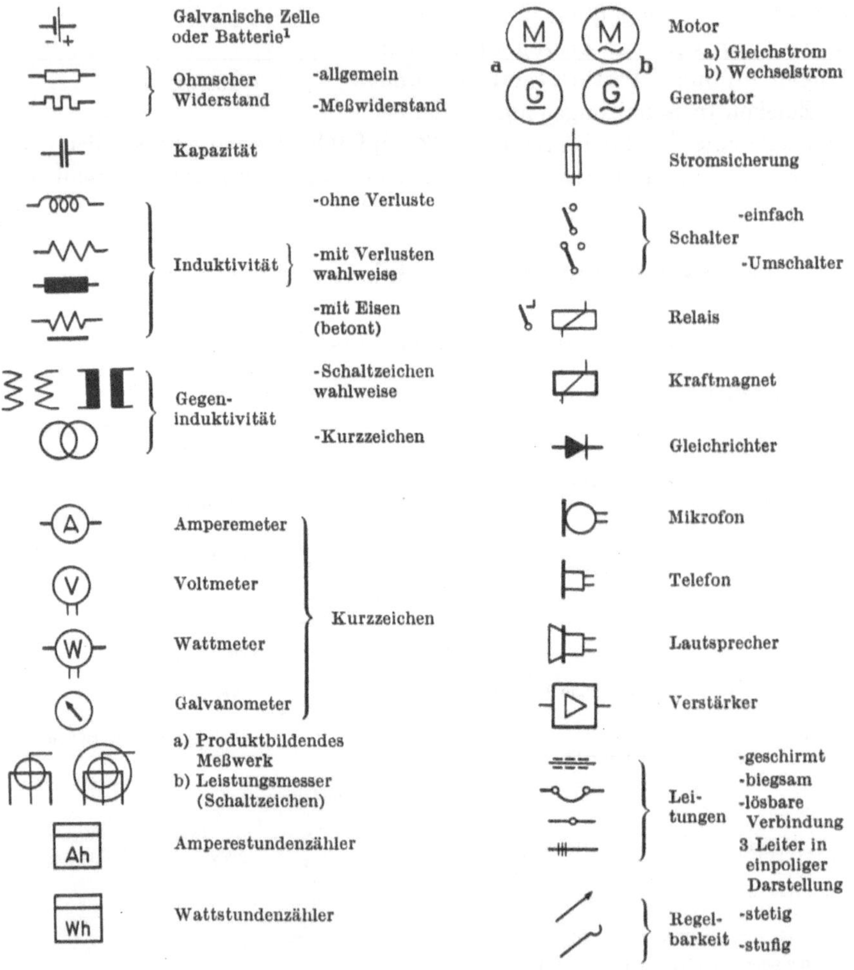

[1] Im vorliegenden Buch vornehmlich als Aushilfsschaltzeichen für Gleichurspannung verwendet.

VI. Lösungen der Aufgaben

Beachte:

1. *Reihenfolge bei der Rechnung:* Die aus dem Ansatz sich ergebende Größengleichung (= Buchstabengleichung) wird, bevor man die Zahlenrechnung beginnt, nach der Unbekannten aufgelöst und dann die rechte Gleichungsseite derart umgeformt, daß darin nur vorgegebene Größen stehen. Nun erst beginnt das Ersetzen der vorgegebenen Größen durch Zahlenwert × Einheit (andernfalls rechnet man Faktoren, die sich evtl. kürzen oder zusammenfassen lassen, erst unnötig aus). Zur Kontrolle benutzt man die Bedingung, daß die Unbekannte sich in einer für sie passenden Einheit ergeben muß. Zweckmäßig mit Zehnerpotenzen rechnen.

2. Ist eine Größe x als Funktion von anderen $y_1, y_2 \ldots$ gegeben $x = f\,(y_1, y_2 \ldots)$, so benutzt man zum Ermitteln der häufig in der Praxis interessierenden prozentualen *Abweichungen* der Größe x (Δx = absolute Abweichung, $\Delta x/x$ = bezogene Abweichung, also Abweichung in %: $\frac{\Delta x}{x} 100$), wenn sich die y_ν gering ändern, die Differentialrechnung. In 1. Näherung ist bekanntlich:

$$\Delta x = \frac{\partial f}{\partial y_1} \Delta y_1 + \frac{\partial f}{\partial y_2} \Delta y_2 + \cdots$$

Treten die y_ν (versehen mit irgendwelchen Exponenten) als Faktoren eines Produktes auf, so „differenziert man logarithmisch", da sich dann sofort die bezogenen Abweichungen ergeben:

z.B. $x = \text{konst.}\, y_1^m \frac{1}{\sqrt{y_2}}$; $\ln x = \ln \text{konst.} + m \ln y_1 - \frac{1}{2} \ln y_2$;

$$\frac{\Delta x}{x} = m \frac{\Delta y_1}{y_1} - \frac{1}{2} \frac{\Delta y_2}{y_2}$$

Beachte:	$x = \text{konst.}\, y$	$x = \text{konst.}\, \sqrt{y}$	$x = \text{konst.}\, y^2$	$x = \frac{\text{konst.}}{y^n}$
	$\frac{\Delta x}{x} = \frac{\Delta y}{y}$	$\frac{\Delta x}{x} = \frac{1}{2} \frac{\Delta y}{y}$	$\frac{\Delta x}{x} = 2 \frac{\Delta y}{y}$	$\frac{\Delta x}{x} = -n \frac{\Delta y}{y}$
Prozentualer Fehler für x im Vergleich zu y	gleich	halb so groß	doppelt so groß	zusätzlich entgegengesetzt im Vorzeichen

3. Benutze beim *Rechnen mit* gegen 1 *kleinen Größen* (x) die sich durch Reihenentwicklung ergebenden Vereinfachungen:

z.B. $\frac{1}{1+x} \approx 1 - x$; $\frac{1}{a^2 - x^2} = \frac{1}{a^2\left[1 - \left(\frac{x}{a}\right)^2\right]} \approx \frac{1}{a^2}\left[1 + \left(\frac{x}{a}\right)^2\right]$,

wenn $\frac{x}{a} \ll 1$

4. Das Rechnen mit einer größeren *Genauigkeit* als erfragt ist, ist Zeitvergeudung. Meist genügt mit Hinblick auf die Ungenauigkeiten der Meßinstrumente der Rechenschieber. Das Ausrechnen auf einen größeren Genauigkeitsgrad als den Ungenauigkeiten, die den einzelnen vorgesehenen Größen anhaften, entspricht, ist Selbsttäuschung und verrät Unwissenheit.

Lösungen

Nr. 1: a) Die gesuchte Entfernung Kabelanfang–Kurzschlußpunkt sei L, beachte Hin- + Rückleitung:

$$R = \varrho \frac{2L}{q}; \quad L = \frac{Rq}{2\varrho} = \frac{Rd^2\pi}{8\varrho} = \frac{13{,}1\,\Omega \cdot 0{,}81\,\text{mm}^2\,\pi}{8 \cdot 17{,}8 \cdot 10^{-3}\,\Omega\,\frac{\text{mm}^2}{\text{m}}} = 234\,\text{m}$$

b) α: $\ln L = \ln R + 2\ln d + \ln\frac{\pi}{8} - \ln\varrho$;

$$\frac{\Delta L}{L} = 2\frac{\Delta d}{d} = 2(\pm 2\%) = \pm 4\%; \quad \Delta L = \pm 9{,}4\,\text{m}$$

$$\beta\colon \quad \frac{\Delta L}{L} = -\frac{\Delta\varrho}{\varrho} = -3\%; \quad \Delta L = -7{,}0\,\text{m}$$

$$\gamma\colon \quad \frac{\Delta L}{L} = -\frac{\Delta\varrho}{\varrho} = -\alpha\,\Delta\vartheta = -0{,}4\,\frac{\%}{\text{grad}}(-8\,\text{grad}) = +3{,}2\%;$$

$$\Delta L = +7{,}5\,\text{m}$$

Nr. 2: Überschlagsmäßig: Prozentuale Widerstandszunahme $= \frac{(17{,}5 - 15{,}2)\,\Omega}{15{,}2\,\Omega}$

$= \frac{2{,}30}{15{,}2} \cdot 100\,\% = 15\%$; näherungsweise gesetzt: $\alpha_{16} \approx \alpha_{20} = 0{,}39\,\frac{\%}{\text{grad}}$,

also $\Delta\vartheta = \frac{15\,\%}{0{,}39\,\frac{\%}{\text{grad}}} = 39°$; $\vartheta \approx (16 + 39)\,°\text{C} = 55\,°\text{C}$.

Genauer:

$$\alpha_{16} = \frac{1}{T_{16} - 0{,}15\,\Theta} = \frac{1}{T_{20} - 4° - 0{,}15\,\Theta}$$

$$= \frac{1}{(T_{20} - 0{,}15\,\Theta\left(1 - \frac{4°}{T_{20} - 0{,}15\,\Theta}\right)} = \frac{\alpha_{20}}{1 - \alpha_{20}4°} \approx \alpha_{20}(1 + 4°\,\alpha_{20})$$

$$= \alpha_{20}\left(1 + 4° \cdot 0{,}39\,\frac{10^{-2}}{\text{grad}}\right) = \alpha_{20}(1 + 0{,}016)$$

Da α_{16} um nur 1,6% größer ist als α_{20}, der α_{20}-Wert aber von Material zu Material um einige % streut, ist die genauere Rechnung Selbsttäuschung, falls man nicht das α_{20} für die betr. Maschine genau bestimmt hat.
Formal gerechnet:

$$\frac{\Delta\varrho}{\varrho_z} = \alpha_z\Delta\vartheta = \frac{\Delta R}{R_z}; \quad \Delta\vartheta = \vartheta - 16° = \frac{\Delta R}{R_z\alpha_z};$$

$$\vartheta = \frac{\Delta R(1 - 4°\,\alpha_{20})}{R_{16}\alpha_{20}} + 16°$$

Nr. 3: Spannungsabfall ΔU über dem Widerstand der Gesamtleitung (Hin- und Rückweg $= 2L$):

$$\Delta U = J R = J \varrho \frac{2L}{q} = J \varrho \frac{8L}{d^2 \pi};$$

$$d_{Cu} = \sqrt{\frac{8 J \varrho_{Cu} L}{\pi \Delta U}} = \sqrt{\frac{8 \cdot 15\,\text{A} \cdot 17{,}8 \cdot 10^{-3}\,\text{Vmm}^2 \cdot 530\,\text{m}}{\pi \cdot 0{,}05 \cdot 220\,\text{V} \cdot \text{Am}}} = 5{,}72\,\text{mm}$$

Also wählt man $d_{Cu} = 6$ mm; $d_{Al} = d_{Cu} \sqrt{\frac{\varrho_{Al}}{\varrho_{Cu}}} = 5{,}72\,\text{mm} \sqrt{\frac{29}{17{,}8}} = 7{,}3\,\text{mm}$; also wählt man $d_{Al} = 8$ mm;
Stromdichte: $G_{Cu} = J/q_{Cu} = 0{,}530\,\text{A/mm}^2$ (auf Rechenschieber Zuordnung $d \to q$ ausnutzen!); $G_{Al} = 0{,}299\,\text{A/mm}^2$

Nr. 4: Erhöhung um das $a$fache: $R = a R_z = R_z(1 + \alpha_z \Delta \Theta)$; $a = (1 + \alpha_z \Delta \Theta)$ $\approx 1 + \alpha_{20} \Delta \vartheta$[1] $= 1 + \frac{0{,}48 \cdot 10^{-2}}{\text{grad}} 2085° = 11$[2]

Nr. 5: $$\log \frac{R}{R_0} = c\,\varphi; \quad c = \frac{\log \frac{R}{R_0}}{\varphi} = \frac{\log \frac{R_{max}}{R_0}}{\varphi_{max}} = \frac{\log \frac{1000\,\Omega}{1\,\Omega}}{270°} = \frac{1}{90°};$$

$$R = R_0 \cdot 10^{c\varphi} = 1\,\Omega \cdot 10^{\frac{\varphi}{90°}}$$

$\varphi =$ 0°	30°	60°	90°	120°	150°	180°	210°	240°	270°
$R =$ 1	2,16	4,65	10	21,6	46,5	100	216	465	1000 Ω

Zweckmäßig wählt man nicht eine lineare Darstellung, sondern eine einfach logarithmische (R in logarithmischem, φ in linearem Maßstab, s. Abb. 296); die Kurve ist dann eine Gerade

$$\log \frac{R}{R_0} = 0{,}4343 \ln \frac{R}{R_0} = c\,\varphi;$$

$$\frac{\Delta R}{R} = \frac{c\,\Delta\varphi}{0{,}4343} = \frac{\pm 2°}{90° \cdot 0{,}4343} = 5{,}1\,\%$$

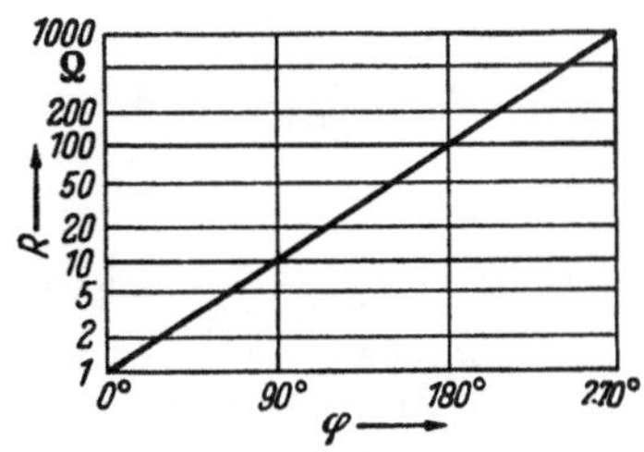

Abb. 296. Zu Aufgabe Nr. 5

unabhängig vom Drehwinkel.
Beim linearen Potentiometer: $R = c_1 \varphi$; $\Delta R/R = \Delta\varphi/\varphi$

$$\varphi = 270°: \quad \frac{\Delta R}{R} = \pm \frac{2°}{270°} = \pm 0{,}74\,\%; \quad \varphi = 135°: \quad \frac{\Delta\varphi}{\varphi} = 1{,}5\,\%;$$

$$\varphi = 27°: \quad \frac{\Delta R}{R} = 7{,}4\,\%$$

Nr. 6: a) In Reihe 150 Ω. b) Widerstand um 2% = 1/50 zu groß. Parallelschalten 5 kΩ · 50 = 250 kΩ. c) Parallelschalten $R_x = \frac{R_1 R_2}{R_1 - R_2} = \frac{5{,}82 \cdot 5{,}0}{0{,}82}\,\text{k}\Omega$ $= 35{,}5\,\text{k}\Omega$. (Abweichung zu groß für die Näherungsrechnung über %.)

[1] Siehe Kritik bei Aufgabe 2: $\alpha_{15} = \alpha_{20}(1 + 5° \cdot \alpha_{20}) = \alpha_{20}(1 + 0{,}024)$.

[2] Bei so großen Temperaturunterschieden ist meist nicht mehr zu vernachlässigen, daß bei Metallen die Kurve ϱ über T etwas gekrümmt ist. Der Wert für a ist daher nur ein Näherungswert.

Nr. 7: a) $R = R_1 + R_2 = R_{10}(1 + \alpha_1 \Delta\vartheta) + R_{20}(1 + \alpha_2 \Delta\vartheta)$; da die Wirkung so ist wie bei einem Widerstand, der bei $\Delta\vartheta$ die Größe $R_{10} + R_{20}$ hat:

$$R = (R_{10} + R_{20})(1 + \alpha\Delta\vartheta); \quad \alpha = \frac{\alpha_1 R_{10} + \alpha_2 R_{20}}{R_{10} + R_{20}}$$

Zahlenbeispiel:

$$\frac{R_{20}}{R_{10}} = v_{21} = 5; \quad \alpha = \frac{\alpha_1 + \alpha_2 v_{21}}{1 + v_{21}} = \frac{0{,}39 + 0{,}001 \cdot 5}{1 + 5}\frac{\%}{\text{grad}} = 0{,}066 \frac{\%}{\text{grad}}$$

b) $G = \dfrac{G_{10}}{1 + \alpha_1 \Delta\vartheta} + \dfrac{G_{20}}{1 + \alpha_2 \Delta\vartheta} = \dfrac{G_{10} + G_{20}}{1 + \alpha\Delta\vartheta}$; für kleine Werte $\alpha_\nu \Delta\vartheta$:

$$G \approx G_{10}(1 - \alpha_1 \Delta\vartheta) + G_{20}(1 - \alpha_2 \Delta\vartheta) = (G_{10} + G_{20})(1 - \alpha\Delta\vartheta);$$

$$\alpha \approx \frac{\alpha_1 G_{10} + \alpha_2 G_{20}}{G_{10} + G_{20}} \approx 0{,}066 \frac{\%}{\text{grad}}$$

Nr. 8: $R_{AB} = 10\,\Omega$;

$$R_{BC} = \frac{1}{\frac{1}{3} + \frac{1}{4} + \frac{1}{5}} 10\,\Omega \quad \text{(in 10 }\Omega\text{-Einheiten rechnen)} = 12{,}8\,\Omega;$$

$$U_a = E\frac{R_{AB}}{R_{AB} + R_{BC}} = 4\,\text{V}\frac{10\,\Omega}{22{,}8\,\Omega} = 1{,}76\,\text{V}; \quad U_b = 4\,\text{V} - 1{,}76\,\text{V} = 2{,}24\,\text{V};$$

$$I_1 = \frac{1{,}76\,\text{V}}{20\,\Omega} = 88\,\text{mA} = I_2; \quad I_3 = \frac{2{,}24\,\text{V}}{30\,\Omega} = 74{,}7\,\text{mA};$$

$$I_4 = \frac{2{,}24\,\text{V}}{40\,\Omega} = 56\,\text{mA};$$

$$I_5 = \frac{2{,}24\,\text{V}}{50\,\Omega} = 44{,}8\,\text{mA}; \quad I = 2I_1 = 176\,\text{mA};$$

Probe $I_3 + I_4 + I_5 = 176\,\text{mA}$

Nr. 9: $R_x = R_N \dfrac{l_1}{L - l_1}$; angenommen, eine Brücke wäre beliebig genau einstellbar, dann würde zu einer Einstellung l_1 der Widerstand R_x, zu $l_1 + \Delta l_1$ der Widerstand $R_x + \Delta R_x$ gehören, wobei (logarithmisch differenziert) $\dfrac{\Delta R_x}{R_x} = \dfrac{\Delta l_1}{l_1} + \dfrac{\Delta l_1}{L - l_1} = \dfrac{\Delta l_1}{L}\left(\dfrac{L}{l_1} + \dfrac{L}{L - l_1}\right)$. Die Einstellunsicherheit $\dfrac{\Delta l_1}{L}$ hat also die Ungenauigkeit $\dfrac{\Delta R_x}{R_x}$ zur Folge. Diskussion: Bei welchem l_1 ist Genauigkeit am größten (Ungenauigkeit am kleinsten)?

$$y = \text{konst.}\left(\frac{1}{l_1} + \frac{1}{L - l_1}\right); \quad \frac{dy}{dl_1} = \text{konst.}\left(-\frac{1}{l_1^2} + \frac{1}{(L - l_1)^2}\right) = 0;$$

$$l_1 = \frac{L}{2}$$

also in Brückenmitte.

$\left(\dfrac{\Delta R_x}{R_x}\right)_{\min} = 4\dfrac{\Delta l_1}{L}$. a mal so große Ungenauigkeit bei: $a\left(\dfrac{\Delta R_x}{R_x}\right)_{\min}$ $= 4a\dfrac{\Delta l_1}{L} = \dfrac{\Delta l_1}{L}\left(\dfrac{L}{l_1} + \dfrac{L}{L - l_1}\right)$; hieraus $l_1 = \dfrac{L}{2}\left(1 \pm \sqrt{1 - \dfrac{1}{a}}\right)$; also doppelte (10fache) Ungenauigkeit bei $l_1 = \begin{matrix} 0{,}15\,L \\ 0{,}85\,L \end{matrix} \begin{pmatrix} 0{,}025\,L \\ 0{,}975\,L \end{pmatrix}$

Nr. 10: Leerlaufspannung an AB $(R_0 \to \infty)$:

$$U_{lAB} = E_1 - I R_1 = E_1 - \frac{E_1 + E_2}{R_1 + R_2} R_1 = \frac{E_1 R_2 - E_2 R_1}{R_1 + R_2}$$

Innenwiderstand: $R_i = R_1 \| R_2 = \dfrac{R_1 R_2}{R_1 + R_2}$

Gesuchter Strom durch R_0: $I_{AB} = \dfrac{U_l}{R_i + R_0} = \dfrac{E_1 R_2 - E_2 R_1}{R_1 R_2 + R_1 R_0 + R_2 R_0}$

Nr. 11: a) Leerlaufspannung (Spannungsquellen unbelastet) ist:

$$U_l = E_1 - I_1 R_1 = E_1 \frac{E_1 - E_2}{R_1 + R_2} R_1 = \frac{E_1 R_2 + E_2 R_1}{R_1 + R_2};$$

$R_i =$ (Widerstand in Schaltung gesehen und Urspannungen überbrückt gedacht)

$$= R_1 \| R_2 = \frac{R_1 R_2}{R_1 + R_2}$$

b) Zweckmäßig über Kurzschlußstrom = Summe der einzelnen Kurzschlußströme (Überlagerungsgesetz!) rechnen:

$$I_k = I_{k1} + I_{k2} + I_{k3} + \cdots = \frac{E_1}{R_1} + \frac{E_2}{R_2} + \frac{E_3}{R_3} + \cdots$$

$$R_i = \frac{1}{\dfrac{1}{R_1} + \dfrac{1}{R_2} + \dfrac{1}{R_3} + \cdots}; \quad U_l = I_k R_i = \frac{\dfrac{E_1}{R_1} + \dfrac{E_2}{R_2} + \dfrac{E_3}{R_3} + \cdots}{\dfrac{1}{R_1} + \dfrac{1}{R_2} + \dfrac{1}{R_3} + \cdots}$$

Für $E_1 = E_2 = \cdots E$; $R_1 = R_2 = \cdots R$: $U_l = \dfrac{n \dfrac{E}{R}}{\dfrac{n}{R}} = E$; $R_i = \dfrac{n}{R}$

Nr. 12: Abgegriffener Widerstand r, Leerlaufspannung $U_l = E \dfrac{r}{R}$; in bezogenen Größen: $\dfrac{U_l}{E} = \dfrac{r}{R}$, gibt in Darstellung Gerade durch Urspannung und Punkt $\dfrac{U_l}{E} = 1$, $\dfrac{r}{R} = 1$. Innenwiderstand (denke E überbrückt!): $R_i = r \| (R - r) = \dfrac{R r - r^2}{R}$; in bezogenen Größen: $\dfrac{R_i}{R} = \dfrac{r}{R} - \left(\dfrac{r}{R}\right)^2 = \dfrac{r}{R}\left(1 - \dfrac{r}{R}\right)$; gibt in Darstellung $\dfrac{R_i}{R}$ über $\dfrac{r}{R}$ eine Parabel, nach unten offen, die durch die Punkte $r = 0$ und $r = R$ geht. Gemäß: $\dfrac{R_i}{R} - \dfrac{1}{4} = -\left(\dfrac{r}{R} - \dfrac{1}{2}\right)^2$ Scheitel bei $\dfrac{r}{R} = \dfrac{1}{2}$, hier ist $\dfrac{R_i}{R} = \left(\dfrac{R_i}{R}\right)_{max} = \dfrac{1}{4}$; merke $R_{i\,max} = \dfrac{R}{4}$. Also für $\dfrac{\Delta U_l}{U_l} \lesseqgtr 0{,}01$ muß sein $\dfrac{R_{i\,max}}{R_a} \lesseqgtr 0{,}01$, mithin $R_a \gtreqless 25\,R$. Spannungsteilerstrom $I_R \approx \dfrac{E}{R}$; abgegriffener Strom in Mittelstellung

$$I_{ab} = \frac{U_l}{R_i + R_a} = \frac{E/2}{R/4 + 25\,R} \approx \frac{E}{50\,R}; \quad \frac{I_R}{I_{ab}} \approx 50$$

Nr. 13: a) $U_l = 15 \cdot 2\,\text{V} = 30\,\text{V}$; $I_k = \dfrac{15 \cdot 2\,\text{V}}{15 \cdot 25\,\text{m}\Omega} = 80\,\text{A}$ für beide Fälle;

$R_i = 0{,}375\,\Omega$

b) $\dfrac{\Delta U_l}{U_l} = \dfrac{R_i}{R_a} = \dfrac{0{,}375\,\Omega}{50\,\Omega} = 0{,}75\,\%$; für $5\,\text{k}\Omega$ $0{,}075\,‰$

c) $\dfrac{I}{I_k} = \dfrac{1}{1 + \dfrac{R_a}{R_i}} = \dfrac{1}{1 + \dfrac{0{,}2\,\Omega}{0{,}375\,\Omega}} = 0{,}65$; $\dfrac{I_k - I}{I_k} = 35\,\%$;

$$\frac{\Delta I_k}{I_k} = \frac{R_a}{R_i} = \frac{10\,\text{m}\Omega}{0{,}375\,\Omega} = 2{,}7\,\%$$

d) $\dfrac{\Delta U_l}{U_l} = \dfrac{R_i}{R_a}$; $R_a = \dfrac{R_i}{\dfrac{\Delta U_l}{U_l}} = 7{,}5\,\Omega$;

$$I = \frac{U_l}{R_i + R_a} = \frac{30\,\text{V}}{(0{,}375 + 7{,}5)\,\Omega} = 3{,}8\,\text{A}$$

Nr. 14: a) Starkstromtechnik: Die Spannungen bleiben unabhängig von der Last (Leerlaufbetrieb), die Verbraucher sind meist (abgesehen von Wärmegeräten) umkehrbare Energieumformer = Gegenurspannungsstellen, also keine Widerstände.

Schwachstromtechnik: Anpassung $R_a \approx R_i$ interessiert. (Ferner hat es die Schwachstromtechnik meist mit zeitlich veränderlichen Größen zu tun (s. 4. Kap. E) und in der Wechseltechnik ist es zweckmäßig, statt mit Spannungsabfall über R und Gegenurspannung mit phasenbehafteten Widerständen zu rechnen.)

b) $R = \dfrac{U^2}{P}$; $48{,}5\,\Omega \approx 50\,\Omega$; $0{,}97\,\Omega \approx 1\,\Omega$

c) $P = \dfrac{U^2}{R}$; $1\,\text{W}$; $1\,\text{mW}$; $10^{-3}\,\mu\text{W}$

Nr. 15: $R_{a\,ers} = \dfrac{U^2}{P} = \dfrac{220\,\text{V}^2}{2 \cdot 10^4\,\text{W}} = 2{,}43\,\Omega$; $R_i = \dfrac{1-\eta}{\eta} R_{a\,ers} = 0{,}128\,\Omega$;

$P_i = P \dfrac{1-\eta}{\eta} = 1{,}05\,\text{kW}$; $I = \dfrac{P}{U} = \dfrac{2 \cdot 10^4\,\text{W}}{2{,}2 \cdot 10^2\,\text{V}} = 91\,\text{A}$

$E = U + I R_i = 232\,\text{V}$

Nr. 16: $E = 0{,}8 \cdot 5{,}5\,\text{mV} = 4{,}4\,\text{mV}$ a) $P_{a\,max} = \dfrac{(E/2)^2}{R_i} = 32{,}2\,\mu\text{W}$;

$R_a = R_i = 0{,}15\,\Omega$;

b) vom Verbraucher aus wirkt Thermoelement + Leitung als Ersatzgenerator:

$$R_{i\,ers} = R_{i\,El} + R_{i\,L} = 0{,}15\,\Omega + \frac{\Omega\,\text{mm}^2}{56\,\text{m}} \cdot \frac{2 \cdot 75\,\text{m}}{0{,}5\,\text{mm}^2}$$

$$= (0{,}15 + 5{,}35)\,\Omega = 5{,}5\,\Omega; \quad R_a = 5{,}5\,\Omega$$

$$P_{a\,max} = \frac{(E/2)^2}{R_{ers}} = 0{,}88\,\mu\text{W}$$

Nr. 17: Eine vorgegebene Meßwerktype (= vorgegebene Mechanik) verlangt unabhängig vom Hitzdrahtdurchmesser (d.h. Meßbereich) die gleiche Drahtdurchbiegung, also die gleiche Übertemperatur $\vartheta_{\text{ü end}} \approx 300°$. Da Drahtdurchmesser $\ll 1$ mm, ist der für Konvektion wirksame Durchmesser $d_w \approx 1$ mm (s. S. 95). Also Leistungsbedarf

$$P = (I^2 R) = \alpha_{\text{Konv}} O\, \vartheta_{\text{ü end}}$$

$$= \alpha_{\text{Konv}} d_w \pi l\, \vartheta_{\text{ü end}} \approx \frac{10^{-3}\,\text{W}}{\text{cm}^2\,\text{grad}}\, 0{,}1\,\text{cm} \cdot \pi \cdot 16\,\text{cm} \cdot 3 \cdot 10^2\,\text{grad} = 1{,}5\,\text{W}$$

unabhängig vom Drahtdurchmesser.

Nr. 18: $P_{\text{el}} = \eta P_{\text{mech}} = \eta \dfrac{F h}{t} = 0{,}9 \dfrac{800 \cdot 10^3\,\text{kp} \cdot 11 \cdot 10^2\,\text{cm}}{1\,\text{s}} \dfrac{\text{Ws}}{10{,}2\,\text{kp cm}} = 77{,}5\,\text{MW}$

Nr. 19: Für $\vartheta = 20°$: $\vartheta_{\text{ü end}} = \vartheta_{\text{Schm}} - 20° = 1063°$; $P_{\text{zu}} = P_{\text{Konv}}$;

$$I_s^2 \varrho \frac{l}{r^2 \pi} = \alpha_K 2 \pi r l\, \vartheta_{\text{ü end}}; \quad I_s = \pi \sqrt{\frac{2 \alpha_K}{\varrho} \vartheta_{\text{ü end}}}\, r^{3/2} = \text{konst.}\, r^{3/2}$$

Zahlenbeispiel: $I_s = \pi \sqrt{\dfrac{2 \cdot 10^{-3}\,\text{W} \cdot 56\,\text{m} \cdot 1063° \cdot 1{,}5^3\,\text{mm}^3}{\text{cm}^2\,\text{grad}\,\Omega\,\text{mm}^2}} = 63{,}0\,\text{A}$

Nr. 20: $\Phi = EA = 150\,\text{lx} \cdot 6 \cdot 10^{-4}\,\text{m}^2 = 0{,}090\,\text{lm}$; $I = 0{,}3 \dfrac{\text{mA}}{\text{lm}} 0{,}09\,\text{lm} = 27\,\mu\text{A}$; Vollausschlag $\approx 100\,\mu\text{A}$

Nr. 21: 2×20 Stromwege von $q = 1{,}2\,\text{m}^2$.

$$I = G A_{\text{ges}} = 0{,}015 \frac{\text{A}}{\text{cm}^2} 2 \cdot 20 \cdot 1{,}2 \cdot 10^4\,\text{cm}^2 = 7200\,\text{A}. \quad U \approx I R$$

(da Plattenmaterial praktisch gleich, nur durch Reinheitsgrad verschieden)

$$= I \frac{1}{2 \cdot 20} \varrho_E \frac{l}{q} = \frac{7200\,\text{A}}{40} 5\,\Omega\,\text{cm} \frac{4\,\text{cm}}{1{,}2 \cdot 10^4\,\text{cm}^2} = 0{,}3\,\text{V}$$

$P = 300\, U \cdot I = 648$ kW. Der Strom scheidet in jedem der 300 Bäder ab,

also: $\dfrac{m}{300} = \dfrac{1}{F} I t$; $\quad t = \dfrac{m}{300} \dfrac{F}{I}$

$$= \frac{10^6\,\text{g}}{3 \cdot 10^2 \cdot 0{,}329 \cdot 10^{-3} \dfrac{\text{g}}{\text{As}} 7{,}2 \cdot 10^3\,\text{A}} = 1410\,\text{s} = 23{,}5\,\text{min.}$$

$$W = U_{\text{ges}} I t = 300 \cdot 0{,}3\,\text{V} \cdot 7{,}2\,\text{kA} \cdot 1{,}4 \cdot 10^3 \frac{\text{h}}{3{,}6 \cdot 10^3} = 252\,\text{kWh}.$$

Verwendet im wesentlichen zur Erwärmung.

Nr. 22: a) b) s. Abb. 297; es genügt 1 Quadrant. Jede der radialen Stromröhren hat den gleichen Öffnungswinkel 360°/n. Konstruktion der Spannungslinien durch quadratähnliche Figuren.

Die Feldstärke $E = -\,\mathrm{d}U^*/\mathrm{d}n$ ist der Differentialquotient der Kurve U^* über r. Da der negative Differentialquotient hier interessiert, ist der „Pol" zur Konstruktion rechts von der Kurve angenommen.

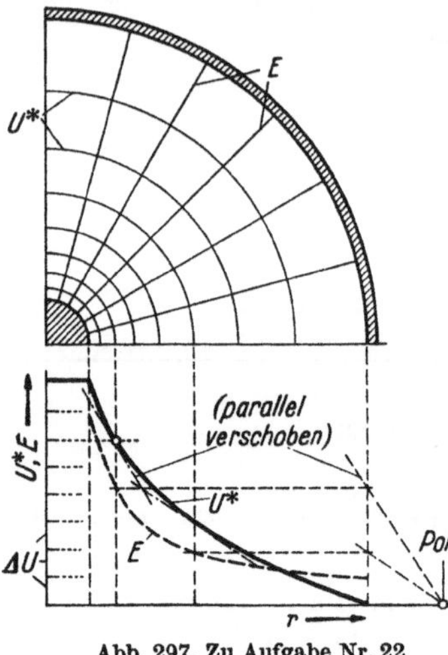

Abb. 297. Zu Aufgabe Nr. 22

c) $G = \dfrac{\text{konst.}_1}{r}$;

also $E = \dfrac{\text{konst.}_2}{r}$ (Hyperbel);

$$\frac{E_i}{E_a} = \frac{\dfrac{\text{konst.}_2}{r_i}}{\dfrac{\text{konst.}_2}{r_a}} = \frac{r_a}{r_i} = 8:1,$$

unabhängig von der Spannung.

d) Die graphische Integration gemäß

$$U^* = U_{PB} = \int_P^B E\,dr = -\int_B^P E\,dr$$

ergibt sich unter Anwendung des gleichen Verfahrens wie die Differentiation (Hilfspol) nur in umgekehrter Reihenfolge.

Berechnung: $U^* = -\int_B^P E\,\mathrm{d}r = -\text{konst.}_2 \ln \dfrac{r}{r_a}$ $\left(= \text{negative, logarithmische Kurve für } \dfrac{r}{r_a} \leqq 1\right)$. Konstantenbestimmung:

$$U_{AB} = \text{konst.}_2 \ln \frac{r_a}{r_i}; \quad \text{also} \quad U^* = U_{AB} \frac{\ln \dfrac{r_a}{r}}{\ln \dfrac{r_a}{r_i}}$$

Nr. 23: Von jeder Folie (zeichne den Wickel auf!) geht ein Verschiebungsfluß, von beiden Folienseiten (obere und untere Seite) aus, also wenn Bandbreite $= b$,

Wickellänge $= l$: $C = \varepsilon \dfrac{A}{d} = \varepsilon_0\, \varepsilon_{rel} \dfrac{2bl}{d}$;

$$l = \frac{Cd}{2\varepsilon_0 \varepsilon_{rel} b} = \frac{2 \cdot 10^{-6}\,\mathrm{F} \cdot 3 \cdot 10^{-3}\,\mathrm{cm}}{2 \cdot 0{,}0886 \cdot 10^{-12} \dfrac{\mathrm{F}}{\mathrm{cm}} 4 \cdot 5\,\mathrm{cm}} = 16{,}9\,\mathrm{m}$$

$$E = \frac{U}{d} = \frac{250\,\mathrm{V}}{3 \cdot 10^{-3}\,\mathrm{cm}} = 83{,}3\,\frac{\mathrm{kV}}{\mathrm{cm}};$$

$$Q = CU = 2 \cdot 10^{-6}\,\frac{\mathrm{As}}{\mathrm{V}}\,250\,\mathrm{V} = 0{,}5\,\mathrm{mAs}$$

$$\sigma = \frac{Q}{2bl} = \frac{5 \cdot 10^{-4}\,\mathrm{As}}{2 \cdot 5\,\mathrm{cm} \cdot 1{,}69 \cdot 10^3\,\mathrm{cm}} = 2{,}96 \cdot 10^{-8}\,\frac{\mathrm{As}}{\mathrm{cm}^2}$$

(Probe: $\sigma = \varepsilon_0 \varepsilon_{rel} E$!)

$$\Psi = Q; \quad D = \sigma; \quad W = C\frac{U^2}{2} = 2 \cdot 10^{-6}\,\frac{\mathrm{As}}{\mathrm{V}}\,\frac{2{,}5^2 \cdot 10^4\,\mathrm{V}^2}{2} = 62{,}5\,\mathrm{mWs}$$

Nr. 24: a) Von jeder Rotorplatte geht nach oben und unten ein Verschiebungsfluß aus, also für Luft:

$$C_{\max} = \varepsilon_0 \frac{2\,n\,A}{d} = \varepsilon_0 \frac{2 \cdot 5 \cdot \frac{1}{2} \frac{D^2 \pi}{4}}{d} =$$

$$= \frac{1\ \mathrm{pF}}{0{,}4\,\pi \cdot 9\ \mathrm{cm}} \frac{5 \cdot 64\ \mathrm{cm}^2 \pi}{4 \cdot 5 \cdot 10^{-2}\ \mathrm{cm}} = 444\ \mathrm{pF};$$

für Öl: $C_{\max} = 2{,}3 \cdot 444\ \mathrm{pF} = 1020\ \mathrm{pF}$. Linearer Verlauf $C = C_{\max} \frac{\alpha}{180°}$

b) α) $C_{ers} = C_0 + C$ = um 200 pF parallel verschobene Gerade:

$$C_{ers\,Anfang} = 200\ \mathrm{pF}; \quad C_{ers\,Ende} = 644\ \mathrm{pF}$$

β) $C_{ers} = \dfrac{C_0 C}{C_0 + C}$;

$\alpha/°$ =	0	30	60	90	120	150	180
C_{ers}/pF =	0	54	85	105	119	130	138

Die Kurve nähert sich asymptotisch $C_0 = 200$ pF.

Nr. 25: a) Ladung auf jeden Kondensator $Q_0 = C U_0 = 6 \cdot 10^{-9}\ \mathrm{As/V} \cdot 2 \cdot 10^5\ \mathrm{V} = 1{,}2\ \mathrm{mAs}$

b) $U_{ges} = \mathrm{n} U_0 = 1{,}6\ \mathrm{MV}$

c) Aufladung: $Q_{ges} = \mathrm{n}\, Q_0 = 9{,}6\ \mathrm{mAs}$; $W = \dfrac{(\mathrm{n}\,Q_0) U_0}{2}$ (= große Ladung, kleine Spannung) $= \dfrac{9{,}6 \cdot 10^{-3}\ \mathrm{As} \cdot 2 \cdot 10^5\ \mathrm{V}}{2} = 960\ \mathrm{Ws}$

Entladung: $Q_{ges} = Q$; $W = \dfrac{Q\,(\mathrm{n}U_0)}{2}$ (= kleine Ladung, große Spannung = 960 Ws).

Nr. 26: a) $t_H = 0{,}693\tau = 0{,}693\, C R$; $R = \dfrac{t_H}{0{,}693\, C} = \dfrac{80\ \mathrm{s\,V}}{0{,}693 \cdot 2 \cdot 10^{-6}\ \mathrm{As}} = 57{,}6\ \mathrm{M\Omega}$

$$I_{\max} = \frac{E}{R} = \frac{200\ \mathrm{V}}{57{,}6\ \mathrm{M\Omega}} = 3{,}47\ \mu\mathrm{A}$$

t = 0	80	160	320	640 s
U_C = 200	100	50	25	12,5 V
I = 3,47	1,74	0,87	0,44	0,22 μA

b) $R_{ers} = R \,\|\, R_x = \dfrac{15\ \mathrm{s\,V}}{0{,}693 \cdot 2 \cdot 10^{-6}\ \mathrm{As}} = 10{,}8\ \mathrm{M\Omega}$;

$$R_x = \frac{R_{ers} R}{R - R_{ers}} = 13{,}3\ \mathrm{M\Omega}$$

c) $I_{\max} = \dfrac{E}{R_k} = \dfrac{200\ \mathrm{V}}{2 \cdot 10^{-2}\ \Omega} = 10000\ \mathrm{A}$ (!); $P_{\max} = I^2 R_k = 2\ \mathrm{MW}$ (!);

$t_H = 0{,}7\, C R_k = 2{,}8 \cdot 10^{-8}\ \mathrm{s}$; in Wirklichkeit wegen Draht- und Wickelinduktivität Abflachen der Stromspitze. Knall wegen der plötzlich entstehenden, hohen Wärmeleistung der Funkenstrecke.

Nr. 27: Innerhalb der Ablenkplatten infolge der konstanten Querkraft Parabelbahn analog dem horizontalen Wurf. Am Ende der Ablenkplatten (l) geradliniges Weiterfliegen unter dem dort erhaltenen Ablenkwinkel α. $\operatorname{tg}\alpha = \left(\frac{dy}{dx}\right)_l$
$= \left(\frac{\frac{dy}{dt}}{\frac{dx}{dt}}\right)_l = \left(\frac{v_y}{v_x}\right)$. Da $F = eE = \frac{eU_p}{a} = mb = m\frac{(v_y)_l}{t}$, wobei
t = Flugzeit durch l; da zusätzliche Geschwindigkeit in y-Richtung gegenüber der in x-Richtung vernachlässigbar: $t = \frac{l}{v_x}$; also $(v_y)_l = \frac{eU_p l}{m a v_x}$;
$s = L \operatorname{tg}\alpha = L\frac{eU_p l}{a(m v_x^2)} = L\frac{eU_p l}{a\, 2U_A e} = L\frac{l}{2a}\frac{U_p}{U_A}$
$v = 600\sqrt{2500}\,\frac{\text{km}}{\text{s}} = 30000\,\frac{\text{km}}{\text{s}} = \frac{1}{10}$ Lichtgeschwindigkeit. Rückfluß zur Anodenbatterie, wenn keine künstliche Schirmableitung vorgesehen, über Kriechwege im Kolben.

Nr. 28: a) $R_v = \frac{E - U_B}{I}$; α) zu $I = 3{,}5$ A gehört $U_B = 52$ V;

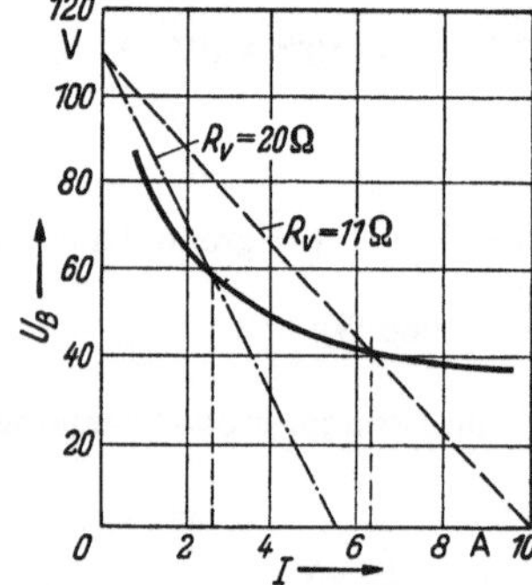

Abb. 298. Zu Aufgabe Nr. 28

$$R_v = \frac{110\,\text{V} - 52\,\text{V}}{3{,}5\,\text{A}} = 16{,}6\,\Omega$$

β) Aus Kennlinie (Abb. 298) interpoliert: zu $I = 6$ A $U_B = 41$ V; also $R_v = 11{,}5\,\Omega$

b) „Konstruktion mit der Widerstandsgeraden". Der Arbeitspunkt muß erfüllen im I, U_B-Diagramm:

1. Lichtbogen $U_B = f(I)$
2. Stromkreis $U_B = E - R_v I$ = Widerstandsgerade

α) Widerstandsgerade für $R_v = 20\,\Omega$ geht durch $I = 0$, $U_B = 110$ V und $U_B = 0$ $I = 110\,\text{V}/20\,\Omega = 5{,}5$ A. Aus Diagramm $I = 2{,}6$ A als Schnittpunkt Kurve mit Gerade.

β) $I = 6{,}3$ A

Nr. 29: a) $B = \mu H = \mu_0 \mu_{rel}\frac{Iw}{2\pi R} = 0{,}4\pi\cdot 10^{-8}\frac{\text{Vs}}{\text{Acm}}\,70\,\frac{2\cdot 10^{-2}\,\text{A}\cdot 3\cdot 10^3}{2\pi\cdot 5\,\text{cm}} = 168\,\text{G}$

b) $\Phi = Bq = B\frac{d^2\pi}{4} = 168\,\text{G}\,\frac{4\,\text{cm}^2\pi}{4} = 527\,\text{M}$

c) $I = \frac{B\,2\pi R}{\mu_0 w} = \frac{10^{-4}\,\text{Vs}}{\text{cm}^2}\,\frac{2\pi\cdot 5\,\text{cm}}{0{,}4\pi\cdot 10^{-8}\frac{\text{Vs}}{\text{Acm}}\,3\cdot 10^3} = 83{,}3\,\text{A}\,(!)$

Nr. 30: a) $\Theta_{ges} = \Theta_1 + \Theta_2 = 2\Theta_1 = 2Iw = H_{Fe} l_{Fe} + H_L l_L$
$$= 300\,\frac{\text{A}}{\text{cm}}\,[2\,(30+20) - 1]\,\text{cm} + \frac{20000}{1{,}26}\,\frac{\text{A}}{\text{cm}}\,1\,\text{cm} = 45600\,\text{A}$$

Jede Spule $Iw = 22800$ A; ihre Leistung: $P = (Iw)^2\frac{\varrho\, l_m}{k A} = 643$ W

Reihenschaltung

$P = \frac{U}{2} I'$; $I' = \frac{2P}{U} = 10{,}7\,\mathrm{A}$;

$w = \frac{I\,w}{I} = 2130\,\mathrm{Wdg}$

Parallelschaltung

$P = U\,I''$; $I'' = \frac{P}{U} = \frac{I'}{2} = 5{,}35\,\mathrm{A}$;

$w = 4260\,\mathrm{Wdg}$

$$P_{\mathrm{ges}} = 2\left(\frac{U}{2} I'\right) = 2\left(U \frac{I'}{2}\right) = 1{,}29\,\mathrm{kW}$$

b) P bleibt, also I wird 5mal so groß, w wird 5mal so klein; $I = 53{,}5\,\mathrm{A}$ (26,8 A); $w = 426$ (852) Wdg.

c) H bleibt, $\Theta = I\,w$ wird doppelt, mithin wird $P\ \frac{2^2 \cdot 2}{2^2} = 2$ mal so groß.

Nr. 31: a) Maßgebend ist $I\,w$; $I_1 w_1 = I_2 w_2 = 0{,}5\,\mathrm{A} \cdot 660 = 330\,\mathrm{Aw}$; $w_2 = 33\,\mathrm{Wdg}$

b) $l = w\,l_m = w\,2\pi r_m = 82{,}8\,\mathrm{m}\ (4{,}14\,\mathrm{m})$; $q = \frac{kA}{w} = 0{,}136\,\mathrm{mm^2}\ (2{,}72\,\mathrm{mm^2})$; $d = 0{,}416\,\mathrm{mm}\ (1{,}86\,\mathrm{mm})$; $P = I^2 \varrho \frac{l}{q} = 2{,}7\,\mathrm{W}$ (für die nicht abgerundeten Durchmesser gleich)

Nr. 32: $r < r_i$: $H = 0$; $r > r_a$: $H = \frac{I}{2\pi r}$; $r_i < r < r_a$: $H \cdot 2\pi r = I \frac{r^2\pi - r_i^2\pi}{r_a^2\pi - r_i^2\pi}$; $H = \frac{I}{r_a^2 - r_i^2}\,\frac{r^2 - r_i^2}{2\pi r}$; für dünne Wandung: $r_a - r_i = d \ll$ mittlerer Rohrradius, $R \approx r_a \approx r_i$; $H = \frac{I(r + r_i)(r - r_i)}{(r_a + r_i)(r_a - r_i)\,2\pi r} \rightarrow I \frac{r - r_i}{2\pi R d}$

Nr. 33: $$\Phi = \int B\,dA = \int_c^{c+b} \mu_0 \frac{I}{2\pi r} a\,\mathrm{d}r = \frac{I \mu_0 a}{2\pi} \ln\left(1 + \frac{b}{c}\right)$$

$$= \frac{3 \cdot 10^3\,\mathrm{A} \cdot 0{,}4\pi \cdot 10^{-8}\,\mathrm{Vs} \cdot 8\,\mathrm{cm}\,\ln(1 + 1{,}33)}{2\pi\,\mathrm{A\,cm}} = 4070\,\mathrm{M}$$

Nr. 34: $E = 2\,v_s B\,l\,w = 2 D \pi n B\,l\,w = 2 \cdot 20\,\mathrm{cm}\,\pi\,\frac{3000}{60\,\mathrm{s}}\,1{,}2 \cdot 10^{-4} \frac{\mathrm{Vs}}{\mathrm{cm^2}}\,30\,\mathrm{cm} \cdot 2 = 45{,}2\,\mathrm{V}$; $R = 2\varrho \frac{2(D + l)}{q} = 17{,}8\,\mathrm{m\Omega}$ $I_k = \frac{E}{R} = 2540\,\mathrm{A}$ (!); bei $700 \frac{\mathrm{U}}{\mathrm{min}}$: $I_k = I_k \frac{n'}{n} = 847\,\mathrm{A}$. Mäanderförmig mit $f = p\,n = \frac{3000}{60\,\mathrm{s}} = 50\,\mathrm{Hz}$; $f' = 11{,}7\,\mathrm{Hz}$; $P = E\,I_k = 115\,\mathrm{kW}$; $P' = P\left(\frac{u}{n}\right)^2 = 6{,}25\,\mathrm{kW}$

Nr. 35: $$a_{\max} = c_{\mathrm{st}} \int_{\text{stoß}} I\,\mathrm{d}t = c_{\mathrm{st}} \int \frac{E}{R_{\mathrm{ges}}}\,\mathrm{d}t = \frac{c_{\mathrm{st}}}{R_{\mathrm{ges}}} \int w \frac{\mathrm{d}\Phi}{\mathrm{d}t}\,\mathrm{d}t$$

$$= \frac{c_{\mathrm{st}} w}{R_{\mathrm{ges}}} (\Phi - \Phi_{\text{außen}}) = \frac{c_{\mathrm{st}} w B \frac{D^2\pi}{4}}{R_G + R_{\mathrm{Spule}}};\quad (\Phi_{\text{außen}} \text{ vernachlässigbar})$$

$$B = \frac{a_{\max}(R_G + R_{\mathrm{Spule}})}{c_{\mathrm{st}} w \frac{D^2\pi}{4}};\quad R_{\mathrm{Spule}} = w \varrho \frac{D\pi}{q} = 12\,\Omega;$$

$$B = \frac{12\,\mathrm{SkT} \cdot 5{,}01 \cdot 10^3\,\Omega}{3 \cdot 10^6 \frac{\mathrm{SkT}}{\mathrm{As}}\,20 \cdot 7{,}1\,\mathrm{cm^2}} = 1{,}44 \cdot 10^{-4} \frac{\mathrm{Vs}}{\mathrm{cm^2}} = 14400\,\mathrm{G}$$

Nr. 36: $U_l = \int_{r_i}^{r_a} E_{ur}\,\mathrm{d}r = \int v B\,\mathrm{d}r = \int r\,2\pi n B\,\mathrm{d}r = \pi n B (r_a^2 - r_i^2) = 0{,}73\,\mathrm{V}$

Nr. 37: a) $R_m = R_{m\,\text{Mitte}} + R_{m\,L} + R_{m\,\text{Rest}} = \frac{l_{\text{Fe Mitte}}}{\mu_{\text{Fe}} 2q} + \frac{l_L}{\mu_0 2q} + \frac{1}{2}\frac{l_{\text{Fe Rest}}}{\mu_{\text{Fe}} q}$

$$= \frac{1}{2\mu_0 q}\left(\frac{l_{\text{Fe Mitte}} + l_{\text{Fe Rest}}}{\mu_{\text{rel Fe}}} + l_L\right);$$

$$L = \frac{w^2}{R_m} = \frac{w^2 \cdot 2\mu_0 q}{\frac{l_{\text{Fe Mitte}} + l_{\text{Fe Rest}}}{\mu_{\text{rel Fe}}} + l_L} = \frac{2{,}44}{0{,}7 + \frac{l_L}{\text{mm}}}\,\mathrm{H};$$

$l_L =$ 0	0,5	1	2	3,5 mm
$L =$ 3,48	2,03	1,44	0,903	0,58 H

b) $L = \text{konst.}\, w^2 \mu; \quad \frac{\Delta L}{L} = 2\frac{\Delta w}{w} + \frac{\Delta\mu}{\mu} = 0;$

$$\frac{\Delta w}{w} = -\frac{1}{2}\frac{\Delta\mu}{\mu} = -1{,}5\% = 27\,\text{Wdg}$$

Nr. 38: a) $2L_0; \ \frac{L_0}{2}$

b) Reihenschaltung $E_{\text{ind}} = \left(L_0\frac{\mathrm{d}I}{\mathrm{d}t} + M\frac{\mathrm{d}I}{\mathrm{d}t}\right)2 = 2L_0(1+k)\frac{\mathrm{d}I}{\mathrm{d}t};$

$$L_{\text{ers}} = 2L_0(1+k) \approx 4L_0$$

Parallelschaltung $E_{\text{ind}} = L_0\frac{\mathrm{d}\left(\frac{I}{2}\right)}{\mathrm{d}t} + M\frac{\mathrm{d}\left(\frac{I}{2}\right)}{\mathrm{d}t} = \frac{1}{2}(L_0 + M)\frac{\mathrm{d}I}{\mathrm{d}t};$

$$L_{\text{ers}} = \frac{L_0}{2}(1+k) \approx L_0$$

Nr. 39: $I_2 = \frac{E_2}{R_{\text{ges}}} = \frac{M\frac{\mathrm{d}I_1}{\mathrm{d}t}}{R_{\text{Spule}} + R_I} = \frac{k\sqrt{L_1 L_2}\,I_{1\,\max}}{(R_{\text{Spule}} + R_I)\,T}; \quad T = \frac{I_{1\,\max}\,k\sqrt{L_1 L_2}}{I_2(R_{\text{Spule}} + R_I)};$

a) $T = \frac{0{,}2\,\mathrm{A}\cdot 0{,}6\sqrt{1{,}5\cdot 0{,}5}\,\Omega\mathrm{s}}{10^{-4}\mathrm{A}\,(40+80)\,\Omega} = 8{,}66\,\mathrm{s}$ b) $T = 4{,}95\,\mathrm{s}$

Nr. 40: $\left.\begin{aligned} L_{\max} &= L_1 + L_2 + 2M \\ L_{\min} &= L_1 + L_2 - 2M \end{aligned}\right\}\ 4M = L_{\max} - L_{\min} = 4k\sqrt{L_1 L_2};$

$$k = \frac{L_{\max} - L_{\min}}{4\sqrt{L_1 L_2}} = \frac{0{,}098\,\mathrm{mH}}{4\sqrt{0{,}113\cdot 0{,}015}\,\mathrm{mH}} = 0{,}595 \approx 60\%$$

Nr. 41: Die graphische Auswertung (mm-Papier, mm²-Kästchen auszählen) ergibt z.B. beim Maßstab 1 mm $\triangleq$ 100 G und 1 mm $\triangleq$ 0,05 · Aw/cm, also 1 mm² $\triangleq$ 5 · GA/cm; etwa 4700 mm²-Kästchen, also

$$\oint H\,\mathrm{d}B = 4700\cdot 5\cdot \mathrm{GA/cm} = 2{,}35\cdot 10^{-4}\cdot \mathrm{Ws/cm^3}$$

$$P_{\text{Hyst}} = f V \int H \,\mathrm{d}B = f \frac{m}{\varrho} \int H \,\mathrm{d}B = \frac{50}{s} \frac{12\,\text{kg}}{7{,}8\,\frac{\text{g}}{\text{cm}^3}} 2{,}35 \cdot 10^{-4} \frac{\text{Ws}}{\text{cm}^3} = 18{,}1\,\text{W}$$

$$W_{\text{Hyst}\,\mathcal{J}} = m\,\varepsilon' B_1^2; \quad \varepsilon' = \frac{W_{\text{Hyst}\,\mathcal{J}}}{m B_1^2} = \frac{P_{\text{Hyst}}}{f\,m B_1^2} = \frac{18{,}1\,\text{W}}{\frac{50}{s}\,12\,\text{kg} \cdot 1{,}01^2 \cdot 10^8\,\text{G}^2}$$

$$= 3{,}0 \cdot 10^{-10} \frac{\text{Ws}}{\text{kg}\,\text{G}^2}$$

Nr. 42: a) $q_{\text{Mantel}} = q_{\text{Kern}}$; Außendurchmesser D_a, Wandstärke d;

da $d \ll D_a$: $q_{\text{Mantel}} = D_a \pi d = \frac{D_i^2 \pi}{4}$; $d = \frac{D_i^2}{4 D_a} = 2{,}25\,\text{cm}$

b) $\frac{F}{\text{kp}} = \left(\frac{B/\text{G}}{5000}\right)^2 \frac{q}{\text{cm}^2}$;

$$B = 5000 \sqrt{\frac{F/\text{kp}}{q/\text{cm}^2}}\,\text{G} = 5000 \sqrt{\frac{4000}{2 \cdot 30^2 \frac{\pi}{4}}}\,\text{G} = 8400\,\text{G}$$

c) Gleich verteilt

Nr. 43: a) $P_{\text{mech}} = F v = F D \pi n = 15\,\text{kp} \cdot 15\,\text{cm}\,\pi \frac{1400}{60\,\text{s}} \frac{\text{Ws}}{10{,}2\,\text{kp cm}}$

$= 1{,}62\,\text{kW} = E_{\text{geg}} I_A$

Strom: $U = E_{\text{geg}} + I_A R_A$; also $U I_A = P_{\text{mech}} + I_A^2 R_A$;

$$I_A = \frac{U}{2 R_A} \pm \sqrt{\frac{U^2}{4 R_A^2} - \frac{P_{\text{mech}}}{R_A}} = \begin{cases} 9{,}50\,\text{A} \\ 31{,}9\,\text{A} \end{cases}$$

Wie aus den zugehörigen Spannungen $E_{\text{geg}} = \frac{P_{\text{mech}}}{I} = \begin{cases} 170\,\text{V} \\ 50\,\text{V} \end{cases}$

und $I R_A = U - E_{\text{geg}} = \begin{cases} 50\,\text{V} \\ 170\,\text{V} \end{cases}$ erkenntlich, sind für beide Fälle E_{geg} und $I_A R_A$ vertauscht; $I_A = 31{,}9$ A scheidet aus (Wirkungsgrad!)

$P_{\text{ges}} = P_A + P_{\text{err}} = U\left(I_A + \frac{U}{R_{\text{err}}}\right) = 2{,}25\,\text{kW}$; $\eta_{\text{ges}} = \frac{P_{\text{mech}}}{P_{\text{ges}}} = 72\,\%$

$P_{\text{Wärme}} = P_{\text{ges}} - P_{\text{mech}} = 630\,\text{W}$. Maschinenkonstante $K = \frac{E}{n} = \frac{E_{\text{geg}}}{n}$

$$= \frac{170\,\text{V}}{1400\,\frac{\text{U}}{\text{min}}} = 0{,}12\,\text{Vmin} = 7{,}2\,\text{Vs (Flußdimension!)}$$

b) $I = \frac{P}{U} = \frac{1200\,\text{W}}{220\,\text{V}} = 5{,}45\,\text{A}$; $I_A = I + I_{\text{err}} = 6{,}18\,\text{A}$;

$E = U + I_A R_A = 253\,\text{V}$; $n = \frac{E}{K} = 2100\,\frac{\text{U}}{\text{min}}$

$P_{\text{mech}} = E I_A = 1{,}57\,\text{kW} = P_{\text{A Wärme}} + P + P_{\text{err}}$ (Probe!) $\eta = \frac{P}{P_{\text{mech}}} = 76\,\%$

Nr. 44: $u = i\,R + w\dfrac{\mathrm{d}\Phi}{\mathrm{d}t} \approx w\dfrac{\mathrm{d}\Phi}{\mathrm{d}t} = w\dfrac{\mathrm{d}}{\mathrm{d}t}(\Phi_{\mathrm{m}}\sin\omega t) = w\omega\Phi_{\mathrm{m}}\cos\omega t$

$$= U_{\mathrm{m}}\cos\omega t;\quad \frac{U}{w} = \frac{U_{\mathrm{m}}}{w\sqrt{2}} = \frac{B_{\mathrm{m}}q\cdot 2\pi f}{\sqrt{2}} = 4{,}44 f B_{\mathrm{m}} q;$$

$$w = \frac{U}{4{,}44 f B_{\mathrm{m}} q};\quad w_1 = 1380;\quad w_2 = w_1\frac{U_2}{U_1} = 2200;$$ E_{ind} gegen Φ um 90° nacheilend; I und Φ in Phase

Nr. 45: a) $I_{\mathrm{R}} = \dfrac{U}{R},\quad \varphi_{\mathrm{iR}} = 0;\quad I_{\mathrm{C}} = U\omega C,\quad \varphi_{\mathrm{iC}} = +90°;\quad (\varphi_{\mathrm{u}} = 0°$ gewählt)

$$I_{\mathrm{ers}} = \sqrt{I_{\mathrm{R}}^2 + I_{\mathrm{C}}^2} = U\sqrt{\frac{1}{R^2} + (\omega C)^2},\quad \operatorname{tg}\varphi_{\mathrm{i}} = \omega C R;$$

$$R_{\mathrm{s}} = \frac{1}{\sqrt{\dfrac{1}{R^2} + (\omega C)^2}} = \frac{R\dfrac{1}{\omega C}}{\sqrt{R^2 + \left(\dfrac{1}{\omega C}\right)^2}};$$

$$\operatorname{tg}\varphi_{\mathrm{r}} = -\operatorname{tg}\varphi_{\mathrm{i}} = -\omega C R$$

b) $R_{\mathrm{s}} = \dfrac{R_{\mathrm{w}} R_{\mathrm{b}}}{\sqrt{R_{\mathrm{w}}^2 + R_{\mathrm{b}}^2}};\quad \operatorname{tg}\varphi_{\mathrm{r}} = \dfrac{R_{\mathrm{w}}}{R_{\mathrm{b}}}$

c) Merke für „Sprechfrequenz" $f = 800\,\mathrm{Hz}$, $\omega = 5020\,\mathrm{s}^{-1} \approx 5000\,\mathrm{s}^{-1}$; und für

$C = 2\,\mu\mathrm{F}$: $R_{\mathrm{C}} = \dfrac{1}{\omega C} = 100\,\Omega$; also: $R_{\mathrm{s}} = \dfrac{100\,\Omega}{\sqrt{2}} = 70\,\Omega$;

$\operatorname{tg}\varphi_{\mathrm{r}} = -45°$

Nr. 46: Strom muß gemäß $P_{\mathrm{R}} = I^2 R$ auf $\dfrac{I}{\sqrt{2}}$ abnehmen; also Gesamtwiderstand zunehmen auf $R_{\mathrm{ges}} = \sqrt{2}R$

a) $R + R_{\mathrm{v}} = \sqrt{2}R$; $R_{\mathrm{v}} = 0{,}41\,R$

b) $R_{\mathrm{s}} = \sqrt{2}R$; nach Gl. (196): $\dfrac{1}{\omega C} = R$

Spannungen bei a) $U_{\mathrm{v}} = U\dfrac{0{,}41}{1{,}41} = 0{,}29\,U$; $U_{\mathrm{R}} = 0{,}71\,U$;

bei b) $U_{\mathrm{C}} = U_{\mathrm{R}} = \dfrac{U}{\sqrt{2}} = 0{,}71\,U$;

Leistungen: $P_{\mathrm{w}} = \dfrac{U_{\mathrm{R}}^2}{R}$; $P_{\mathrm{b}} = U_{\mathrm{C}}^2\omega C = P_{\mathrm{w}}$; $P_{\mathrm{s}} = \sqrt{2}\,P_{\mathrm{w}}$;

Beispiel: für a) $R_{\mathrm{v}} = 20{,}5\,\Omega$; $U_{\mathrm{v}} = 59\,\mathrm{V}$; $U_{\mathrm{R}} = 141\,\mathrm{V}$;

für b) $C = \dfrac{1}{\omega R} = 64\,\mu\mathrm{F}$; $U_{\mathrm{C}} = U_{\mathrm{R}} = 141\,\mathrm{V}$

$$P_{\mathrm{w}} = P_{\mathrm{b}} = 400\,\mathrm{W};\quad P_{\mathrm{s}} = 560\,\mathrm{W}$$

Nr. 47: $P = \frac{P_{\text{mech}}}{\eta} = U\,I\cos\varphi$; $I = \frac{P_{\text{mech}}}{\eta U \cos\varphi} = 43{,}3\,\text{A}$; $I_{\text{w}} = I\cos\varphi = 30{,}3\,\text{A}$;

$I_{\text{b}} = I\sin\varphi = I\sqrt{1-\cos^2\varphi} = 30{,}9\,\text{A}$; $I_{\text{b}} = \omega C U$;

$C = \frac{I_{\text{b}}}{\omega U} = 448\,\mu\text{F}$ (!)

Nr. 48: a) $P_{\text{Wirbel}} = I^2_{\text{Wirbel}} R = \frac{E_{\text{ind}}{}^2}{R} = \frac{(w\omega\Phi)^2}{R} = c_1 f^2$; $P_{\text{Hyst}} = c_2 f$.

b) $P_{\text{ges}} = c_1 f^2 + c_2 f$.

Die 2 Größen c_1, c_2 verlangen zur Bestimmung 2 Gleichungen; P_{ges} feststellen bei 2 Frequenzen, besser bei mehreren Frequenzen (graphische Mittelwertbildung). Dann auftragen $P_{\text{ges}}/f = c_1 f + c_2$ über f, gibt eine Gerade. Ihre Neigung liefert $\text{tg}\,\alpha = c_1$, ihr Ordinatenschnittpunkt c_2.

Literaturverzeichnis

1. KÜPFMÜLLER, K.: Einführung in die theoretische Elektrotechnik. Berlin: Springer 1941.
2. MOELLER-WERR: Leitfaden der Elektrotechnik Bd. I. Leipzig: Teubner 1949.
3. HABERLAND, G. u. F.: Elektrotechnische Lehrbücher. Leipzig: Dr. M. Jänecke 1944.
4. ZIPP: Die Elektrotechnik. Berlin: Weller 1940.
5. POHL, R. W.: Einführung in die Elektrizitätslehre. Berlin: Springer 1944.
6. JOOS, G.: Lehrbuch der theoretischen Physik. Leipzig: Akad. Verlagsges. 1945.
7. Handbuch der Experimentalphysik Bd. 11/3, K. KÜPFMÜLLER, Schwachstromtechnik. Leipzig: Akad. Verlagsges. 1931.
8. BARKHAUSEN, H.: Lehrbuch der Elektronenröhren Bd. 1. Leipzig: Hirzel 1945.
9. PALM, A.: Elektrische Meßgeräte und Meßeinrichtungen. Berlin/Göttingen/Heidelberg: Springer 1948.
10. Technisch-Wissenschaftl. Abhandlungen der Osram-Gesellschaft Bd. 5. Berlin: Springer 1943.
11. D'ANS-LAX: Taschenbuch für Chemiker und Physiker. Berlin: Springer 1943.
12. HÜTTE, Des Ingenieurs Taschenbuch Bd. 2. Berlin: Ernst & Sohn 1944.

Ferner für die dritte Auflage:

13. Taschenbuch für Elektrotechniker. Bd. I, 1952, Abschn. Einheiten und Maßsysteme, Messen und Fehler, von J. FISCHER.
14. HÜTTE, Des Ingenieurs Taschenbuch Bd. I, 28. Aufl., Abschn. Einheiten, Einheitenbeziehungen, Einheitensysteme, und Abschn. Grundlagen der Elektrotechnik, von J. FISCHER, Berlin: Ernst & Sohn 1955.
15. WALLOT, J.: Größengleichungen, Einheiten und Dimensionen, 2. Aufl. 1957.
16. Deutsche Normen DIN, insbesondere
    1304, Allgemeine Formelzeichen,
    1313, Schreibweise physikalischer Gleichungen,
    1301, Einheiten, Kurzzeichen,
    1323, Elektrische Spannung, Potential...,
    1324, Elektrisches Feld, Begriffe,
    1325, Magnetisches Feld, Begriffe,
    1357, Einheiten elektrischer Größen,
    1339, Einheiten magnetischer Größen.

Die Zahlenwerte der Tabellen S. 33, 145 und 189 sind entnommen den unter 1, 11, 12 erwähnten Literaturstellen. Abb. 194 b ist entnommen LECHERS Lehrbuch der Physik. Leipzig: Teubner 1944. Abb. 235, Abb. 236 u. 237 sind mit geringen Änderungen entnommen HABERLAND: Elektrotechnische Lehrbücher Bd. 2, Abb. 49, 50, 51. Leipzig: Dr. M. Jänecke 1944.

Sachverzeichnis